Katrin Wendland | Annette Werner (Hrsg.)

Facettenreiche Mathematik

Katrin Wendland | Annette Werner (Hrsg.)

Facettenreiche Mathematik

Einblicke in die moderne mathematische Forschung für alle, die mehr von Mathematik verstehen wollen

POPULÄR

VIEWEG+
TEUBNER

Bibliografische Information der Deutschen Nationalbibliothek
Die Deutsche Nationalbibliothek verzeichnet diese Publikation in der
Deutschen Nationalbibliografie; detaillierte bibliografische Daten sind im Internet über
<http://dnb.d-nb.de> abrufbar.

Prof. Dr. Katrin Wendland
Albert-Ludwigs-Universität Freiburg
Mathematisches Institut
Eckerstraße 1
79104 Freiburg
katrin.wendland@math.uni-freiburg.de

Prof. Dr. Annette Werner
Johann Wolfgang Goethe-Universität
Institut für Mathematik
Robert-Mayer-Straße 8
60325 Frankfurt a.M.
werner@math.uni-frankfurt.de

Der Verlag bedankt sich für die freundliche Unterstützung durch das
Hausdorff Center for Mathematics
Endenicher Allee 62
53115 Bonn
info@hausdorff-center.uni-bonn.de

1. Auflage 2011

Lektorat: Ulrike Schmickler-Hirzebruch | Barbara Gerlach

Vieweg+Teubner Verlag ist eine Marke von Springer Fachmedien.
Springer Fachmedien ist Teil der Fachverlagsgruppe Springer Science+Business Media.
www.viewegteubner.de

Satz: Ulrike Klein, Berlin
Umschlaggestaltung: KünkelLopka Medienentwicklung, Heidelberg
Druck und buchbinderische Verarbeitung: AZ Druck und Datentechnik, Berlin
Gedruckt auf säurefreiem und chlorfrei gebleichtem Papier
Printed in Germany

ISBN 978-3-8348-1414-2

Vorwort

Als Mathematikerinnen werden wir oft gefragt, ob es in der Mathematik denn überhaupt noch Neues zu entdecken gibt. In der Schule lernt man zwar einiges über Dreiecksgeometrie, man differenziert und integriert und berechnet Wahrscheinlichkeiten, aber mit bisher ungelösten Problemen wird man nur selten konfrontiert. Der vorliegende Band soll Antworten auf die Frage geben, wo es in der Mathematik noch Neuland zu entdecken gibt. Fünfundzwanzig Mathematikerinnen berichten über die Forschungsprobleme, die sie faszinieren und zu deren Lösung sie beitragen wollen. Dabei sollten diese Probleme trotz all ihrer Komplexität so dargestellt sein, dass sie verständlich werden für interessierte Leserinnen und Leser, deren mathematische Vorbildung sich auf das in der Schule Gelernte beschränkt. Wir möchten mit diesem Buch gerne die Neugier der Leserinnen und Leser auf Mathematik wecken und sie dazu motivieren, sich intensiver mit dieser spannenden Wissenschaft zu beschäftigen.

Übrigens werden wir als Mathematikerinnen auch häufig gefragt, ob unser Fachgebiet nicht eher eine Männerdomäne sei. Darauf soll dieses Buch eine naheliegende inhaltliche Antwort geben. Schauen Sie sich an den Universitäten in Deutschland doch einmal um: Sie werden international führende Expertinnen für praktisch alle Bereiche der Mathematik unter den Professorinnen finden! Der Weltmathematikerverband IMU hat seit dem 1. Januar 2011 erstmals eine Frau als Präsidentin, und auch an der Spitze der European Mathematical Society EMS steht derzeit eine Frau. Das ist eine erfreuliche, aber ganz und gar nicht abgeschlossene Entwicklung der vergangenen Jahrzehnte – vor zwanzig Jahren noch war jede Mathematik-Professorin in Deutschland eher eine Exotin. In diesem Band haben wir schon eine Auswahl für den Kreis der Autorinnen treffen müssen, wodurch uns sicher eine ganze Reihe exzellenter Beiträge entgangen ist.

Die verschiedenen Kapitel dieses Buches belegen, wie facettenreich moderne Mathematik ist. Die Mathematik ist eine klassische Wissenschaft, die schon in der Antike florierte und die sich ständig weiterentwickelt. Sie ist ein wichtiges Werkzeug in den anderen Naturwissenschaften, unterscheidet sich aber in einer wesentlichen Hinsicht von ihnen: Man kann die eigentlichen Forschungsgegenstände der Mathematik nicht in freier Wildbahn beobachten oder im Labor messen. Die Objekte der Mathematik sind theoretischer Natur, sie entstehen im geistigen Auge derjenigen, die über sie nachdenken, und trotz ihres Abstraktionsgrades üben sie eine große Faszination aus. Viele Forscherinnen und Forscher untersuchen weltweit die Systematik der Objekte in der mathematischen Welt und versuchen, neue Resultate über die schon bekannten Gegenstände zu beweisen und neue Objekte zu entdecken. Diese Weiterentwicklung geschieht sowohl aus reiner Neugier und Forscherdrang als auch inspiriert von technologischen und naturwissenschaftlichen Anwendungsfragen.

Ein Charakteristikum der modernen Mathematik ist ihre verblüffende Nützlichkeit für Anwendungen, selbst wenn diese ursprünglich gar nicht im Fokus der wissenschaftlichen Arbeit standen. Mathematik ist die Sprache der modernen Welt, und dafür findet man jede Menge Beispiele in diesem Buch. Ohne moderne Mathematik gäbe es all die technischen Errungenschaften nicht, auf die wir uns heutzutage sehr selbstverständlich verlassen, wie zum Beispiel Autos, Computer und Mobiltelefone! Mithilfe von Mathematik kann man die unterliegenden Strukturen solcher Anwendungsprobleme analysieren und in einer angemessenen Sprache beschreiben. Mit den Werkzeugen der Mathematik kann man dann Resultate beweisen, die helfen, das Anwendungsproblem zu lösen. Wenn man einmal angefangen hat, solche mathematischen Strukturen zu beschreiben, so ergeben sich sofort viele neue Fragen über ihre Eigenschaften, die auf den ersten Blick vielleicht gar nichts mehr mit Anwendungen zu tun haben.

Die Beiträge in diesem Buch lassen sich ganz grob in vier Themenbereiche gliedern. Es sind allerdings die Verbindungen zwischen den verschiedenen Bereichen der Mathematik gerade besonders spannend, von denen man in diesem Buch sehr viele finden kann. Deswegen haben wir die einzelnen Kapitel alphabetisch nach den Nachnamen der Autorinnen geordnet, anstatt eine inhaltliche Anordnung zu versuchen.

Viele der Beiträge beschäftigen sich mit Fragestellungen, die aus der Geometrie stammen. So erklärt Priska Jahnke in ihrem Beitrag, wie man mit sogenannten elliptischen Kurven moderne Verschlüsselungsverfahren entwickelt. Dem Verständnis der Struktur dieser elliptischen Kurven dient die berühmte Vermutung von Birch und Swinnerton-Dyer, die von Annette Huber-Klawitter in ihrem Artikel erklärt wird. Dabei geht es insbesondere um bestimmte Polynomgleichungen, die wiederum in engem Zusammenhang mit der symmetrischen Struktur von Differentialgleichungen stehen, um die es in Julia Hartmanns Beitrag geht. Der Begriff der Symmetrie lässt sich mathematisch mithilfe der Theorie von Gruppen präzisieren, wie Rebecca Waldecker in ihrem Artikel erläutert. Solche Symmetriegruppen sind zentral für den Brückenschlag von der antiken Theorie der platonischen Körper zur modernen Theorie der Singularitäten in Katrin Wendlands Beitrag. Den Weg vom Satz des Ptolemäus zu den Clusteralgebren, die erst vor wenigen Jahren entdeckt wurden, zeigt uns Karin Baur. Annette Werner erklärt geometrische Phänomene, die auf einem neuen Abstandsbegriff beruhen, den man mithilfe von Primzahlen erklären kann.

Als Diskrete Mathematik bezeichnet man ein Teilgebiet der Mathematik, zu dem man zum Beispiel Eva Feichtners Beitrag zählen kann: Sie erläutert Fragen über Arrangements von Geraden in der Ebene und ihre höherdimensionalen Verwandten, und vor allem darüber, wieviele Arrangements es jeweils geben kann. Solche „enumerativen“ (also Abzählungs-) Probleme sind auch zentral für Hannah Markwigs Beitrag zu dem ganz jungen Gebiet der tropischen Geometrie, das trotz seines Namens nichts mit Palmen und weißen Sandstränden zu tun hat, sehr wohl aber mit Geometrie. In Gabriele Nebes Artikel geht es um besonders dichte Kugelpackungen und ihren Zusammenhang zur Codierungstheorie. Sigrid Knust erklärt die Mathematik hinter optimalen Fahrplänen und anderen Plänen, und in Anne Henkes Beitrag kann man erfahren, welche mathematischen Strukturen sich hinter dem Ziel verbergen, Passagiere möglichst schnell in ein Flugzeug einsteigen zu lassen.

Das große Gebiet der Analysis geht in sehr viele Beiträge ein, insbesondere immer dann, wenn es um Anwendungen oder die Entwicklung von Computerprogrammen geht, die zur Lösung eines mathematischen Problems führen. Dazu erklärt Dorothea Bahns, wie man komplizierte Funktionen durch einfacher beherrschbare approximiert, und in Angela Stevens Beitrag wird mathematisch die schnellste Skateboardbahn analysiert. Heike Faßbender erklärt, wie man komplizierte mathematische Gleichungssysteme auf einfachere Modelle reduziert, zum Beispiel um im Flugzeugbau Tests durch Simulationen durchführen zu können. Auch in Marlis Hochbrucks Beitrag werden numerische Simulationen betrachtet, hier geht es um zeitabhängige Prozesse wie etwa die Bewegung von Himmelskörpern. Corinna Hager und Barbara I. Wohlmuth erläutern, wie man Hindernis- und Kontaktprobleme durch Computer-Modellierungen lösen kann. Auch in Nicole Marheinekes Beitrag geht es um Modellierungen von Problemen im Computer, hier von Spinnprozessen, wie sie bei der Herstellung moderner Fasern anfallen. Andrea Walther erläutert Techniken, mit denen man sogenannte Optimierungsprobleme unter Zuhilfenahme von Computern lösen kann, zum Beispiel um Tragflächen von Flugzeugen zu analysieren.

In den Bereich der Stochastik und Finanzmathematik gehört der Beitrag von Anja Sturm, in dem es um die stochastische Analyse von genetischen Prozessen in der Biologie geht. Nicole Bäuerle und Luitgard A. M. Veraart erläutern in ihrem Beitrag, was vom Standpunkt der Mathematik hinter der Bewertung von Finanzprodukten steckt, den sogenannten Optionen. Vicky Fasen und Claudia Klüppelberg beleuchten die Mathematik hinter der Abschätzung extremer Risiken, auf die sich Versicherungen verlassen, um sehr seltene Schadensereignisse zu analysieren.

Von Günter Ziegler haben wir folgende Analogie übernommen, die von Ralph Boas stammt und die wir sehr treffend finden: Mathematik ist ein geschliffener Diamant mit vielen Facetten. Sie ist faszinierend und schön wie ein Schmuckstück, nützlich wie ein Industriediamant, aber auch extrem hart. Ihre Schönheit eröffnet sie nur den Interessierten, die sich redlich um sie bemühen und bereit sind, auf eine intellektuelle Abenteuerreise zu gehen. Daher möchten wir alle Leserinnen und Leser dazu ermutigen, sich mit etwas Geduld und Hartnäckigkeit und idealerweise mit Schmierpapier und Bleistift (außer dem Computer und dem Papierkorb den Hauptwerkzeugen der Mathematikerin) auf die geschilderten Probleme einzulassen.

Zum Abschluss bedanken wir uns herzlich bei Nahid Shajari, deren tatkräftige und unermüdliche Mithilfe beim Redigieren der Beiträge unverzichtbar war. Unser besonderer Dank gilt ferner Ulrike Schmickler-Hirzebruch vom Vieweg+Teubner Verlag, auf deren Anregung dieser Band zurückgeht, und die uns während der Zusammenstellung des Buches in jeder Hinsicht unterstützt hat. Dieser Band wäre nicht zustande gekommen ohne die beteiligten Mathematikerinnen, die begeistert bereit waren, ihre Forschung einer eher ungewohnten Zielgruppe schmackhaft zu machen. Deshalb bedanken wir uns besonders herzlich bei allen Autorinnen für ihre Mühe.

Freiburg und Frankfurt, im Mai 2011

Inhaltsverzeichnis

1 Approximation von Funktionen

Dorothea Bahns

1.1 Motivation

Eines der wichtigsten Hilfsmittel, das ich als mathematische Physikerin nutze, ist die Approximation von Funktionen durch andere Funktionen. Dabei geht es nicht darum, einen rechentechnischen Vorteil zu erlangen, etwa um Computerberechnungen zu beschleunigen (obwohl dies vereinzelt auch eine Rolle spielen kann). Vielmehr möchte man mithilfe einer Approximation durch Funktionen, deren Eigenschaften man besonders gut kennt, etwas Allgemeines über die approximierten Funktionen selbst lernen.

Im folgenden Text wird anhand eines Beispiels die Effektivität eines solchen Vorgehens illustriert: Wir werden nämlich beweisen, dass jede auf einem abgeschlossenen Intervall stetige Funktion eine Stammfunktion besitzt, indem wir zeigen, dass sich solche Funktionen durch Polynome geeignet approximieren lassen, und verwenden, dass jedes Polynom eine Stammfunktion besitzt. Besonders betont werden soll dabei, dass man bei der Festlegung, was überhaupt mit einer „Approximation" gemeint ist, Freiheiten hat und dass man – je nachdem, welche Eigenschaften die betrachteten Funktionen haben und was man beweisen möchte – einen passenden Approximationsbegriff wählen sollte. Es werden hier nur Begriffe verwendet, die man im Studium der Mathematik bereits im ersten Studienjahr behandelt. Somit sollte der Gedankengang auf der Grundlage der Schulmathematik aus der Oberstufe zumindest im Prinzip vollständig nachvollziehbar sein – wenn auch die formale Sprache der Mathematik für Sie möglicherweise gewöhnungsbedürftig ist. Die behandelten Techniken selbst reichen nicht aus, um die Fragestellungen zu klären, mit denen ich mich in meiner Forschung tatsächlich befasse, ich möchte Ihnen aber klar machen, dass man mithilfe einer Approximation einen schönen und wichtigen Satz beweisen kann, und werde zum Schluss noch kurz auf meine eigene Arbeit eingehen.

In der Darstellung halte ich mich an das Lehrbuch von M. Barner und F. Flohr für das erste Studienjahr [1].

1.2 Folgen und Konvergenz

Aus dem Schulunterricht sind Ihnen wahrscheinlich Folgen und Grenzwerte in den reellen Zahlen $\mathbb{R}$ bekannt, und Sie wissen, dass es Folgen $(a_n)_{n\in\mathbb{N}}$ mit a_n aus $\mathbb{R}$ gibt, die gegen einen endlichen Wert streben (konvergieren), wenn n gegen ∞ geht, und Folgen, die dies nicht tun. Zum Beispiel konvergiert die Folge $a_n = 1/n$ gegen 0, dagegen konvergieren die Folgen $a_n = n$ und $a_n = (-1)^n$ nicht.

Mathematisch fasst man den Begriff der Konvergenz von Folgen reeller Zahlen folgendermaßen:

> Eine Folge $(a_n)_{n\in\mathbb{N}}$ reeller Zahlen konvergiert genau dann gegen einen Wert a in $\mathbb{R}$, wenn es für jede noch so kleine Zahl $\varepsilon > 0$ ein $N \in \mathbb{N}$ gibt, so dass alle Folgenglieder a_n mit $n \geq N$ im Intervall[1] $(a-\varepsilon, a+\varepsilon)$ liegen.

Beachten Sie hier: Für positives ε und eine beliebige reelle Zahl a liegt eine reelle Zahl x (zum Beispiel ein Folgenglied a_n) genau dann im Intervall

[1] Ein Intervall (A,B) besteht aus allen reellen Zahlen x mit $A < x < B$, und ein Intervall $[A,B]$ besteht aus allen reellen Zahlen x mit $A \leq x \leq B$. Im ersten Fall spricht man auch von einem offenen, im zweiten von einem abgeschlossenen Intervall.

$(a-\varepsilon, a+\varepsilon)$, wenn der Abstand von x zu a kleiner ist als ε, wenn also $|x-a| < \varepsilon$ gilt.

Für die Beispiel-Folge mit $a_n = 1/n$ gilt nun für ein beliebiges $\varepsilon > 0$, dass für $N > 1/\varepsilon$ alle Folgenglieder a_n mit $n \geq N$ im Intervall $(-\varepsilon, \varepsilon)$ liegen; schließlich ist $n \geq N > 1/\varepsilon$ gleichbedeutend damit, dass gilt $1/n \leq 1/N < \varepsilon$, und $-\varepsilon$ ist kleiner als $1/n$. Also konvergiert die Folge gegen 0. Im Beispiel $a_n = (-1)^n$ sieht man dagegen schnell, dass die Folge weder gegen 1 noch gegen -1 konvergieren kann: Betrachten Sie zum Beispiel $\varepsilon = \frac{1}{2}$, dann finden Sie kein N, so dass für alle $n \geq N$ alle a_n im Intervall $(-\frac{3}{2}, -\frac{1}{2})$ liegen, da a_n für alle (noch so großen) geraden n gleich 1 ist – und ebenso ist a_n für alle (noch so großen) ungeraden n gleich -1, also nicht im Intervall $(\frac{1}{2}, \frac{3}{2})$. Um zu beweisen, dass es auch keinen anderen Wert als ± 1 geben kann, gegen den diese Folge konvergiert, überlegt man sich, dass es für *jede* reelle Zahl a ein $\varepsilon > 0$ gibt, so dass unendlich viele a_n außerhalb des Intervalls $(a-\varepsilon, a+\varepsilon)$ liegen.

Beachten Sie, dass man allein mithilfe der sauberen Definition von Konvergenz schon zwei abstrakte Aussagen beweisen kann. Erstens: Konvergiert eine Folge gegen einen Wert a, so kann sie nicht auch gegen einen anderen Wert b konvergieren; man spricht daher auch von *dem* Grenzwert einer Folge und schreibt $a = \lim_{n\to\infty} a_n$. Und zweitens gilt: Konvergierende Folgen sind beschränkt, das heißt, es gibt eine Konstante $C \geq 0$, so dass $|a_n| \leq C$ für alle $n \in \mathbb{N}$. Übrigens ist der Grenzwert einer Folge reeller Zahlen, wenn er existiert, automatisch reell.[2]

Wir betrachten nun eine Familie von Funktionen, die von natürlichen Zahlen $n \in \mathbb{N}$ abhängen, zum Beispiel $f_n : [0,1] \to \mathbb{R}$, $f_n(x) = x^n$.

[2] Diese Aussage ist keineswegs so trivial, wie man vielleicht denkt, schließlich ist der Grenzwert einer Folge rationaler Zahlen nicht unbedingt rational. Ein Beispiel dafür ist die rekursiv definierte Folge $a_{n+1} = (a_n + 2/a_n)/2$, die für einen beliebigen Startwert $a_1 > 0$ gegen die irrationale Zahl $\sqrt{2}$ konvergiert, zum Beispiel für $a_1 = 1$.

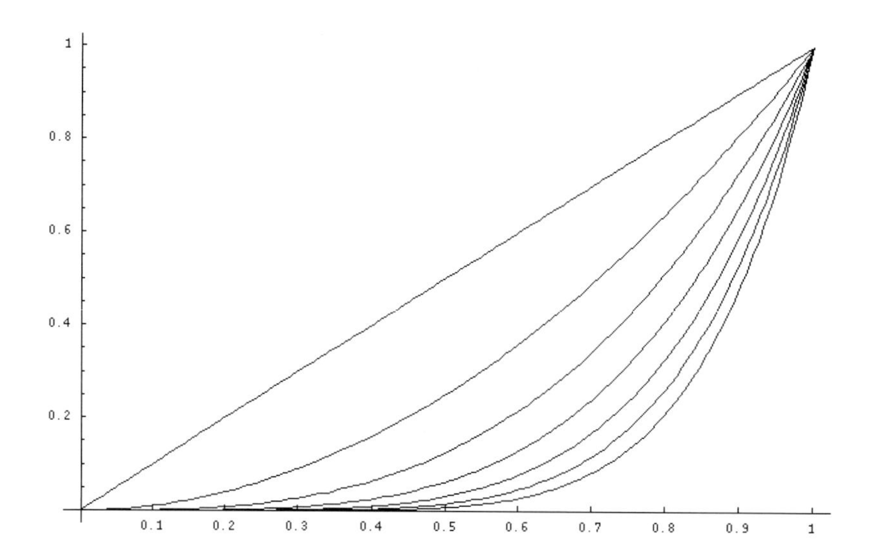

Abbildung 1.1: Graphen der Funktionen $f_n(x) = x^n$ für $n = 1,2,3,4$ bis 7 und für $0 \leq x \leq 1$. Hier ist $f_1(x) \geq f_2(x) \geq \cdots \geq f_7(x)$.

In Abbildung 1.1 sehen Sie die Graphen der Funktionen $f_1, f_2, \ldots, f_7$; zunächst die Gerade f_1, darunter folgt die Parabel f_2, dann f_3 und so weiter bis f_7. Betrachten Sie nun beispielsweise $x = 1$, dann definieren die Funktionswerte $(f_n(1))_{n\in\mathbb{N}}$ eine Folge in $\mathbb{R}$, nämlich die konstante Folge $1, 1, 1, \ldots$. Die Folge der Funktionswerte $(f_n(1/2))_{n\in\mathbb{N}}$ in $x = 1/2$ ergibt die Folge $\frac{1}{2}, \frac{1}{4}, \frac{1}{8}, \ldots$.

Allgemein gilt für eine Folge $(f_n)_{n\in\mathbb{N}}$ von Funktionen $f_n : D \to \mathbb{R}$ mit einem Definitionsbereich D in den reellen Zahlen: Für ein fest gewähltes $x \in D$ ergeben die jeweiligen Funktionswerte $f_n(x)$ eine Folge $(f_n(x))_{n\in\mathbb{N}}$ in den reellen Zahlen. Deren Konvergenzverhalten kann man untersuchen.

In unserem Beispiel mit $f_n : [0,1] \to \mathbb{R}$, $f_n(x) = x^n$, konvergiert beispielsweise die Folge $(f_n(1))_{n\in\mathbb{N}}$ gegen 1 und die Folge $(f_n(1/2))_{n\in\mathbb{N}}$ gegen 0. Tatsächlich lässt sich Folgendes zeigen:

Ist $0 \leq x < 1$, so gilt: $\lim_{n\to\infty} x^n = 0$.

Das heißt, dass unsere Funktionenfolge in jedem Punkt $x \in [0,1]$ gegen einen Wert konvergiert, und zwar gegen 1 für $x = 1$ und sonst gegen 0. Betrachten wir nun die Funktion $f : [0,1] \to \mathbb{R}$ mit $f(x) = 0$ für $0 \leq x < 1$ und $f(1) = 1$, dann gilt: $f(x) = \lim_{n\to\infty} f_n(x)$ für alle $x \in [0,1]$. Das heißt, es gibt eine Funktion f, so dass unsere Beispielfolge von Funktionen in jedem Punkt $x \in [0,1]$ gegen $f(x)$ konvergiert. Man sagt allgemein:

> Eine Folge $(f_n)_{n\in\mathbb{N}}$ von Funktionen $f_n : D \to \mathbb{R}$ konvergiert *punktweise* gegen die Funktion $f : D \to \mathbb{R}$, falls für jedes $x \in D$ gilt $f(x) = \lim_{n\to\infty} f_n(x)$.

Gemäß unserer Diskussion von Folgen in den reellen Zahlen wissen wir schon, dass diese Definition gleichbedeutend ist mit der folgenden:

> Eine Folge $(f_n)_{n\in\mathbb{N}}$ von Funktionen $f_n : D \to \mathbb{R}$ konvergiert punktweise gegen die Funktion f, falls für jedes $x \in D$ gilt: Für jedes $\varepsilon > 0$ gibt es ein $N \in \mathbb{N}$, so dass für alle $n \geq N$ gilt: $|f_n(x) - f(x)| < \varepsilon$.

Natürlich konvergiert nicht jede Folge von Funktionen punktweise; ein Beispiel für eine nirgendwo konvergierende Funktionenfolge ist $(f_n)_{n\in\mathbb{N}}$ mit $f_n(x) = n$.

Zunächst könnte man nun meinen, das sei bereits alles, was man über die Konvergenz von Funktionenfolgen sagen kann. Das ist jedoch ganz und gar nicht der Fall. Um dies einzusehen, befassen wir uns zunächst kurz mit einer ganz anderen, wichtigen Eigenschaft von Funktionen, nämlich mit der Stetigkeit. Vielleicht haben Sie schon eine intuitive Vorstellung davon, dass eine Funktion $f : D \to \mathbb{R}$ genau dann im Punkt $a \in D$ stetig ist, wenn die Funktionswerte $f(a)$ und $f(x)$ beliebig nahe beieinander liegen, falls nur x nahe genug bei a liegt:

> Eine Funktion $f : D \to \mathbb{R}$ heißt stetig in $a \in D$, falls es für jedes (noch so kleine) $\varepsilon > 0$ ein $\delta > 0$ gibt, so dass $|f(x) - f(a)| < \varepsilon$ für alle $x \in D$ mit $|x - a| < \delta$ gilt. Sie heißt stetig, wenn sie in allen $a \in D$ stetig ist.

Beachten Sie, dass in dieser Definition die Zahl δ nicht nur vom gewählten ε, sondern auch von a abhängen kann. Kann man für eine stetige Funktion δ in Abhängigkeit von ε, aber unabhängig von $a \in D$ wählen, so spricht man von *gleichmäßiger* Stetigkeit.

Beispiel 1.1 (Zur Stetigkeit)

Untersuchen wir als Beispiel zur Stetigkeit die Funktion $g : [0,10] \to \mathbb{R}$,

$$g(x) = \begin{cases} 1, & \text{falls } 0 \leq x < 1, \\ 1+x, & \text{falls } 1 \leq x \leq 7, \\ 29-3x, & \text{falls } 7 \leq x \leq 10. \end{cases} \tag{1.1}$$

Diese Funktion ist nicht stetig in $a = 1$: Betrachten Sie etwa $\varepsilon = \frac{1}{2}$. Dann gibt es kein $\delta > 0$, so dass $|g(x) - g(1)|$ für alle $x \in (1-\delta, 1+\delta)$ kleiner als $\frac{1}{2}$ ist. Denn für alle (positiven) x, die kleiner sind als 1, ist $g(x) = 1$, so dass für solche x gilt: $|g(x) - g(1)| = |1-2| = 1 > \frac{1}{2}$. In Abbildung 1.2 sehen Sie den Graphen der Funktion. Eingezeichnet ist für $\varepsilon = \frac{1}{2}$ jeweils auch das Intervall $(g(a) - \varepsilon, g(a) + \varepsilon)$ für $a = 1, 4$, und 7. Für $a = 4$ und $a = 7$ sehen Sie auch die zugehörigen Intervalle $(a - \delta, a + \delta)$ mit dem jeweils größtmöglichen Wert für δ, mit dem die Stetigkeitsbedingung (für $\varepsilon = \frac{1}{2}$) noch erfüllbar ist, nämlich $\delta = \frac{1}{2}$ für $a = 4$ und $\delta = \frac{1}{6}$ für $a = 7$. Der erste Wert folgt direkt aus der Überlegung, dass $|g(x) - g(4)| = |x - 4|$ genau dann kleiner ist als ein gegebenes ε, wenn x im Intervall $(4 - \varepsilon, 4 + \varepsilon)$ liegt. Um den zweiten dieser Werte zu bestimmen, betrachtet man getrennt die Fälle $x \leq 7$ und $x \geq 7$. Im ersten Fall findet man wiederum, dass x größer sein muss als $7 - \varepsilon$, also im Intervall $(7 - \varepsilon, 7]$ liegen muss, damit gilt $|g(x) - g(7)| = |x - 7| < \varepsilon$. Im zweiten Fall muss x kleiner sein als $7 + \frac{\varepsilon}{3}$, also im Intervall $[7, 7 + \frac{\varepsilon}{3})$ liegen, damit gilt $|g(x) - g(7)| = |21 - 3x| < \varepsilon$. Dies liefert im Fall $\varepsilon = \frac{1}{2}$, dass δ das Minimum von $\frac{1}{2}$ und $\frac{1}{6}$ ist. Mit dieser Argumentation kann man allgemein zeigen, dass die Funktion g in allen $a \in [0, 10]$ ungleich 1 stetig ist und insbesondere dass sie stetig ist, wenn wir sie nur auf dem Intervall $[1, 10]$ betrachten.

Im Beispiel hängt die Zahl δ tatsächlich auch von a ab. Allerdings kann man beweisen, dass man für eine auf einem abgeschlossenen Intervall stetige Funktion zu jedem $\varepsilon > 0$ stets ein gemeinsames (kleinstes) $\delta > 0$ finden kann, so dass

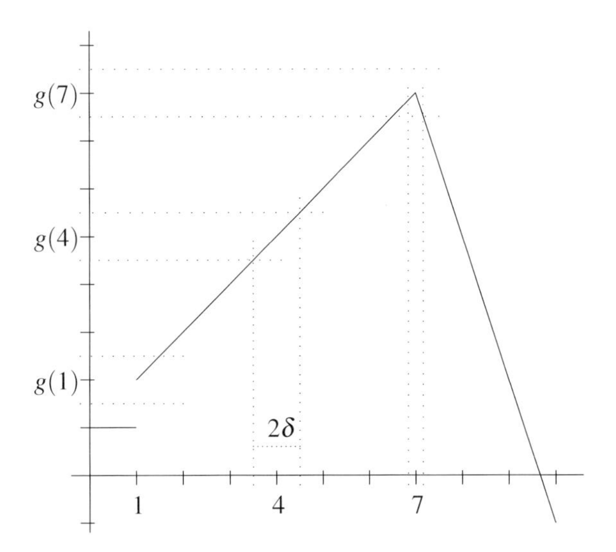

Abbildung 1.2: Graph der durch (1.1) gegebenen Funktion $g : [0,10] \to \mathbb{R}$. Mit eingezeichnet ist für $\varepsilon = \frac{1}{2}$ auch jeweils das Intervall $(g(a) - \varepsilon, g(a) + \varepsilon)$ für die Punkte $a = 1,4$ und 7. Für $a = 4,7$ wurden auch die zugehörigen δ-Intervalle eingezeichnet, siehe Text. Dort wird auch die Unstetigkeit der Funktion in $a = 1$ erläutert.

die Stetigkeitsbedingung (für das gegebene ε) für alle x aus dem Intervall erfüllt ist (für die Funktion g aus dem Beispiel auf dem Intervall $[1,10]$ wäre dies $\delta = \varepsilon/3$). Anders gesagt: Ist eine Funktion auf einem abgeschlossenen Intervall stetig, so ist sie gleichmäßig stetig. Der Beweis dieser Tasache ist übrigens nicht so einfach, wie man vielleicht vermuten könnte!

Kehren wir nun zu unserem Beispiel einer Folge von Funktionen $f_n : [0,1] \to \mathbb{R}$, $f_n(x) = x^n$, zurück. Hier findet man: Die Funktionen f_n sind allesamt stetig, die Grenzfunktion f dagegen nicht. Das Konzept der punktweisen Konvergenz ist also nicht besonders stark, in dem Sinne, dass eine grundlegende Eigenschaft der approximierenden Funktionen unter der Grenzwertbildung nicht erhalten bleibt.

Möchte man, dass eine Folge stetiger Funktionen, wenn sie konvergiert, immer automatisch gegen eine stetige Funktion konvergiert, so muss man einen anderen Konvergenz-Begriff verwenden, den der gleichmäßigen Konvergenz:

Eine Folge $(f_n)_{n\in\mathbb{N}}$ von Funktionen $f_n : D \to \mathbb{R}$ konvergiert *gleichmäßig* gegen die Funktion $f : D \to \mathbb{R}$, falls es für jedes $\varepsilon > 0$ ein $N \in \mathbb{N}$ gibt, so dass für alle $n \geq N$ gilt: $|f_n(x) - f(x)| < \varepsilon$ für alle $x \in D$.

Konvergiert die Folge $(f_n)_{n\in\mathbb{N}}$ gleichmäßig gegen f, so sagen wir auch: Die Funktionen f_n approximieren f gleichmäßig.

Beachten Sie die Reihenfolge in der obigen Definition im Vergleich zur Definition der punktweisen Konvergenz! Damit gleichmäßige Konvergenz vorliegt, muss N unabhängig von x, also für alle $x \in D$ gleich gewählt werden können.

Es gilt nun folgender Satz:

Satz 1.1

Es sei $(f_n)_{n\in\mathbb{N}}$ eine Folge von Funktionen, die gleichmäßig gegen die Grenzfunktion f konvergiert. Dann gilt: Sind die f_n stetig in a, so ist auch f stetig in a.

Beweis

Wir müssen zeigen, dass es für jedes $\varepsilon > 0$ ein $\delta > 0$ gibt, so dass $|f(x) - f(a)| < \varepsilon$ für $|x - a| < \delta$. Es sei also $\varepsilon > 0$ vorgegeben. Da die Folge $(f_n)_{n\in\mathbb{N}}$ gleichmäßig gegen f konvergiert, gibt es ein $N \in \mathbb{N}$, so dass für alle $n \geq N$ gilt: $|f_n(x) - f(x)| < \varepsilon/3$ für alle $x \in D$. Insbesondere gilt dies auch für $x = a$ und für $n = N$. Dass man hier $\varepsilon/3$ betrachten kann, ergibt sich natürlich aus der Definition der gleichmäßigen Konvergenz: Es gibt ein solches N für alle positiven reellen Zahlen, also auch für $\varepsilon/3$. Wir schreiben nun

$$f(x) - f(a) = f(x) \underbrace{- f_N(x) + f_N(x)}_{=0} \underbrace{- f_N(a) + f_N(a)}_{=0} - f(a).$$

Der Betrag $|\cdot|$ erfüllt die sogenannte Dreiecksungleichung $|w + u| \leq |w| + |u|$ für alle $u, w \in \mathbb{R}$ (hier ohne Beweis), somit folgt:

$$\begin{aligned} |f(x) - f(a)| &\leq |f(x) - f_N(x)| + |f_N(x) - f_N(a)| + |f_N(a) - f(a)| \\ &< \tfrac{\varepsilon}{3} + |f_N(x) - f_N(a)| + \tfrac{\varepsilon}{3} \end{aligned}$$

für alle $x \in D$. Nach Voraussetzung sind die Funktionen f_n alle stetig in a, insbesondere ist also f_N stetig in a. Somit gibt es ein $\delta > 0$, so dass

$$|f_N(x) - f_N(a)| < \frac{\varepsilon}{3}$$

für alle $|x-a| < \delta$. Daraus folgt die Behauptung. □

Sie sehen, weshalb für diesen Beweis die Gleichmäßigkeit der Konvergenz verlangt wurde: Bei punktweiser Konvergenz kann man (für gegebenes ε) im Allgemeinen kein gemeinsames N für alle $x \in D$ finden.

Aus dem Satz können wir direkt folgern, dass die Konvergenz unserer Beispielfolge $(f_n)_{n\in\mathbb{N}}$ mit $f_n(x) = x^n$ auf $[0,1]$ nicht gleichmäßig sein kann: Wenn sie es wäre, müßte die Grenzfunktion f stetig sein. Beachten Sie aber: Satz 1.1 besagt natürlich nicht, dass Folgen (stetiger) Funktionen, die nur punktweise konvergieren, nie gegen stetige Funktionen streben! Beispielsweise konvergiert die Exponentialreihe auf $\mathbb{R}$ punktweise, aber nicht gleichmäßig gegen die stetige (!) Exponentialfunktion.

1.3 Bernstein-Polynome

Im vorigen Abschnitt haben wir gesehen, dass eine Folge stetiger Funktionen, die gleichmäßig konvergiert, gegen eine stetige Funktion konvergiert. Umgekehrt gibt es für eine gegebene stetige Funktion f Folgen stetiger Funktionen, die gleichmäßig gegen f konvergieren. Insbesondere konvergiert natürlich die Folge $(f_n)_{n\in\mathbb{N}}$ mit $f_n = f$ für alle n, also die konstante Folge, gleichmäßig gegen f. Eine wichtige Frage ist nun: Gibt es eine *Teilmenge* der stetigen Funktionen, die zur gleichmäßigen Approximation *aller* stetigen Funktionen ausreicht?

Wir werden gleich sehen: Tatsächlich kann jede stetige Funktion auf einem abgeschlossenenen Intervall gleichmäßig durch Polynome (also sehr spezielle stetige Funktionen) approximiert werden.

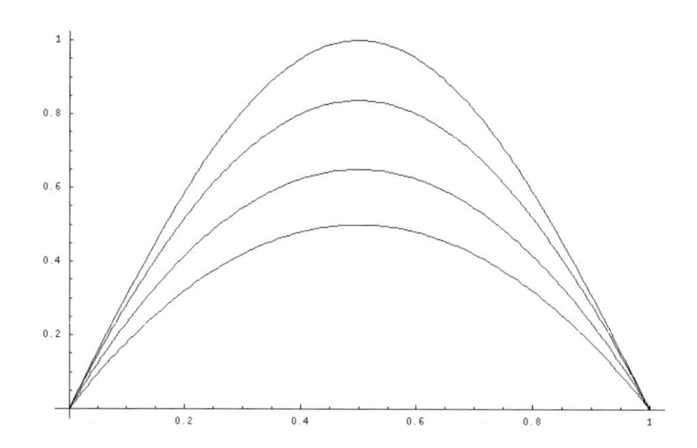

Abbildung 1.3: $f(x) = \sin(\pi x)$ auf $[0,1]$ und die zugehörigen Bernstein-Polynome f_n für $n = 1, 2, 3$ und 7. Es ist $0 = f_1(x) \leq f_2(x) \leq f_3(x) \leq f_7(x) \leq f(x)$ für $x \in [0,1]$.

Zum Beweis definieren wir zunächst die zu einer stetigen Funktion $f : [0,1] \to \mathbb{R}$ gehörenden *Bernstein-Polynome* f_n: Für $n \in \mathbb{N}$ setzt man

$$f_n(x) := \sum_{k=0}^{n} f\left(\frac{k}{n}\right) \cdot \binom{n}{k} \cdot x^k (1-x)^{n-k}, \quad \text{wobei } \binom{n}{k} = \frac{n!}{(n-k)!k!}.$$

Hierbei ist $n!$ die sogenannte Fakultät von n, also das Produkt aller Zahlen von 1 bis n, $n! = n \cdot (n-1) \cdot (n-2) \cdots 2 \cdot 1$ mit der Konvention $0! = 1$. Es ist zudem $x^0 = 1$. Offensichtlich ist f_n eine polynomiale Funktion, deren Grad höchstens n ist.

Als Beispiel berechnen wir die ersten drei Bernstein-Polynome der Funktion $f : [0,1] \to \mathbb{R}$, $f(x) = \sin(\pi x)$,

$$\begin{aligned}
f_1(x) &= \sin(0) \cdot (1-x) + \sin(\pi) \cdot x = 0, \\
f_2(x) &= \sin(0) \cdot (1-x)^2 + \sin(\tfrac{\pi}{2}) \cdot 2 \cdot x(1-x) + \sin(\pi) \cdot x^2 \\
&= -2\sin(\tfrac{\pi}{2}) \cdot x^2 + 2\sin(\tfrac{\pi}{2}) \cdot x, \\
f_3(x) &= 3(\sin(\tfrac{\pi}{3}) - \sin(\tfrac{2\pi}{3})) \cdot x^3 + 3(-2\sin(\tfrac{\pi}{3}) + \sin(\tfrac{2\pi}{3})) \cdot x^2 + 3\sin(\tfrac{\pi}{3}) \cdot x.
\end{aligned}$$

Die Graphen dieser Funktionen sowie des siebten Bernstein-Polynoms, dessen explizite Form hier nicht aufgeführt wird, sehen Sie in Abbildung 1.3. Beachten

Sie: Es ist $0 = f_1(x) \le f_2(x) \le f_3(x) \le f_7(x) \le f(x)$ für $x \in [0,1]$, dass heißt, die Bernstein-Polynome nähern sich der Funktion f von unten.

Nun betrachten wir die Bernstein-Polynome gewisser polynomialer Funktionen. Hier können wir *alle* Bernstein-Polynome explizit bestimmen, indem wir die auftretenden Ausdrücke auf die binomische Formel

$$(a+b)^n = \sum_{k=0}^{n} \binom{n}{k} \cdot a^k b^{n-k} \qquad \text{für alle } a,b \in \mathbb{R},\ n \in \mathbb{N},$$

zurückführen.

Für $f : [0,1] \to \mathbb{R}$, $f(x) = 1$, ist zum Beispiel

$$f_n(x) = \sum_{k=0}^{n} \binom{n}{k} \cdot x^k (1-x)^{n-k} = (x+1-x)^n = 1 \qquad \text{für alle } n \in \mathbb{N},$$

und für $f : [0,1] \to \mathbb{R}$, $f(x) = x$, finden wir, ebenfalls für alle $n \in \mathbb{N}$,

$$\begin{aligned} f_n(x) &= \sum_{k=0}^{n} \frac{k}{n} \cdot \binom{n}{k} \cdot x^k (1-x)^{n-k} &= \sum_{k=1}^{n} \frac{k \cdot n!}{n \cdot k!(n-k)!} x^k (1-x)^{n-k} \\ &= \sum_{k=1}^{n} \binom{n-1}{k-1} \cdot x^k (1-x)^{n-k} &= x \sum_{j=0}^{n-1} \binom{n-1}{j} \cdot x^j (1-x)^{n-1-j} = x. \end{aligned}$$

Um von der ersten zur zweiten Zeile zu gelangen, haben wir verwendet, dass gilt $n!/n = n(n-1)(n-2)\cdots 1/n = (n-1)!$ und ebenso $k/k! = 1/(k-1)!$. Im vorletzten Rechenschritt wurde der Summationsindex verschoben, wir ersetzen also die Summe über k von 1 bis n durch eine Summe über $j = k-1$ von 0 bis $n-1$. Wegen $x^k = x^{j+1}$ kann man hier ein x vor die Summe ziehen[3], und die Summe selbst ergibt nach der binomischen Formel $(x+1-x)^{n-1} = 1$.

Die Bernstein-Polynome f_n polynomialer Funktionen f stimmen jedoch nicht immer mit diesen überein, es gilt also nicht immer $f_n = f$, wie das folgende

[3] Das ist natürlich das Distributiv-Gesetz:
Es gilt $\sum_{j=0}^{n-1} c_j x^{j+1} = c_0 x^1 + c_1 x^2 + \cdots + c_{n-1} x^n = x(c_0 + c_1 x^1 + \ldots c_{n-1} x^{n-1}) = x \sum_{j=0}^{n-1} c_j x^j$ für beliebige c_j.

Beispiel zeigt. Für $f : [0,1] \to \mathbb{R}$, $f(x) = x(1-x)$, ergibt nämlich eine ähnliche Rechnung wie oben:

$$f_n(x) = \left(1 - \tfrac{1}{n}\right) x(1-x)\,.$$

Für diese drei Beispiele polynomialer Funktionen sieht man schnell ein, dass die Folge $(f_n)_{n\in\mathbb{N}}$ gleichmäßig gegen f konvergiert.

Satz 1.2

Ist $f : [0,1] \to \mathbb{R}$ stetig, so konvergiert die Folge der zugehörigen Bernstein-Poynome gleichmäßig gegen f.

Um diesen Satz zu beweisen, muss man zeigen, dass es zu einem vorgegebenen beliebig kleinen positiven ε ein $N \in \mathbb{N}$ gibt, so dass für alle $n \geq N$ gilt:

$$|f(x) - f_n(x)| < \varepsilon \qquad \text{für alle } x \in [0,1]\,.$$

Im Beweis (siehe [1, S. 324ff.]) schätzt man hierzu die Ausdrücke $|f(x) - f(k/n)|$ auf geschickte Art und Weise ab, unter Verwendung der Tatsache, dass f gleichmäßig stetig ist, da – wie bereits erwähnt wurde – jede auf einem abgeschlossenen Intervall stetige Funktion gleichmäßig stetig ist. Wie Sie im Beweis von Satz 1.1 bereits gesehen haben, muss man für derartige Abschätzungen die Funktion f nicht explizit kennen.

Es ist möglich, Satz 1.2 auf beliebige Intervalle $[a,b]$ zu verallgemeinern. Damit folgt dann der sogenannte Approximationssatz von Weierstraß:

Satz 1.3

Ist $f : [a,b] \to \mathbb{R}$ stetig, so gibt es eine Folge polynomialer Funktionen, die f gleichmäßig approximiert.

1.4 Eine Anwendung

Nun habe ich noch nicht motiviert, inwiefern es von Interesse sein kann, Funktionen mit bestimmten Eigenschaften durch andere Funktionen mit bestimmten, typischerweise spezielleren Eigenschaften zu approximieren. Wie eingangs betont, geht es mir dabei nicht um einen rechentechnischen Vorteil, etwa für Berechnungen auf einem Computer, sondern darum, allgemeine Eigenschaften der Funktionen-Klasse, die eigentlich von Interesse ist, mithilfe von geeigneten Approximationen zu beweisen. Im diesem Abschnitt möchte ich, wiederum [1] folgend, ein Beispiel für einen Beweis dieses Typs skizzieren. Um den Rahmen nicht zu sprengen, ist dieser Abschnitt knapper gehalten als die vorangehenden; die wesentliche Idee sollte hoffentlich dennoch zugänglich sein.

Im gesamten Abschnitt sei der Einfachheit halber der Definitionsbereich D der betrachteten Funktionen stets ein Intervall oder ganz $\mathbb{R}$. Wir beginnen mit der Definition der Differenzierbarkeit.

Eine Funktion $f: D \longrightarrow \mathbb{R}$ heißt *differenzierbar* in $a \in D$, falls der Grenzwert

$$\lim_{x \to a} \frac{f(x) - f(a)}{x - a}$$

existiert. Wir schreiben für diesen Grenzwert $f'(a)$ und nennen diese reelle Zahl die Ableitung von f an der Stelle a. Ist f differenzierbar in allen $a \in D$, so heißt f differenzierbar. In diesem Fall definiert die Vorschrift $x \longmapsto f'(x)$ eine Funktion $f': D \longrightarrow \mathbb{R}$, die sogenannte Ableitung von f.

Wir haben oben bewiesen, dass der Grenzwert einer gleichmäßig konvergierenden Folge stetiger Funktionen stetig ist. Eine ähnliche Aussage gilt für Folgen differenzierbarer Funktionen:

Satz 1.4
Es sei $(g_n)_{n \in \mathbb{N}}$ eine Folge von in $D = [a,b]$ differenzierbaren Funktionen. Existiert der Grenzwert $\lim_{n \to \infty} g_n(y)$ an wenigstens einer Stelle $y \in D$ und ist die Folge der Ableitungen $(g'_n)_{n \in \mathbb{N}}$ gleichmäßig konvergent, so gilt: $(g_n)_{n \in \mathbb{N}}$ konvergiert gleichmäßig gegen eine differenzierbare Funktion g, und es gilt

$$g'(x) = \lim_{n \to \infty} g'_n(x) \qquad \text{für alle } x \in D\,.$$

Beweis
Siehe zum Beispiel [1, Kap. 9.5].

Beachten Sie, dass der obige Satz eine Aussage darüber macht, wann die Grenzwertbildung mit der Operation „Differenzieren“ vertauscht werden darf, denn es ist $g = \lim_{n\to\infty} g_n$, und somit gilt unter den Voraussetzungen des Satzes $\left(\lim_{n\to\infty} g_n\right)' = \lim_{n\to\infty} g_n'$.

Beachten Sie zudem, dass die Aussage von Satz 1.4 im Allgemeinen nicht stimmt, wenn man nur gleichmäßige Konvergenz der Folge $(g_n)_{n\in\mathbb{N}}$ voraussetzt – selbst wenn die Grenzfunktion differenzierbar ist. Beispielsweise konvergiert die Folge $(g_n)_{n\in\mathbb{N}}$ mit $g_n(x) = \sin(nx)/n$ gleichmäßig gegen die Null-Funktion (das zeigt man, indem man ausnutzt, dass $|\sin(nx)|$ für alle $n \in \mathbb{N}$ und alle $x \in \mathbb{R}$ kleiner oder gleich 1 ist). Die Null-Funktion ist natürlich differenzierbar, ihre Ableitung ist wiederum die Null-Funktion. Für die Folge der Ableitungen $g_n'(x) = \cos(nx)$ gilt jedoch $\lim_{n\to\infty} g_n'(0) = 1 \neq 0$.

Wir werden nun sehen, dass wir mithilfe von Satz 1.4 und dem Approximationssatz von Weierstraß 1.3 beweisen können, dass jede auf einem abgeschlossenen Intervall stetige Funktion eine Stammfunktion besitzt. Stammfunktionen kennen Sie vielleicht aufgrund ihres Zusammenhangs mit dem Integralbegriff aus der Schule. Wir verwenden hier folgende Definition:

> Gibt es zu einer Funktion f eine Funktion F, so dass $F' = f$ gilt, so nennt man F eine *Stammfunktion* von f.

Man zeigt leicht mithilfe der Definition: Besitzt f eine Stammfunktion F, so erhält man alle Stammfunktionen von f durch Addition von Konstanten (denn ist G eine weitere Stammfunktion, so ist die Ableitung von $F - G$ die Null-Funktion, somit ist $F - G$ konstant).

Satz 1.5

Es sei $f : [a,b] \to \mathbb{R}$ stetig. Dann besitzt f eine Stammfunktion.

Beweis

Nach dem Approximationssatz von Weierstraß 1.3 gibt es eine Folge $(f_n)_{n\in\mathbb{N}}$ polynomialer Funktionen, die f gleichmäßig approximiert. Jedes Polynom besitzt eine Stammfunktion (hier ohne Beweis; für jede Konstante c gilt: $(x^n + c)' = nx^{n-1}$), also gibt es

Funktionen F_n, so dass $F_n' = f_n$ gilt. Wir setzen die Konstanten so fest, dass $F_n'(a)$ für alle $n \in \mathbb{N}$ gleich 0 ist. Insbesondere existiert also der Grenzwert $\lim_{n\to\infty} F_n'(a)$. Nach Voraussetzung konvergiert außerdem $(F_n')_{n\in\mathbb{N}}$ gleichmäßig (da $F_n' = f_n$), also sind die Voraussetzungen von Satz 1.4 erfüllt. Die Folge $(F_n)_{n\in\mathbb{N}}$ konvergiert daher gleichmäßig, und es gilt

$$F'(x) \overset{\text{Satz 1.4}}{=} \lim_{n\to\infty} F_n'(x) = \lim_{n\to\infty} f_n(x) = f(x) \qquad \text{für alle } x \in D\,.$$

Wir haben also eine ganz allgemeine Eigenschaft stetiger Funktionen mithilfe der gleichmäßigen Approximation durch Polynome bewiesen. Der Clou war dabei zu zeigen, dass wir unter bestimmten Voraussetzungen bestimmte Operationen (hier: Differenzieren) mit der Grenzwertbildung vertauschen dürfen und so Eigenschaften der approximierenden Funktionen (hier: Polynome) auf die approximierten Funktionen (hier: stetige Funktionen) übertragen können. Beachten Sie: Der Begriff der punktweisen Konvergenz hätte hierfür nicht ausgereicht.

Man kann Satz 1.5 auch auf eine andere Art beweisen, indem man etwa das Integral selbst über eine geeignete Approximation definiert.

1.5 Zum Schluss

Es gibt außer der punktweisen und der gleichmäßigen Konvergenz auch ganz andere Begriffe der Konvergenz von Funktionenfolgen. Und je nachdem, welche Eigenschaften die betrachteten Funktionen haben und welche dieser Eigenschaften unter der Bildung von Grenzwerten erhalten bleiben sollen, wählt man sich den passenden Konvergenzbegriff aus. Sehr wichtig ist beispielsweise auch die sogenannte *Konvergenz im quadratischen Mittel*: Eine Funktionenfolge $(f_n)_{n\in\mathbb{N}}$ strebt gegen eine Grenzfunktion f im quadratischen Mittel, falls es für alle $\varepsilon > 0$ ein $N \in \mathbb{N}$ gibt, so dass

$$\int |f_n(x) - f(x)|^2 dx < \varepsilon$$

für alle $n \geq N$. Um zu erklären, was mit dem Integralzeichen gemeint ist, muss zwar einiges an Arbeit geleistet werden, danach ist jedoch dieser Konvergenzbegriff sogar für gewisse Verallgemeinerungen von Funktionen definiert, die in einzelnen Punkten gar keine endlichen Funktionswerte besitzen müssen. Allerdings ist der Konvergenzbegriff nur sinnvoll, wenn für alle betrachteten Funktionen g (insbesondere für die f_n der Folge) gilt

$$\int |g(x)|^2 dx < \infty .$$

Man nennt diese Eigenschaft Quadratintegrierbarkeit, und dies ist gerade auch die Eigenschaft, die unter der Bildung von Grenzwerten im quadratischen Mittel erhalten bleibt. Quadratintegrierbare Funktionen spielen übrigens unter anderem in der Quantenmechanik eine große Rolle.

Betrachtet man Funktionen, auf die verschiedene Definitionen der Konvergenz von Funktionen-Folgen angewendet werden können, so kann man vergleichen, wie stark diese Konvergenzbegriffe relativ zueinander sind. Beispielsweise konvergiert, wie wir gesehen haben, jede gleichmäßig konvergente Funktionenfolge auch punktweise – aber die umgekehrte Aussage gilt nicht. Wir sagen daher: Gleichmäßige Konvergenz ist stärker als punktweise Konvergenz (im Sinne von: „Die Bedingung ist schärfer. Sie ist schwieriger zu erfüllen, schränkt stärker ein.“).

Die Funktionenräume und die zugehörigen Begriffe von Konvergenz, die in meiner Arbeit eine Rolle spielen, sind komplizierter als der oben behandelte Raum der stetigen Funktionen und die punktweise beziehungsweise gleichmäßige Konvergenz oder die Konvergenz im quadratischen Mittel. Dennoch verwende ich ähnliche Konzepte wie das oben skizzierte bei der Untersuchung gewisser Fragestellungen, die im Rahmen meiner Forschung auftreten.

Zunächst geht es dabei eigentlich darum, Eigenschaften sogenannter nichtkommutativer Räume zu verstehen. Solche Räume gelten als (bislang noch sehr grobe) Modelle, um eine mögliche Modifikation der glatten Raumzeit-Struktur bei sehr kleinen Skalen zu beschreiben. Besonders interessant ist es, quantenfeldtheoretische Modelle (also Theorien, die, zumindest im Prinzip, auch bei der Beschreibung von Elementarteilchen verwendet werden) auf solchen Räumen zu definieren und zu untersuchen. In einem bestimmten solchen Raum, dem sogenannten Moyalraum, tritt dabei ein Problem auf, das möglicherweise unter Zuhilfenahme von Funktionen eines speziellen Typs lösbar ist, nämlich mit sogenannten Gelfand-Shilov-Funktionen vom Typ S. In den konkreten Beweisen stellt es sich teilweise als hilfreich heraus, nicht mit diesen Funktionen selbst zu arbeiten, sondern mit Approximationen durch spezielle Funktionen, den sogenannten Hermite-Funktionen, deren Eigenschaften wohlbekannt sind. Im Sinne der obigen Diskussion dürfte es Sie nicht erstaunen, dass es dabei sehr wichtig ist, einen geeigneten Approximationsbegriff zu wählen, damit man aus den Eigenschaften der Hermite-Funktionen überhaupt Schlussfolgerungen über das Verhalten der Gelfand-Shilov-Funktionen ziehen kann und somit letztendlich das quantenfeldtheoretische Modell und die nichtkommutative Raumzeit besser versteht.

Literatur

[1] BARNER, M., FLOHR, F.: Analysis Band 1. de Gruyter, 5. Aufl. 2000

[2] Die Abbildungen 1.1 und 1.3 wurden mit Mathematica® erstellt.

Die Autorin:

Prof. Dr. Dorothea Bahns
Courant Research Centre „Higher Order Structures in Mathematics“
Universität Göttingen
Bunsenstr. 3–5
37073 Göttingen
bahns@uni-math.gwdg.de

2 Einblicke in die Finanzmathematik: Optionsbewertung und Portfolio-Optimierung

Nicole Bäuerle und Luitgard A. M. Veraart

Die Finanzmathematik ist innerhalb der Mathematik ein hochaktuelles und relativ junges Forschungsgebiet. Ihr Ziel ist es, Finanzmärkte mit mathematischen Modellen zu beschreiben, um so fundierte Entscheidungen zu ermöglichen.

In diesem Kapitel sollen zwei klassische Probleme der Finanzmathematik vorgestellt werden: die Optionsbewertung und die Portfolio-Optimierung.

Was aber genau sind Optionen? Wie kann man einen fairen Preis für sie ermitteln? Wir werden bei der Beantwortung dieser Fragen Einblicke in eine auf Fischer Black, Myron S. Scholes und Robert C. Merton zurückgehende Theorie geben, die 1997 mit dem Nobelpreis für Wirtschaftswissenschaften[1] ausgezeichnet wurde und bis heute in der finanzmathematischen Forschung und in der Praxis eine entscheidende Rolle spielt.

Nach unserem Ausflug in die Welt der Optionen werden wir uns mit optimalen Investitionsentscheidungen in Finanzmärkten beschäftigen. Wir werden sehen, was ein Kriterium für die Optimalität einer Investitionsstrategie sein könnte. Mit diesem Ansatz werden wir dann eine erste optimale Strategie ermitteln.

[1] Der Nobelpreis wurde nur an M. S. Scholes und R. C. Merton verliehen, da F. Black zum Zeitpunkt der Verleihung schon verstorben war.

Abschließend werden wir aktuelle Forschungsgebiete in der Finanzmathematik aufzeigen.

2.1 Was sind Optionen?

Eine Option ist ein spezielles *Recht*, das in Finanzmärkten gehandelt wird. Der Käufer der Option erwirbt das *Recht* (aber nicht die Pflicht), ein bestimmtes (Finanz-)Gut in einer *vereinbarten Menge* und zu einem *vereinbarten Preis* zu einem späteren Zeitpunkt zu *kaufen* oder zu *verkaufen*. Keinesfalls handelt es sich um eine Pflicht, das heißt, der Optionskäufer allein kann entscheiden, ob er die Option ausübt oder verfallen lässt. Ist dieses Wahlrecht nicht vorhanden, so spricht man in der Regel von einem Termingeschäft. Das zugrundeliegende Finanzgut der Option nennt man auch *Basiswert*. Dieser kann zum Beispiel eine bestimmte Aktie sein, ein Index (zum Beispiel der DAX), Fremdwährungen oder Zinssätze. Den vereinbarten Preis nennt man Ausübungspreis. Kann die Option nur zum Ende der Laufzeit ausgeübt werden, so handelt es sich um eine *europäische Option*, kann die Option jederzeit innerhalb der Frist ausgeübt werden, so spricht man von einer *amerikanischen Option*. Besteht das Recht zum *Kauf* des Finanzguts, so spricht man von einer *Call-Option*, besteht das Recht zum *Verkauf*, so spricht man von einer *Put-Option*.

Beispiel 2.1

Wir betrachten einen Investor, der heute eine Aktie der Bank *PerfectInvestment* für 50 € gekauft hat. Er erwirbt zusätzlich noch eine europäische Put-Option auf eine Aktie der Bank *PerfectInvestment* mit einer Laufzeit von einem Jahr und einem Ausübungspreis von 40 €. Der Investor hat als Besitzer der Put-Option das Recht, nach einem Jahr zu entscheiden, ob er seine Aktie von *PerfectInvestment* für 40 € verkaufen möchte. Falls nach einem Jahr der Preis der Aktie unter 40 € gefallen ist, kann er seine Put-Option ausüben und seine Aktie für 40 € verkaufen. Falls der Preis allerdings über 40 € liegt, ist es besser, das Verkaufsrecht, das die Put-Option darstellt, nicht wahrzunehmen und die Aktie zum höheren Marktpreis zu verkaufen. Der Investor konnte sich mit der Put-Option gegen das Risiko absichern, dass die Aktie zu sehr an Wert verliert.

2.2 Das No-Arbitrage-Prinzip

Optionen werden offenbar nur dann ausgeübt, wenn der Käufer einen Gewinn erzielen kann. Ein Verlust wird nie realisiert. Deshalb haben Optionen einen Preis, der bei Vertragsabschluss vom Käufer gezahlt werden muss. Nur wie wird ein solcher Preis festgelegt? Dafür betrachten wir den in der Finanzmathematik zentralen Begriff der *Arbitrage*. Was versteht man darunter?

Arbitrage ist ein risikoloser Ertrag ohne eigenen Kapitaleinsatz.

Im folgenden Beispiel sehen wir, was eine Arbitrage-Möglichkeit in einem Finanzmarkt sein könnte.

Beispiel 2.2
Eine Aktie wird in New York und Frankfurt gehandelt. In New York kostet sie 100 $ und in Frankfurt 93 €. Der Wechselkurs sei 1$ = 0,94 €. Wir nehmen an, dass der Zinssatz für Guthaben und Schulden gleich null ist. Wir betrachten nun einen Investor, der wie folgt investiert: Er leiht sich 93 000 € von der Bank und kauft davon 1000 Aktien in Frankfurt. Er verkauft nun diese Aktien in New York und erhält dafür 100 000 $, die er in Euro wechselt und deswegen 94 000 € erhält. Davon zahlt er den Kredit von 93 000 € bei der Bank zurück, und übrig bleibt: ein risikoloser Ertrag von 1 000 €!

Natürlich wären wir gerne in der Position dieses Investors, nur sind solche Arbitrage-Möglichkeiten äußerst selten. Denn durch eine solche Möglichkeit würde die Nachfrage für die Aktie in Frankfurt steigen, was zu einem Preisanstieg der Aktie und damit zu einem Verschwinden der Arbitrage-Möglichkeit führen würde.

Deswegen nehmen wir im Folgenden an, dass das ökonomische Postulat gilt:

Es gibt keine Arbitrage – No Arbitrage!

Man kann mathematisch genau quantifizieren, wann Märkte Arbitrage-frei sind, aber das würde etwas zu weit führen. Wir fragen uns vielmehr, welche Konsequenzen die No-Arbitrage-Annahme hat.

Die wichtigste Konsequenz ist das sogenannte *Gesetz von einem Preis*: Haben zwei Finanzprodukte morgen den gleichen Wert, wie auch immer sich der Markt von heute auf morgen entwickelt, so müssen die Werte auch heute schon übereinstimmen, anderenfalls ist eine Arbitrage-Möglichkeit gegeben.

Diese Idee kann man nun zur Bewertung von Optionen ausnutzen. Falls man die Auszahlung dieser Option durch ein anderes Finanzprodukt so nachbilden kann, dass beide zum Ende der Laufzeit den gleichen Wert haben, wie auch immer sich der Markt entwickelt, so müssen diese beiden Finanzprodukte heute schon den gleichen Wert haben. Ideal wäre es, wenn der heutige Wert dieses zweiten Finanzproduktes einfach zu ermitteln wäre. Das ist zum Beispiel dann der Fall, wenn das zweite Finanzprodukt eine Zusammenstellung (ein sogenanntes Portfolio) aus verschiedenen elementaren Anlagemöglichkeiten (zum Beispiel einer Aktie und dem Bankkonto) ist. Von diesen Anlagemöglichkeiten können wir heute den Wert direkt ablesen. Wir fassen das zentrale Ergebnis zusammen:

Idee zur Bestimmung eines Optionspreises:

- Konstruiere ein Portfolio zum Beispiel aus Aktien und Bankkonto, das die gleiche Endauszahlung wie die zu bewertende Option hat. Man nennt ein solches Portfolio auch *Replikationsportfolio* oder *Hedgeportfolio*.
- Aus dem No-Arbitrage-Prinzip folgt:
  heutiger Optionspreis = heutiger Wert des Replikationsportfolios.

Im Folgenden werden wir diese Ergebnisse in einem Beispiel anwenden.

2.3 Ein erstes Beipiel zur Preisbestimmung

Wir betrachten eine europäische Call-Option auf eine Aktie, die in einem Jahr fällig wird, das heißt, der Besitzer dieser Option hat das Recht, eine Aktie nach einem Jahr zu einem gewissen Ausübungspreis K zu kaufen. Der Kurs der Aktie heute sei S_0, und in einem Jahr sei er S_1.

Der Anfangskurs S_0 ist also bekannt und soll in unserem Beispiel 10 € betragen. Den Ausübungspreis setzen wir bei $K = 15$ € fest, das heißt, der Käufer der Option darf in einem Jahr die Aktie zum Preis von 15 € kaufen. Der Preis der Aktie in einem Jahr ist heute noch unbekannt. Wir nehmen an, dass S_1 nur zwei mögliche Werte annehmen kann: S_1 kann mit einer Wahrscheinlichkeit von p auf den Preis 20 € steigen, wobei $0 < p < 1$, und mit einer Wahrscheinlichkeit von $1 - p$ auf 7,50 € fallen.

Mathematisch gesehen ist S_1 eine Zufallsvariable. Eine Zufallsvariable ist eine Funktion, die einem Ergebnis eines Zufallsexperimentes einen Wert zuweist. Wir können uns das hier so vorstellen, dass das Zufallsexperiment ein Münzwurf einer nicht unbedingt fairen Münze ist. Falls die Münze *Zahl* anzeigt, wird dem Aktienpreis der Wert 20 € zugeordnet, ansonsten hat die Aktie den Wert 7,50 € . Der Ergebnisraum Ω bezeichnet die Menge aller Elementarereignisse, das heißt, hier ist $\Omega = \{\omega_1, \omega_2\}$ und $\omega_1 =$ Zahl, $\omega_2 =$ Kopf. Wir setzen dann $S_1(\omega_1) = 20$ € und $S_1(\omega_2) = 7{,}50$ €.

Steigt der Preis auf 20 €, so hat der Käufer einen Gewinn von 5 €, da er die Aktie für 15 € kaufen darf und für 20 € gleich wieder verkaufen kann. Sinkt der Kurs der Aktie, so wird er die Option nicht ausüben. Die Auszahlung des Calls ist also gegeben durch $H = (S_1 - K)^+$, wobei $x^+ = x$ gilt, falls $x > 0$, und $x^+ = 0$, falls $x \leq 0$.

Tatsächlich wird dem Käufer der Option in der Realität nach einem Jahr einfach der Betrag H ausbezahlt.

Wir versuchen jetzt, die Auszahlung H zu replizieren. Dazu nehmen wir an, dass ein Bankkonto existiert. Zur Vereinfachung nehmen wir an, dass das Geld auf dem Bankkonto nicht verzinst wird.

Mithilfe der Aktie und des Bankkontos können wir nun das Auszahlungsprofil der Option nachbilden, indem wir heute in die Aktie und das Bankkonto investieren: Im Folgenden bezeichne α die Anzahl der Aktien, die wir kaufen, und β bezeichne den Betrag, den wir auf dem Bankkonto anlegen. Diese Anlage wird einmal getätigt und dann unverändert gelassen. Das Paar (α, β) nennt man *Portfolio-Strategie* oder kurz Portfolio. Wir lassen hier zu, dass α und β reelle Zahlen sind. Das heißt, wir können beliebige Anteile der Aktie kaufen, und α kann auch negativ sein, was bedeutet, dass die Aktie *leerverkauft* wird, wir also eine Aktie verkaufen, die uns zum Zeitpunkt des Verkaufs noch nicht gehört. Wir müssen in einem solchen Fall diese Aktie später nachliefern[2].

Der Wert des Portfolios heute ist $V_0(\alpha, \beta) = \beta + \alpha S_0$, und in einem Jahr beträgt er $V_1(\alpha, \beta) = \beta + \alpha S_1$.

Wir wollen nun α und β so bestimmen, dass $V_1(\alpha, \beta) = H$, also $\beta + \alpha S_1(\omega) = H(\omega)$ für $\omega = \omega_1$ und $\omega = \omega_2$ gilt. Dieser Ansatz führt auf das folgende lineare Gleichungssystem:

$$\begin{aligned} \beta + \alpha 20 &= 5 \quad \text{für } \omega_1, \\ \beta + \alpha 7{,}5 &= 0 \quad \text{für } \omega_2. \end{aligned}$$

Auflösen nach α und β liefert $\alpha = \frac{2}{5}$ und $\beta = -3$. Damit ist $V_0(\frac{2}{5}, -3) = (-3 + \frac{2}{5} \cdot 10) = 1$. Wir können also mit einem Kapital von 1 € die Auszahlung

[2] Es gibt unterschiedliche Arten von Leerverkäufen. Man kann sich einerseits Wertpapiere leihen und diese dann verkaufen, man spricht dann von einem gedeckten Leerverkauf. Andererseits kann man aber auch ein Wertpapier direkt verkaufen, das man weder besitzt noch geliehen hat und das man dann bis zum Liefertermin erwerben und liefern muss. Solche Leerverkäufe nennt man ungedeckte Leerverkäufe. Es gibt genaue gesetzliche Regelungen, in welcher Form Leerverkäufe möglich sind. Wir wollen hierauf aber nicht näher eingehen, sondern nehmen einfach an, dass α auch negativ sein kann.

der Option nachbilden beziehungsweise *replizieren*: Leihe heute zusätzlich zu dem einen Euro noch 3 € vom Bankkonto und kaufe dafür $\frac{2}{5}$ Aktien. In einem Jahr gibt es zwei Szenarien:

1. Der Kurs der Aktie steigt auf $S_1 = 20$ €. Der Verkauf der Aktie liefert damit $\frac{2}{5} \cdot 20$ € $= 8$ €. Davon müssen wir den Kredit in Höhe von 3 € zurückzahlen, und es bleiben 5 €.
2. Der Kurs der Aktie fällt auf $S_1 = 7{,}5$ €. Der Verkauf der Aktie liefert $\frac{2}{5} \cdot \frac{15}{2}$ € $= 3$ €. Ziehen wir den Kredit (3 €) ab, so bleiben 0 €.

Wir bekommen also in beiden Fällen genau die gleiche Auszahlung, welche die Option liefert.

Der *faire* Preis der Option mit Auszahlung H wird nun mit $\pi(H)$ bezeichnet. In diesem Beispiel ist er $\pi(H) = 1$ €, denn falls $\pi(H) \neq 1$ €, besteht eine Arbitrage-Möglichkeit: Ist zum Beispiel $\pi(H) > 1$, dann verkaufen wir einem Kunden die Option zum Preis $\pi(H)$ und investieren 1 € wie oben beschrieben (-3 € in das Bankkonto und 0,4 € in die Aktie). Im ersten Szenario $S_1 = 20$ € wird der Kunde von seinem Recht Gebrauch machen und den Call ausüben. Das heißt, er möchte von uns die Aktie zum Ausübungspreis $K = 15$ € kaufen. Unsere replizierende Strategie hat uns schon 5 € eingebracht. Wir bekommen nun noch $K = 15$ € dazu. Der Marktpreis der Aktie ist 20 €, das heißt, wir kaufen für 20 € die Aktie und geben sie dem Kunden. Im zweiten Szenario $S_1 = 7{,}5$ € wird der Kunde von seinem Recht nicht Gebrauch machen und die Aktie lieber zum geringeren Marktpreis 7,5 € am Markt als von uns zum Preis $K = 15$ € kaufen. Unser risikoloser Gewinn beträgt $\pi(H) - 1 > 0$. Solche Arbitrage-Möglichkeiten haben wir ausgeschlossen.

Bemerkenswert ist, dass bei diesem Ansatz der Preis der Option nicht von der Wahrscheinlichkeit p abhängt, mit welcher der Aktienkurs steigt.

2.4 Bewertung von Optionen im Cox-Ross-Rubinstein-Modell

In diesem Abschnitt wollen wir nun ein allgemeineres Finanzmarktmodell vorstellen, das grundlegende Binomialmodell von Cox, Ross und Rubinstein, siehe [4], und wir erläutern, wie die Optionspreisbestimmung hier funktioniert. Dabei orientieren wir uns an der Idee des vorigen Abschnitts, dass keine Arbitrage-Möglichkeit in dem Markt entstehen darf.

2.4.1 Ein-Perioden-Cox-Ross-Rubinstein-Modell

Im Ein-Perioden-Cox-Ross-Rubinstein-Modell wird angenommen, dass es zwei Handelszeitpunkte $t = 0$ sowie $t = 1$ gibt und $t = 1$ gleichzeitig der Fälligkeitszeitpunkt der Option ist. Investieren kann man in eine Aktie und in ein festverzinsliches Wertpapier (das wir im Folgenden Bond nennen). Die Preisentwicklung des Bonds sei

$$B_0 = 1, \quad B_1 = 1 + r, \quad \text{mit } r \geq 0.$$

Die Preisentwicklung der Aktie sei zufällig, wobei wir wieder wie vorhin annehmen, dass die Aktie zum Zeitpunkt $t = 1$ zwei verschiedene Werte annehmen kann. Wir bezeichnen mit $\Omega = \{\omega_1, \omega_2\}$ den Ergebnisraum und nehmen an, dass

$$S_0 > 0, \quad S_1(\omega) = \begin{cases} uS_0, & \text{falls } \omega = \omega_1, \\ dS_0, & \text{falls } \omega = \omega_2 \end{cases}$$

für $0 < d < u$. Hier steht u für den *up*-Faktor und d für den *down*-Faktor. Auf diesem kleinen Finanzmarkt gilt nun:

Gegeben sei das Ein-Perioden-Cox-Ross-Rubinstein-Modell. Dann gibt es keine Arbitrage-Möglichkeit genau dann, wenn

$$d < 1 + r < u. \tag{2.1}$$

Diese Aussage kann man ökonomisch so interpretieren, dass es genau dann keine Arbitrage-Möglichkeit gibt, wenn weder die Rendite der Aktie die des Bonds dominiert, noch die Rendite des Bonds die der Aktie dominiert. Unter der Rendite versteht man hier den Gewinn der Investition pro eingesetztem Kapital.

Diesen Zusammenhang kann man folgendermaßen einsehen:

Angenommen es gilt zuerst (2.1). Wir zeigen, dass es keine Arbitrage-Möglichkeiten geben kann. Wir betrachten ein Portfolio, das zum Zeitpunkt $t = 0$ nichts kostet, das heißt, wir wählen (α, β), die Stückzahl der Aktie und des Bonds, so dass $V_0(\alpha, \beta) = \beta + \alpha S_0 = 0$. Daraus erhält man sofort $\beta = -\alpha S_0$. Der Wert des Portfolios zum Zeitpunkt $t = 1$ ist dann

$$\begin{aligned} V_1(\alpha, \beta) &= \alpha S_1 + \beta B_1 = \alpha S_1 - \alpha S_0 B_1 = \alpha(S_1 - S_0(1+r)) \\ &= \begin{cases} \alpha S_0(u - (1+r)), & \text{falls } \omega = \omega_1, \\ \alpha S_0(d - (1+r)), & \text{falls } \omega = \omega_2. \end{cases} \end{aligned}$$

Für $\omega = \omega_1$ ist V_1 positiv und für $\omega = \omega_2$ ist V_1 negativ. Daher kann es keinen risikolosen Ertrag geben. Für einen risikolosen Ertrag müsste nämlich V_1 in beiden Fällen positiv sein.

Wir nehmen an, dass (2.1) nicht gilt, und zeigen, dass dies zu einer Arbitrage-Möglichkeit führt[3]. Es gelte nun $1 + r \geq u$. Wegen $u > d$ ist daher auch $1 + r > d$. Der Wert des Bonds ist also zum Zeitpunkt $t = 1$ in jedem Fall höher als der Wert der Aktie. Daher ist es immer profitabler, in den Bond zu investieren. Das

[3] Wir verwenden hier einen Beweis durch Kontraposition, der wie folgt funktioniert. Man möchte zeigen: *Aus A folgt B*. Das ist äquivalent zu folgender Aussage: *Wenn B nicht gilt, dann gilt auch nicht A*. In unserem Fall ist A die Aussage, dass es keine Arbitrage-Möglichkeit gibt, und B ist die Beziehung (2.1).

kann man nun ausnützen: Wir wählen die Strategie $(\alpha, \beta) = (-1, S_0)$, das heißt, wir tätigen einen Leerverkauf einer Aktie und investieren das gesamte Geld in den Bond[4]. Zum Zeitpunkt $t = 0$ gilt $V_0(-1, S_0) = 0$, das heißt, diese Strategie kommt ohne Startkapital aus. Zum Zeitpunkt $t = 1$ erhalten wir $V_1(-1, S_0) = -S_1 + S_0(1+r)$. Falls $\omega = \omega_1$ ist, so gilt $V_1(-1, S_0) = S_0(1+r-u) \geq 0$, und falls $\omega = \omega_2$ ist, so folgern wir $V_1(-1, S_0) = S_0(1+r-d) > 0$. Das heißt, dass wir eine Arbitrage-Strategie gefunden haben[5]. Ähnlich kann man auch für den Fall $1+r \leq d$ argumentieren.

Im Folgenden nehmen wir an, dass der Markt Arbitrage-frei ist, das heißt, $d < 1+r < u$ gilt. Nun wollen wir eine Option in diesem Modell bewerten, wobei wir keine konkrete Option vorgeben, sondern allgemein davon ausgehen, dass die Option die Auszahlung $H(\omega)$ für $\omega \in \Omega$ liefert. Um keine Arbitrage zu erzeugen, muss der Preis der Option gleich dem Betrag sein, der nötig ist, um die Auszahlung der Option zu replizieren. Für ein allgemeines Portfolio (α, β) ist der Wert zur Zeit $t = 1$ gerade $V_1(\alpha, \beta) = \beta B_1 + \alpha S_1$. Wir setzen an: $V_1(\alpha, \beta) = H$. Da wir zwei mögliche Marktzustände haben, die wir durch $\omega = \omega_1$, das heißt, der Aktienkurs steigt, und durch $\omega = \omega_2$, das heißt, der Aktienkurs fällt, modelliert haben, erhalten wir das Gleichungssystem

$$\begin{aligned} \beta B_1 + \alpha S_1(\omega_1) &= H(\omega_1), \\ \beta B_1 + \alpha S_1(\omega_2) &= H(\omega_2) \end{aligned} \quad \text{und daher} \quad \begin{aligned} \beta(1+r) + \alpha u S_0 &= H(\omega_1), \\ \beta(1+r) + \alpha d S_0 &= H(\omega_2). \end{aligned}$$

Dieses lineare Gleichungssystem besteht also aus zwei unbekannten Variablen α und β. Da wir zwei mögliche Marktzustände haben, erhalten wir auch zwei Gleichungen, die von α und β erfüllt werden müssen. Diese zwei Gleichungen können wir nach α und β auflösen. Dadurch erhalten wir die Portfolio-Strategie (α, β) und das Anfangsvermögen beziehungsweise den Preis $\pi(H)$ der Option:

[4] Hier kann man sich das so vorstellen, dass man sich eine Aktie erst einmal leiht und dann verkauft.

[5] Zum Zeitpunkt $t = 1$ kann man die geliehene Aktie zurückgeben und hat trotzdem ein nichtnegatives Endvermögen.

Replizierende Strategie:

$$\alpha = \frac{H(\omega_1) - H(\omega_2)}{(u-d)S_0} \quad \text{und} \quad \beta = \frac{uH(\omega_2) - dH(\omega_1)}{(u-d)(1+r)}.$$

Wert des Replikationsportfolios/Preis der Option zur Zeit $\mathbf{t = 0}$:

$$\pi(H) = \beta + \alpha S_0 = \frac{uH(\omega_2) - dH(\omega_1)}{(u-d)(1+r)} + \frac{H(\omega_1) - H(\omega_2)}{(u-d)}.$$

Wir sehen uns nun den Preis der Option noch einmal genauer an. Dafür sortieren wir die Terme einfach um und klammern $H(\omega_1)/(1+r)$ und $H(\omega_2)/(1+r)$ aus:

$$\pi(H) = H(\omega_1)\left(\frac{-d}{(u-d)(1+r)} + \frac{1}{u-d}\right) + H(\omega_2)\left(\frac{u}{(u-d)(1+r)} - \frac{1}{u-d}\right)$$

$$= \frac{H(\omega_1)}{1+r}\frac{1+r-d}{u-d} + \frac{H(\omega_2)}{1+r}\frac{u-(1+r)}{u-d}.$$

Wir setzen $q = \frac{1+r-d}{u-d}$, und dann ist $1 - q = \frac{u-(1+r)}{u-d}$. Wir erhalten damit eine weitere Darstellung für den Optionspreis:

$$\pi(H) = \frac{H(\omega_1)}{1+r}q + \frac{H(\omega_2)}{1+r}(1-q).$$

Wir sehen, dass wir hier die beiden Werte der Zufallsvariable $H/(1+r)$ aufsummieren und diese mit Gewichten q und $1-q$ multiplizieren. Aus der Annahme (2.1) kann man direkt nachrechnen, dass $0 < q < 1$ ist, das heißt, wir können q als eine Wahrscheinlichkeit interpretieren. Der Preis der Option kann also als ein Erwartungswert von $H/(1+r)$ aufgefasst werden, wobei spezielle Wahrscheinlichkeiten $q, 1-q$ verwendet werden[6].

[6] Zur Erinnerung: Sei X eine Zufallsvariable, die nur n Werte $X(\omega_1), \ldots, X(\omega_n)$ mit Wahrscheinlichkeiten $\mathbb{P}(\{\omega_1\}), \ldots, \mathbb{P}(\{\omega_n\})$ annehmen kann, wobei $\mathbb{P}(\{\omega_1\}), \cdots, \mathbb{P}(\{\omega_n\}) \geq 0$ und $\mathbb{P}(\{\omega_1\}) + \cdots + \mathbb{P}(\{\omega_n\}) = 1$. Dann ist der Erwartungswert von X definiert als $\mathbb{E}_{\mathbb{P}}(X) = \mathbb{P}(\{\omega_1\})X(\omega_1) + \ldots + \mathbb{P}(\{\omega_n\})X(\omega_n)$. Der Erwartungswert kann als durchschnitt-

Bei der Bewertung unserer Option sehen wir also, dass die neuen Wahrscheinlichkeiten $\widetilde{\mathbb{P}}(\omega_1) = q = \frac{1+r-d}{u-d}$ und $\widetilde{\mathbb{P}}(\omega_2) = 1-q$ aufgetaucht sind. Wir fassen dieses Ergebnis zusammen:

Preis der Option zur Zeit t = 0 als Erwartungswert:

$$\pi(H) = \frac{H(\omega_1)}{1+r}q + \frac{H(\omega_2)}{1+r}(1-q) = \mathbb{E}_{\widetilde{\mathbb{P}}}\left(\frac{H}{1+r}\right).$$

Man nennt diese neuen Wahrscheinlichkeiten $q, 1-q$ auch *risikoneutrale Wahrscheinlichkeiten*. Der Name ergibt sich aus der Tatsache, dass für den Erwartungswert von S_1 unter den Wahrscheinlichkeiten $q, 1-q$ gilt

$$\mathbb{E}_{\widetilde{\mathbb{P}}}(S_1) = S_0uq + S_0d(1-q) = S_0(1+r),$$

das heißt, die erwartete Rendite der Aktie unter der Annahme der risikoneutralen Wahrscheinlichkeiten stimmt nun mit der des risikolosen Bonds überein.

Wir haben also die folgenden Ergebnisse erhalten:

Optionspreise im Arbitrage-freien Cox-Ross-Rubinstein-Modell:

- Der Preis einer Option ist der Wert des Portfolios, das die Auszahlung der Option am Ende der Laufzeit exakt nachbildet (Replikationsportfolio).
- Den gleichen Optionspreis erhält man, wenn man die Auszahlung der Option durch den Bondpreis zum Ende der Laufzeit teilt und von diesem Bruch den Erwartungswert unter den risikoneutralen Wahrscheinlichkeiten berechnet.

---

licher Wert interpretiert werden, der sich bei häufiger Wiederholung des Zufallsexperimentes ergibt. Zum Beispiel ist der Erwartungswert einer Zufallsvariable, die dem Zufallsexperiment *Würfeln mit einem fairen Würfel* die gewürfelte Augenzahl zuordnet, gerade $\frac{1}{6}1 + \frac{1}{6}2 + \frac{1}{6}3 + \frac{1}{6}4 + \frac{1}{6}5 + \frac{1}{6}6 = 3,5$.

Im folgenden Abschnitt verallgemeinern wir die Preisbestimmung auf ein Finanzmarktmodell, bei dem man zu mehreren Zeitpunkten handeln kann.

2.4.2 Mehr-Perioden-Cox-Ross-Rubinstein-Modell

Jetzt nehmen wir an, dass wir nicht nur die Zeitpunkte 0 und 1 betrachten, sondern erlauben, dass wir zu mehreren Zeitpunkten $\{0, 1, \ldots, T\}$ handeln können. Der Bondpreis entwickelt sich gemäß

$$B_t = (1+r)^t, \quad \text{für } t = 0, 1, \ldots, T,$$

das heißt, zum Zeitpunkt t ist der Preis des Bonds gerade B_t.

Der Aktienkurs entwickelt sich zufällig, wobei wir annehmen, dass der Ergebnisraum $\Omega = \{\omega = (y_1, \ldots, y_T) : y_t \in \{u, d\},\ t = 1, \ldots, T\}$ ist. Das bedeutet, dass der Aktienkurs sich zu jedem Zeitpunkt t wieder nur nach oben, das heißt $y_t = u$, oder nach unten bewegen kann, das heißt $y_t = d$.

Ein konkretes ω habe die Wahrscheinlichkeit

$$\mathbb{P}(\omega) = \mathbb{P}\big((y_1, \ldots, y_T)\big) = p^{N_u(\omega)}(1-p)^{N_d(\omega)},$$

wobei $0 < p < 1$ und $N_u(\omega)$ die Anzahl der u's in der Folge $(y_1, \ldots, y_T)$ ist und $N_d(\omega)$ die Anzahl der d's. Dieser Ausdruck kommt dadurch zustande, dass wieder angenommen wird, dass zu jedem Zeitpunkt der Aktienkurs mit Wahrscheinlichkeit p steigt und mit Wahrscheinlichkeit $1-p$ fällt.

Weiter seien jetzt Zufallsvariablen $Y_1, \ldots, Y_T$ auf Ω gegeben durch $Y_t(\omega) = Y_t\big((y_1, \ldots, y_T)\big) = y_t$. Man sagt hierzu, die Zufallsvariablen sind unabhängig und identisch verteilt, und sie nehmen die Werte u und d mit Wahrscheinlichkeit p beziehungsweise $1-p$ an. Wir nehmen an, dass der Aktienkurs S_0 heute, also zum Zeitpunkt $t = 0$, bekannt ist. Der Aktienkurs S_t zur Zeit t sei dann gegeben durch

$$S_t = S_0 \cdot Y_1 \cdot \cdots \cdot Y_t.$$

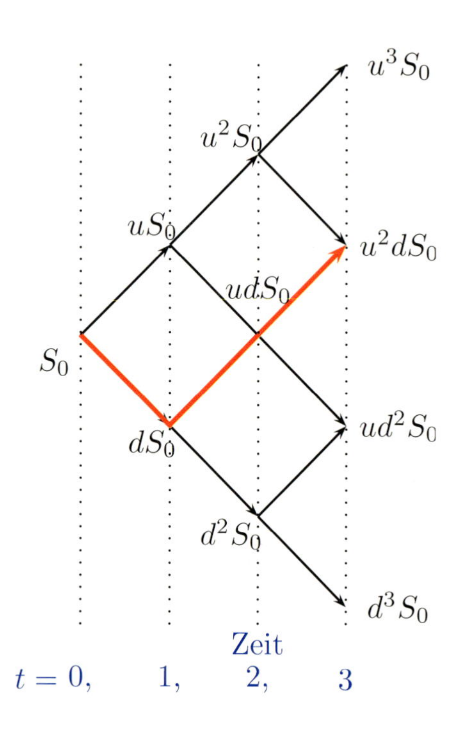

Abbildung 2.1: Alle möglichen Aktienkursentwicklungen im Cox-Ross-Rubinstein-Modell und ein Beispielverlauf (rot).

Die Aktienkursentwicklung ist illustriert in Abbildung 2.1.

Als Nächstes müssen wir Portfolio-Strategien einführen. Das ist hier etwas komplizierter, da wir nicht wie im vorigen Abschnitt einmal zu Beginn das Kapital aufteilen, sondern zu jedem Zeitpunkt $t = 1, 2, \ldots, T-1$ die Möglichkeit haben, die Zusammensetzung des Portfolio zu ändern. Offenbar ist es sinnvoll, die Entscheidung zur Zeit t vom bisherigen Kursverlauf der Aktie (beziehungsweise den entsprechenden y_t's) abhängen zu lassen. Demnach ist eine Portfolio-Strategie φ gegeben durch

$$\varphi = (\alpha_0, \beta_0, \alpha_1, \beta_1, \ldots, \alpha_{T-1}, \beta_{T-1}),$$

wobei $\alpha_t = \alpha_t(y_1, \ldots, y_t)$ die Stückzahl der Aktie angibt, die während des Zeitraums von t bis $t+1$ gehalten wird, und $\beta_t = \beta_t(y_1, \ldots, y_t)$ die Stückzahl des Bonds.

Der Wert des Portfolios zur Zeit t direkt nach der Umschichtung ist dann

$$V_t^{\varphi} = \alpha_t S_t + \beta_t B_t.$$

Direkt vor der Umschichtung ist das Vermögen gegeben durch $\alpha_{t-1} S_t + \beta_{t-1} B_t$. Wir nehmen an, dass im Gegensatz zur Realität keine Transaktionskosten[7] anfallen.

Eine Portfolio-Strategie φ heißt *selbstfinanzierend*, falls $\alpha_t S_t + \beta_t B_t = \alpha_{t-1} S_t + \beta_{t-1} B_t$ für alle Zeitpunkte $t = 1, 2, \ldots, T-1$ gilt. Das heißt, es findet kein Zu- oder Abfluss von Geld statt: Wenn der Investor die neuen Preise B_t, S_t beobachtet, passt er sein Portfolio von $(\alpha_{t-1}, \beta_{t-1})$ zu (α_t, β_t) an, ohne zusätzliches Vermögen hinzuzufügen oder Vermögen zu konsumieren.

Wir können nun formal beschreiben, was eine Arbitrage-Möglichkeit ist:

> Eine selbstfinanzierende Portfolio-Strategie φ heißt *Arbitrage-Möglichkeit*, falls
>
> $$V_0^{\varphi}(\omega) = 0, \quad V_T^{\varphi}(\omega) \geq 0 \text{ für alle } \omega \in \Omega$$
> $$\text{und} \quad V_T^{\varphi}(\omega) > 0 \text{ für mindestens ein } \omega \in \Omega.$$

Eine *Arbitrage-Möglichkeit* startet also mit einem Vermögen von Null und liefert zum Endzeitpunkt T auf jeden Fall keinen Verlust und mit einer positiven Wahrscheinlichkeit einen Gewinn.

Man kann hier wieder zeigen, dass auch im Mehr-Perioden-Cox-Ross-Rubinstein-Modell Arbitrage-Möglichkeiten genau dann ausgeschlossen werden, wenn $d < 1 + r < u$ gilt. Dies wollen wir für die folgende Optionspreisbestimmung voraussetzen.

[7] Transaktionskosten sind Kosten, welche die Bank einbehält als Gegenleistung für die Ausführung von Kauf- oder Verkaufsaufträgen. Oft bestehen sie aus einem festen Betrag oder einem Betrag, der proportional zur bewegten Geldmenge ist.

Eine Option ist nun mathematisch charakterisiert durch ihre Auszahlung. Diese Auszahlung ist gegeben durch eine Zufallsvariable $H : \Omega \to \mathbb{R}_+$, die man auch Zahlungsanspruch nennt. Nach unseren Vorüberlegungen ist der Preis $\pi(H)$ der Option beziehungsweise des Zahlungsanspruches gegeben als das Vermögen, das man einsetzen muss, um H replizieren zu können, das heißt, gesucht ist eine Portfolio-Strategie φ mit $V_T^\varphi = H$, und es gilt dann $\pi(H) = V_0^\varphi$.

Man kann jetzt zeigen, dass es im Arbitrage-freien Cox-Ross-Rubinstein-Modell zu jedem Zahlungsanspruch H eine selbstfinanzierende Portfolio-Strategie φ gibt (die man rekursiv bestimmen kann) mit $H = V_T^\varphi$. Der faire Preis der Option ist dann $\pi(H) = V_0^\varphi$.

Wichtig ist, dass man wie im Ein-Perioden-Modell diesen Preis als Erwartungswert bezüglich (risikoneutralen) Wahrscheinlichkeiten $\widetilde{\mathbb{P}}(\omega)$ darstellen kann. Genauer definieren wir $\widetilde{\mathbb{P}}$ auf Ω durch

$$\widetilde{\mathbb{P}}(\omega) = \widetilde{\mathbb{P}}((y_1, \ldots, y_T)) = q^{N_u(\omega)}(1-q)^{N_d(\omega)},$$

wobei wieder $N_u(\omega)$ die Anzahl der u's und $N_d(\omega)$ die Anzahl der d's in der Folge $(y_1, \ldots, y_T)$ ist, und q ist wie im vorigen Abschnitt definiert. Mit diesen so festgelegten Wahrscheinlichkeiten lässt sich der heutige Preis der Option schreiben als Erwartungswert:

$$\pi(H) = \sum_{\omega=(y_1,\ldots,y_T)\in\Omega} q_{y_1} \cdot \cdots \cdot q_{y_T} \frac{H(\omega)}{B_T} = \mathbb{E}_{\widetilde{\mathbb{P}}}\left[\frac{H}{B_T}\right],$$

wobei $q_y = q$, falls $y = u$, und $q_y = 1-q$, falls $y = d$. Insbesondere gilt für eine europäische Call-Option $H = (S_T - K)^+$, dass

$$\pi((S_T-K)^+) = \frac{1}{B_T}\sum_{k=a}^{T}\binom{T}{k} q^k (1-q)^{T-k}(S_0 u^k d^{T-k} - K),$$

wobei $a = \min\{k \in \mathbb{N}_0 : S_0 u^k d^{T-k} - K > 0\}$. Mathematisch interessant ist die Tatsache, dass die Existenz risikoneutraler Wahrscheinlichkeiten äquivalent zur Arbitrage-Freiheit des Finanzmarktes ist. Dies gilt nicht nur für das Cox-Ross-Rubinstein-Modell, sondern auch für allgemeinere Finanzmärkte. Die Existenz von $\widetilde{\mathbb{P}}$ erleichtert die Preisbestimmung erheblich, da diese Funktion nur einmal bestimmt werden muss und dann beliebige Optionen in diesem Finanzmarkt bewertet werden können.

2.4.3 Grenzübergang zum Black-Scholes-Modell

Bisher haben wir gesehen, wie mithilfe des Cox-Ross-Rubinstein-Modells Aktienkursverläufe modelliert werden können. Bei diesem Ansatz ändern sich die Aktienpreise nur zu diskreten Zeitpunkten und können sich auch in jedem Zeitschritt nur auf zwei verschiedene Niveaus (*up* oder *down*) bewegen. Diese Annahmen werden häufig verallgemeinert. Dieser Abschnitt und auch das Kapitel 2.5 sind mathematisch anspruchsvoller und können beim ersten Lesen übersprungen werden.

Man möchte Aktienkursänderungen zu jedem Zeitpunkt zulassen und dabei auch den Wertebereich der Aktienkursveränderung nicht einschränken. Die Idee ist nun, das Zeitintervall von 0 bis T in n Teilintervalle der Länge $\frac{T}{n}$ zu unterteilen. Später wird man die Anzahl dieser Unterteilungen groß werden lassen (man lässt n gegen unendlich gehen), was dazu führen wird, dass die einzelnen Zeitschritte sehr klein werden. Dadurch wird aus einem Modell mit diskreten Zeitschritten ein Modell in kontinuierlicher Zeit. Der Aktienkurs wird dann getrieben durch eine sogenannte *Brown'sche Bewegung*. Ein typischer Pfad eines Aktienkurses im stetigen Modell ist in Abbildung 2.2 zu sehen.

Aus einem geeignet modifizierten mehrperiodigen Cox-Ross-Rubinstein-Modell kann man so durch Grenzübergang die berühmte Black-Scholes-Formel für den Preis einer europäischen Call-Option herleiten. Diese Formel hängt neben den

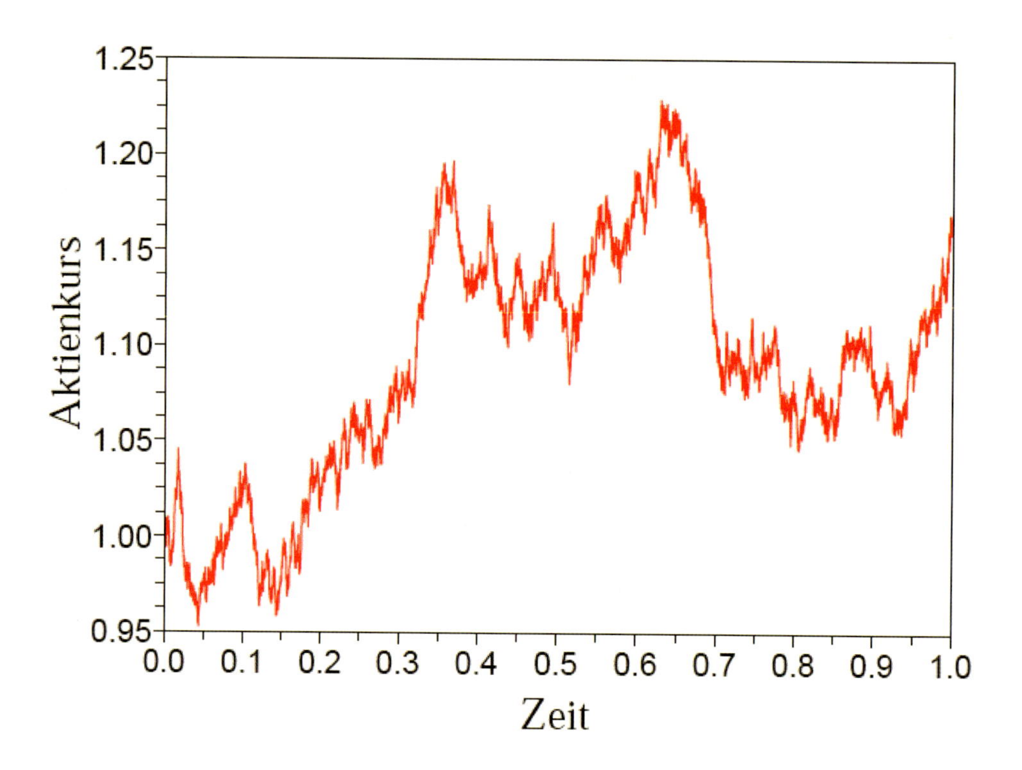

Abbildung 2.2: Ein möglicher Kursverlauf einer Aktie im Black-Scholes-Modell.

Parametern, welche die Call-Option beschreiben (Laufzeit T, Ausübungspreis K), auch vom Aktienkurs zur Zeit 0 (bezeichnet mit S_0), dem Zinssatz für die risikolose Anlagemöglichkeit r und einem Parameter σ ab, der die Variabilität des Aktienkurses beschreibt.

Der Preis C_0^{BS} zum Zeitpunkt $t = 0$ einer europäischen Call-Option mit Laufzeit T und Ausübungspreis K ist im Black-Scholes-Modell gegeben durch:

$$C_0^{BS} = S_0\Phi(d) - Ke^{-rT}\Phi(d - \sigma\sqrt{T}),$$

$$\text{mit } d = \frac{\log\left(\frac{S_0}{K}\right) + \left(r + \frac{\sigma^2}{2}\right)T}{\sigma\sqrt{T}}, \quad \Phi(x) = \int_{-\infty}^{x} \frac{1}{\sqrt{2\pi}} e^{-\frac{y^2}{2}} dy$$

2.5 Portfolio-Optimierung

Eine weitere wichtige Fragestellung in der Finanzmathematik ist die Portfolio-Optimierung, das heißt, man versucht eine Portfolio-Strategie φ so zu finden, dass das Endvermögen V_T^{φ} möglichst groß ist. Dieses Endvermögen ist aber eine Zufallsvariable, also eine Funktion, für die nicht klar ist, in welchem Sinne sie zu maximieren ist. Eine Möglichkeit bestünde darin, das erwartete Endvermögen $\mathbb{E}V_T^{\varphi}$ zu maximieren. Allerdings ist dies mit Risiken verbunden, die Anleger in der Regel vermeiden wollen.

Beispiel 2.3

Nehmen wir an, wir hätten die Auswahl zwischen den folgenden zwei Lotterien: In der ersten gewinnen wir mit Wahrscheinlichkeit 0,33 die Summe von 2 500 €, mit Wahrscheinlichkeit 0,66 die Summe von 2 400 € und mit Wahrscheinlichkeit 0,01 ziehen wir eine Niete. In der zweiten Lotterie gewinnen wir mit Sicherheit 2 400 €. Obwohl der erwartete Gewinn von 2 409 € in der ersten Lotterie höher ist als in der zweiten, bevorzugten in einer empirischen Studie 82 % der Testpersonen die zweite Lotterie (siehe [8], Beispiel 2.32). Dies liegt offensichtlich an der vorhandenen Risikoaversion. Wer möchte möglicherweise schon ohne Gewinn dastehen, auch wenn diese Wahrscheinlichkeit mit 0,01 sehr klein ist?

Deshalb bewertet man das Vermögen V_T^{φ} zunächst mit einer *Nutzenfunktion* U, die strikt wachsend und strikt konkav ist, das heißt, die zweite Ableitung ist negativ. Dass die Funktion strikt wachsend ist, berücksichtigt, dass ein rationaler Investor hohe Erträge niedrigeren vorzieht, und dass sie strikt konkav ist, berücksichtigt, dass der Nutzen eines weiteren Euros für einen Investor mit einem Kapital von 100 € höher ist als für einen Investor mit einem Kapital von 100 000 €.

Wir betrachten im Folgenden wieder das Arbitrage-freie Cox-Ross-Rubinstein-Modell mit risikoneutralen Wahrscheinlichkeiten $\widetilde{\mathbb{P}}(\omega)$. Es sei $U : \mathbb{R} \to \mathbb{R}$ eine strikt wachsende, strikt konkave Nutzenfunktion. Ziel ist nun die Bestimmung von

$$\max\left\{\mathbb{E}[U(V_T^\varphi)] \text{ mit selbstfinanzierender Portfolio-Strategie } \varphi \text{ und } V_0^\varphi = v_0 > 0\right\},$$

das heißt, es wird der erwartete Nutzen des Endvermögens über alle selbstfinanzierenden Portfolio-Strategien bei gegebenem Anfangskapital v_0 maximiert. Wichtig ist hier, dass der Erwartungswert in diesem Problem natürlich unter den physikalischen Wahrscheinlichkeiten $\mathbb{P}(\omega)$ und nicht unter den risikoneutralen Wahrscheinlichkeiten ermittelt wird.

Dieses Optimierungsproblem kann man nun in zwei Stufen lösen:

1. Zunächst sucht man unter allen Auszahlungsprofilen H, die mit dem Anfangsvermögen von v_0 finanzierbar sind, dasjenige heraus, das $\mathbb{E}[U(H)]$ maximiert. Wir erhalten also, dass für $H : \Omega \to \mathbb{R}_+$ die Nebenbedingung $\mathbb{E}_{\widetilde{\mathbb{P}}}\left[HB_T^{-1}\right] = v_0$ gelten muss. Das bedeutet nämlich, dass der Preis des Zahlungsanspruchs H gerade v_0 ist, das heißt, wir bestimmen zuerst:

$$\max\left\{\mathbb{E}[U(H)] \mid H : \Omega \to \mathbb{R}_+,\ \mathbb{E}_{\widetilde{\mathbb{P}}}\left[HB_T^{-1}\right] = v_0\right\}.$$

2. Anschließend suchen wir eine Portfolio-Strategie, die das optimale H^* repliziert. Dies ist dann die optimale Portfolio-Strategie. Das optimale H^* kann man mithilfe der Optimierungstheorie unter Nebenbedingungen bekommen.

Eine andere Lösungsmethode benutzt das *Bellman'sche Optimalitätsprinzip*. Dieses besagt: Wenn wir eine optimale Portfolio-Strategie φ^* für das Problem über den Horizont $\{0, 1, \ldots, T\}$ gefunden haben, dann muss diese Strategie auch über Teilintervalle zum Beispiel von $T-1$ bis T optimal sein (andernfalls könnten wir φ^* ja nochmals verbessern). Diese Beobachtung kann man nun verwenden, um das Problem rekursiv zu lösen, das heißt, man beginnt mit dem Zeitintervall $[T-1, T]$ und bestimmt eine optimale Strategie, anschließend für

$[T-2,T]$ und so weiter. Für $T = 1$ kann man das Problem direkt lösen. Setzen wir als Nutzenfunktion zum Beispiel $U(x) = -e^{-\gamma x}$ für ein $\gamma > 0$ ein, so bekommen wir

$$\mathbb{E}[U(V_T^{\varphi})] = p\Big(-e^{-\gamma\big(\beta(1+r)+\alpha S_0 u\big)}\Big) + (1-p)\Big(-e^{-\gamma\big(\beta(1+r)+\alpha S_0 d\big)}\Big).$$

Diese Funktion müssen wir in (α,β) maximieren unter der Nebenbedingung, dass

$$v_0 = V_0^{\varphi} = \beta + \alpha S_0.$$

Aus der Nebenbedingung folgt $\beta = v_0 - \alpha S_0$. Oben eingesetzt liefert das

$$p\Big(-e^{-\gamma\big((v_0-\alpha S_0)(1+r)+\alpha S_0 u\big)}\Big) + (1-p)\Big(-e^{-\gamma\big((v_0-\alpha S_0)(1+r)+\alpha S_0 d\big)}\Big).$$

Bestimmt man jetzt die Maximumstelle über $\alpha \in \mathbb{R}$, bekommt man

$$\alpha S_0 = \frac{-\frac{1}{\gamma}\Big(\log(\frac{q}{p}) - \log(\frac{1-q}{1-p})\Big)}{u-d}.$$

Tatsächlich erhält man dieses Ergebnis auch zu jedem Zeitpunkt im Mehr-Perioden-Cox-Ross-Rubinstein-Modell. Das heißt, es ist optimal, einen konstanten Betrag in die Aktie zu investieren, unabhängig davon, wie sich die Aktie entwickelt.

2.6 Aktuelle Forschungsfragen

In der Finanzmathematik ergeben sich viele neue Forschungsfragen schon allein aus Veränderungen der Finanzmärkte oder durch Entstehung neuer Märkte und Technologien. Ein Beispiel hierfür ist die Liberalisierung der Energiemärkte: Wie modelliert man beispielsweise Strom- oder Gaspreise? Wie bewertet man neue Finanzprodukte, die nur in solchen Märkten vorkommen? Wie sichert man sich gegen die mit dem Besitz gewisser Finanzprodukte entstehenden Risiken ab?

Aber auch die klassischen Finanzmärkte verändern sich. Beispielsweise spielt automatisiertes Handeln eine immer wichtigere Rolle in modernen Finanzmärkten. Dabei wird der Handel direkt von Computerprogrammen abgewickelt. Hierfür müssen geeignete Handelsstrategien und Algorithmen entwickelt werden. Zusätzlich erhält man durch automatisiertes Handeln eine Vielzahl von Daten und damit Informationen, deren Analyse sehr komplex ist, die aber gegebenenfalls gewinnbringend eingesetzt werden können.

Schnell stößt man auch auf sehr hochdimensionale Probleme, das heißt, man möchte beispielsweise optimal in sehr viele Finanzprodukte investieren. Im Gegensatz zu vielen idealisierten Modellen müssen in der Praxis aber Transaktionskosten, Volumenbeschränkungen[8], Marktspielregeln und so weiter berücksichtigt werden.

Bei solchen Fragestellungen ist es generell von entscheidender Bedeutung, eine möglichst realitätsnahe Beschreibung von Marktpreisen zu verwenden. Auch hier gibt es noch viele offene Forschungsfragen nicht nur bei der Modellierung, sondern vielmehr auch bei der statistischen Auswertung und Überprüfung der Modelle.

Ein sehr wichtiges Forschungsgebiet ist das Risikomanagement in Finanzmärkten. Zum Beispiel geht es hier darum, zu verstehen, wie sich Korrelationen zwischen verschiedenen Finanzprodukten oder unterschiedlichen Märkten auswirken, und wie man sich vor dem Marktrisiko schützen kann. Man denke hier nur an die jüngste Finanzkrise. Ein weiterer Aspekt ist die Modellierung von (Il-)Liquidität[9] in Finanzmärkten und das Verständnis der Entstehung und des Platzens von sogenannten Preisblasen. Wesentlich ist natürlich auch die Modellierung von Informationen auf Finanzmärkten. Was sind die Folgen von unvoll-

[8]Manchmal kann man nicht beliebig viel Geld in eine Anlage investieren, und manchmal gibt es auch Mindestbeträge, die angelegt werden müssen.

[9]Ein Wertpapier oder eine Ware ist illiquide, wenn sich im Moment kein Käufer findet oder der Käufer nur bereit ist, einen sehr geringen Betrag zu bezahlen.

ständigen Informationen oder aber auch von Insider-Informationen auf Investitionsentscheidungen?

Insgesamt gibt es weitreichende Forschungsgebiete innerhalb der Finanzmathematik, die für die Praxis sehr relevant sind und zum Teil auch daraus motiviert sind. Viele Ansätze führen aber auch zu mathematischen Fragestellungen, die Entwicklungen in der *reinen* Mathematik vorantreiben. Ein Beispiel hierfür ist die Wahrscheinlichkeitstheorie.

Wichtig in der Finanzmathematik sind aber auch numerische Methoden oder Simulationsmethoden, da viele interessante finanzmathematische Probleme nicht analytisch gelöst werden können und so ihre Lösungen geeignet approximiert werden müssen. Wesentlich sind in diesem Zusammenhang auch effiziente Computeralgorithmen, die im Zeitalter von Mehrkern-Prozessoren auch immer effizienter durch Parallelisierung umgesetzt werden können.

Literaturhinweise
Einführende Bücher in die Thematik der Finanzmathematik sind unter anderem [2], [1] und [5]. Die letzten beiden Bücher sind inbesondere auch für Lehrer zur Vorbereitung von Unterrichtsstunden oder für interessierte Schüler geeignet. Das Buch von [10] sowie der im Internet verfügbare Artikel [9] setzen etwas mehr Mathematik voraus.

Artikel, welche die jüngste Finanzkrise aus Sicht von Mathematikern beleuchten, sind [6] und [7].

Der Originalartikel zum Cox-Ross-Rubinstein-Modell ist [4], und das Black-Scholes-Modell ist in [3] und [11] eingeführt worden.

Literatur

[1] ADELMEYER, M., WARMUTH, E.: Finanzmathematik für Einsteiger. Vieweg, 2003

[2] ALBRECHER, H., BINDER, A., MAYER, PH.: Einführung in die Finanzmathematik. Birkhäuser, 2009

[3] BLACK, F., SCHOLES, M.: The pricing of options and corporate liabilities. The Journal of Political Economy **81(3)**, 637–654 (1973)

[4] COX, J. C., ROSS, S. A., RUBINSTEIN, M.: Option pricing: A simplified approach. Journal of Financial Economics **7(3)**, 299–263 (1979)

[5] DAUME, P.: Finanzmathematik im Unterricht. Vieweg+Teubner, 2009

[6] EBERLEIN, E.: Mathematik und die Finanzkrise. Spektrum der Wissenschaft **12**, 92–100 (2009)

[7] FÖLLMER, H.: Alles richtig und trotzdem falsch? Anmerkungen zur Finanzkrise und zur Finanzmathematik. Mitteilungen der DMV **17**, 148–154 (2009)

[8] FÖLLMER, H., SCHIED, A.: Stochastic finance. Walter de Gruyter & Co., 2004

[9] KORN, R.: Elementare Finanzmathematik. Berichte des Fraunhofer ITWM **39** (2002)

[10] KREMER, J.: Einführung in die diskrete Finanzmathematik. Springer, 2005

[11] MERTON, R. C.: Theory of rational option pricing. The Bell Journal of Economics and Management Science **4(1)**, 141–183 (1973)

Die Autorinnen:

Prof. Dr. Nicole Bäuerle
Karlsruher Institut für Technologie (KIT)
Institut für Stochastik
Kaiserstraße 89
76133 Karlsruhe
nicole.baeuerle@kit.edu

Luitgard A. M. Veraart, PhD
Department of Mathematics
London School of Economics and Political Science
Houghton Street
London WC2A 2AE
Großbritannien
L.Veraart@lse.ac.uk

3 Polygone, Clusteralgebren und Clusterkategorien

Karin Baur[1]

Zusammenfassung

Mit diesem Bericht gebe ich einen Einblick in die Theorie der Clusteralgebren und der Clusterkategorien. Beide sind Gebiete der Algebra, die enge Anbindungen an die kombinatorische Geometrie haben. So lassen sich viele Zusammenhänge an elementaren geometrischen Figuren erklären. Daher beginnt die Übersicht mit einem Kapitel über Vielecke und deren Triangulierungen. Im zweiten Teil werden dann die Clusteralgebren vorgestellt. Dieses Gebiet ist erst zehn Jahre alt und hat sich in dieser Zeit rasant entwickelt. Am Anfang standen unter anderem die Untersuchungen von positiven Matrizen, auf die im dritten Kapitel eingegangen wird. Im letzten Teil werde ich dann die Clusterkategorien vorstellen und erklären, wie diese mit den Triangulierungen und mit den Clusteralgebren zusammenhängen. Dabei spielen die triangulierten Figuren aus dem ersten Kapitel eine sehr wichtige Rolle.

---

[1]Die Autorin wurde unterstützt durch die SNF-Professur PP-002-114794 *Orbit structures in representation spaces*.

3.1 Polygone

3.1.1 Der Satz des Ptolemäus

Ein *Sehnenviereck* ist ein Viereck, dessen Ecken alle auf einem Kreis liegen. Wir ordnen die Ecken und Seiten jeweils im Gegenuhrzeigersinn an. Der griechische Mathematiker Ptolemäus hat vor fast 2000 Jahren gezeigt, dass für solche Vierecke eine Beziehung zwischen den Längen der Seiten und der Diagonalen besteht, und zwar ist die Summe aus den Produkten der gegenüberliegenden Seitenlängen gleich dem Produkt der Längen der Diagonalen:

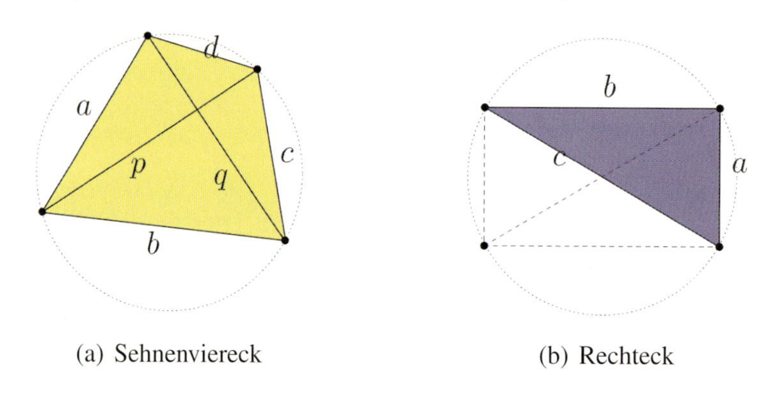

(a) Sehnenviereck (b) Rechteck

Abbildung 3.1: Längenverhältnisse im Viereck

Theorem (Ptolemäus)
In einem Sehnenviereck mit Seitenlängen a, b, c, d und Diagonalenlängen p und q (siehe Abbildung 3.1.(a)) gilt

$$p \cdot q = a \cdot c + b \cdot d\,. \tag{G1}$$

Die Gleichung (G1) wird die *Ptolemäus-Relation* genannt. Ein berühmter Spezialfall dieses Resultats ist der Satz des Pythagoras[2]: Ist das Sehnenviereck ein Rechteck mit Seitenlängen a und b und Diagonale c, so liefert obiges Theorem den Satz von Pythagoras: $c^2 = a^2 + b^2$.

[2]Pythagoras hat etwa 570 bis 510 vor Christus gelebt. Vermutlich ist der Satz jedoch älter, seine Aussage war schon früher in Babylon und in Indien bekannt.

3.1.2 Triangulierungen

Jedes beliebige Polygon[3] lässt sich mit Hilfe von Diagonalen unterteilen in Figuren mit weniger Ecken. Als Grundbausteine einer solchen Unterteilung wählen wir Dreiecke:

Definition (Triangulierung)
Eine *Triangulierung* $\mathscr{T} = \mathscr{T}_n$ von einem n-Eck ist eine Unterteilung des Polygons in $n-2$ Dreiecke mittels sich nicht schneidender Diagonalen.

Eine Triangulierung wird immer mit $n-3$ Diagonalen erreicht, wie man sich überlegen kann. Diese Anzahl ist eine Invariante der Triangulierungen des n-Ecks; auch wenn man das n-Eck etwas deformiert, so bleibt die Anzahl der Diagonalen in einer beliebigen Triangulierung gleich. Diese Anzahl wird der *Rang* des Polygons genannt. Einfach abzählen kann man die Diagonalen bei der Fächertriangulierung, das heißt bei derjenigen Unterteilung des n-Ecks, bei der alle Diagonalen von einer Ecke aus der Reihe nach zu den andern Eckpunkten gehen (nicht zu den beiden direkten Nachbarn der ersten Ecke), wie in der untenstehenden Abbildung.

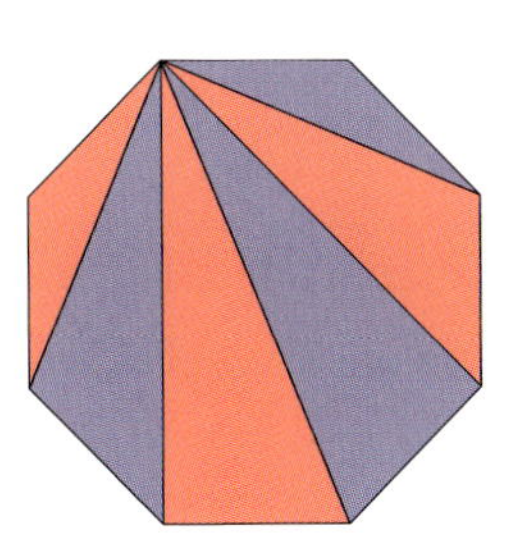

Eine Frage, die sich hier stellt, ist, wie denn zwei verschiedene Triangulierungen des n-Ecks zusammenhängen. Oder anders gesagt: Wie kommt man von einer Triangulierung zur anderen? Dazu benötigen wir den Begriff des Flips:

[3]Eine genaue Beschreibung des Begriffs Polygon findet man in dem Beitrag *ADE oder die Allgegenwart der Platonischen Körper* von Katrin Wendland.

Definition (Flip)

Es sei x eine Diagonale einer gewählten Triangulierung des n-Ecks. Dann grenzt x an genau zwei Dreiecke der Triangulierung an. Diese zwei Dreiecke bilden zusammen ein Viereck, und x ist eine seiner Diagonalen. Die zweite Diagonale dieses Vierecks nennen wir den *Flip* von x, oft als x' geschrieben:

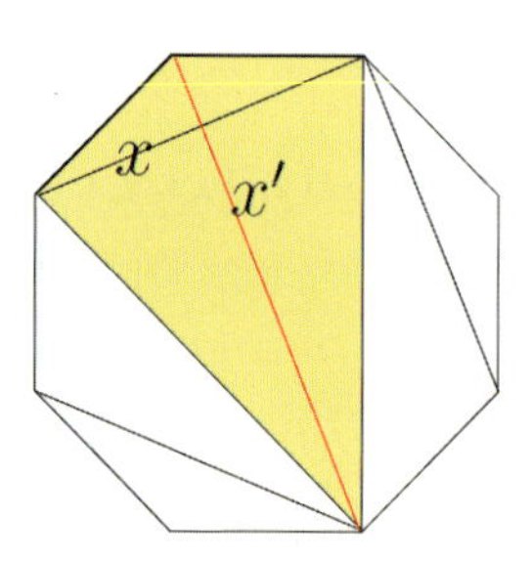

Hatcher hat 1991 in [5] gezeigt, dass man je zwei beliebige Triangulierungen eines n-Ecks durch eine Reihe von Flips verbinden kann:

Im untenstehenden Beispiel werden Flips benutzt, um alle fünf Triangulierungen des Pentagons zu erhalten, siehe Abbildung 3.2. In den Figuren (b), (c) und (d) in Abbildung 3.3 sind für das Oktagon nacheinander x, y und z mit ihren Flips gezeigt. Damit kommt man von der Triangulierung $\mathscr{T}$ in (a) zu einer sogenannten Zick-Zack-Triangulierung in (e).

Beispiel

Es gibt fünf Möglichkeiten, das Pentagon zu triangulieren: Die zwei Diagonalen treffen sich dabei in einer der fünf Ecken. In der Abbildung sind die fünf Triangulierungen aufgezeigt. Die Pfeile erklären, wie man mittels eines Flips von einer Triangulierung zur nächsten gelangt. Es ist jeweils dasjenige Viereck blau gefärbt, in dem eine Diagonale ausgetauscht wird.

Am Pentagon sieht man sehr schön, wie die verschiedenen Möglichkeiten, das Vieleck zu triangulieren, durch Flips miteinander verbunden sind. Das wird aber schnell komplizierter: Je mehr Ecken das Polygon hat, umso mehr Möglichkeiten gibt es für die Unterteilung. Euler hat im 18. Jahrhundert vermutet, dass es

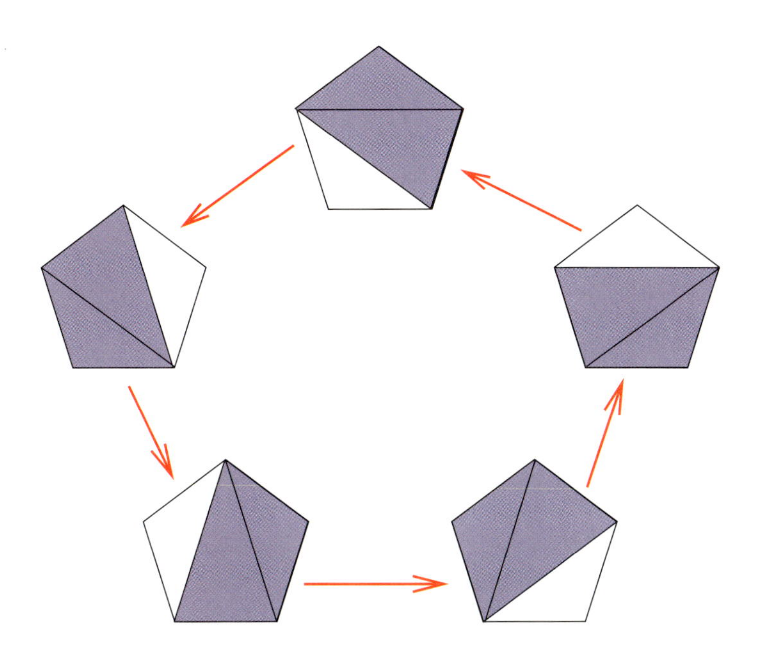

Abbildung 3.2: Alle Triangulierungen des Pentagons

genau $\frac{1}{n+1}\binom{2n}{n} = \frac{2n!}{(n+1)!n!}$ Möglichkeiten gibt, ein $(n+2)$-Eck zu triangulieren[4]. Dabei ist $n!$ die Abkürzung für $n \cdot (n-1) \cdot (n-2) \cdot \cdots \cdot 2 \cdot 1$. Eulers Vermutung wurde später bestätigt. Die Anzahl der Möglichkeiten ist zwei beim Quadrat, fünf beim Pentagon, 14 beim Hexagon und bereits 132 beim Oktagon.

Beispiel

Abbildung 3.3 zeigt einen Weg, wie man von der Triangulierung $\mathscr{T}$ oben links zur *Zick-Zack*-Triangulierung unten rechts kommen kann. Die Diagonalen v und w sind dabei immer festgehalten. Die Vierecke, innerhalb derer durch einen Flip eine Diagonale ausgetauscht wird, sind gelb gefärbt, und die neuen Diagonalen sind rot.

[4] Diese Zahlen treten in vielen verschiedenen Gebieten der Mathematik auf, sie heißen *Catalanzahlen*.

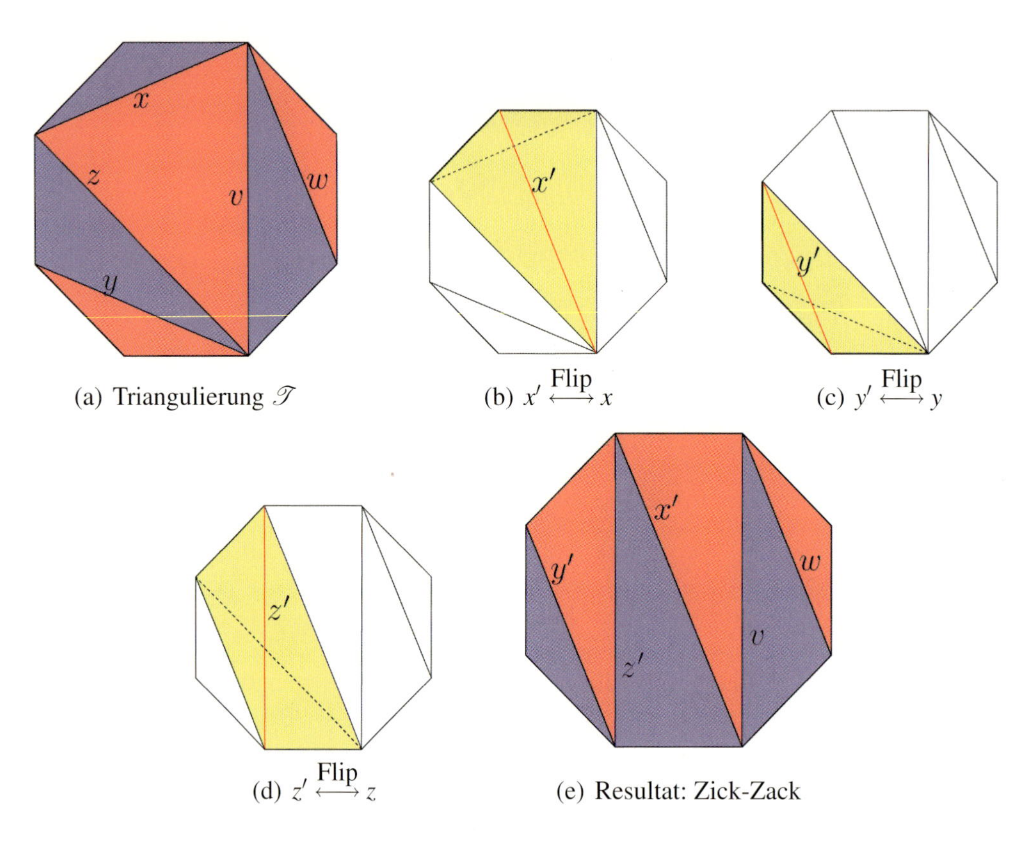

(a) Triangulierung $\mathscr{T}$

(b) $x' \stackrel{\text{Flip}}{\longleftrightarrow} x$

(c) $y' \stackrel{\text{Flip}}{\longleftrightarrow} y$

(d) $z' \stackrel{\text{Flip}}{\longleftrightarrow} z$

(e) Resultat: Zick-Zack

Abbildung 3.3: Folge von Flips im Oktagon

3.1.3 Ptolemäus-Relation und Flips

Von nun an werden wir regelmäßige n-Ecke[5] betrachten, die wir mit P_n bezeichnen. Die bekannteste solche Figur ist ein gleichseitiges Dreieck, dann kommt das Quadrat, das Pentagon und so weiter. Ein regelmäßiges n-Eck besitzt einen Umkreis, das heißt, es gibt einen Kreis, auf dem alle Eckpunkte des Polygons liegen. Daher bilden insbesondere beliebige vier Eckpunkte von P_n ein Sehnenviereck. In diesem Abschnitt werden wir die Diagonalen in P_n mit Variablen beschriften und die Ptolemäus-Relation verwenden, um Gleichungen für diese Variablen aufzustellen. Als Erstes betrachten wir noch einmal das Pentagon.

[5] Das sind n-Ecke, deren Seiten alle gleich lang sind und deren Winkel alle gleich groß sind.

Beispiel
Wir betrachten ein Pentagon mit den Diagonalen wie in Abbildung 3.4. Die Seiten des Pentagons haben alle die Länge 1. Wir starten mit der Triangulierung, die durch die Diagonalen mit den Variablen x und y gebildet wird. Wenn wir nun die Diagonale y mittels eines Flips durch y' ersetzen, so sagt die Gleichung (G1):

$$y \cdot y' = x \cdot 1 + 1 \cdot 1 \,.$$

Also gilt $y' = \frac{x+1}{y}$. Die Diagonalen y' und x ergeben jetzt die Triangulierung des Pentagons.

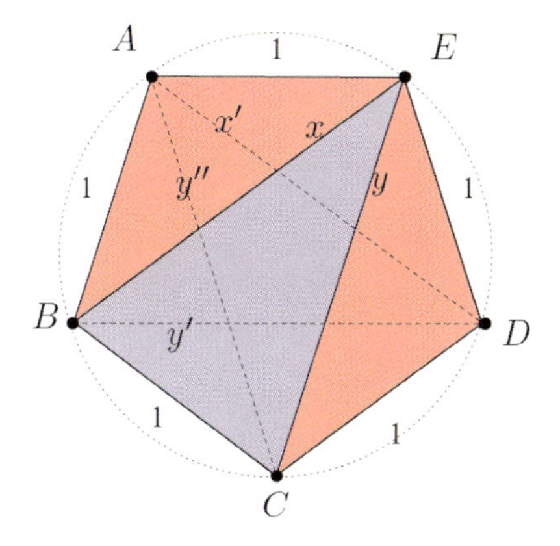

Abbildung 3.4: Trianguliertes Pentagon

Im nächsten Schritt ersetzen wir x durch die Diagonale x'. Dazu wird das Sehnenviereck mit den Ecken A, B, D und E betrachtet. Die Ptolemäus-Relation liefert

$$x \cdot x' = y' \cdot 1 + 1 \cdot 1 \,,$$

also $x' = \frac{y'+1}{x} = \frac{x+y+1}{xy}$. Die Diagonalen y' und x' bilden nun die Triangulierung. Im dritten Schritt können wir y' durch y'' ersetzen, beide sind Diagonalen im Sehnenviereck mit den Eckpunkten A, B, C und D, das durch x' vom Pentagon abgetrennt wird. Mittels der Gleichung (G1) ergibt sich

$$y'' = \frac{x'+1}{y'} = \frac{\frac{x+y+1}{xy}+1}{\frac{x+1}{y}} = \frac{\frac{x+y+1+xy}{xy}}{\frac{x(x+1)}{xy}} = \frac{x+y+1+xy}{x(x+1)} = \frac{(x+1)(y+1)}{x(x+1)} = \frac{y+1}{x} \,,$$

die Triangulierung wird jetzt durch x' und y'' gegeben. In einem weiteren Schritt können wir x' ersetzen durch die Diagonale x'' von C nach E: Das ist genau die Diagonale mit der Variablen y. Wenn man die Gleichung (G1) benutzt, so ist

$$x'' = \frac{y''+1}{x'} = \frac{\frac{y+1}{x}+1}{\frac{x+y+1}{xy}} = \frac{y(y+1+x)}{x+y+1} = y,$$

wie erwartet. Die fünf Variablen, die zu den fünf Diagonalen assoziiert werden, sind also

$$\left\{x, y, \frac{x+1}{y}, \frac{y+1}{x}, \frac{x+y+1}{xy}\right\}.$$

Bemerkung
Obwohl aus der Ptolemäus-Relation durch das wiederholte Dividieren komplizierte Ausdrücke entstehen könnten, sind die drei neuen Variablen eher einfache Ausdrücke in den zwei Anfangsvariablen x und y: Sie sind sogenannte Laurent-Polynome in x und y (siehe Abschnitt 3.2.2).

3.1.4 Ebene Figuren

Vielecke sind nur eine Art von Figuren, die man triangulieren kann. Allgemeiner können wir Unterteilungen von ebenen Figuren wie Kreisscheiben (mit Löchern oder ohne Löcher) oder Kreisringen[6] betrachten. Die Diagonalen verbinden hier markierte Punkte auf den Rändern untereinander oder mit den Löchern. Es entstehen dabei auch Dreiecke als Grundbausteine, wie wir sehen werden.

Bemerkung
Kombinatorisch unterscheiden sich Triangulierungen eines n-Ecks oder einer Kreisscheibe mit n Punkten auf dem Rand[7] nicht, wie man in Abbildung 3.5 sehen kann.

Andere Phänomene treten auf bei den Kreisscheiben mit Loch beziehungsweise bei den Kreisringen. Wir betrachten zunächst die Kreisscheiben mit einem

[6] Beispiele von triangulierten Kreisringen sind in Abbildung 3.7 zu finden.
[7] Der Einfachheit halber wählen wir jeweils gleichmäßig verteilte Punkte auf dem Rand.

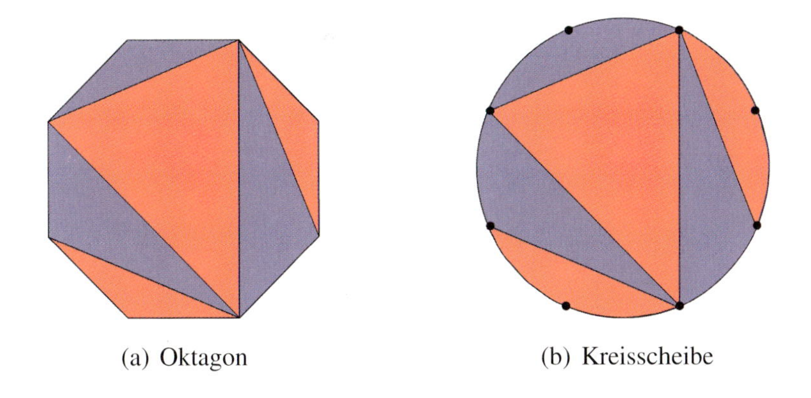

(a) Oktagon (b) Kreisscheibe

Abbildung 3.5: Polygon mit 8 Ecken und Kreisscheibe mit 8 Punkten

zusätzlichen markierten Punkt im Innern, der als Loch aufgefasst wird, und dann Kreisringe, bei denen Verbindungen zwischen Punkten auf dem inneren sowie auf dem äußeren Rand erlaubt sind.

Wenn man eine solche Figur mittels Verbindungen zwischen den Punkten und dem Loch oder zwischen den Punkten auf den beiden Rändern unterteilt, so entstehen Regionen, die nicht mehr Dreiecke sind im üblichen Sinnc. An dieser Stelle ist anzumerken, dass wir vor allem an der Kombinatorik von Unterteilungen interessiert sind: Was wir verstehen wollen, ist, welche zwei Punkte verbunden werden und welche Verbindungslinien benachbart sind. Wir können eine Verbindungslinie etwas herumschieben, die markierten Punkte dürfen jedoch nicht bewegt werden. Dabei verändern wir nichts an der Kombinatorik der Triangulierung, solange sich die Linien nicht schneiden und solange diese Linien innerhalb der Figur verlaufen.

Die Regionen, die dabei entstehen, sind wiederum Figuren, die nun weniger Ecken (markierte Punkte) haben. Sie besitzen meistens drei Seitenlinien und drei Eckpunkte. Hat eine solche Regionen drei Seitenlinien, so sprechen wir von einem *verallgemeinerten Dreieck*. Es können aber auch zwei der Seitenlinien zusammenfallen. In diesem Fall sagen wir, dass das verallgemeinerte Dreieck *degeneriert* ist.

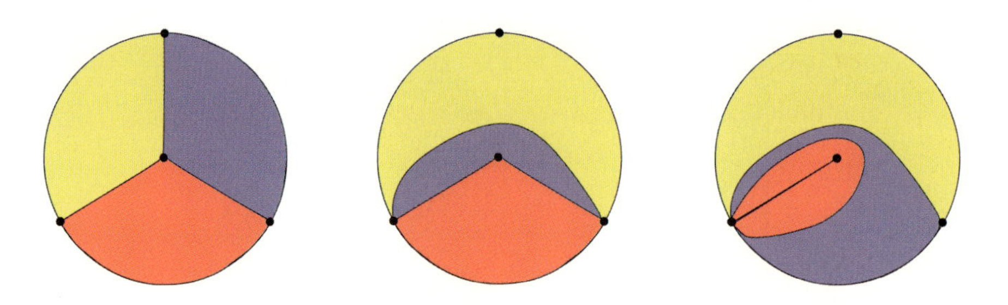

Abbildung 3.6: Triangulierungen der gelochten Kreisscheibe

In den folgenden beiden Beispielen sind verschiedene verallgemeinerte Dreiecke gezeigt.

Beispiel (Kreisscheibe mit 3 Punkten und einem Loch)
Bis auf Rotationen der ganzen Figur gibt es drei verschiedene Arten, eine solche Kreisscheibe zu triangulieren. Alle drei sind in Abbildung 3.6 aufgezeigt.

Beispiel (Kreisring mit 2 Punkten auf dem äußeren Rand und einem Punkt auf dem inneren Rand)
Hier gibt es unendlich viele Möglichkeiten, die Figur zu triangulieren. Eine erste ist in der linken Figur von Abbildung 3.7 dargestellt. Weitere Arten findet man zum Beispiel, wenn man sich vorstellt, dass die innere Kreisscheibe einmal um 360 Grad gedreht wird und die drei Verbindungslinien am Punkt auf dem inneren Rand mitgezogen werden. Das Resultat ist wiederum ein Kreisring mit markierten Punkten an den gleichen Stellen und mit einer neuen Triangulierung, siehe die zweite Figur in Abbildung 3.7. Analog gibt es für jedes ganzzahlige $k > 0$ eine neue Triangulierung, wenn man die innere Kreisscheibe k-mal um 360 Grad rotiert.

Hier möchten wir darauf hinweisen, dass die verwendeten Linien bei den Unterteilungen im Allgemeinen keine Geraden mehr sind. Unter den in den Beispielen auftretenden verallgemeinerten Dreiecken sind insbesondere einige degeneriert: etwa das rote und das blaue Gebiet in der dritten Triangulierung von Abbildung 3.6 und die gelben Gebiete in beiden Triangulierungen von Abbildung 3.7: Das rote ist ein degeneriertes Dreieck, das entlang von zwei Seiten zusammengefaltet wurde; bei den beiden anderen Gebieten fallen zwei der Eckpunkte zu-

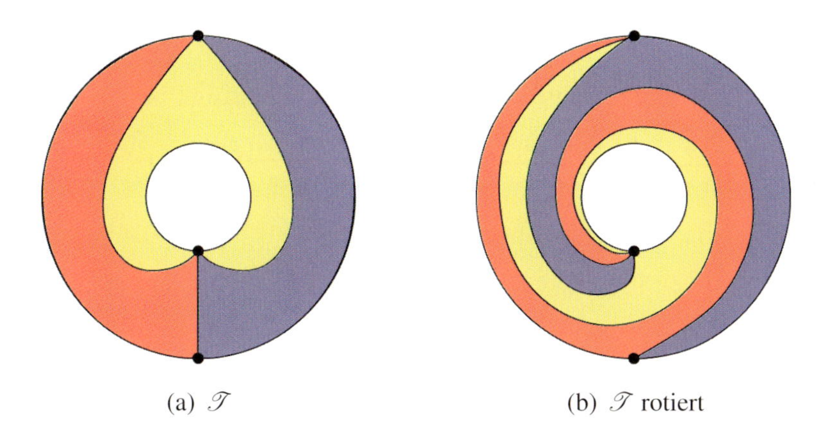

Abbildung 3.7: Zwei Triangulierungen des Kreisrings

sammen. Das blaue Gebiet umrandet eine seiner Seiten vollständig, mit dem Effekt, dass die beiden Endpunkte dieser Seite zu einem einzigen werden. Bei den gelben Gebieten ist eine Seite der innere Rand; die beiden Endpunkte dieses Randes fallen hier zusammen.

Wie bei den Polygonen ist die Anzahl der Verbindungslinien, die man für eine Triangulierung benötigt, eine Invariante der Figur, genannt der *Rang* der Figur.

Im gleichen Sinne kann man viel allgemeinere Figuren mit markierten Punkten auf den Rändern triangulieren und dabei den Rangbegriff als die Anzahl der benötigten Verbindungslinien definieren. Es gibt eine Formel, mit der man den Rang berechnen kann. Für die drei Arten der Figuren, die wir hier besprochen haben, sieht sie folgendermaßen aus:

$$p + 3q - 3(2 - b),$$

wobei p die Anzahl der Punkte auf den Rändern angibt. Ferner sei $q = 0$ im Falle einer Kreisscheibe ohne Loch oder eines Kreisrings und $q = 1$ im Falle einer Kreisscheibe mit Loch. Außerdem sei b die Anzahl der Ränder (also 1 bei den Kreisscheiben und 2 bei den Kreisringen), siehe [2]. Konkret gibt das den Rang 3 im Beispiel der gelochten Kreisscheibe ($p = 3$, $q = 1$ und $b = 1$, siehe Abbildung 3.6) beziehungsweise im Beispiel des Kreisringes ($p = 3$, $q = 0$ und $b = 2$, siehe Abbildung 3.7).

3.2 Clusteralgebren

Clusteralgebren wurden von S. Fomin und A. Zelevinsky vor rund 10 Jahren eingeführt, "*In an attempt to create an algebraic framework for dual canonical bases and total positivity in semisimple groups, we initiate the study of a new class of commutative algebras*" [3]. In diesem Kapitel werde ich zuerst eine Definition von Clusteralgebren geben. Diese sind relativ komplizierte Mengen von Funktionen in mehreren Variablen. Daher führe ich parallel dazu ein Beispiel vor, in dem alle auftretenden Funktionen bestimmt werden. Nach Beschreibung der wichtigsten Eigenschaften dieser Objekte in Abschnitt 3.2.2 werden wir im dritten Abschnitt sehen, wie die Clusteralgebren mit den Triangulierungen vom ersten Kapitel zusammenhängen. Damit erhalten wir dank der Triangulierung von Polygonen und anderen Figuren einen direkten Zugang zu den Clusteralgebren.

3.2.1 Definition und Beispiel

Clusteralgebren sind gewisse Mengen von Funktionen in n Variablen $x_1, \ldots, x_n$. Alle betrachteten Funktionen lassen sich als Bruch von zwei Polynomen in diesen n Variablen schreiben. Wir präsentieren hier eine vereinfachte Version der Definition. Wichtig ist dabei der Begriff einer quadratischen (n mal n)-Matrix von ganzen Zahlen: Das ist eine Anordnung von $n \cdot n$ ganzen Zahlen, den sogenannten *Einträgen*, die in n Zeilen und n Spalten angeordnet sind. Die Matrix ist *schief-symmetrisch*, wenn die Zahl in Zeile i und Spalte j genau das Negative der Zahl in Zeile j und Spalte i ist. Es ist üblich, m_{ij} für den Eintrag in Zeile i und Spalte j von M zu schreiben. Es sind dann die Einträge m_{ii} alle gleich null, wenn M schief-symmetrisch ist. Als Beispiel hat man etwa $M = \begin{pmatrix} 0 & 1 \\ -1 & 0 \end{pmatrix}$. Weitere schief-symmetrische Matrizen sind in Abschnitt 3.2.3 zu finden. Nun zur Definition der Clusteralgebren, mit einem Beispiel parallel dazu:

Definition Clusteralgebra

Als Erstes nimmt man die n Variablen $x_1, \ldots, x_n$, zur Abkürzung einfach $\underline{x} = \{x_1, \ldots, x_n\}$ geschrieben. Man nennt $\underline{x}$ einen *Cluster*. Davon ausgehend ersetzt man schrittweise einzelne der x_k durch einen Bruch, der Kombinationen der Variablen x_i (mit $i \neq k$) im Zähler hat und x_k im Nenner. Die genaue Vorgehensweise wird durch eine schief-symmetrische (n mal n)-Matrix M von ganzen Zahlen gegeben. Sie liefert die Information, die für das sukzessive Austauschen von Variablen benötigt wird.

Konkret sieht das wie folgt aus: Die k-te Variable x_k kann durch die Variable x_k' ersetzt werden (wobei $1 \leq k \leq n$ ist), die durch die folgende Gleichung beschrieben ist:

$$x_k x_k' = \prod_{i:\, m_{ik}>0} x_i^{m_{ik}} + \prod_{i:\, m_{ik}<0} x_i^{-m_{ik}}$$

Beispiel

Wir berechnen alle Clustervariablen an einem Beispiel mit $n = 2$. Wir starten mit dem Cluster $\{x_1, x_2\}$ und wählen als Ausgangsmatrix

$$M = \begin{pmatrix} 0 & 1 \\ -1 & 0 \end{pmatrix}.$$

Zuerst mutieren wir x_1, die Vorschrift aus der Gleichung mit $x_k x_k'$ (siehe Definition in der linken Spalte) liefert $x_1 x_1' = 1 + x_2$, also $x_1' = \frac{1+x_2}{x_1}$. Mutieren von x_2 liefert $x_2' = \frac{x_1+1}{x_2}$. Danach wechseln wir die Variable x_1' aus: $x_1'' = \frac{x_1+x_2+1}{x_1 x_2}$.

(auf der rechten Seite wird das Produkt aller Ausdrücke $x_i^{m_{ik}}$ mit $1 \leq i \leq n$ genommen, für die der Eintrag m_{ik} positiv ist, und dann das Produkt der Ausdrücke $x_i^{-m_{ik}}$ mit $m_{ik} < 0$. Falls es keine positiven (keine negativen) m_{ik} gibt, so ist der entsprechende Ausdruck ein sogenanntes leeres Produkt und ist gleich 1).

Demnach wird die Variable x_k durch den Bruch

$$\left(\prod_{i:\, m_{ik}>0} x_i^{m_{ik}} + \prod_{i:\, m_{ik}<0} x_i^{-m_{ik}} \right) / x_k$$

ersetzt.

Dieses Verfahren nennt man *Mutation an k* oder *Mutation von* x_k. Es liefert eine neue Menge von Variablen, nämlich $\underline{x}' = (\underline{x} \setminus x_k) \cup x_k'$, die ebenfalls einen Cluster bildet (das Zeichen $\cup$ steht für die Vereinigung der Variablen links davon mit der Variablen x_k'). Dieser neue Cluster $\underline{x}'$ entsteht also aus $\underline{x}$, indem man die Variable x_k durch die Variable x_k' ersetzt.

Gleichzeitig muss die Matrix M, die das Ersetzen bestimmt, angepasst werden. Die neue Matrix M' ist gegeben durch: Alle Einträge in der k-ten Spalte und der k-ten Zeile werden durch ihr Negatives ersetzt. Zu den andern Einträgen zählt man einen gewissen Korrekturterm dazu, der bei unserem Beispiel keine Rolle spielt, da er bei $n = 2$ nicht auftritt. Die neue Matrix M' besitzt dieselben Eigenschaften wie M (eine schief-symmetrische (n mal n)-Matrix mit ganzzahligen Einträgen). Die auftretenden Cluster $\underline{x}$ und $\underline{x}'$ sind fast identisch, sie haben ja

Wenn man nun die Variable x_2' nach der Vorschrift für das Mutieren ersetzen möchte, so tritt die erste Überraschung auf: Es ist $x_2'' = x_1$ und schließlich $x_1''' = x_2$. Das heißt, dass in diesem Beispiel fortgesetztes Mutieren nur endlich viele Clustervariablen liefert! Dies ist im folgenden sogenannten Graphen dargestellt.

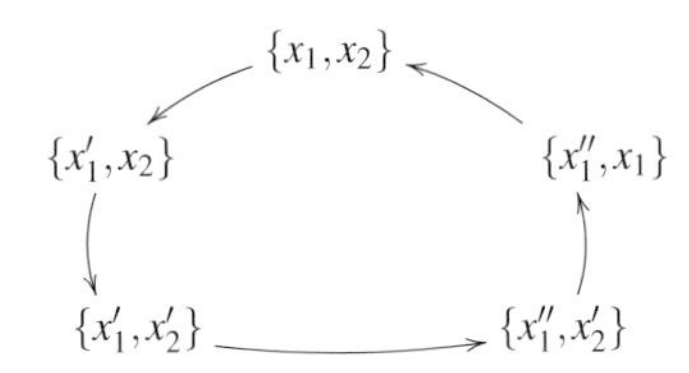

Es gibt hier also nur fünf Clustervariablen: $\{x_1, x_2, x_1', x_2', x_1''\}$ mit $x_1' = \frac{1+x_2}{x_1}$, $x_2' = \frac{x_1+1}{x_2 x_1}$ und $x_1'' = \frac{x_1+x_2+1}{x_1 x_2}$.

$n-1$ Elemente gemeinsam und unterscheiden sich nur in der k-ten Variablen, die ersetzt wird. Iteriert man den Prozess des Mutierens immer weiter, das heißt, ersetzt man immer mehr Variablen, so erhält man immer neue Variablen x'_k, x'_l, x''_k und so weiter. Alle Variablen, die man durch fortgesetztes Mutieren erhält, werden gesammelt, man nennt sie die *Clustervariablen*. Sie alle sind Brüche von Polynomen in den ursprünglichen Variablen $x_1, \ldots, x_n$. Es können durchaus unendlich viele Clustervariablen entstehen. Die *Clusteralgebra* $\mathscr{A}(\underline{x}, M)$ schließlich besteht aus den Funktionen in $x_1, \ldots, x_n$, die als Kombinationen von all diesen Clustervariablen geschrieben werden können. Sie wird vor allem von der Austauschmatrix M bestimmt.

3.2.2 Eigenschaften von Clusteralgebren

Am obigen Beispiel sind die zwei wichtigsten Eigenschaften der Clusteralgebren bereits gut illustriert:

1. Nach Definition ist $x'_k = \frac{\cdots}{x_k}$, das heißt, je länger man mutiert, desto kompliziertere Brüche entstehen dabei. Erstaunlicherweise sind aber alle Nenner im Beispiel von Abschnitt 3.2.1 einfach nur Produkte der ursprünglichen Variablen x_1 und x_2. Das ist das sogenannte *Laurent-Phänomen*.
2. Im Allgemeinen können unendlich viele Clustervariablen entstehen. Das iterierte Mutieren lässt sich oft immer weiter fortsetzen. Die Clusteralgebren, bei denen nur endlich viele Clustervariablen auftreten, kann man genau beschreiben, sie stehen in Bezug zu den sogenannten Dynkintypen. Das Beispiel in Abschnitt 3.2.1 ist ein solches, es ist vom Dynkintyp A_2.

3.2.3 Clusteralgebren – Triangulierungen

Das Beispiel einer Clusteralgebra mit $\underline{x} = \{x_1, x_2\}$ und der Matrix $M = \begin{pmatrix} 0 & 1 \\ -1 & 0 \end{pmatrix}$ erinnert an Abschnitt 3.1.3, wo wir im Pentagon den Diagonalen Variablen zugeordnet und sie dann mit Hilfe der Ptolemäus-Relation in Beziehung gesetzt haben, und an die fünf Triangulierungen des Pentagons in Abschnitt 3.1.2. Wir wollen diesen Zusammenhang hier erklären. Die Idee ist, dass wir mit der Triangulierung einer Figur starten, die aus n Diagonalen besteht (also Rang n hat). Dieser Triangulierung ordnen wir eine Menge $\{x_1, \ldots, x_n\}$ von Variablen und eine Matrix M zu. Als Resultat können wir einer triangulierten Figur eine Clusteralgebra zuordnen. Dazu betrachten wir nicht nur die Triangulierungen von Polygonen, sondern wir lassen alle drei Typen von Figuren aus dem ersten Kapitel zu, also auch die Kreisscheiben (mit und ohne Loch) und die Kreisringe.

Wir wählen eine solche Figur vom Rang n und betrachten eine Triangulierung $\mathcal{T}$ der Figur. Das heißt, wir haben n Diagonalen oder Verbindungslinien in der Figur ausgesucht, wir nennen diese x_1, x_2, $\ldots, x_n$. Dies sind die Variablen des Clusters $\underline{x}$. Nun kann man einer Triangulierung $\mathcal{T}$ mit n Diagonalen eine schiefsymmetrische ganzzahlige (n mal n)-Matrix $M = M_{\mathcal{T}}$ zuordnen: Treffen sich die Diagonalen x_i und x_j in einem Punkt P und sind sie Seitenlinien eines gemeinsamen (verallgemeinerten) Dreiecks, so sind x_i und x_j Nachbarn in $\mathcal{T}$. Liegt x_j im Gegenuhrzeigersinn von x_i, so setzt man $m_{ij} = 1$. Andernfalls sei $m_{ij} = -1$. Alle anderen Einträge[8] von M sind gleich 0. Im folgenden Beispiel bestimmen wir diese Matrix konkret.

Beispiel

In Abbildung 3.8 sind drei Triangulierungen mit Rang 3 dargestellt. Im Hexagon (a) haben x_1 und x_2 einen gemeinsamen Endpunkt. Dabei ist x_2 der Nachbar von x_1 im Gegenuhrzeigersinn. Also ist nach der oben beschriebenen Konstruktion $m_{12} = 1$, das

[8] Um ganz genau zu sein, muss man hier wie folgt präzisieren: Sind x_i und x_j Nachbarn sowohl im Gegenuhr- wie auch im Uhrzeigersinn, so ist der Eintrag m_{ij} auch gleich 0. Das ist der Fall bei $M_{\mathcal{T}_2}$ unten, für $i = 2$ und $j = 3$.

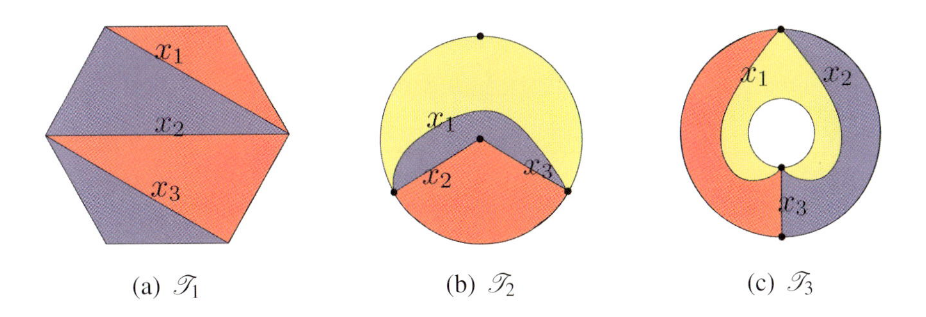

(a) $\mathscr{T}_1$ (b) $\mathscr{T}_2$ (c) $\mathscr{T}_3$

Abbildung 3.8: Drei Triangulierungen vom Rang 3

heißt, die Matrix M hat die Zahl 1 in der ersten Zeile und zweiten Spalte sowie wegen der Schief-Symmetrie eine -1 in der zweiten Zeile und ersten Spalte. Die Diagonalen x_2 und x_3 haben auch einen gemeinsamen Endpunkt. Man erreicht x_2 im Gegenuhrzeigersinn von x_3 aus. Also ist der Eintrag m_{32} gleich 1 und m_{23} ist -1. Überall sonst stehen Nullen in M, die Matrix ist $M_{\mathscr{T}_1}$. Analog kann man sich überlegen, dass die Matrix der Triangulierung der punktierten Kreisscheibe $M_{\mathscr{T}_2}$ ist und dass die Triangulierungsmatrix des Kreisringes $M_{\mathscr{T}_3}$ ist:

$$M_{\mathscr{T}_1} = \begin{pmatrix} 0 & 1 & 0 \\ -1 & 0 & -1 \\ 0 & 1 & 0 \end{pmatrix}, \quad M_{\mathscr{T}_2} = \begin{pmatrix} 0 & -1 & 1 \\ 1 & 0 & 0 \\ -1 & 0 & 0 \end{pmatrix}, \quad M_{\mathscr{T}_3} = \begin{pmatrix} 0 & 1 & 1 \\ -1 & 0 & -1 \\ -1 & 1 & 0 \end{pmatrix}.$$

Demnach definiert die Triangulierung ein Paar $(\underline{x}, M)$ und damit eine Clusteralgebra $\mathscr{A} = \mathscr{A}_{\mathscr{T}}$. Es besteht eine Korrespondenz zwischen den Diagonalen, Triangulierungen und so weiter einerseits und den Clustervariablen, Clustern und so weiter andrerseits: Jede Triangulierung $\mathscr{T}$ bestimmt einen Cluster, die Menge aller Diagonalen in der Figur entspricht dabei genau der Menge aller Clustervariablen. Das Ersetzen von Diagonalen durch Flips ist das Pendant zur Mutation von Variablen: Je zwei verschiedene Triangulierungen des n-Ecks (der Figur) sind durch eine Reihe von Flips verbunden. Analog sind je zwei Cluster einer Clusteralgebra durch eine Reihe von Mutationen verbunden.

Diese Korrespondenz liefert daher einen geometrischen Zugang zu Clusteralgebren. In der Sprache der Dynkintypen sagt man, dass die n-Ecke gerade die Clusteralgebren vom Typ A_{n-3} modellieren, die Kreisscheiben mit Loch und n markierten Punkten auf dem Rand diejenigen vom Typ D_n, und die Kreisringe modellieren die erweiterteten Dynkintypen $\tilde{A}$.

Es gibt auch Korrespondenzen zwischen viel allgemeineren triangulierten Figuren und Clusteralgebren [2].

3.3 Positive Matrizen

Wie zu Beginn des Kapitels 3.2 erwähnt wurde, wurden Clusteralgebren in Anlehnung an Phänomene eingeführt, die bei den positiven Matrizen beobachtet werden. In diesem Kapitel werden wir das kurz erläutern und den Zusammenhang zu den Clusteralgebren aufzeigen. Als Beispiel betrachten wir zuerst zwei Matrizen und erklären den Begriff der *Determinante* von solchen Matrizen. Determinanten sind für beliebige (n mal n)-Matrizen definiert, wir werden hier jedoch nur mit den Fällen $n = 2$ und $n = 3$ arbeiten. Als Beispiel betrachten wir zuerst die Determinante einer (2 mal 2)-Matrix A mit Einträgen a, b, c, d und dann diejenige einer (3 mal 3)-Matrix B.

$$A = \begin{pmatrix} a & b \\ c & d \end{pmatrix}, \quad B = \begin{pmatrix} b_{11} & b_{12} & b_{13} \\ b_{21} & b_{22} & b_{23} \\ b_{31} & b_{32} & b_{33} \end{pmatrix} = \begin{pmatrix} 3 & 1 & 2 \\ 2 & 2 & 5 \\ 1 & 2 & 6 \end{pmatrix}.$$

Die Determinante der Matrix A ist der Ausdruck $\det A = ad - bc$. Bei der (3 mal 3)-Matrix B wird der Ausdruck etwas komplizierter, hier ist die Determinante gleich

$$\begin{aligned} \det B &= b_{11}b_{22}b_{33} + b_{12}b_{23}b_{31} + b_{13}b_{21}b_{32} \\ &\quad -b_{13}b_{22}b_{31} - b_{12}b_{21}b_{33} - b_{11}b_{23}b_{32} \\ &= 36 + 5 + 8 - 4 - 12 - 30 = 3\,. \end{aligned}$$

Definition (Totale Positivität)
Eine (2 mal 2)-Matrix M heißt *total positiv*, abgekürzt $M > 0$, falls die Determinante von M und alle Einträge von M positive reelle Zahlen sind.

Eine (3 mal 3)-Matrix M heißt *total positiv*, $M > 0$, falls $\det M > 0$ gilt sowie alle (2 mal 2)-Minoren[9] von M und alle Einträge von M positive reelle Zahlen sind.

Insbesondere müssen bei einer total positiven Matrix also alle Einträge und die Determinante von M positiv sein.

Beispiel
Bei der Matrix A muss man $a > 0$, $b > 0$, $c > 0$, $d > 0$ verlangen und $ad - bc > 0$, um eine total positive Matrix vor sich zu haben.

Die Matrix B ist total positiv: Ihre Einträge sind positiv, die Determinante ist 3. Außerdem sind die neun (2 mal 2)-Minoren von A auch alle positiv: Streichen wir die erste Zeile und die erste Spalte von B, so bleibt der Minor $\begin{pmatrix} 2 & 5 \\ 2 & 6 \end{pmatrix}$. Die Determinante dieses Minors ist gleich $12 - 10 = 2$. Als nächstes streichen wir die erste Zeile und die zweite Spalte von B, es bleibt der Minor $\begin{pmatrix} 2 & 5 \\ 1 & 6 \end{pmatrix}$. Dessen Determinante ist 7. Streichen der ersten Zeile und der dritten Spalte liefert den Minor $\begin{pmatrix} 2 & 2 \\ 1 & 2 \end{pmatrix}$. Er hat Determinante 2. Die weiteren Minoren erhält man durch Streichen der zweiten Zeile und je einer Spalte beziehungsweise durch Streichen der dritten Zeile und je einer Spalte. Sie sind auch alle positiv, wie man nachrechnen kann.

3.3.1 Bemerkungen

Der Begriff der totalen Positivität geht auf Schoenberg [7] zurück, der 1930 Transformationen und ihre Eigenwerte studiert hatte. Eines der damaligen Ziele

---

[9] Das sind Determinanten von Matrizen, die aus M gebildet werden durch Streichen von je einer Zeile und einer Spalte.

war zu zeigen, dass total positive Matrizen lauter verschiedene reelle Eigenwerte besitzen. Nach einigen Arbeiten zu dieser Thematik in den 30er Jahren wurde dies schließlich 1950 von Gantmacher und Krein vervollständigt [4].

Lange Zeit war damit das Interesse der Forschung an dieser Thematik erloschen. Ende der 90er Jahre hat jedoch Lusztig den Begriff der totalen Positivität verallgemeinert und für sogenannte lineare algebraische Gruppen eingeführt [6]. Diese Verallgemeinerung liegt gar nicht so weit von der ursprünglichen Definition: Eine total positive Matrix ist insbesondere ein Element einer linearen algebraischen Gruppe, nämlich der Menge aller (n mal n)-Matrizen, deren Determinante nicht null ist.

3.3.2 Das Beispiel der unipotenten Dreiecksmatrizen

Die unipotenten (n mal n)-Dreiecksmatrizen sind (n mal n)-Matrizen, deren Einträge m_{ii} alle gleich 1 sind, $1 \leq i \leq n$, und deren Einträge m_{ij} mit $i > j$ alle gleich null sind. Am folgenden Beispiel können wir für $n = 3$ den verallgemeinerten Begriff der totalen Positivität illustrieren:

$$U_3 = \left\{ \begin{pmatrix} 1 & a & b \\ 0 & 1 & c \\ 0 & 0 & 1 \end{pmatrix} \middle| \, a, b, c \in \mathbb{R} \right\}.$$

Eine solche Matrix heißt total positiv, falls a, b, c alle größer als null sind und falls $ac - b > 0$ gilt. Das sind alle Minoren, die zu überprüfen sind. Die anderen Minoren spielen in der verallgemeinerten Definition der totalen Positivität solcher Matrizen keine Rolle.

Ein wichtiges Phänomen lässt sich bereits an diesem kleinen Beispiel aufzeigen: Sind a und b positiv und verlangt man auch $ac - b > 0$, so gilt zuerst mal $ac > b$, und da a und b positiv sind, muss insbesondere $c > 0$ auch erfüllt sein.

Gilt umgekehrt $b > 0$, $c > 0$ und $ac - b > 0$, so ist automatisch auch $a > 0$. Es müssen also nicht alle Minoren überprüft werden, um sicher zu sein, dass die Matrix aus U_3 total positiv ist. Man kann sogar zeigen, dass es minimale Teilmengen aller Minoren gibt, die ausreichend sind: Weiß man, dass alle Minoren einer solchen minimalen Teilmenge positiv sind, so ist die ganze Matrix total positiv. Außerdem gilt, dass die minimalen Teilmengen von Minoren immer die gleiche Anzahl von Elementen haben. Eine weitere Eigenschaft ist, dass man einen Minor einer minimalen Teilmenge meistens genau durch einen anderen ersetzen kann[10]. Die beiden Minoren sind dann durch eine Mutation im Sinne der Clusteralgebren verbunden.

Bemerkung
Die Eigenschaften der Minoren und der minimalen Teilmengen illustrieren, wie das Beispiel der totalen Positivität die Definition von Clusteralgebren motiviert hat; die Cluster sind in Anlehnung an die minimalen Teilmengen von Minoren definiert worden.

3.4 Clusterkategorien

In diesem Kapitel zeige ich, in welchen anderen Gebieten der Mathematik Strukturen von Clusteralgebren gefunden werden können, das heißt, zu welchen Gebieten man Zusammenhänge entdeckt hat. Wir konzentrieren uns auf eines dieser Gebiete, nämlich die Darstellungstheorie von Algebren. Dort geht es um gewisse triangulierte Kategorien, die Clusterkategorien. Ich werde erklären, wie diese entstehen, und schließe dann den Kreis zurück zum Anfang: Wir werden sehen, wie diese Clusterkategorien via Triangulierungen von Figuren mit den Clusteralgebren verbunden sind. Schließlich zeige ich noch auf, wie weit die geometrischen Modelle für (verallgemeinerte) Clusterkategorien in den letzten Jahren entwickelt wurden. Hier eine Vorwarnung: In diesem abschließenden Kapitel werden wir also einen Forschungsschwerpunkt der Algebra beleuchten.

---
[10]Manche Minoren können durch keinen einzigen der anderen ersetzt werden.

Entsprechend ist das Vokabular sehr spezialisiert. Diese Abschnitte sollen als Hinweis auf die weiteren Anwendungen und als Ausblick aufgefasst werden.

3.4.1 Einbettung der Clusteralgebren in der Mathematik

Seitdem sie um das Jahr 2000 von Fomin und Zelevinsky in Anlehnung an totale Positivität und die kanonischen Basen eingeführt wurden, haben sich Clusteralgebren zu einem eigenständigen, sehr lebhaften Forschungsfeld entwickelt mit Verbindungen zu sehr unterschiedlichen andern Gebieten. Dies führt dazu, dass fortlaufend neue Entwicklungen im Zusammenhang mit Clusteralgebren entdeckt werden.

So hat man Verbindungen zu den folgenden Gebieten entdeckt: Lie-Theorie (zum Beispiel Koordinatenringe von $SL_2(\mathbb{C})$, von $SL_3(\mathbb{C})$), Darstellungstheorie von Algebren: Clusterkategorien, Teichmüller-Theorie (Systeme von lokalen Koordinaten), Poisson-Geometrie, integrierbare Systeme, Kombinatorik von Polyedern und von Polygonen, Tropische Geometrie.

3.4.2 Clusterkategorien und Triangulierungen

Die Verbindung zur Darstellungstheorie von Algebren und zur Kombinatorik von Polygonen hat in zwei unabhängigen Ansätzen zur Definition der Clusterkategorien geführt, einerseits von der Darstellungstheorie von Algebren her, andrerseits aus der kombinatorischen Geometrie.

Aus diesen zwei Ansätzen ergeben sich Verbindungen zwischen den Clusteralgebren, den Triangulierungen von Polygonen und Clusterkategorien: Im Typ A_n bestehen Korrespondenzen (man sagt Bijektionen) zwischen den Clustervariablen, den Diagonalen im $(n+3)$-Eck und den sogenannten unzerlegbaren Objekten[11] der Clusterkategorie vom Typ A_n. Unter diesen Korrespondenzen entspricht jeder Cluster einer Triangulierung und einem speziellen Objekt (genannt Kippobjekt) der Clusterkategorie. Außerdem können abstrakte algebraische Eigenschaften der Objekte der Clusterkategorie direkt aus den geometrischen Eigenschaften der entsprechenden Diagonalen im Polygon abgeleitet werden. Insofern liefert die Kombinatorik der triangulierten n-Ecke ein sehr effizientes und anschauliches geometrisches Modell für die Clusterkategorien.

In den letzten Jahren wurde intensiv weiter in dieser Richtung geforscht, und es wurden geometrische Modelle für verschiedene Clusterkategorien und Clusteralgebren gefunden. So ist die punktierte Kreisscheibe als Modell für Clusterkategorien vom Typ D_n etabliert. Der erweiterte Dynkintyp $\tilde{A}$ und der Röhrentyp wurden später mittels der Kreisscheiben beschrieben. Auch allgemeinere Figuren können für die Definition von Clusterkategorien benutzt werden. Durch das Zusammenspiel zwischen den geometrischen Modellen und den abstrakt algebraischen Strukturen können Fortschritte in beiden Forschungsschwerpunkten erzielt werden. Das Verknüpfen von verschiedenen Themenkreisen kann also zu neuen Instrumentarien führen. Dieser fruchtbare Austausch wird im nächsten Absatz illustriert.

Für die sogenannten m-Clusterkategorien muss man die geometrischen Modelle etwas modifizieren: Anstatt der Diagonalen und Verbindungslinien wie aus dem ersten Kapitel muss man m-Diagonalen oder m-Bögen einführen, welche die Figuren nicht mehr in Dreiecke unterteilen, sondern in $(m+2)$-Ecke. Mit dieser Grundidee haben wir mit Marsh ein geometrisches Modell für den Typ A entwickelt [1]: Wir haben zeigen können, dass die m-Clusterkategorie vom Typ A_{n-1} sich mittels der m-Diagonalen im $(nm+2)$-Eck modellieren lässt. In diesem Sinne lassen sich auch Modelle für den Typ D_n finden (Kreisscheibe mit $nm-m+1$ markierten Punkten und einem Loch) sowie für den erweiterten

[11] Das sind gewissermaßen die Atome dieser Theorie: Jedes Objekt lässt sich aus den unzerlegbaren herleiten.

Dynkintyp $\tilde{A}$ (Kreisringe mit mp Punkten auf dem äußeren und mq Punkten auf dem inneren Rand).

Literatur

[1] BAUR, K., MARSH, R. J.: A geometric description of m-cluster categories. Transactions of the AMS **360(11)**, 5789–5803 (2008)

[2] FOMIN, S., SHAPIRO, M., THURSTON, D.: Cluster algebras and triangulated surfaces, Part I: Cluster complexes. Acta Mathematica **201**, 83–146 (2008)

[3] FOMIN, S., ZELEVINSKY, A.: Cluster algebras, I. Foundations. J. Amer. Math. Soc. **15(2)**, 497–529 (2002)

[4] GANTMACHER, F., KREIN, M.: Oscillyacionye matricy i yadra i malye kolebaniya mehaniceskih sistem (Oscillation matrices and kernels and small oscillations of mechanical systems). In: Gosudarstv. Isdat. Tehn.-Teor. Lit., Moscow-Leningrad, 2. Aufl. 1950

[5] HATCHER, A.: On triangulations of surfaces. Topology Appl. **40(2)**, 189–194 (1991)

[6] LUSZTIG, G.: Total positivity in reductive groups. In: G.I. Lehrer, editor, Lie theory and geometry: In honor of Bertram Kostant. Progress in Mathematics **123**, 531–568 (1994)

[7] SCHOENBERG, I.: Über variationsvermindernde lineare Transformationen. Math. Z. **32 (1)**, 321–328 (1930)

Die Autorin:

Prof. Dr. Karin Baur
Karl-Franzens-Universität Graz
Institut für Mathematik und wissenschaftliches Rechnen
Heinrichstrasse 36
A-8010 Graz
Österreich
karin.baur@uni-graz.at

4 Modellieren und Quantifizieren von extremen Risiken

Vicky Fasen und Claudia Klüppelberg

4.1 Einleitung

Extreme Risiken begleiten unser Leben. Während unsere Vorfahren Gefahren und Risiken als gottgegeben hinnahmen, wird heute die Entstehung von Gefahren auf das Handeln von Menschen zurückgeführt. Damit wird Risiko kalkulierbar, und es werden Verantwortlichkeiten zugewiesen. Auch Naturkatastrophen behandeln wir heute als Risiken, wenn wir Vermeidungsstrategien entwickeln, wie zum Beispiel, wenn wir Dämme bauen oder schlicht eine Versicherung abschließen.

Vor diesem Hintergrund ist es natürlich, von der Mathematik Berechnungsformeln für das Risiko und von der Statistik, basierend auf diesen, Prognosen zu verlangen. Das ist allerdings gar nicht so einfach und mit Standardmethoden nicht zu leisten. Wir erklären das an folgendem Beispiel:

Es geht um den Bau von Deichen in Holland. Diese Deiche sind lebenswichtig als Schutz gegen Sturmfluten. Man möchte Deiche höher bauen als eine Wellenhöhe, wie sie höchstens alle 10 000 Jahre vorkommt. Wie hoch muss der Deich mindestens gebaut werden?

Wie schätzt man nun die Höhe der höchsten Welle in 10 000 Jahren, wenn man doch nur Messungen von einigen hundert Jahren zur Verfügung hat? Wir stehen vor dem Problem, die Wahrscheinlichkeit eines Ereignisses zu schätzen, das extremer ist als jedes bisher geschehene. Dazu benötigt man eine spezielle Methode. Diese liefert die Extremwerttheorie.

Extremwerttheorie ist eine fundamentale Theorie, die in statistische Verfahren mündet. Sie wurde in den letzten 50 Jahren entwickelt und ist nicht unumstritten. Extremwerttheorie erlaubt (unter entsprechenden Voraussetzungen) eine Prognose von seltenen Ereignissen aus beobachteten Daten, die aber in den Daten aufgrund ihrer Seltenheit nicht zu sehen sind (Extrapolation). Natürlich ist es einfach, das zu kritisieren: Extrapolation ist von Natur aus unzuverlässig. Dennoch hat sie eine solide mathematische Basis, und keine glaubwürdigere Alternative wurde bisher vorgeschlagen. Folgendes Zitat geht auf Professor Richard Smith (`http://www.unc.edu/~rls/`) zurück, der wesentlich zur Entwicklung der Extremwertstatistik beigetragen hat: „There is always going to be an element of doubt, as one is extrapolating into areas one doesn't know about. But what extreme value theory is doing is making the best use of whatever you have about extreme phenomena."

Was häufig vergessen wird und worauf wir nicht müde werden hinzuweisen, ist die Tatsache, dass allen mathematischen Berechnungen Modelle zugrunde liegen, die nur eine (häufig inadäquate) Vereinfachung der Realität darstellen. Man muss also bei der Interpretation der Ergebnisse immer Vorsicht walten lassen.

4.2 Extreme Risiken

4.2.1 Finanzrisiken

In allen Firmen, insbesondere in Versicherungen und Banken, dienen Kapitalreserven der Absicherung von unvorhersehbaren Risiken. Dies fordert die BAFIN

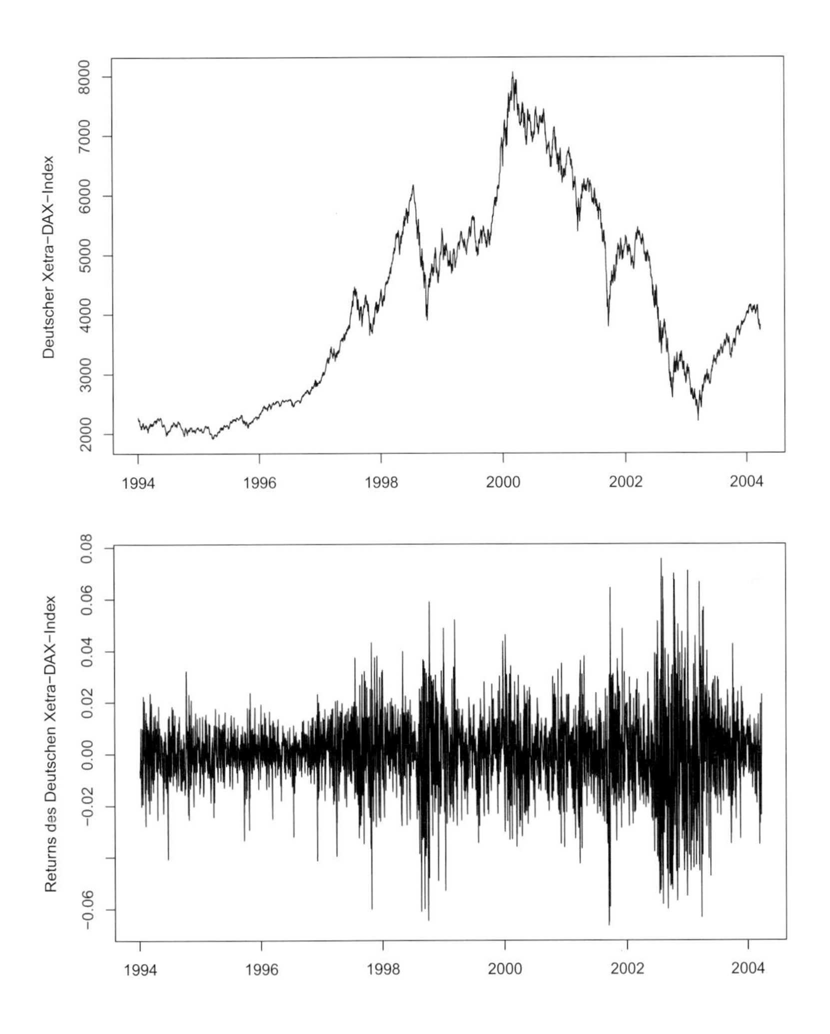

Abbildung 4.1: Der Deutsche Xetra-DAX-Index (oben) und seine logarithmierten Renditen (unten) im Zeitraum von 1994–2004.

(Bundesanstalt für Finanzdienstleistungsaufsicht, `http://www.bafin.de/`) im Rahmen von „Basel II" von Banken (`http://www.bis.org/bcbs/`) und im Rahmen von „Solvency II" von Versicherungen (`http://ec.europa.eu/internal_market/insurance/`). Für die jeweilige Berechnung der vorgeschriebenen Kapitalreserven und ihre Verwaltung ist das Risikomanagement zuständig, hier ist eine mathematisch-statistische Ausbildung unabdingbar.

Die Idee für die Abschätzung, wie hoch eine solche Risikoreserve sein muss, ist dieselbe wie beim Deichbau: In Basel II verwendet man zur Berechnung der Risikoreserve den sogenannten *Value-at-Risk*, das p-Quantil des Risikos, welches wie folgt definiert ist. Es sei X ein Risiko, das zum Beispiel den Verlust eines Wertpapiers in den nächsten 10 Tagen beschreibt. Mit $\mathbb{P}(X \leq x)$ für ein $x \in \mathbb{R}$ bezeichnen wir die Wahrscheinlichkeit, dass der Verlust X nur Werte kleiner oder gleich x annehmen wird. Dabei stammt das mathematische Symbol $\mathbb{P}$ von dem englischen Wort „probability" für Wahrscheinlichkeit. Die Verteilungsfunktion ist die Funktion $F(x) = \mathbb{P}(X \leq x)$ für $x \in \mathbb{R}$, und das p-Quantil von X ist

$$x_p = \inf\{x \in \mathbb{R} : F(x) \geq p\} \quad \text{für } p \in (0,1) \tag{4.1}$$

(inf steht für Infimum). Damit ist x_p die kleinste Zahl, für die $F(x_p) \geq p$ gilt. Für alle $x < x_p$ gilt $F(x) < p$. Wenn F streng monoton steigend ist, gilt $x_p = F^{-1}(p)$. Je nach Risikoart ist $p = 5\,\%$ (0,05) oder $p = 1\,\%$ (0,01) oder gar $p = 0{,}1\,\%$ (0,001).

In Basel II sind das Modell und die Schätzmethode vorgeschrieben: Man setzt voraus, dass F eine Normalverteilungsfunktion ist, welche die Darstellung

$$F(x) = \frac{1}{\sqrt{2\pi}\sigma} \int_{-\infty}^{x} \mathrm{e}^{-\frac{(y-\mu)^2}{\sigma^2}}\, dy \qquad \text{für } x \in \mathbb{R} \tag{4.2}$$

und ein $\mu \in \mathbb{R}$, $\sigma > 0$ besitzt (kurz $\mathcal{N}(\mu, \sigma^2)$-Verteilung), und schätzt die charakteristischen Parameter μ und σ dieser Verteilung (den Mittelwert und die Standardabweichung) aus historischen Beobachtungen von mindestens einem Jahr (220 Handelstage). Diese geschätzten Parameter kann man dann verwenden, um das Quantil x_p zu schätzen. Den geschätzten Wert bezeichnen wir mit $\widehat{x}_p$. Die Kapitalreserve ist dann das 3-fache (für gewisse Banken auch das 4-fache) des geschätzten Quantils $\widehat{x}_p$.

Wir argumentieren jetzt, dass weder das Risikomaß noch das Modell adäquat sind. Zuerst zum Risikomaß. Das Quantil x_p entspricht der Deichhöhe, allerdings ist die Situation hier doch anders als beim Deichbau. Wenn eine Sturm-

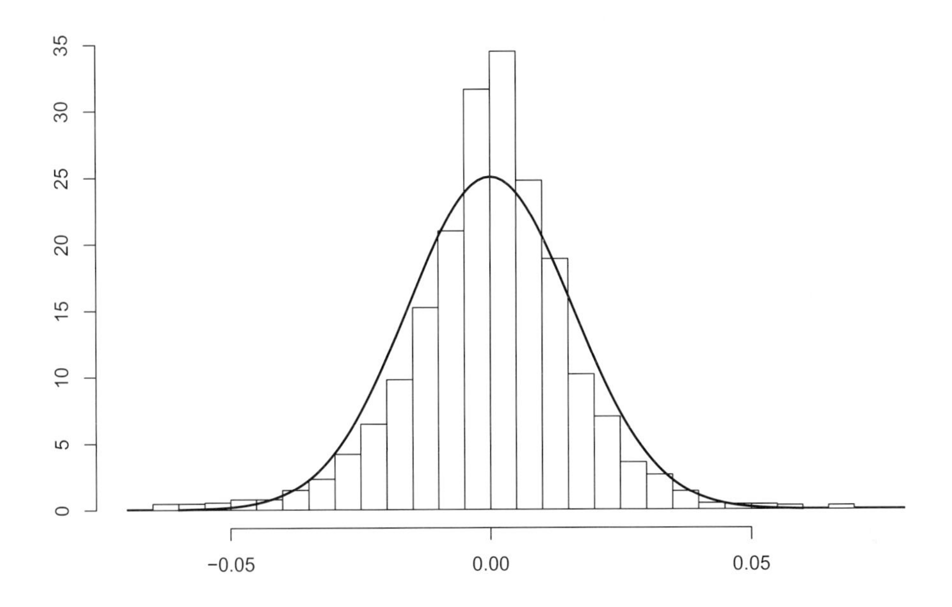

Abbildung 4.2: Histogramm der logarithmierten Renditen des Deutschen Xetra-DAX-Index im Vergleich zur Dichte einer Normalverteilung.

flut mit Wellen höher als der Deich hereinbricht, ist kein Halten mehr. Das dahinterliegende Land verschwindet unter Wasser. Beim Finanzrisiko ist es aber sehr erheblich zu wissen, bis zu welcher Höhe sich die resultierenden Verluste summieren. Hier wurde als alternatives Risikomaß der sogenannte *Expected Shortfall* vorgeschlagen, der im Falle eines Verlusts jenseits des Value-at-Risk den erwarteten Verlust beschreibt. Obwohl ernsthafte Versuche unternommen wurden, den Value-at-Risk als vorgeschriebenes Risikomaß durch den Expected Shortfall in den regulatorischen Vorschriften verbindlich festzuschreiben, war diese akademische Initiative nicht erfolgreich. Die Lobbyarbeit der Banken hat dies verhindert: Die Kapitalrücklagen wären durch dieses Risikomaß erheblich höher ausgefallen.

Das Modell der Normalverteilung ist völlig inadäquat. Dies wird in Abbildung 4.2 verdeutlicht. Wenn S_t den Wert des Deutschen Xetra-DAX-Index zum

Zeitpunkt t angibt, dann ist $R_t = S_t - S_{t-1}$ die sogenannte *Rendite* und $\log R_t$ die *logarithmierte Rendite*. In Abbildung 4.2 sind das Histogramm (die empirische Dichte) der logarithmierten Renditen des Deutschen Xetra-DAX-Index und die Dichte einer Normalverteilung, deren Mittelwert und Standardabweichung aus den historischen Daten geschätzt wurden, gezeichnet. Das Histogramm zeigt deutlich, dass die Verteilung der logarithmierten Renditen des Deutschen Xetra-DAX-Index mehr Masse in den Rändern besitzt als die Normalverteilung, das heißt, im Bereich $\pm 0{,}04$ und größer/kleiner weist das Histogramm höhere Werte auf als die Normalverteilung, was zu einer Unterschätzung der Kapitalreserve führt. Die Tatsache, dass die empirischen Werte um 0 deutlich höher sind als es die Normalverteilung erlaubt, ist für das Risikomanagement unerheblich.

Aufgrund der Erkenntnisse und Erfahrungen der im Jahr 2007 begonnenen Wirtschaftskrise ist der Baseler Ausschuss für Banken bemüht, Basel II zu reformieren, was unter dem Begriff Basel III geschieht.

Die Schätzung eines kleinen Quantils ist im Allgemeinen ein schwieriges Unterfangen, da Aussagen über das extreme Verhalten nötig sind, über das nur wenige Daten vorliegen. Die statistische Behandlung seltener Ereignisse gelingt nur mit speziellen Verfahren, die wahrscheinlichkeitstheoretische Ergebnisse der Extremwerttheorie in die Schätzung einfließen lassen und damit das Problem der spärlichen Datenlage wettmachen.

4.2.2 Versicherungsrisiken

Versicherungssgesellschaften übernehmen die Risiken ihrer Kunden. Typische Risiken, gegen die sich Menschen absichern, sind Krankheit, Todesfall, Unfall, Einbruch und Feuer. Durch den Kauf einer Versicherung übertragen Kunden ihr Risiko auf ein Versicherungsunternehmen, das für auftretende Schäden finanziell haftet. Auch das Versicherungsunternehmen kennt das Risiko für das Auftreten eines Schadens seines Kunden nicht, aber durch den Verkauf einer

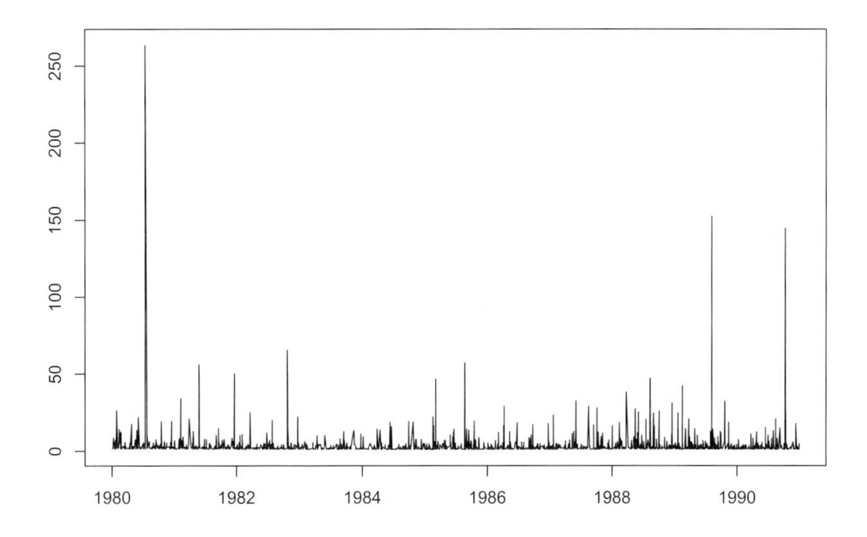

Abbildung 4.3: Schadenshöhen einer dänischen Feuerversicherung im Zeitraum von 1980–1990 in Millionen Dänische Kronen (DKK).

großen Menge von Versicherungsverträgen, die *Policen* genannt werden, fasst es Kunden mit ähnlichen Risiken in einem sogenannten *Portfolio* zusammen und nutzt dabei aus, dass in einem großen Portfolio mit ähnlichen und unabhängigen Risiken der Gesamtschaden im Mittel konstant ist. In der Wahrscheinlichkeitstheorie wird das bewiesen und als *Gesetz der großen Zahlen* bezeichnet. Es macht für Versicherungsunternehmen gleichartige und unabhängige Risiken kalkulierbarer. Fluktuationen im Portfolio werden durch Reserven abgesichert. In diesem Kontext haben Versicherungsmathematiker die Aufgabe, die Qualität und die Quantität von Risiken zu beurteilen. Dazu müssen sie unter anderem Risikomodelle aufstellen und die Modellparameter schätzen, das Modell statistisch analysieren und unter extremen Bedingungen testen, aber auch die Höhe der Prämien und Reserven bestimmen. Das alles funktioniert sehr gut, solange keine abnormal großen Schäden im Spiel sind.

Großschäden sind seltene Ereignisse, die mit sehr hohen Zahlungsforderungen an das Versicherungsunternehmen verbunden sind. Naturkatastrophen wie Erdbeben, Feuer, Wind oder Flut sind typische Bereiche, bei denen Großschäden auftreten, aber auch sogenannte *man-made Schäden*, wie sie vor allem bei Industrieanlagen vorkommen. Im Jahr 2010 fallen unter die Großschäden sicherlich das Erdbeben in Chile und der Untergang der Bohrinsel „Deepwater Horizon". Üblicherweise versichert sich ein normales, sogenanntes *Erstversicherungsunternehmen* selbst wieder bei einer Rückversicherung gegen Großschäden ab. Für Versicherungen dürfte das Erdbeben in Chile eines der kostspieligsten in der Geschichte werden: Analysen schätzen die Forderungen aus Versicherungsschäden auf bis zu 8 Milliarden US-Dollar. Bisher hat Wirbelsturm Katrina im Jahr 2005 mit etwa 34,4 Milliarden US-Dollar den größten Schaden in der Geschichte verursacht, gefolgt von Hurrikan Andrew im Jahr 1992 mit etwa 21,5 Milliarden US-Dollar und dem Anschlag auf das World Trade Center im Jahr 2001 mit circa 20 Milliarden US-Dollar.

Den Großschäden ist gemeinsam, dass sie sehr selten vorkommen und deshalb sehr wenige Daten vorliegen, um statistische Prognosen zu ermöglichen. Dennoch ist ein Versicherungsunternehmen daran interessiert, wie häufig die Schäden eines Portfolios eine bestimmte (hohe) Gesamthöhe u überschreiten. Dies entspricht der Häufigkeit von Wellen, die Deichhöhe u zu übersteigen. Wir bezeichnen im Folgenden mit $X_1, X_2, \ldots$ die Schadenszahlungen eines Versicherungsunternehmens pro Jahr (X_k sind die Schadenszahlungen im k-ten Jahr) und nehmen an, dass diese jährlichen Schäden unabhängig sind und die gleiche Verteilungsfunktion F haben. Wir nehmen weiter an, dass $F(0) = 0$ (ein Schaden kann nur positive Werte annehmen) und $F(x) < 1$ für alle $x \in \mathbb{R}$ (es kann beliebig große Schäden geben, was ja auch der Realität entspricht). Mit $\overline{F}(x) = 1 - F(x)$ für $x \geq 0$ bezeichnen wir den sogenannten *Tail* von F. Wir möchten nun das Jahr bestimmen, in dem der Jahresschaden zum ersten Mal eine feste Reserve u überschreitet. Dieser Zeitpunkt wird durch

$$Z(u) = \min\{k \in \mathbb{N} : X_k > u\}$$

beschrieben (min steht für Minimum). Wenn wir

$$q := \mathbb{P}(X > u) = \overline{F}(u) \tag{4.3}$$

setzen, dann ist $Z(u)$ geometrisch verteilt mit Parameter q, das heißt, die Wahrscheinlichkeit, dass $Z(u)$ den Wert k annimmt, ist

$$\mathbb{P}(Z(u)=k)=(1-q)^{k-1}q \quad \text{für } k\in\mathbb{N}$$

(in $k-1$ Jahren keine Überschreitung, aber dann im Jahr k die Überschreitung). Als *Wiederkehrperiode* bezeichnet man nun die mittlere Wartezeit, bis ein Jahresschaden die Schranke u überschreitet (abgekürzt $\mathbb{E}(Z(u))$, wobei $\mathbb{E}$ das mathematische Symbol für Erwartungswert/Mittelwert ist, das seine Wurzeln in dem englischen Begriff „expectation" hat). Der Erwartungswert ist dann

$$\begin{aligned}\mathbb{E}(Z(u)) &= \sum_{k=1}^{\infty} k\mathbb{P}(Z(u)=k) &&= q\sum_{k=1}^{\infty} k(1-q)^{k-1}\\ &= \frac{1}{q} &&= \frac{1}{\mathbb{P}(X>u)} = \frac{1}{\overline{F}(u)}.\end{aligned} \tag{4.4}$$

Die dritte Umformung in (4.4) überprüft man zum Beispiel, indem man durch Ausmultiplizieren nachrechnet, dass $(1-\overline{q})^2\cdot\sum_{k=1}^{\infty}k\overline{q}^{k-1}=1$ gilt, und dann $\overline{q}=1-q$ einsetzt.

Dies zeigt uns nun einen Trick, um den Erwartungswert zu schätzen. Normalerweise benutzt man das arithmetische Mittel (die Summe aller Beobachtungen geteilt durch die Anzahl aller Beobachtungen) zum Schätzen von Erwartungswerten. Dazu bräuchte man aber sehr viele Jahre, in denen Überschreitungen stattfinden. Da man aber an seltenen Ereignissen interessiert ist, kann man dieses klassische statistische Verfahren aus Datenmangel nicht anwenden.

Allerdings ist auch der Weg (4.4) nicht einfach, da die Schwierigkeit nun in der Schätzung von $\overline{F}(u)$ liegt. Auch hierfür hat man nur wenige Daten zur Verfügung. Allerdings kann man nun die wenigen Daten durch geschickte Methoden der Extremwerttheorie ausgleichen, worauf wir in Abschnitt 4.3 und 4.4 näher eingehen werden.

Aber auch das umgekehrte Problem ist von großem Interesse. Das Versicherungsunternehmen möchte die Prämien und die Reserven so bestimmen, dass ein Jahresschaden größer als u maximal mit einer Wahrscheinlichkeit von 0,1 öfter als alle 50 Jahre vorkommt, das heißt, $\mathbb{P}(Z(u) \leq 50) \leq 0{,}1$. Da wegen $(1-\overline{q})\sum_{i=1}^{50}\overline{q}^{i-1} = 1-\overline{q}^{50}$ mit $\overline{q} = 1-q$

$$\mathbb{P}(Z(u) \leq 50) = q\sum_{i=1}^{50}(1-q)^{i-1} = 1-(1-q)^{50}$$

gilt, muss $1-(1-q)^{50} = 0{,}1$ gelten. Daraus folgt $q = 0{,}02105$. Damit ist die Wiederkehrperiode in diesem Beispiel $1/q = 475$ Jahre. Für die Kalkulation von Prämien und Reserven benötigt man nun aber auch die Schwelle u, wofür man das Quantil der Verteilungsfunktion F bestimmen muss. Mit Definition (4.1) folgert man wegen (4.3), dass $u = x_{1-q}$ ist. Wir kommen in Abschnitt 4.4 darauf zurück.

4.3 Grundlagen der Extremwerttheorie

Wir präsentieren im Folgenden die wichtigsten Konzepte, um Extremrisiken wirklichkeitsnah zu modellieren und zu quantifizieren. In (4.1) und (4.4) haben wir schon gesehen, dass es wichtig ist, den Tail einer Verteilung adäquat schätzen zu können. In den Büchern [2, 3, 6] findet man sowohl den präzisen mathematischen Hintergrund als auch viele Anwendungsbeispiele.

Nach wie vor wird besonders in Banken die Normalverteilung zur Modellierung von Risiken verwendet. Das lässt sich allerdings nur dadurch erklären, dass jeder, der mit Statistik in Berührung kommt, die Normalverteilung kennenlernt. Außerdem sind Summen von normalverteilten Zufallsvariablen wieder normalverteilt, und die Parameter lassen sich leicht berechnen.

Selbstverständlich ist die Normalverteilung eine sehr wichtige Verteilung in der Wahrscheinlichkeitstheorie und Statistik: Sie ist eine Grenzverteilung für Summen. Wenn wir eine Folge von unabhängigen und identisch verteilten Zufallsvariablen $X_1, X_2, \ldots$ haben, dann gilt unter gewissen Voraussetzungen, dass

$$\frac{1}{\sqrt{n}} \sum_{k=1}^{n} (X_k - \mathbb{E}(X_k)) \stackrel{n\to\infty}{\longrightarrow} \mathcal{N}(0, \sigma^2),$$

wobei auf der rechten Seite eine normalverteilte Zufallsvariable mit einer Verteilungsfunktion wie in (4.2) steht. Dies ist der sogenannte *Zentrale Grenzwertsatz*. Aus diesem Grund ist die Normalverteilung ein ausgezeichnetes Modell für zufällige Größen, die als Summen von vielen kleinen zufälligen Einflüssen auftreten. Der große deutsche Mathematiker Carl Friedrich Gauß (1777–1855) hat sie in seinem Buch [5] hergeleitet.

Es ist seit langem bekannt, dass die Normalverteilung für Risikobetrachtungen unrealistisch ist. Aber welches Modell ist denn nun ein gutes Modell für extreme Ereignisse? Die Antwort auf diese Frage wurde von dem französischen Mathematiker Siméon Poisson [8] (1781–1840) gegeben, die wir heute folgendermaßen formulieren:

Satz 4.1 (Satz von Poisson)
Ein statistisches Experiment mit möglichem Ereignis E wird n-mal unabhängig wiederholt. Die Wahrscheinlichkeit, dass E in einem Versuch eintritt, ist $\mathbb{P}(E) = p_n$. Wenn $\lim_{n\to\infty} np_n = \tau$ ist für ein $0 < \tau < \infty$, dann gilt

$$\begin{aligned} &\lim_{n\to\infty} \mathbb{P}\,(\text{in genau } m \text{ der } n \text{ Versuche tritt das Ereignis } E \text{ auf}) \\ &= \lim_{n\to\infty} \binom{n}{m} p_n^m (1-p_n)^{n-m} = \mathrm{e}^{-\tau} \frac{\tau^m}{m!}, \quad m = 0, 1, 2, \ldots, \end{aligned} \tag{4.5}$$

wobei $\binom{n}{m} = \frac{n!}{m!(n-m)!}$ mit $k! = 1 \cdot 2 \cdots k$ für $k \in \mathbb{N}$ ist.

Poisson zu Ehren heißt die Verteilung auf der rechten Seite Poisson-Verteilung mit Parameter τ, kurz $\mathrm{Poi}(\tau)$. Viele Leser werden die Binomialverteilung $\mathrm{Bin}(n, p_n)$ im Limes auf der linken Seite kennen, die sich für großes n und kleines p_n der Poisson-Verteilung nähert.

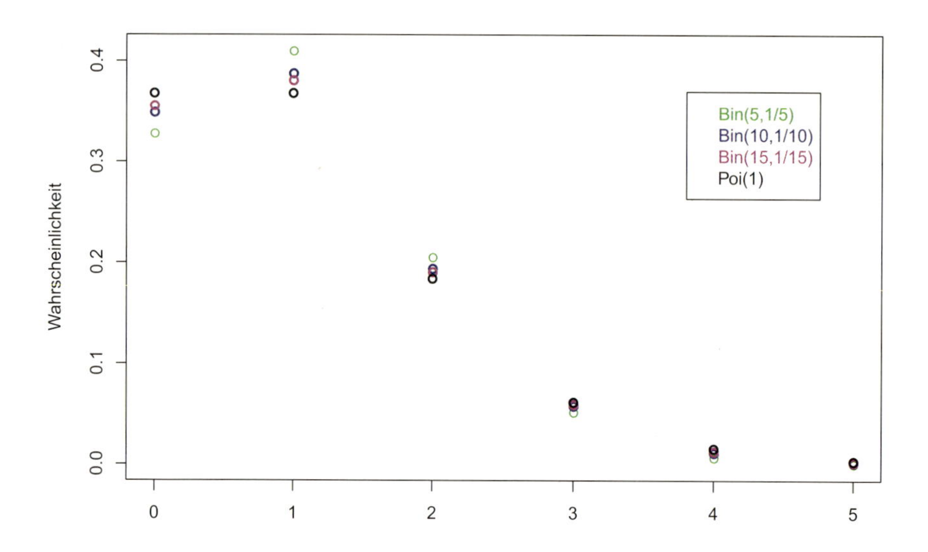

Abbildung 4.4: Zähldichte von $\mathrm{Bin}(5,1/5)$-, $\mathrm{Bin}(10,1/10)$-, $\mathrm{Bin}(15,1/15)$-Verteilungen und die $\mathrm{Poi}(1)$-Verteilung. Man beachte, dass für alle Parameter der Binomalverteilung $np = 1$ gilt.

Man beachte nämlich, dass aus $\lim_{n\to\infty} np_n = \tau$ folgt, dass $\lim_{n\to\infty} p_n = 0$. Damit tritt das Ereignis E mit verschwindend kleiner Wahrscheinlichkeit ein, wenn die Anzahl der Versuche n groß wird. Man nennt deshalb die Poisson-Verteilung auch die Verteilung der seltenen Ereignisse.

Wir wollen hier etwas mehr zur statistischen Anwendung der Poisson-Verteilung sagen, die zu zwei wesentlichen statistischen Konzepten der Extremwerttheorie führt. Das erste statistische Verfahren heißt *Blockmethode* (blocks method) und das zweite *Schwellenwertmethode* (peaks over thresholds (POT) method). Welches Verfahren man verwendet, hängt meist von der Fragestellung und der Datenlage ab. Auf beide Methoden kommen wir in Abschnitt 4.4 zurück.

Im Folgenden stellen wir die notwendigen mathematischen Resultate bereit. Es seien $X_1,\ldots,X_n$ Zufallsvariablen, man stelle sich jährliche Schadenszahlungen einer Versicherung oder relative Verluste einer Aktie vor. Wir nehmen an, dass

$X_1, \dots, X_n$ unabhängig sind und alle die gleiche Verteilungsfunktion wie eine Zufallsvariable X haben; wir bezeichnen sie wieder mit $F(x) = \mathbb{P}(X \le x)$ für $x \in \mathbb{R}$. Dann nennen wir $X_1, \dots, X_n$ eine *Stichprobe*.

Wir zeigen zuerst, wie man den Satz von Poisson 4.1 für die Beschreibung des Verhaltens des Maximums einer Stichprobe verwendet, und betrachten in einem ersten Schritt die sogenannten *partiellen Maxima*

$$M_n = \max(X_1, \dots, X_n) \qquad \text{für } n \in \mathbb{N}$$

(max steht für Maximum). Wie im wirklichen Leben gehen wir davon aus, dass immer wieder Risiken auftreten können, die größer sind als alles, was bisher beobachtet wurde. Mathematisch formuliert man das dadurch, dass man $\mathbb{P}(M_n \le u_n)$ betrachtet, wobei die u_n mit n (also mit M_n) steigen. Dann gilt folgendes fundamentale Resultat (wie man mit Hilfe des Satzes von Poisson 4.1 zeigt):

$$\lim_{n\to\infty} n\mathbb{P}(X_1 > u_n) = \tau \quad \Longleftrightarrow \quad \lim_{n\to\infty} \mathbb{P}(M_n \le u_n) = \mathrm{e}^{-\tau}. \tag{4.6}$$

Wir wollen diese Aussage motivieren:

Betrachte ein seltenes Ereignis E, zum Beispiel das Ereignis, dass der relative Verlust einer Aktie an einem bestimmten Tag größer als eine Schranke u ist, wobei u groß ist. Die täglichen relativen Verluste einer Aktie bilden wieder eine Stichprobe $X_1, \dots, X_n$. Dann ist

$$p = \mathbb{P}(E) = \mathbb{P}(X > u).$$

Nutzt man das gleiche Argument wie Poisson, dann ist die Wahrscheinlichkeit, dass innerhalb der Stichprobe m-mal das Ereignis E eintritt, gegeben durch

$$\binom{n}{m} p^m (1-p)^{n-m} \qquad \text{für } m = 0, \dots, n;$$

es ist also $\mathrm{Bin}(n,p)$-verteilt. Nun machen wir u abhängig von n in dem Sinn, dass u_n wächst, wenn die Stichprobengröße n wächst. Dann wird aus p ein p_n, welches gegen 0 konvergiert. Wenn u_n so gewählt wird, dass

$$\lim_{n\to\infty} np_n = \lim_{n\to\infty} n\mathbb{P}(X > u_n) = \tau \in (0,\infty),$$

dann gilt mit dem Satz von Poisson 4.1

$$\lim_{n\to\infty} \binom{n}{m} p_n^m (1-p_n)^{n-m} = \mathrm{e}^{-\tau}\frac{\tau^m}{m!} \quad \text{für } m = 0,1,2,\ldots.$$

Insbesondere ist

$$\lim_{n\to\infty} \mathbb{P}(M_n \le u_n) = \lim_{n\to\infty} \mathbb{P}(E \text{ tritt niemals ein}) = \lim_{n\to\infty} \binom{n}{0} p_n^0 (1-p_n)^n = \mathrm{e}^{-\tau}.$$

Damit haben wir gezeigt, wie man mit Hilfe des Satzes von Poisson 4.1 aus der linken Seite von (4.6) die rechte Seite folgern kann. Auf den Beweis der Umkehrung möchten wir hier verzichten.

Ergänzend zu diesem Ergebnis ist das folgende bedeutende Resultat der Extremwerttheorie von Fisher und Tippett [4] aus dem Jahre 1928 zu nennen, das die möglichen Grenzverteilungen von partiellen Maxima genau beschreibt und ein wesentliches Hilfsmittel zur Schätzung von Tails und Quantilen ist. Es ist das Pendant zum Zentralen Grenzwertsatz für Summen, deren Grenzverteilung die Normalverteilung ist. Für die Extremwerttheorie ist der Satz von Fisher und Tippett von ebenso fundamentaler Bedeutung. Wir werden ihn für die Blockmethode verwenden.

Satz 4.2 (Satz von Fisher und Tippett)
Es sei $X_1,\ldots,X_n$ eine Stichprobe, und $a_n > 0$ und $b_n \in \mathbb{R}$ seien geeignete Konstanten. Weiter soll gelten:

$$\lim_{n\to\infty} \mathbb{P}(\max(X_1,\ldots,X_n) \le a_n x + b_n) = G(x) \quad \text{für } x \in \mathbb{R} \tag{4.7}$$

für eine Verteilungsfunktion G. Dann gehört G zu der Menge $\{G_{\gamma,\sigma,\mu} : \gamma,\mu \in \mathbb{R}, \sigma > 0\}$, wobei

$$G_{\gamma,\sigma,\mu}(x) = \left\{ \begin{array}{c} \mathrm{e}^{-\left(1+\gamma\frac{x-\mu}{\sigma}\right)^{-\frac{1}{\gamma}}} \\ \mathrm{e}^{-\mathrm{e}^{-\frac{x-\mu}{\sigma}}} \end{array} \right\} \text{ für } \left\{ \begin{array}{ll} 1+\gamma\frac{x-\mu}{\sigma} > 0, & \text{wenn } \gamma \neq 0, \\ x \in \mathbb{R}, & \text{wenn } \gamma = 0. \end{array} \right.$$

Die Klasse der Verteilungen $\{G_{\gamma,\sigma,\mu} : \gamma, \mu \in \mathbb{R}, \sigma > 0\}$ nennt man *verallgemeinerte Extremwertverteilungen*. Satz 4.2 besagt also, dass die Grenzverteilungen von Maxima nur verallgemeinerte Extremwertverteilungen sein können (wozu die Normalverteilung selbstverständlich nicht gehört).

Unter den Voraussetzungen von Satz 4.2 gilt noch viel mehr. Wir bezeichnen die Klasse von Verteilungen $\{H_{\gamma,\sigma} : \gamma \in \mathbb{R}, \sigma > 0\}$ als *verallgemeinerte Pareto-Verteilungen*, die gegeben sind durch

$$H_{\gamma,\sigma}(x) = \left\{ \begin{array}{l} 1 - \left(1 + \gamma \frac{x}{\sigma}\right)^{-\frac{1}{\gamma}} \\ 1 - \exp(-x/\sigma) \end{array} \right\} \text{ für } \left\{ \begin{array}{ll} x \geq 0, & \text{wenn } \gamma \geq 0, \\ 0 \leq x < -\sigma/\gamma, & \text{wenn } \gamma < 0. \end{array} \right.$$

Dann gilt der folgende Satz, der unabhängig von Pickands [7] und von Balkema und de Haan [1] bewiesen wurde. Wir werden ihn für die POT-Methode verwenden.

Satz 4.3 (Satz von Pickands, Balkema und de Haan)
Wir nehmen an, dass die Voraussetzungen von Satz 4.2 gelten und F die Verteilungsfunktion aller $X_1, \ldots, X_n$ ist, so dass $F(x) = \mathbb{P}(X \leq x) < 1$ für alle $x \in \mathbb{R}$ gilt. Dann existiert eine Funktion $\sigma : (0,\infty) \to (0,\infty)$ und ein $\gamma \in \mathbb{R}$, so dass, gegeben $X > u$, gilt:

$$\lim_{u \to \infty} \mathbb{P}\Big(X > u + \sigma(u)x \,\Big|\, X > u\Big) = \lim_{u \to \infty} \frac{\overline{F}(u + \sigma(u)x)}{\overline{F}(u)} = \overline{H}_{\gamma,1}(x) \quad \text{für } x > 0.$$

Der Parameter γ ist hier der gleiche wie im Satz von Fisher und Tippett. Wesentlich für die POT-Methode ist nun, dass für großes u folgende Näherung gilt, wobei man $y = \sigma(u)x$ setzt und ausnützt, dass $\overline{H}_{\gamma,1}(y/\sigma(u)) = \overline{H}_{\gamma,\sigma(u)}(y)$:

$$\frac{\overline{F}(u+y)}{\overline{F}(u)} \approx \overline{H}_{\gamma,\sigma(u)}(y) \quad \text{für } y \geq 0. \tag{4.8}$$

4.4 Grundlagen der Extremwertstatistik

4.4.1 Die Blockmethode

Wie der Name dieser Methode schon suggeriert, teilen wir die Daten $X_1, X_2, \ldots, X_{nm}$ in m gleich große Blöcke der Länge n auf und bilden die Blockmaxima, das heißt, wir definieren $M_{n,j} = \max(X_{(j-1)n+1}, \ldots, X_{jn})$ für $j = 1, \ldots, m$. Wenn die Daten $X_1, X_2, \ldots, X_{nm}$ zum Beispiel die täglichen Verluste einer Feuerversicherung über m Monate sind (das heißt, X_k ist der Verlust am k-ten Tag), dann schätzen wir den maximalen Verlust in einem Monat. Die Blockgrößen sind ungefähr gleich groß, n liegt nämlich zwischen 28 und 31 Tagen, und $M_{n,j}$ ist der maximale Verlust im j-ten Monat. Als ersten Ansatz nutzen wir nach Satz 4.2 aus, dass die Verteilung von $M_{n,j}$ durch eine verallgemeinerte Extremwertverteilung approximiert werden kann, so dass gilt

$$\mathbb{P}(M_{n,j} \leq u) \approx G_{\gamma,\theta,\vartheta}(u) \quad \text{für großes } u,$$

wobei $\gamma, \theta, \vartheta$ Parameter sind, die geschätzt werden müssen, und die Konstanten a_n und b_n in θ und ϑ integriert sind. Es gibt verschiedene statistische Verfahren, um $\gamma, \theta, \vartheta$ zu schätzen, und wir bezeichnen mit $\widehat{\gamma}, \widehat{\theta}, \widehat{\vartheta}$ entsprechende Schätzwerte. Damit approximieren wir

$$\mathbb{P}(M_{n,j} \leq u) \approx G_{\widehat{\gamma},\widehat{\theta},\widehat{\vartheta}}(u) \quad \text{für großes } u.$$

Das Niveau der 10-Jahres-Wiederkehrschranke, des größten monatlichen Schadens, der im Mittel nur alle 10 Jahre passiert, kann mit Hilfe von (4.4) geschätzt werden. Da also $q = 1/(10 \cdot 12)$ gilt, erhalten wir

$$\widehat{u} = \widehat{x}_{1-q} = G^{-1}_{\widehat{\gamma},\widehat{\theta},\widehat{\vartheta}}(1 - (10 \cdot 12)^{-1}). \tag{4.9}$$

Für die dänischen Feuerdaten aus Abbildung 4.3 erhalten wir 195,7 Millionen Dänische Kronen als Niveau für extreme monatliche Schäden, die im Mittel alle 10 Jahre vorkommen (siehe Abbildung 4.5).

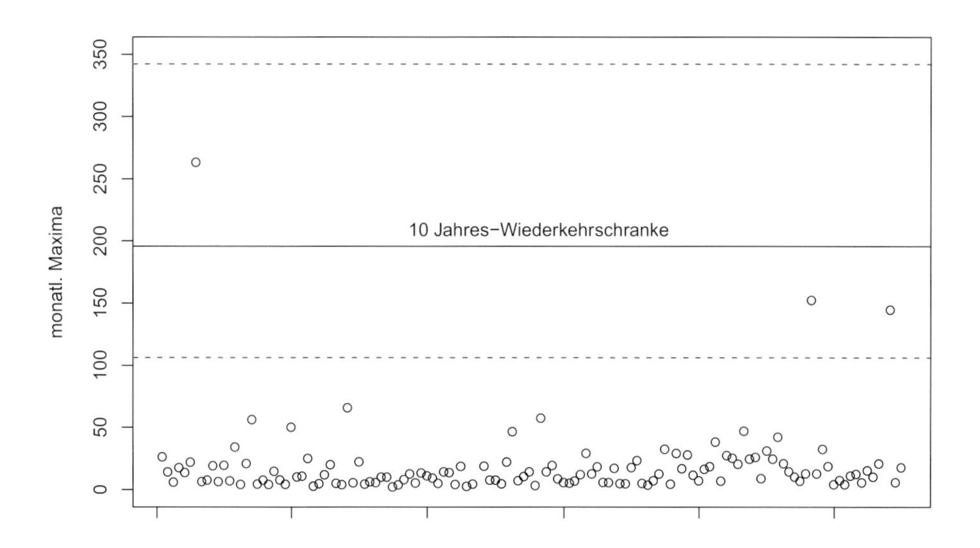

Abbildung 4.5: Die größten Schäden einer dänischen Feuerversicherung pro Monat. Die schwarze Linie ist die 10-Jahres-Wiederkehrschranke, und die gestrichelten roten Linien geben das 95%-Konfindenzintervall an.

4.4.2 Die POT-Methode

Der folgende Abschnitt beschreibt die POT-Methode für eine Stichprobe $X_1, \ldots, X_n$, wobei wir wieder für deren Verteilungsfunktion F annehmen, dass $F(x) = \mathbb{P}(X \leq x) < 1$ für $x > 0$. Weiter sei

$$\overline{F}_u(y) := \mathbb{P}(X - u > y \mid X > u) = \frac{\overline{F}(u+y)}{\overline{F}(u)} \quad \text{für } y \geq 0 .$$

Folglich gilt

$$\overline{F}(u+y) = \overline{F}(u)\overline{F}_u(y) \quad \text{für } y \geq 0 . \tag{4.10}$$

Wie kann man diese Identität nun nutzen, um Tails und Quantile zu schätzen?

Eine Beobachtung größer als $u+y$ erhält man nur dann, wenn erst einmal die Beobachtung größer als u ist; das heißt, man braucht einen sogenannten *Exzedenten* (eine Überschreitung) von u. Eine solche Beobachtung muss dann aber auch noch einen sogenannten *Exzess* (das ist ein Überschuss) über u hinaus haben, der größer als y ist. Wenn nun N_u die Anzahl aller $k \in \mathbb{N}$ angibt mit $X_k > u$, dann bezeichnen wir mit $Y_1, \ldots, Y_{N_u}$ die Exzesse von $X_1, \ldots, X_n$, das heißt, die Höhe der Überschreitungen von u (vergleiche Abbildung 4.6).

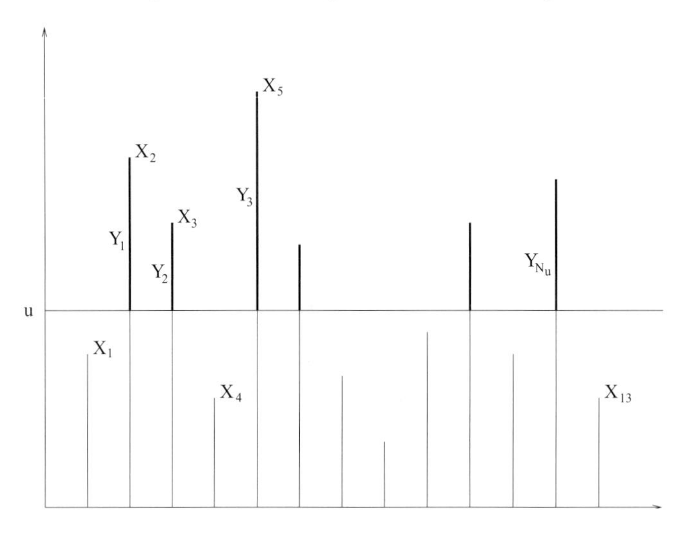

Abbildung 4.6: Die Daten $X_1, \ldots, X_{13}$ mit zugehörigen Exzessen $Y_1, \ldots, Y_{N_u}$.

Einen Schätzer für den Tail (für Werte größer als u) erhält man, indem man beide Tails auf der rechten Seite von Gleichung (4.10) schätzt. Man schätzt $\overline{F}(u)$ durch die relative Häufigkeit

$$\widehat{\overline{F}(u)} = \frac{N_u}{n} \tag{4.11}$$

und approximiert $\overline{F}_u(y)$ durch die verallgemeinerte Pareto-Verteilung aus (4.8), wobei man die Skalenfunktion $\sigma(u)$ berücksichtigen muss. Sie wird als Parameter σ in die Grenzverteilung integriert, so dass

$$\overline{F}_u(y) \approx \left(1 + \gamma \frac{y}{\sigma}\right)^{-1/\gamma} \quad \text{für } y \geq 0, \tag{4.12}$$

wobei γ und σ (durch $\widehat{\gamma}$ und $\widehat{\sigma}$) geschätzt werden müssen. Aus (4.10)-(4.12) ergibt sich ein Tailschätzer der Form

$$\widehat{\overline{F}(u+y)} = \frac{N_u}{n} \left(1 + \widehat{\gamma} \frac{y}{\widehat{\sigma}}\right)^{-1/\widehat{\gamma}} \quad \text{für } y \geq 0. \tag{4.13}$$

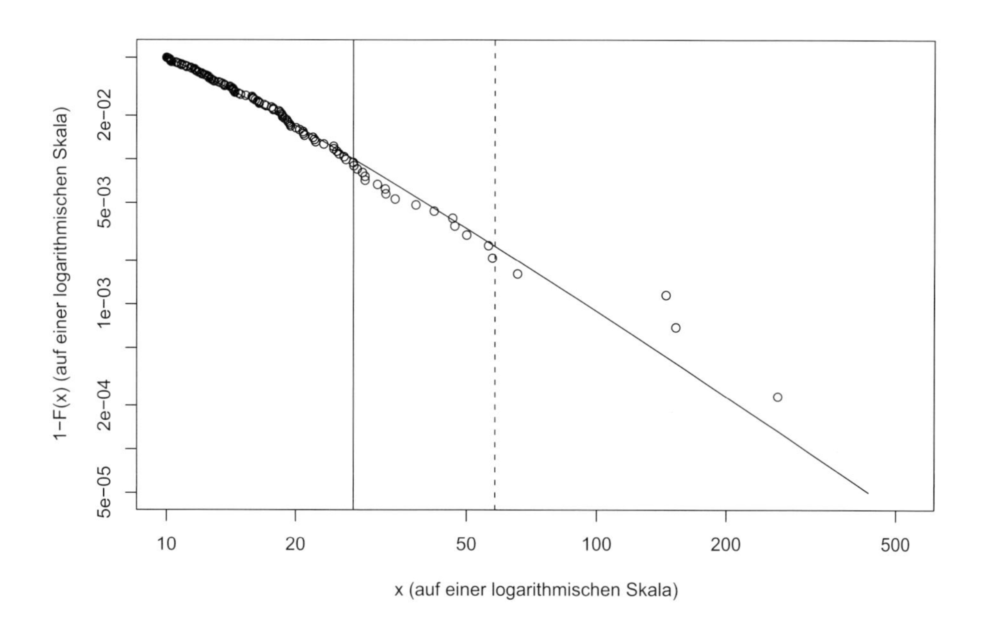

Abbildung 4.7: Der geschätzte Tail (4.13) der Schadenshöhenverteilung der dänischen Feuerdaten mit der POT-Methode und $\widehat{\gamma}=0{,}49$ in logarithmischer Skalierung. Der mit dieser Methode geschätzte 99% Value-at-Risk (4.14) beträgt 27,29 (durchgezogene vertikale Linie) und der Expected Shortfall ist mit 58,24 (gestrichelte vertikale Linie) mehr als doppelt so hoch.

Für gegebenes $p \in (0,1)$ erhält man einen Schätzer $\widehat{x}_p$ für das p-Quantil x_p aus (4.1), indem man die Gleichung

$$1-p = \frac{N_u}{n}\left(1+\widehat{\gamma}\frac{\widehat{x}_p - u}{\widehat{\sigma}}\right)^{-1/\widehat{\gamma}}$$

nach $\widehat{x}_p$ auflöst. Dies ergibt

$$\widehat{x}_p = u + \frac{\widehat{\sigma}}{\widehat{\gamma}}\left(\left(\frac{n}{N_u}(1-p)\right)^{-\widehat{\gamma}} - 1\right). \tag{4.14}$$

Beispiel 4.4

In Abbildung 4.7 sehen wir den mit der POT-Methode geschätzten Tail der Schäden der dänischen Feuerversicherung in einer logarithmischen Skalierung. Dieser wird mit

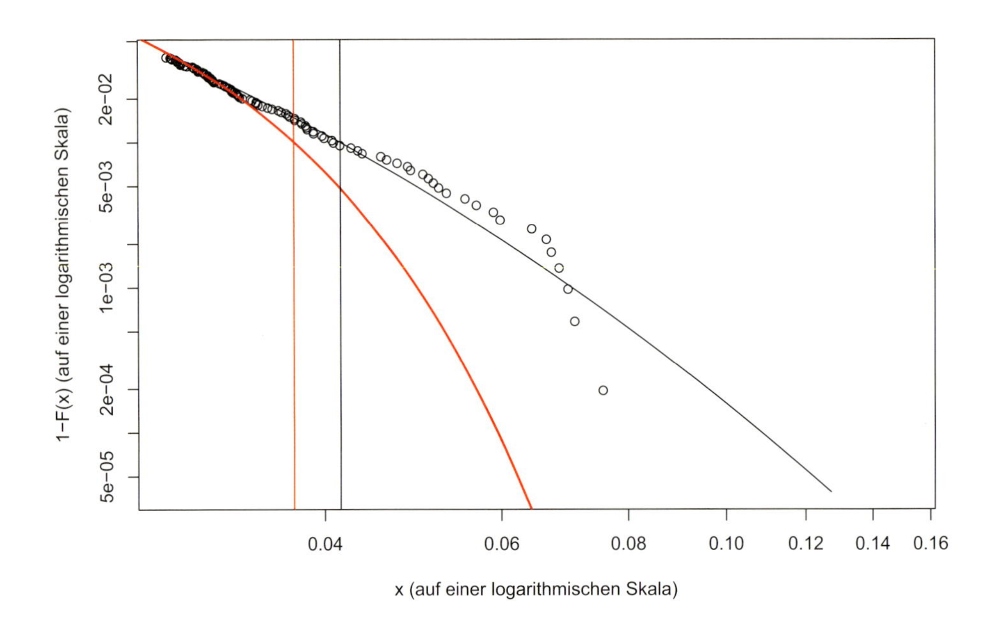

Abbildung 4.8: Der geschätzte Tail der relativen Verluste des Deutschen Xetra-DAX-Index. Die durchgezogene schwarze Linie zeigt den geschätzten Tail mit der POT-Methode und die rote Linie unter der Annahme einer Normalverteilung. Die vertikalen Linien reflektieren das Niveau des 99% Value-at-Risk in Höhe von 0,041, geschätzt mit der POT-Methode (schwarz) und mit der Normalverteilung in Höhe von 0,037 (rot).

der durchgezogenen Linie veranschaulicht. Die Kreise markieren die Daten. Sehr schön sieht man, wie der Tail über die Daten hinaus mit der POT-Methode extrapoliert wurde. Der geschätzte 99% Expected Shortfall liegt mit 58,24 mehr als doppelt so hoch wie der geschätzte 99% Value-at-Risk bei 27,29. Aufgrund der Definition der beiden Risikomaße kann der Value-at-Risk grundsätzlich keine höheren Werte annehmen als der Expected Shortfall. In der Realität haben diese Schätzer mehrere Millionen Dänische Kronen als Einheit.

Beispiel 4.5

Für den Deutschen Xetra-DAX-Index wurde der 99% Value-at-Risk sowohl mittels der in Banken üblichen Normalverteilung geschätzt als auch mit Hilfe der POT-Methode. Abbildung 4.8 zeigt beide Tailschätzer in logarithmischer Skalierung.

Man sieht hier, dass die Normalverteilung völlig ungeeignet ist, den Tail zu schätzen. Mit der POT-Methode erhalten wir einen Value-at-Risk von 0,041 und mit der Normalverteilung von 0,037. Für Quantile zu einem höheren Niveau als 97,7% führt die Normalverteilung zu keiner den Daten angepassten Schätzung. Verwendet man sie, so unterschätzt man das Risiko beträchtlich und legt ein völlig inadäquates Risikokapital fest.

Die beiden Methoden der Block- und der POT-Methode, wie wir sie in ihrer einfachsten Form hier vorgestellt haben, besitzen ihre Grenzen. Wir haben die häufig unrealistische Annahme verwendet, dass die Daten unabhängig sind und der gleichen Verteilung folgen. Finanzzeitreihen wie der Deutsche Xetra-DAX-Index zeigen im Allgemeinen eine sehr komplexe Abhängigkeitsstruktur (die Varianz – im Bankenjargon Volatilität genannt – verändert sich mit der Zeit). Viele Daten, auch Versicherungsschäden, können jahreszeitlichen Saisoneffekten unterworfen sein oder einen Trend aufweisen. Solche Effekte können die Schätzung entscheidend beeinflussen. Außerdem ist dieser eindimensionale Fall ebenfalls eher unrealistisch. Portfolios setzen sich aus vielen Komponenten (oft mehrere hundert) zusammen. Solche Probleme sind momentan heiße Forschungsthemen und erfordern noch viel theoretische und praktische Arbeit.

Literatur

[1] BALKEMA, A. A., DE HAAN, L.: Residual life time at great age. Ann. Probab. **2**, 792–804 (1974)

[2] COLES, S. G.: An Introduction to Statistical Modeling of Extreme Values. Springer, 2001

[3] EMBRECHTS, P., KLÜPPELBERG, C., MIKOSCH, T.: Modelling Extremal Events for Insurance and Finance. Springer, 1997

[4] FISHER, R. A., TIPPETT, L. H. C.: Limiting forms of the frequency distribution of the largest or smallest member of a sample. Proc. Cambridge Philos. Soc. **24**, 180–190 (1928)

[5] GAUSS, C. F.: Theoria Motus Corporum Coelestium in Sectionibus Conicis Solum Ambientium. Hamburgi Sumptibus Frid. Perthes et I.H. Besser, Hamburg, 1809

[6] MCNEIL, A. J., FREY, R., EMBRECHTS, P.: Quantitative Risk Management: Concepts, Techniques, and Tools. Princton University Press, 2005

[7] PICKANDS, J.: Statistical inference using extreme order statistics. Ann. Statist. **3**, 119–131 (1975)

[8] POISSON, S.: Recherches sur la Probabilité des Jugements en Matière Criminelle et en Matière Civile Précédées des Règles Générales du Calcul des Probabilités. Bachelier, Imprimeur-Libraire, 1837

Die Autorinnen:

Dr. Vicky Fasen
ETH Zürich
Rämistrasse 101
8092 Zürich
Schweiz
vicky.fasen@math.ethz.ch

Prof. Dr. Claudia Klüppelberg
Zentrum Mathematik
Technische Universität München
Boltzmannstr. 3
85748 Garching bei München
cklu@ma.tum.de

5 Modellreduktion – mehr Simulation, weniger teure Prototypentests

Heike Faßbender

5.1 Modellbildung

Mathematik ist Grundlage der meisten technischen Entwicklungen. Produkte und Prozesse werden heute mathematisch modelliert, simuliert und optimiert. Ohne Crash-Simulationen im Rechner müssten in der Automobilindustrie hunderttausende realer Autos gegen die Wand fahren. Die erste Mondlandung wäre ohne Mathematik nicht möglich gewesen, ebenso wenig gäbe es heute Raumstationen und Satelliten. Wettervorhersagen und Berechnungen zur Ausbreitung von (Öl-)Verschmutzungen im Meer sind ebenfalls nur mithilfe moderner mathematischer Methoden möglich.[1] Die Mathematik überschreitet dazu häufig die Grenzen zu anderen Wissenschaften. Angewandte Mathematiker und Mathematikerinnen arbeiten gemeinsam mit Wissenschaftlern und Wissenschaftlerinnen aus den Ingenieurwissenschaften oder anderer Fachrichtungen zusammen, um gemeinsam anspruchsvolle Probleme zu lösen.

Erster Schritt bei der gemeinsamen Problemlösung ist in der Regel die mathematische Modellierung. Darunter versteht man die Beschreibung des Problems durch mathematische Ausdrücke. Dies kann man sich im Prinzip wie bei den

[1] Diese und weitere Beispiele sind zum Beispiel auf der Webseite zum Jahr der Mathematik (www.jahr-der-mathematik.de) sehr anschaulich beschrieben.

Abbildung 5.1: Veranschaulichung der Textaufgabe

aus der Schule bekannten „Textaufgaben“ vorstellen. Aus einer meist längeren wörtlichen Beschreibung des Problems werden mathematische Gleichungen erstellt, die dann zu lösen sind. Ein typisches Beispiel aus der Schule wäre:

Beispiel
Ein PKW fährt um 8 Uhr mit einer konstanten Geschwindigkeit von 80 km/h von A ab in Richtung eines Ortes C. Ein LKW fährt zur gleichen Zeit mit einer konstanten Geschwindigkeit von 40 km/h von dem von A 20 km entfernten Ort B ebenfalls in Richtung des Ortes C ab. Der PKW kann den Ort C vom Ort A aus nur über den Ort B erreichen. PKW und LKW fahren daher in dieselbe Richtung. Wann und wo überholt der PKW den LKW?

Die erste Schwierigkeit besteht nun darin, diese Beschreibung in Mathematik zu übersetzen. Für dieses Beispiel bietet es sich an, sich zunächst ein Bild von der beschriebenen Situation zu machen (siehe Abbildung 5.1), denn ohne das Problem wirklich verstanden zu haben, ist keine mathematische Beschreibung möglich.

Um das Problem mathematisch zu beschreiben, versucht man nun Gleichungen aufzustellen, welche die Fragestellung wiedergeben. Zunächst einmal weiß man, dass der PKW in A mit 80km/h losfährt. Daraus lässt sich sofort ablesen, nach wie vielen Minuten Fahrt der PKW sich wo befindet: Zum Zeitpunkt des Losfahrens (also nach 0 Minuten) befindet sich der PKW in A, nach einer Stunde (also nach 60 Minuten) ist er 80 km weit gefahren, nach zwei Stunden (also nach 120 Minuten) ist er 160 km weit gefahren. Bezeichnet man mit X die Position des PKWs zum Zeitpunkt t, wobei die Zeit t in Minuten gemessen wird, dann lässt sich dieser Zusammenhang beschreiben durch die Gleichung

$$X = A + 80 \cdot \frac{t}{60}.$$

Man kann sofort ablesen, dass der PKW nach 30 Minuten 40 km weit gefahren ist, nach 90 Minuten schon 120 km. Eine entsprechende Überlegung kann man nun für den LKW durchführen. Zum Zeitpunkt des Losfahrens (also nach 0 Minuten) befindet sich der LKW in B, nach einer Stunde (also nach 60 Minuten) ist er 40 km weit gefahren, nach zwei Stunden (also nach 120 Minuten) ist er 80 km weit gefahren. Bezeichnet man mit Y die Position des LKWs zum Zeitpunkt t, wobei die Zeit t wieder in Minuten gemessen wird, dann lässt sich dieser Zusammenhang beschreiben durch die Gleichung

$$Y = B + 40 \cdot \frac{t}{60}.$$

Zudem weiß man, dass B sich 20 km von A entfernt befindet, das heißt $B = A + 20$. Damit ergibt sich

$$Y = A + 20 + 40 \cdot \frac{t}{60}.$$

Aus der textlichen Beschreibung des Problems wurden so zwei Gleichungen hergeleitet, eine für die Unbekannte X, welche die Position des PKWs beschreibt, eine für die Unbekannte Y, welche die Position des LKWs beschreibt. Es soll nun ermittelt werden, wo (und wann) der PKW den LKW überholt, das heißt, wo sich PKW und LKW treffen. Mathematisch ausgedrückt, soll festgestellt werden, wann $X = Y$ gilt, also

$$A + 80 \cdot \frac{t}{60} = A + 20 + 40 \cdot \frac{t}{60}.$$

Das Auflösen dieser Gleichung ist recht einfach, zunächst wird auf beiden Seiten A abgezogen und mit 60 multipliziert,

$$80t = 1200 + 40t.$$

Zieht man nun auf beiden Seiten $40t$ ab und dividiert durch 40, so erhält man

$$t = 30.$$

Also ergibt sich, dass sich der PKW und der LKW nach 30 Minuten treffen. Der PKW ist nach den obigen Überlegungen nach 30 Minuten gerade 40 km gefahren, so dass die Aufgabenstellung gelöst ist. PKW und LKW treffen sich nach 30 Minuten Fahrtzeit 40 km von A entfernt.

Die Schwierigkeit bei der Lösung der Aufgabenstellung liegt hier meist nicht in den Rechenvorgängen selbst, sondern darin, zu erkennen, welche Textinformationen relevant und welche irrelevant sind und wie sie in eine mathematische Sprache zu fassen sind.

Bei konkreten Anwendungsproblemen ist nicht nur das Erstellen des mathematischen Modells oft sehr schwierig, sondern auch dessen Lösung. Oft lassen sich die Lösungen nicht von Hand berechnen, stattdessen werden Lösungsverfahren auf Computern eingesetzt, welche die Lösung nur näherungsweise berechnen. Man spricht dann auch von numerischer Simulation.

Bei der mathematischen Modellierung muss das reale Problem zunächst möglichst genau beschrieben werden, um die Fragestellung einzugrenzen. Dies geschieht in der Regel in enger Kooperation zwischen Mathematikern und den Anwendern. Dazu sind meist etliche intensive Gespräche nötig, um den Sachverhalt möglichst genau zu beschreiben. Nachdem so alle notwendigen Daten und Fakten gesammelt wurden, kann anschließend das mathematische Modell aufgestellt werden. Dabei greift man zum Beispiel auf bekannte physikalische Gesetze zurück. Die resultierenden Gleichungen sind in der Praxis eher selten Gleichungen wie die im obigen Beispiel, welche die Unbekannten direkt beschreiben:

$$\begin{aligned} 2x + 5y &= 12, \\ 6x - 2y &= 2. \end{aligned} \tag{5.1}$$

Stattdessen ergeben sich sogenannte (gewöhnliche und partielle) Differentialgleichungen.[2] Differentialgleichungen beschreiben viele Situationen in der Welt, gerade in der Physik. Der freie Fall (Erdanziehung) beispielsweise wird durch $f''(x) - g = 0$ beschrieben, wobei g die Gravitationskonstante ist und $f(x)$ die momentane Höhe des fallenden Körpers bezeichnet. Hier bezeichnet $f''(x)$ die zweite Ableitung der Funktion f nach x. Für die Funktion $f(x) = x^3$ ist die erste Ableitung gegeben durch $f'(x) = 3x^2$. Die zweite Ableitung lautet $f''(x) = 6x$. Auch die Flugbahn eines Satelliten, die Bewegung der Planeten um die Sonne oder schwingende Pendel werden durch Differentialgleichungen beschrieben. Doch spielen Differentialgleichungen heutzutage nicht nur in physikalischen und technischen Systemen eine große Rolle, sie beschreiben auch in der Biologie Wachstumsmodelle oder werden in den Wirtschaftswissenschaften zu Hilfe genommen, um Wachstumszyklen zu modellieren.

Meist stellt sich heraus, dass es nicht möglich ist, alle Aspekte bei der Modellierung zu berücksichtigen, da häufig nicht alle notwendigen Daten bekannt sind oder noch nicht sämtliche Vorgänge im Detail verstanden sind. Deswegen ist fast jedes mathematische Modell aufgrund von Vereinfachungen und Modellannahmen nur eine ungefähre Beschreibung des tatsächlichen Sachverhalts. Im obigen Beispiel des freien Falls wurde der Luftwiderstand nicht berücksichtigt. Ob dies für das zu untersuchende Problem eine realistische Annahme ist und ob das so entstandene mathematische Modell die Realität genau genug beschreibt, ist eine nicht immer einfach zu beantwortende Frage.

Ist das mathematische Modell aufgestellt, ist noch sicherzustellen, dass eine

[2] Eine Differentialgleichung ist eine mathematische Gleichung für eine gesuchte Funktion $y(x)$, die von einer oder mehreren Variablen x abhängt. Dabei beschreibt die Differentialgleichung die Abhängigkeit zwischen den Variablen x, der Funktion y und Ableitungen dieser Funktion. Hängt die Funktion y nur von einer Variablen x ab, so spricht man von einer gewöhnlichen Differentialgleichung. Es kommen lediglich gewöhnliche Ableitungen nach der einen Variablen vor. Hängt die Funktion y hingegen von mehreren Variablen $x = (x_1, x_2, \ldots, x_m)$ ab und treten in der Gleichung Ableitungen nach mehr als einer Variablen auf, so spricht man von einer partiellen Differentialgleichung.

wohldefinierte mathematische Aufgabenstellung vorliegt, das heißt, dass die Aufgabe eine eindeutige Lösung hat und dass die Lösung stetig von den Daten des Anwendungsproblems abhängt. Wir gehen zunächst auf die Eindeutigkeit ein: Ist ein Problem nicht eindeutig lösbar, hat es also zwei oder mehr mögliche Lösungen, ist zunächst noch zu überlegen, welche der möglichen Lösungen die gewünschte ist, um so das Problem in eines mit einer eindeutigen Lösung umzuformulieren. Die Frage nach der stetigen Abhängigkeit der Lösung von den Daten ist etwas schwieriger: Häufig sind die in dem Modell verwendeten Daten durch Messungen bestimmt worden. Intuitiv ist klar, dass das Aufstellen des mathematischen Modells für Daten aus zwei verschiedenen Messungen zu fast identischen Lösungen führen sollte, da aufgrund von Messfehlern die Daten aus den beiden Messungen vermutlich nicht exakt gleich sein werden, sondern sich leicht unterscheiden. Dies bedeutet mathematisch, dass die Lösung des Problems stetig von den Daten abhängt. Das Feststellen, ob ein Problem wohlgestellt ist, bedarf bei komplexen Anwendungsproblemen sehr tiefgreifender mathematischer Kenntnisse. Nicht selten wird in der Praxis daher auf diesen Schritt verzichtet.

Der nächste Schritt ist nun das Lösen des Problems, gefolgt von der Analyse der Ergebnisse, die oft zu einer Änderung des mathematischen Modells führt, da man oft feststellt, dass nicht alle Vereinfachungen und Annahmen sinnvoll waren.

5.2 Simulation / Modellreduktion

Für das Lösen von Gleichungssystemen der Form (5.1) existieren bereits viele gut verstandene Verfahren. Es stehen robuste und intensiv geteste Programmbibliotheken zur Verfügung, in denen diese Algorithmen implementiert sind. Verschiedene kommerzielle Programmpakete bieten sehr benutzerfreundliche Umgebungen an, die das Lösen solcher Gleichungssysteme erheblich erleichtern.

Obiges Problem lässt sich zum Beispiel lösen, indem man die zweite Gleichung nach y auflöst (ergibt im ersten Schritt $-2y = 2 - 6x$ und weiter $y = -1 + 3x$) und anschließend y in die erste Gleichung einsetzt (ergibt $2x + 5(-1 + 3x) = 12$, das heißt, $2x - 5 + 15x = 12$ und weiter $17x = 17$, also $x = 1$ und daher $y = -1 + 3x = -1 + 3 = 2$). Dieses Prinzip zur Lösung von 2 Gleichungen mit 2 Unbekannten kann man auch auf n Gleichungen mit n Unbekannten anwenden. Allerdings wird es mit wachsender Anzahl von Gleichungen etwas unhandlich. Das Vorgehen lässt sich allerdings in anderer Form sehr kompakt und übersichtlich darstellen (in der Literatur unter dem Stichwort „Gauß'sches Eliminationsverfahren" zu finden). Dies ist dann auch die Grundlage für viele Lösungsalgorithmen in (kommerziellen) Softwarepaketen. Aber die wachsende Komplexität und Größe der zu lösenden Probleme erfordert einen steten Fortschritt in der Entwicklung neuer Algorithmen und/oder Implementierungen für diese Standardprobleme. Insbesondere die seit einiger Zeit verfügbaren fortschrittlichen Computersysteme haben einen großen Einfluss auf alle Gebiete des wissenschaftlichen Rechnens inklusive der algorithmischen Forschung und der Softwareentwicklung. Neue Implementierungen bekannter Algorithmen oder völlig neu entwickelte Algorithmen werden für die neuen Computerarchitekturen benötigt, um deren Kapazität auszunutzen.

Bei der Modellierung komplexer Probleme entstehen heutzutage häufig Systeme hoher Ordnung (das heißt mit 10 000 und mehr Gleichungen). Um eine numerische Simulation mit akzeptablem zeitlichem Umfang zu gewährleisten, reduziert man das gegebene System von Gleichungen zu einem System derselben Form, welches eine Lösung mit stark verkürzter Rechenzeit erlaubt. Häufig wird gefordert, dass das reduzierte System dieselben Eigenschaften wie das unreduzierte Modell aufweist. Solche Eigenschaften ergeben sich bei der Modellierung aus dem zugrundeliegenden Problem zum Beispiel aus den physikalischen Gesetzen, die zur Beschreibung des Problems benötigt werden. Durch das Erhalten und Ausnutzen dieser Eigenschaften können physikalisch relevante Eigenschaften des Problems erhalten werden. Zudem kann oft ein numerisch robuster, effizienter Algorithmus zur Lösung des Problems entwickelt werden.

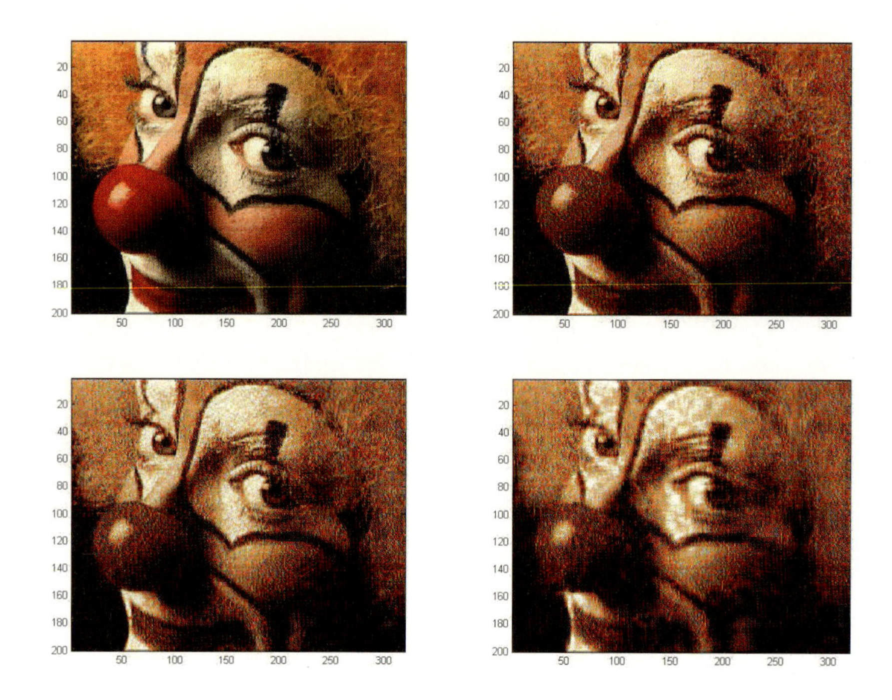

Abbildung 5.2: Idee der Modellreduktion anhand eines Bildes, oben links das Originalbild, die Bilder oben rechts, unten links beziehungsweise unten rechts verwenden $\approx 97\%$, $\approx 40\%$ beziehungsweise $\approx 16\%$ des Speicherplatzes

Außerdem sollte die Lösung des reduzierten Systems die Lösung des unreduzierten Systems möglichst gut wiedergeben. Weiterhin sollten die Modellreduktionsverfahren numerisch stabil und effizient sein und im Idealfall automatisch mit einer vorgegebenen Fehlertoleranz enden.

Das Grundprinzip der Modellreduktion lässt sich recht anschaulich an folgendem Beispiel erläutern. Das Bild oben links in Abbildung 5.2 besteht aus 200×320 Pixeln (Bildpunkten), das heißt, das Bild ist aus 64 000 Bildpunkten zusammengesetzt. Dabei ist jedem Bildpunkt eine Farbe zugeordnet; die möglichen Farben werden dabei in der Regel als Zahlen kodiert. Ein solches Bild wird daher im Computer durch die Angabe der durch Zahlen kodierten Farbpixel abgespeichert, ein Bild aus $m \times n$ Pixel wird dargestellt als

$$X = \begin{bmatrix} pixel_{11} & pixel_{12} & pixel_{13} & \dots & pixel_{1n} \\ pixel_{21} & pixel_{22} & pixel_{23} & \dots & pixel_{2n} \\ \vdots & \vdots & \vdots & & \vdots \\ pixel_{m1} & pixel_{m2} & pixel_{m3} & \dots & pixel_{mn} \end{bmatrix}.$$

Mathematisch spricht man hier von einer Matrix mit n Spalten mit je m Einträgen, dabei bezeichnet man die k-te Spalte mit x_k, für $k = 1, 2, \dots, n$

$$x_1 = \begin{bmatrix} pixel_{11} \\ pixel_{21} \\ \vdots \\ pixel_{m1} \end{bmatrix}, \quad x_2 = \begin{bmatrix} pixel_{12} \\ pixel_{22} \\ \vdots \\ pixel_{m2} \end{bmatrix}, \quad \dots, \quad x_n = \begin{bmatrix} pixel_{1n} \\ pixel_{2n} \\ \vdots \\ pixel_{mn} \end{bmatrix}.$$

Um einen Zahlwert zu speichern, werden häufig 32 Bit-Speicherplätze zur Verfügung gestellt (ein Bit ist die kleinstmöglichste Speichereinheit, es kann zwei mögliche Zustände annehmen, die meist als Null und Eins bezeichnet werden). Damit benötigt man zur Speicherung eines Bildes aus $m \times n$ Pixel dann $32 \cdot m \cdot n$ Bit. In unserem Beispiel aus Abbildung 5.2 werden also $32 \cdot 200 \cdot 320$ Bit benötigt, das heißt 2 048 000 Bit beziehungsweise 256 000 Byte oder 256 Kilobyte (kB) (dabei gilt 1 Byte = 8 Bit, 1 kB = 1 000 Byte).

Um nun eine Speicherplatz sparende Version des Bildes zu erzeugen, verwendet man eine spezielle Matrixzerlegung. Matrixzerlegungen stellen eine Matrix als das Produkt zweier oder mehrerer Matrizen dar. Das Konzept einer solchen Zerlegung kennt man zum Beispiel aus der Primfaktorzerlegung natürlicher Zahlen. Jede natürliche Zahl kann in Primfaktorzerlegung angegeben werden, das heißt als Produkt von Primzahlen. Beispielsweise ist die Primfaktorzerlegung von 30 gerade $30 = 2 \cdot 3 \cdot 5$. Als Matrixzerlegung bietet sich hier die sogenannte Singulärwertzerlegung an, welche die Matrix X, die das Bild darstellt, als Produkt dreier Matrizen $X = USW$ ausdrückt, wobei U eine Matrix mit m Zeilen und

Spalten, W eine Matrix mit n Zeilen und Spalten und S eine Matrix mit m Zeilen und n Spalten ist.

Dabei ist eine Matrixmultiplikation wie folgt definiert: Angenommen A ist eine Matrix mit 3 Spalten und Zeilen und B eine Matrix mit 2 Spalten und 3 Zeilen, dann

$$\begin{bmatrix} a_{11} & a_{12} & a_{13} \\ a_{21} & a_{22} & a_{23} \\ a_{31} & a_{32} & a_{33} \end{bmatrix} \cdot \begin{bmatrix} b_{11} & b_{12} \\ b_{21} & b_{22} \\ b_{31} & b_{32} \end{bmatrix} = \begin{bmatrix} a_{11}b_{11}+a_{12}b_{21}+a_{13}b_{31} & a_{11}b_{12}+a_{12}b_{22}+a_{13}b_{32} \\ a_{21}b_{11}+a_{22}b_{21}+a_{23}b_{31} & a_{21}b_{12}+a_{22}b_{22}+a_{23}b_{32} \\ a_{31}b_{11}+a_{32}b_{21}+a_{33}b_{31} & a_{31}b_{12}+a_{32}b_{22}+a_{33}b_{32} \end{bmatrix}.$$

Man betrachtet dazu die einzelnen Zeilen von A, dreht diese, legt sie über die einzelnen Spalten von B, multipliziert die Werte, die aufeinander liegen, addiert die Ergebnisse auf und schreibt sie an die Position (i, j) der Ergebnismatrix, wenn man die i-te Zeile von A und die j-te Spalte von B betrachtet hat. Dabei ist zu beachten, dass die Anzahl der Spalten von A und die der Zeilen von B identisch sein müssen. Das Produkt $B \cdot A$ gibt es für unsere Matrizen A und B nicht.

Falls X eine Matrix mit $m = 4$ Zeilen und $n = 6$ Spalten ist, dann sieht die Singulärwertzerlegung $X = USW$ folgendermaßen aus:

$$\begin{bmatrix} u_{11} & u_{12} & u_{13} & u_{14} \\ u_{21} & u_{22} & u_{23} & u_{24} \\ u_{31} & u_{32} & u_{33} & u_{34} \\ u_{41} & u_{42} & u_{43} & u_{44} \end{bmatrix} \cdot \begin{bmatrix} \sigma_1 & 0 & 0 & 0 & 0 & 0 \\ 0 & \sigma_2 & 0 & 0 & 0 & 0 \\ 0 & 0 & \sigma_3 & 0 & 0 & 0 \\ 0 & 0 & 0 & \sigma_4 & 0 & 0 \end{bmatrix} \cdot$$

$$\begin{bmatrix} w_{11} & w_{12} & w_{13} & w_{14} & w_{15} & w_{16} \\ w_{21} & w_{22} & w_{23} & w_{24} & w_{25} & w_{26} \\ w_{31} & w_{32} & w_{33} & w_{34} & w_{35} & w_{36} \\ w_{41} & w_{42} & w_{43} & w_{44} & w_{45} & w_{46} \\ w_{51} & w_{52} & w_{53} & w_{54} & w_{55} & w_{56} \\ w_{61} & w_{62} & w_{63} & w_{64} & w_{65} & w_{66} \end{bmatrix}.$$

Die Matrix S hat eine ganz spezielle Form, bis auf die Einträge auf der Diagonalen sind alle weiteren Einträge null. Die sogenannten Singulärwerte σ_k sind positive reelle Zahlen, die der Größe nach geordnet sind, $\sigma_1 \geq \sigma_2 \geq \sigma_3 \geq \sigma_4 \geq 0$. Die größeren Singulärwerte enthalten mehr Information über das Bild als die kleineren. Man kann daher einen Teil der kleineren Singulärwerte zu null setzen, ohne wesentliche Information zu verlieren. Aufgrund der so in S entstehenden zusätzlichen Nullen werden bei der Matrixmultiplikation USW nun aus U und V nicht mehr alle Spalten und Zeilen benötigt, da diese mit null multipliziert werden und somit keinen Wert erzeugen.

Setzt man nun zum Beispiel $\sigma_3 = \sigma_4 = 0$, dann benötigt man zur Berechnung des neuen Produkts, welches wir $\widetilde{X}$ nennen, nur die ersten beiden Spalten von U und nur die ersten beiden Zeilen von W

$$\widetilde{X} = \begin{bmatrix} u_{11} & u_{12} \\ u_{21} & u_{22} \\ u_{31} & u_{32} \\ u_{41} & u_{42} \end{bmatrix} \cdot \begin{bmatrix} \sigma_1 & 0 \\ 0 & \sigma_2 \end{bmatrix} \cdot \begin{bmatrix} w_{11} & w_{12} & w_{13} & w_{14} & w_{15} & w_{16} \\ w_{21} & w_{22} & w_{23} & w_{24} & w_{25} & w_{26} \end{bmatrix}.$$

Allgemein ist das Vorgehen in Abbildung 5.3 skizziert. Der Fehler, der durch das zu null Setzen der beiden Einträge σ_3 und σ_4 entsteht, lässt sich genau angeben. Insbesondere kann man vorab festlegen, wie groß der Fehler, das heißt die Differenz zwischen X und $\widetilde{X}$, werden darf, und kann dann wählen, welche σ_k zu null gesetzt werden.

Überträgt man nun dieses Vorgehen auf das Bild des Clowns[3] oben links in der Abbildung 5.2, dann zerlegt man zunächst die Matrix X wie oben beschrieben und setzt dann bis auf die ersten r Singulärwerte alle weiteren σ_k zu null. Statt X speichert man die ersten r Spalten von U, multipliziert mit den Singulärwerten

[3]Die folgenden Berechnungen wurden mittels des Softwarepakets MATLAB® (version R2009a) durchgeführt, das Bild des Clowns wurde ebenfalls MATLAB® entnommen.

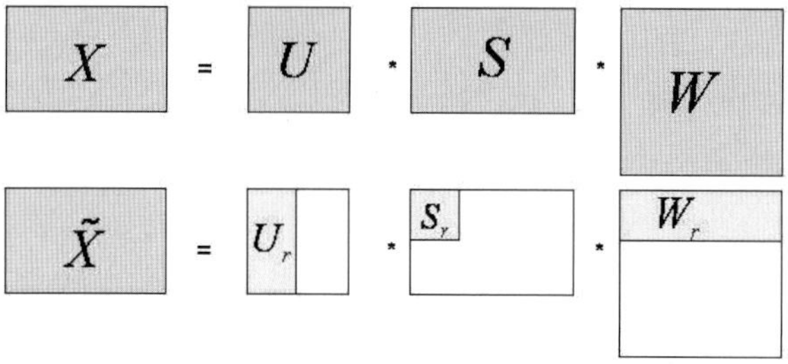

Abbildung 5.3: Oben: Singulärwertzerlegung. Unten: Reduzierte Singulärwertzerlegung.

(das heißt, jeder Eintrag der i-ten Spalte von U wird mit $\sigma_i, i = 1, \dots, r$ multipliziert), sowie die ersten r Zeilen von W. Damit kann jederzeit $\widetilde{X}$ erzeugt werden. Es wird nun Speicherplatz für $r(m+n)$ Werte benötigt statt vorher mn Werte. Damit ergibt sich eine erhebliche Reduktion im Speicherplatzbedarf, wenn man r klein genug wählt.

r	$32 \cdot r(n+m)$ Bit	$4 \cdot r(n+m)/1\,000$ Kilobyte
120	1 996 800	249,6
100	1 664 000	208,0
50	832 000	104,0
20	332 800	41,6
10	166 400	20,8

Für das unbearbeitete Originalbild wurden ≈ 256 kB Speicherplatz benötigt. Schon wenn man die kleinsten 80 Singulärwerte zu null setzt, ergibt sich eine, wenn auch kleine, Speicherplatzreduktion. In Abbildung 5.2 zeigt das Bild oben rechts das zugehörige Bild, welches aus dem reduzierten Datensatz erzeugt wird. Man sieht, dass das Bild seinen Glanz verloren hat, die Details des Clowns sind aber alle noch sehr gut zu erkennen. Das Bild unten links zeigt den Fall $r = 50$, das unten rechts den Fall $r = 20$. Man erkennt hier weiterhin alle wesentlichen Details, allerdings wird das Bild immer „pixeliger“ und erscheint

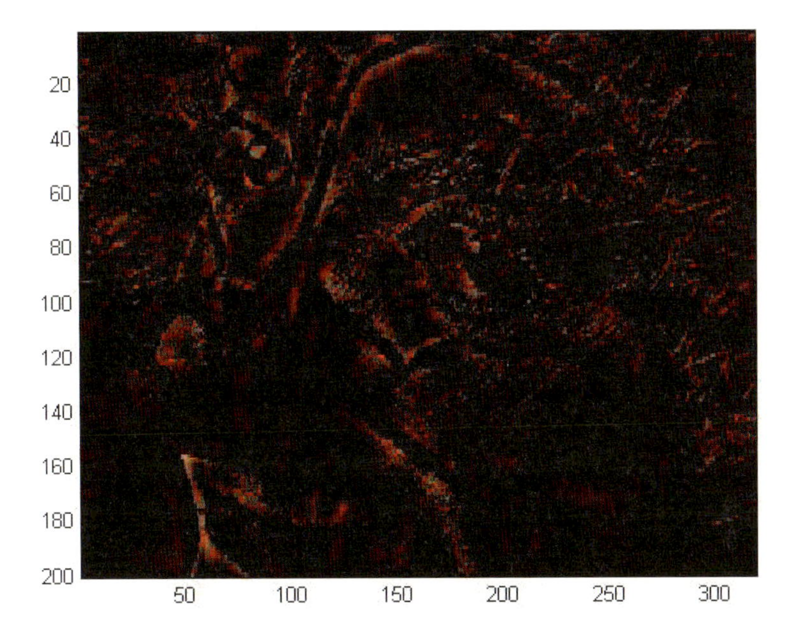

Abbildung 5.4: Bedeutung der Singulärwerte: Bild des Clowns ohne die 10 größten Singulärwerte.

verwaschen. Für das Bild unten links wurden ca. 60% weniger Daten als für das Originalbild gespeichert, für das Bild unten rechts ca. 84% weniger Daten. Von den ursprünglich 200 Singulärwerten werden im Bild unten rechts nur noch $r = 20$ verwendet, das heißt, nur die 10% größten Singulärwerte gehen in das Bild ein. Setzt man hingegen die 10 größten Singulärwerte zu null, so ist der Clown nur noch sehr schemenhaft zu erkennen, siehe Abbildung 5.4.

Offenbar sind in den größten Singulärwerten (und den zugehörigen Spalten beziehungsweise Zeilen aus U und W) die wesentlichen Informationen gespeichert.

Die hier beschriebene Idee zur Reduktion der vorhandenen Daten lässt sich auf die in der mathematischen Modellierung entstehenden Gleichungssysteme übertragen und dort sehr gewinnbringend einsetzen. Im Bereich der Bildverarbeitung wird der oben skzizzierte Ansatz in der Praxis nicht verwendet, dort wurden sehr viel wirkungsvollere Methoden entwickelt (die sich leider nicht so einfach auf die im Weiteren betrachteten Probleme übertragen lassen, zum Beispiel Bildkompressionsverfahren nach der JPEG-Norm).

5.3 Beispiele

Der Ausgangspunkt der Entwicklung einiger Modellreduktionsverfahren ist die fortschreitende Miniaturisierung der Bauteile integrierter Schaltungen, die auf einem einzelnen Chip untergebracht sind, um zum Beispiel die gestiegenen Leistungsanforderungen moderner Smartphones zu gewährleisten. Neben verkürzten Produktionszyklen führt auch die Neuentwicklung nanoelektronischer integrierter Schaltungen zu wachsenden Herausforderungen an die Computersimulation, sowohl im Design als auch bei der Verifikation von Layouts. Schon in der Entwurfsphase ist es unabdingbar, alle wesentlichen Schaltungseigenschaften numerisch zu testen. Das physikalische Verhalten einer integrierten Schaltung wird durch ein sogenanntes gekoppeltes System differentiell-algebraischer Gleichungen und partieller Differentialgleichungen beschrieben, deren numerische Behandlung auf Systeme mit mehreren hundert Millionen Gleichungen und Variablen führt. Daher ist die numerische Simulation aufgrund hoher Rechenzeiten und des immensen Speicherbedarfs mit heutzutage verfügbaren Resourcen bei weitem zu aufwändig. Die Reduktion des Systems ist unerlässlich.

Modellreduktion wird in zahlreichen weiteren Anwendungen genutzt, von denen zwei im Folgenden etwas näher beschrieben werden: Modellreduktion in der Simulation der Aerodynamik von Flugzeugen und in der Auslegung von Werkzeugmaschinen, siehe Abbildung 5.5.

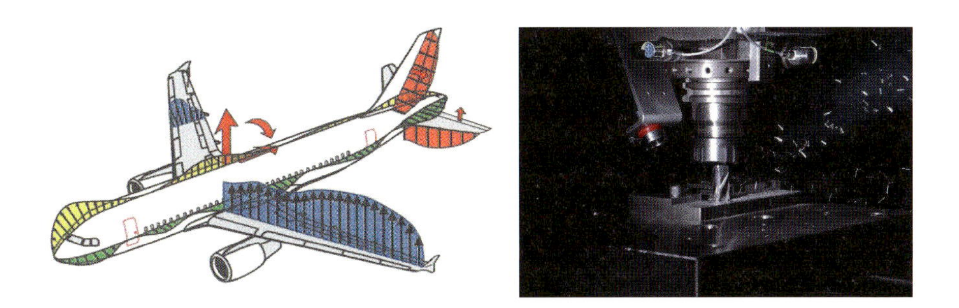

Abbildung 5.5: Anwendungsbeispiele: Entwicklung von Flugzeugen[2] (links) und von Werkzeugmaschinen[3] (rechts).

5.3.1 Modellreduktion in der Simulation der Aerodynamik von Flugzeugen

Nur durch hochtechnologische Lösungen kann die Luftfahrtindustrie die Herausforderungen eines wirtschaftlicheren, umweltfreundlicheren und sichereren Luftverkehrs der Zukunft meistern. Die multidisziplinäre numerische Simulation ist hierzu die entscheidende Schlüsseltechnologie, welche die Beherrschung des Entwurfsprozesses und der Produktoptimierung bei gleichzeitiger Reduktion von Entwicklungszeiten und -risiken ermöglicht. Die bislang fast ausschließlich auf Windkanal- und Flugversuche gestützten Prozesse zur Erzeugung der aerodynamischen Daten für Lasten und Flugeigenschaften für die Beurteilung des Design-Fortschritts werden zunehmend auf numerische Simulationen umgestellt. Langfristiges Ziel der numerischen Simulation sind der numerische Windkanal und die virtuelle Flugerprobung und Zertifizierung, das heißt, die sehr kostenintensiven Windkanaltests und Flugerprobungen sollen in Zukunft mehr und mehr durch numerische Simulation ersetzt werden. Wird bei der Neuentwicklung eines Flugzeugs erst bei den ersten Testflügen ein Designfehler festgestellt, so ist es extrem aufwändig und mit sehr hohen Kosten verbunden, diesen Fehler zu beheben. Daher wird versucht, die Windkanaltests und Flugerprobungen durch numerische Simulationen zu ergänzen.

Die numerische Simulation der Aerodynamik eines Flugzeugs bedeutet die Lösung eines geeigneten mathematischen Modells, welches alle relevanten physikalischen Effekte beinhaltet. Die Aerodynamik beschreibt das Verhalten des Flugzeugs in der Luft, insbesondere wird beschrieben, wie die Luft am Flugzeugrumpf und an den Flugzeugflügeln entlang strömt. Solche Strömungsvorgänge werden umfassend durch die Navier-Stokes-Gleichungen beschrieben. Es handelt sich dabei um ein System von nichtlinearen partiellen Differentialgleichungen. Es gibt verschiedene Methoden, diese Gleichungen numerisch zu lösen. Jede Methode führt dabei unweigerlich auf ein sehr großes Gleichungssystem, welches zu lösen ist. Ein einfacheres Modell sind die Euler-Gleichungen, die einige Effekte nicht abbilden und somit nicht alle Flugsituationen korrekt beschreiben. Die Euler-Gleichungen sind in der Regel mit weniger Aufwand zu lösen als die Navier-Stokes-Gleichungen. Das einfachste Modell wird durch die Potentialgleichungen beschrieben, die nützlich sind, wenn grobe Vorhersagen gemacht werden sollen.

Für eine industrielle Flugzeugkonfiguration dauert eine Simulation etliche Stunden auf einem Parallelrechner mit mehreren Hundert Kernen (ein Standard-PC hat heute 2 – 4 solcher Kerne). Es wird geschätzt, dass bis zu 20 000 000 solcher Simulationen notwendig sind, um das Verhalten eines Flugzeugs vollständig zu simulieren. Um dies durchführen zu können, kann man sich der Methoden der Modellreduktion bedienen, um die Rechenzeit pro Simulation deutlich zu reduzieren. Ziel ist dabei ein reduziertes Modell, welches in wenigen Sekunden oder Minuten zu lösen ist und welches trotzdem noch das relevante charakteristische Verhalten des Flugzeugs beschreibt.

Abbildung 5.6 zeigt für ein Tragflächenprofil, das in Zusammenarbeit mit dem Institut für Aerodynamik und Strömungstechnik des Deutschen Zentrums für Luft- und Raumfahrt (DLR) betrachtet wurde, die berechnete Verteilung von

[2] Das Bild wurde dankenswerterweise von Airbus zur Verfügung gestellt.

[3] Das Bild wurde dankenswerterweise vom Institut für Werkzeugmaschinen und Betriebswissenschaften (*iwb*) der Technischen Universität München zur Verfügung gestellt.

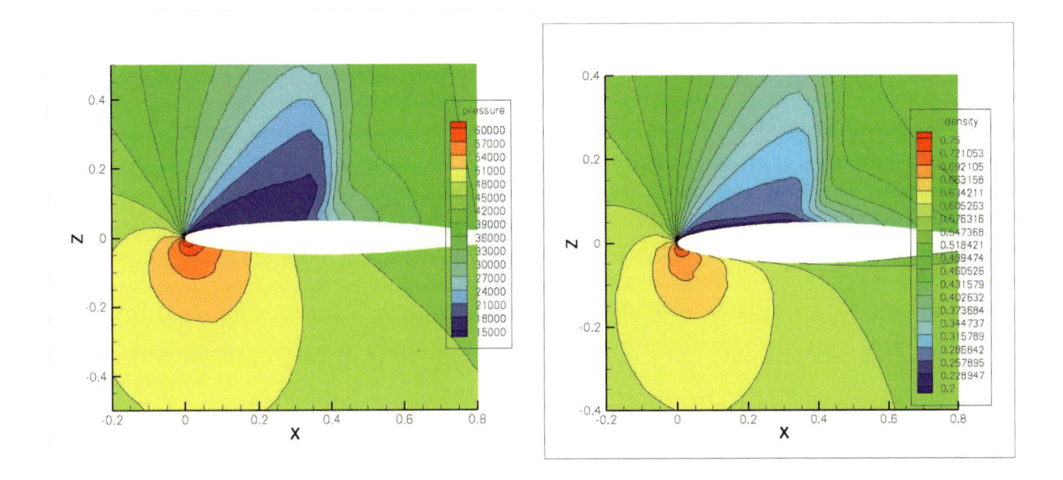

Abbildung 5.6: Berechnete Verteilung des Drucks (links) und der Dichte (rechts) um ein Tragflächenprofil.

Druck und Dichte um das Tragflächenprofil. Dazu wurden zunächst Druck und Dichte um das Tragfächenprofil für eine Mach-Zahl (das heißt vereinfacht ausgedrückt für eine konkrete Geschwindigkeit), aber für verschiedene Anstellwinkel des Tragflächenprofils berechnet. Dabei beschreibt der Anstellwinkel den Winkel zwischen der Richtung der anströmenden Luft und einer Tragfläche. Je geringer der Anstellwinkel ist, desto höher muss die Geschwindigkeit sein, um einen bestimmten Auftrieb zu erhalten, zum Beispiel um ein Flugzeug ohne Höhenverlust in der Luft zu halten. Vergrößerungen des Anstellwinkels erhöhen den Auftrieb bis zu einem kritischen Punkt, bei dem die Strömung abreißt und der Auftrieb zusammenbricht. Mithilfe der berechneten Verteilungen von Druck und Dichte wurde ein reduziertes Modell erzeugt, mit welchem nun sehr effizient Vorhersagen zur Verteilung von Druck und Dichte zu anderen Anstellwinkeln (und anderen Mach-Zahlen) erstellt werden können.

Obwohl sich die numerische Strömungssimulation bereits in den letzten fünfzehn Jahren zu einem unverzichtbaren Werkzeug für alle aerodynamischen Entwicklungsarbeiten am Flugzeug etabliert hat, sind weitere enorme Anstrengungen zu unternehmen, um das volle Potenzial der numerischen Simulation in der

Flugzeugentwicklung auszuschöpfen. Im Bereich der Beschleunigung der numerischen Simulation mittels Modellreduktion sind erste Erfolge zu verzeichnen, eine abschließende Lösung der beschriebenen Aufgabenstellung wird allerdings sicherlich noch Jahrzehnte dauern. Dazu sind wichtige Hürden im Bereich der Verfahrensentwicklung, der Zusammenführung der verschiedenen Flugzeugfachdisziplinen, der Verfügbarkeit und Nutzbarmachung von adäquater Rechnerhardware und der Einführung der numerischen Simulation in industrielle Prozesse zu überwinden. Dies erfordert ein konzentriertes, gemeinsames Vorgehen von Wissenschaftlern quer über die beteiligten Disziplinen.

5.3.2 Modellreduktion in der Auslegung von Werkzeugmaschinen

Eine tragende Säule des deutschen Mittelstands beruht in wesentlichen Teilen auf dem Werkzeugmaschinenbau. Unter Werkzeugmaschinen versteht man Maschinen, die Werkstücke mit Werkzeugen bearbeiten und dabei das Werkstück in die gewünschte Form bringen. In der Autoindustrie werden zum Beispiel aus dünnen Blechen die einzelnen Teile der Karosserie der Fahrzeuge mit der Hilfe von Werkzeugmaschinen in Form gebracht. Ein anderes Beispiel ist die Herstellung von Zahnrädern, wobei ebenfalls mit Hilfe einer Werkzeugmaschine aus einem Stück Metall das gewünschte Produkt hergestellt wird.

Neben dem Umformen eines Werkstücks – zum Beispiel durch das Pressen des Werkstücks unter hohem Druck – wird häufig die Technik des Zerspanens eingesetzt. Dabei wird überflüssiges Material in Form von Spänen abgetragen. Das Grundprinzip des Spanens beruht auf dem Eindringen einer keilförmigen Werkzeugschneide in die Oberfläche des Werkstücks und dem anschließendem Abschälen einer dünnen Materialschicht, des Spans. Aufgrund von auftretenden Schwingungen beim Zerspanvorgang kann die Oberflächengüte des bearbeiteten Werkstücks beeinträchtigt werden. Solche Schwingungen können auftreten, wenn das Werkstück falsch in die Werkzeugmaschine eingespannt ist oder wenn das Werkzeug aufgrund einer hohen Beanspruchung schon abgenutzt und damit zum Beispiel schlanker geworden ist. Um den heutigen Anforderungen an die herzustellenden Produkte gerecht zu werden, dürfen diese häufig nur wenige Milli- oder Mikrometer von der Idealform abweichen.

Werkzeugmaschinen sind komplexe mechatronische Produktionssysteme, deren Entwicklung unter einem enormen Innovations-, Zeit- und Kostendruck stattfindet. Die Simulationstechnik stellt hierbei eine Schlüsseltechnologie zur frühzeitigen Überprüfung des Verhaltens der Werkzeugmaschine sowie zur Designoptimierung dar. Ziel ist die Verkürzung der Entwicklungszeiten in den Unternehmen durch den Einsatz der numerischen Simulation, um die Eigenschaften der Werkzeugmaschine schon am virtuellen Modell abzulesen und gegebenenfalls vor der Erstellung eines Prototypen schon Korrekturen vornehmen zu können.

Ist die Werkzeugmaschine schon entwickelt und in Betrieb, so ist die Maschine für den konkret geplanten Arbeitsvorgang einzustellen. So muss zum Beispiel festgelegt werden, in welchem Winkel die Werkzeugschneide an welcher Stelle des Werkstücks ansetzt, um die gewünschte Form zu erzeugen. In der Praxis wird die Werkzeugmaschine oder das Werkstück vibrieren. Ein Stück Metall, das in eine Werkzeugmaschine eingelegt wird, um zu einer Motorhaube geformt zu werden, wird nach dem Einlegen vibrieren. Um die maximal zulässige Abweichung der Motorhaube von der Idealform zu gewährleisten, müsste man nun warten, bis die Metallplatte zur Ruhe kommt. Zeitsparender ist es, Einstellungsparameter der Werkzeugmaschine wie den Ansetzwinkel eines Werkstücks laufend anzupassen, um zu gewährleisten, dass zum Beispiel die Werkzeugschneide noch immer wie vorgesehen an der Platte arbeitet. Man versucht also im laufenden Betrieb eine Kompensation der Lage des Werkstücks.

Bei der mathematischen Modellierung dieses Problems entsteht eine Bewegungsdifferentialgleichung zweiter Ordnung. Das ist eine Gleichung der Form

$$Mx''(t) + Dx'(t) + Kx(t) = Fu(t),$$

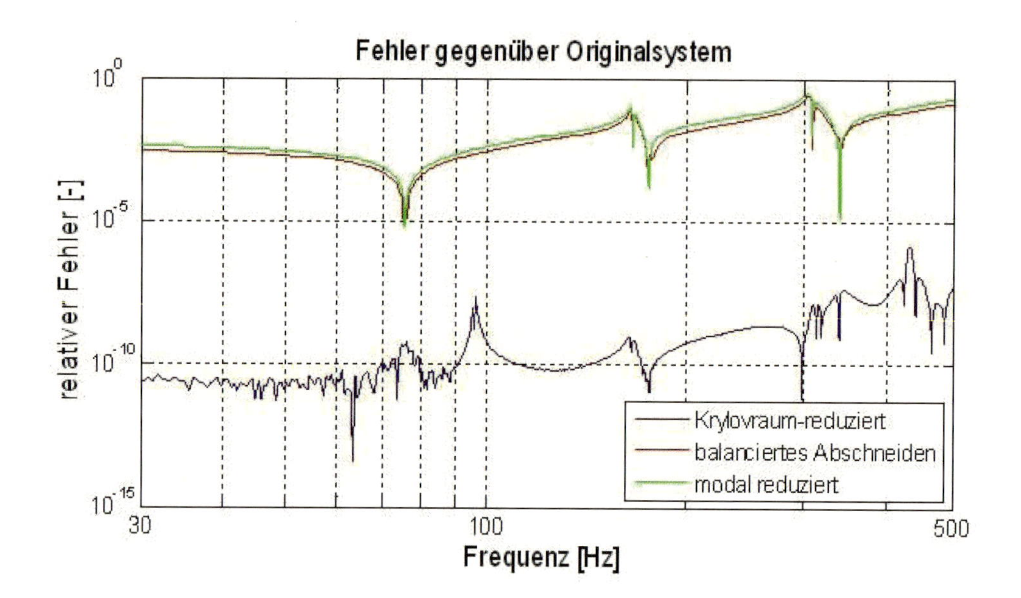

Abbildung 5.7: Berechnete Lösung.

die nicht nur eine Funktion $x : \mathbb{R} \to \mathbb{R}$ beschreibt, sondern n Funktionen $x_j, j = 1, \ldots, n$. Die von der Zeit t abhängigen Funktionen $x(t)$ und und $u(t)$ sind daher vektorwertig, das heißt zum Beispiel

$$x(t) = \begin{bmatrix} x_1(t) \\ x_2(t) \\ \vdots \\ x_n(t) \end{bmatrix}, \qquad x_j : \mathbb{R} \to \mathbb{R}.$$

Die Koeffizientenmatrizen M, D, K und F sind in der Regel sehr groß, da die Anzahl der zu bestimmenden unbekannten Funktionen mehrere hunderttausend betragen kann. Eine numerische Simulation ist daher sehr zeitaufwändig. Auch hier versucht man mittels Modellreduktion ein System kleiner Größe zu bestimmen, welches sich deutlich schneller lösen lässt und dessen Lösung die Lösung des ursprünglichen Systems gut wiedergibt.

Abbildung 5.7 zeigt für eine in Zusammenarbeit mit dem vom Institut für Werkzeugmaschinen und Betriebswissenschaften (iwb) der Technischen Universität

München betrachtete Werkzeugmaschine den Fehler, der sich ergibt, wenn man statt des großen Originalsystems mit einem reduzierten System rechnet. Das betrachtete Originalsystem war relativ klein, es hatte 4983 Unbekannte (also Gleichungen). Es wurde mit verschiedenen Verfahren auf eine Größe von 50 Unbekannten reduziert. In kommerziellen Softwarepaketen, die in diesem Zusammenhang von der Industrie verwendet werden, wird die sogenannte Modalreduktion angewandt. Der Fehler, der sich bei dem so erzeugten reduzierten System ergibt, ist relativ groß (grüne Kurve). Setzt man modernere Verfahren ein, so ist der Fehler deutlich geringer (untere Kurve). In der Praxis kann man insbesondere die zur unteren Kurve gehörige Lösung des reduzierten Systems nicht von der des Originalsystems unterscheiden. Wird ein Gleichungssystem mit dem Gauß'schen Eliminationsverfahren gelöst, so beträgt der Arbeitsaufwand an „wesentlichen" arithmetischen Operationen $(+,-,\cdot,/)$ ungefähr $\frac{2}{3}n^3$, wobei n die Anzahl der Unbekannten ist. Der Aufwand zur Lösung eines Gleichungssystems mit 50 Unbekannten ist daher ungefähr um einen Faktor 100^3 geringer als der für ein Gleichungssystem mit fast 5 000 Unbekannten. Mittels Modellreduktion konnte hier die Zeit für die Berechnung drastisch gesenkt werden.

5.4 Fazit

Modellreduktion ist in zahlreichen Anwendungsbeispielen heutzutage ein wesentlicher Bestandteil der numerischen Simulation, um die Entwicklungszeiten neuer Produkte zu reduzieren und die Eigenschaften der Produkte zu optimieren. Es gibt einige inzwischen gut verstandene Verfahren, insbesondere für sogenannte lineare Probleme. Die meisten Anwendungsprobleme fallen jedoch in die Kategorie der nichtlinearen Probleme, für die es viele Ansätze und Ideen gibt, die aber noch weiterentwickelt werden müssen, um allen Anforderungen gerecht zu werden. Die mathematischen Fragestellungen, die sich dabei im engeren Zusammenhang mit der Modellreduktion ergeben, erfordern ein breites mathematisches Grundwissen und die Fähigkeit, sich schnell je nach Anwendungsproblem in diverse Spezialgebiete der Mathematik einarbeiten zu können. Besonders faszinierend (aber auch fordernd) ist zudem die Zusammenarbeit mit den Anwendern, die einem Einblicke in sehr unterschiedliche Anwendungen bietet. Die Teamarbeit über Fachgrenzen hinweg bietet spannende Forschungsaufgaben und die Möglichkeit, sich ständig mit neuen Fragestellungen auseinanderzusetzen.

Literatur

[1] SONAR, T.: Angewandte Mathematik, Modellbildung und Informatik. Eine Einführung für Lehramtsstudenten, Lehrer und Schüler. Vieweg, 2001

[2] OPFER, G.: Numerische Mathematik für Anfänger. Vieweg, 2008

Die Autorin:

Prof. Dr. Heike Faßbender
AG Numerik
Institut Computational Mathematics
Carl-Friedrich-Gauss-Fakultät
TU Braunschweig
38023 Braunschweig
h.fassbender@tu-bs.de

6 Diskrete Strukturen in Geometrie und Topologie

Eva-Maria Feichtner

Eine Gerade zerteilt die Ebene in zwei Regionen, zwei nicht parallele Geraden zerteilen die Ebene in vier Regionen. Mit drei Geraden, von denen keine zwei parallel sind, lassen sich sechs oder sieben Regionen bestimmen, je nachdem, wie man die Geraden anordnet. Sind parallele Geraden unter den dreien, so wird man sechs oder weniger Regionen erhalten. Wie viel muss man über eine Menge von n Geraden und ihre Anordnung in der Ebene wissen, um auf die Anzahl der Regionen schließen zu können, in welche die Geraden die Ebene zerteilen?

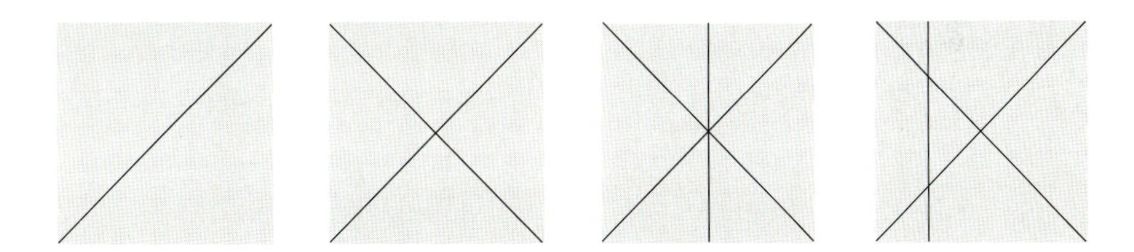

Abbildung 6.1: Geraden in der Ebene

Für Ebenen im Raum mag man die gleiche Frage stellen – die drei Koordinatenebenen etwa teilen den Raum in 8 Regionen, die 8 Oktanden (siehe Abbildung 6.2).

Wir wollen die Frage in beliebiger Dimension formulieren und ihr systematisch nachgehen. Dabei werden wir einen Einblick in die Theorie der sogenannten

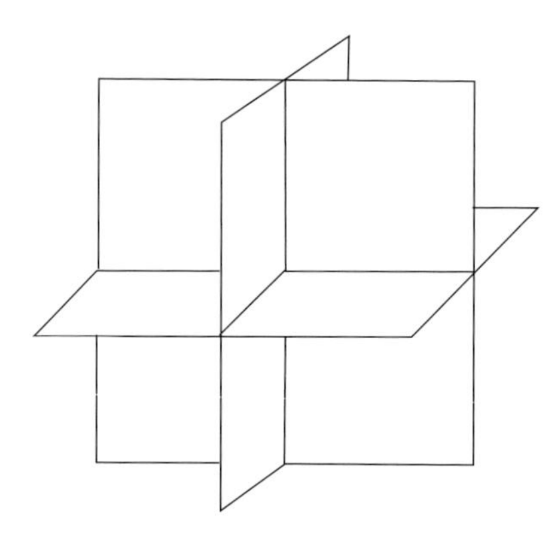

Abbildung 6.2: Ebenen im Raum

Arrangements gewinnen und ein Problem und seine Lösung kennenlernen, die geradezu exemplarisch sind für dieses Gebiet im Grenzbereich zwischen Geometrie, Topologie und Kombinatorik.

So einfach die Objekte sein mögen – Geraden in der Ebene, Ebenen im Raum, Hyperebenen im d-dimensionalen euklidischen Raum – so vielschichtig ist doch die Theorie ihrer Arrangements. Seit den 70er Jahren stehen sie im Zentrum reger Forschungstätigkeit und werden vom Standpunkt der Algebra, der Geometrie und der Topologie untersucht. Umfangreiche Monographien geben hierüber Auskunft [OT, C7]. Dabei ist es oft von zentraler Bedeutung, den kombinatorischen Gehalt einer Situation richtig zu interpretieren und für das konkrete Problem nutzbar zu machen. Dieses am Beispiel aufzuzeigen und die Eleganz des Zusammenspiels geometrischer und kombinatorischer Aspekte sichtbar zu machen, ist Ziel dieses Beitrags.

6.1 Die Geometrie

Wir arbeiten im d-dimensionalen euklidischen Raum $\mathbb{R}^d$, das heißt, jeder Punkt x in $\mathbb{R}^d$ wird durch d reelle Koordinaten $x_1, \ldots, x_d$ beschrieben: $x = (x_1, \ldots, x_d)$.

Eine *Hyperebene* ist definiert als die Menge der reellen Lösungen $x_1, \ldots, x_d$ einer Gleichung der Form

$$a_0 + a_1 x_1 + a_2 x_2 + \cdots + a_d x_d = 0,$$

wobei die Koeffizienten $a_1, \ldots, a_d$ und der konstante Term a_0 reelle Zahlen sind. Wir fassen dabei die Lösungen als Punkte $x = (x_1, \ldots, x_d)$ im $\mathbb{R}^d$ auf.

Wir erkennen die Geraden in Abbildung 6.1 als die Lösungsmengen der Gleichungen

$$x_1 - x_2 = 0, \quad x_1 + x_2 = 0, \quad x_1 = 0 \quad \text{und} \quad 1 + x_1 = 0$$

in der Ebene $\mathbb{R}^2$, die Ebenen in Abbildung 6.2 als die Lösungsmengen der Gleichungen

$$x_1 = 0, \quad x_2 = 0 \quad \text{und} \quad x_3 = 0$$

im 3-dimensionalen Raum $\mathbb{R}^3$.

Definition 6.1

Eine endliche Menge von Hyperebenen $\mathscr{A} = \{H_1, \ldots, H_n\}$ im $\mathbb{R}^d$ heißt *Arrangement* von Hyperebenen.

Auf das Beispiel der drei sich in einem Punkt schneidenden Geraden aus Abbildung 6.1 werden wir zurückkommen:

Beispiel 6.1

$$\mathscr{A} = \{H_1 : x_1 - x_2 = 0, \quad H_2 : x_1 + x_2 = 0, \quad H_3 : x_1 = 0\}.$$

Geben wir uns aber noch ein komplizierteres, niedrig-dimensionales Arrangement an die Hand:

Beispiel 6.2

Es bezeichne $\mathscr{C}$ das Arrangement folgender Hyperebenen im $\mathbb{R}^2$ (siehe Abbildung 6.3):

$$\begin{aligned} &H_1 : x_2 = 0, \quad &&H_2 : x_2 = 1, \quad &&H_3 : 1 + x_1 - 2x_2 = 0, \quad &&H_4 : x_1 - x_2 = 0, \\ &H_5 : x_1 = 1, \quad &&H_6 : x_1 = 0, \quad &&H_7 : 2 - 2x_1 - x_2 = 0. \end{aligned}$$

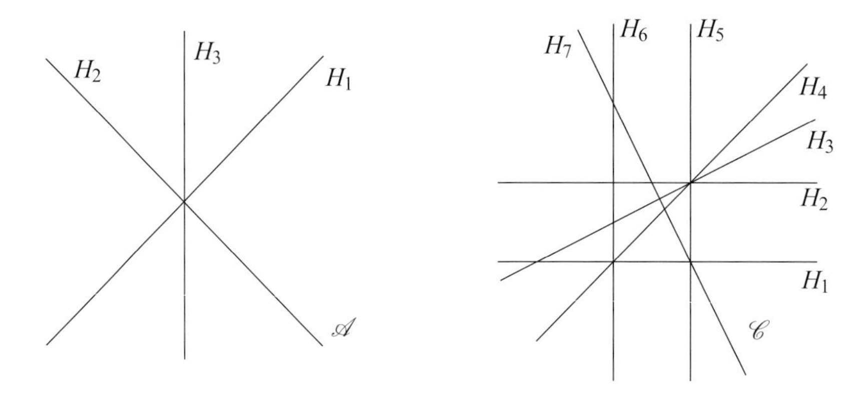

Abbildung 6.3: Die Arrangements $\mathscr{A}$ und $\mathscr{C}$

Wie erkennen wir systematisch, dass es gerade 22 Regionen sind, in die das Arrangement $\mathscr{C}$ die Ebene zerteilt? Wir wollen die Hyperebenen im Allgemeinen weder zeichnen noch die entstehenden Regionen abzählen. Zählen werden wir schon, aber mithilfe einer einfacher zu kontrollierenden kombinatorischen Struktur, die uns der nächste Abschnitt bereitstellt.

6.2 Die Kombinatorik

Es gilt, aus dem gegebenen Arrangement kombinatorische Daten zu extrahieren. Um die Koeffizienten der Hyperebenen-Gleichungen wollen wir uns dabei am liebsten nicht kümmern. Andererseits werden wir uns auf ein so simples Datum wie die Anzahl der Hyperebenen auch nicht stützen können – das zeigt ein Blick auf die beiden Arrangements mit 3 Geraden in Abbildung 6.1: Die Zahl der Geraden allein bestimmt die Anzahl der Regionen nicht.

Das richtige Maß an Detail liegt in folgender Definition:

Definition 6.2

Für ein Arrangement $\mathscr{A} = \{H_1, \ldots, H_n\}$ im $\mathbb{R}^d$ bezeichne $\mathscr{L}(\mathscr{A})$ die Menge der in $\mathscr{A}$

auftretenden nicht-leeren Schnitte

$$\bigcap_{i\in I} H_i \qquad \text{für } I \subseteq \{1,\dots,n\}.$$

Man definiere eine Ordnung „$\leq$“ auf den Elementen von $\mathscr{L}(\mathscr{A})$ durch

$$\bigcap_{i\in I} H_i \leq \bigcap_{j\in J} H_j \quad \Leftrightarrow \quad \bigcap_{i\in I} H_i \supseteq \bigcap_{j\in J} H_j \qquad \text{für } I,J \subseteq \{1,\dots,n\}.$$

Die Menge $\mathscr{L}(\mathscr{A})$ mit dieser Ordnung heißt *Schnitthalbordnung* des Arrangements.

Man beachte, dass nicht etwa je zwei beliebige Schnitte in $\mathscr{L}(\mathscr{A})$ mittels der Ordnung „$\leq$“ miteinander vergleichbar sind, weshalb wir auch von einer *Halbordnung* oder *partiell geordneten Menge* sprechen. Haben die Hyperebenen einen gemeinsamen, nicht-leeren Durchschnitt (etwa wenn alle Hyperebenen den Nullpunkt enthalten), so besitzt die Halbordnung ein *größtes* Element, das heißt ein Element, welches bezüglich „$\leq$“ größer ist als alle anderen Elemente. Ein *kleinstes* Element, das heißt eines, welches bezüglich „$\leq$“ kleiner ist als alle anderen Elemente, besitzt die Schnitthalbordnung immer: Wir vereinbaren, dass der Umgebungsraum $\mathbb{R}^d$ stets ein Element von $\mathscr{L}(\mathscr{A})$ ist. Technisch gesprochen ist dies der „leere Schnitt“ über das Arrangement.

Halbordnungen veranschaulicht man sich am besten durch ihr *Hasse-Diagramm*: Jedes Element der Halbordnung (hier: jeder im Arrangement auftretende Schnitt) wird durch einen Punkt dargestellt. Wir zeichnen den Punkt zu einem Element Y „höher“ als den Punkt zu einem Element X, falls $X < Y$, und wir verbinden die Punkte durch eine Kante, falls kein weiteres Element der Halbordnung zwischen X und Y liegt.

Beispiele sind wie so oft besser als tausend Worte: Zu dem Arrangement $\mathscr{A}$ aus Beispiel 6.1 gehört die Halbordnung $\mathscr{L}(\mathscr{A})$ mit 5 Elementen, den drei Geraden, ihrem Schnitt $H_1 \cap H_2 \cap H_3 = \{0\}$ und dem „leeren Schnitt“ $\mathbb{R}^2$. Den „leeren Schnitt“ ordnen wir im Hasse-Diagramm zuunterst an, durch Kanten mit den drei Geraden verbunden, die ihrerseits durch Kanten mit dem Schnitt $\{0\}$ verbunden sind (siehe Abbildung 6.4).

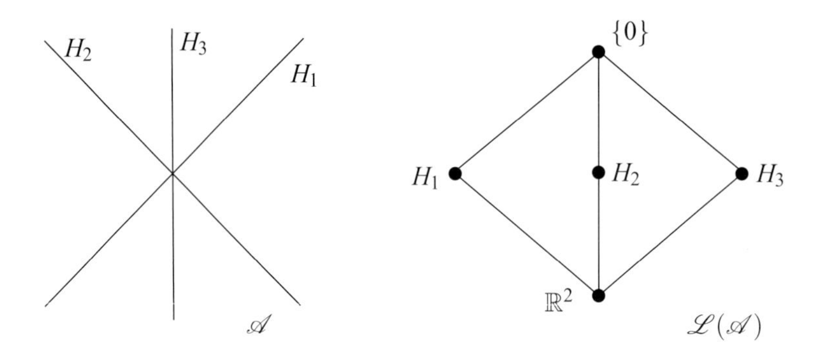

Abbildung 6.4: $\mathscr{A}$ mit Schnitthalbordnung

Zu dem Arrangement $\mathscr{C}$ aus Beispiel 6.2 gehört eine Halbordnung mit 18 Elementen: den 7 Geraden, den 7 zweifachen Schnittpunkten, den 2 dreifachen Schnittpunkten und dem einen vierfachen Schnittpunkt, wiederum zusammen mit dem „leeren Schnitt" $\mathbb{R}^2$ (siehe Abbildung 6.5). Der Übersichtlichkeit halber verkürzen wir die Bezeichnungen der Schnitte in der Abbildung: 13 steht für $H_1 \cap H_3$, 146 steht für $H_1 \cap H_4 \cap H_6$ und so weiter.

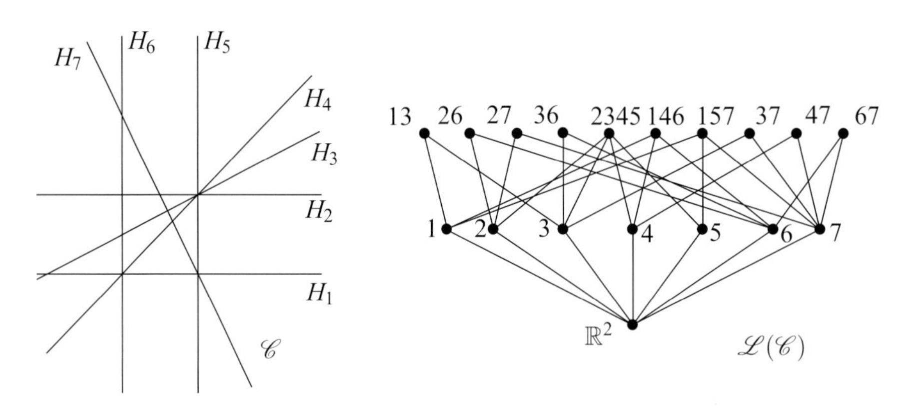

Abbildung 6.5: $\mathscr{C}$ mit Schnitthalbordnung

Wir verlassen für einen Moment die Schnitthalbordnungen und führen eine Abbildung ein, die sich für jede partiell geordnete Menge P mit einem eindeutigen minimalen Element $\hat{0}$ definieren lässt.

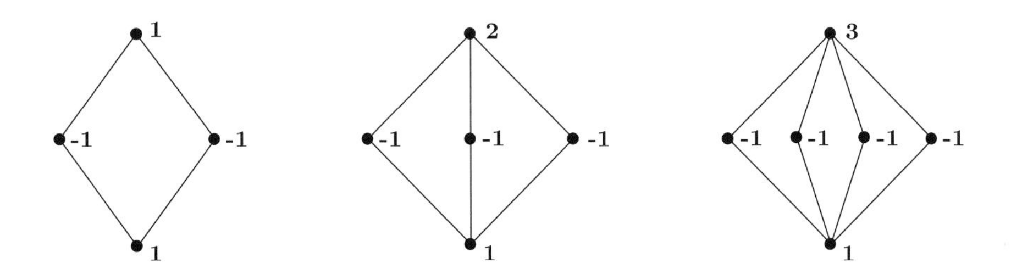

Abbildung 6.6: Halbordnungen mit Möbius-Funktion

Definition 6.3
Es sei P eine partiell geordnete Menge mit einem eindeutigen minimalen Element $\hat{0}$. Die Funktion

$$\begin{aligned} \mu : \quad P &\longrightarrow \mathbb{Z}, \\ X &\longmapsto \begin{cases} 1 & \text{für } X = \hat{0}, \\ -\sum\limits_{\hat{0} \leq Y < X} \mu(Y) & \text{für } X > \hat{0} \end{cases} \end{aligned}$$

heißt die *Möbius-Funktion* auf P.

Die Möbius-Funktion ist rekursiv definiert. Wollen wir ihre Werte auf einer Halbordnung P bestimmen, so beginnen wir mit der Zuordnung 1 für das minimale Element $\hat{0}$ und bestimmen sodann die weiteren Werte „von unten nach oben". Um $\mu(X)$ für $X > \hat{0}$ zu erhalten, bestimmen wir zunächst alle Werte der Möbius-Funktion für die Elemente zwischen $\hat{0}$ und X, addieren diese dann und wechseln das Vorzeichen. Abbildung 6.6 zeigt drei einfache Halbordnungen, wobei die Werte der Möbius-Funktion neben den Elementen notiert sind.

Unser Beispielsatz ist sicher zu klein, aber dennoch drängt sich eine Beobachtung auf: Das Vorzeichen der Möbius-Funktion wechselt entlang der Halbordnung, man sagt, das Vorzeichen alterniert! Vorsicht ist hier jedoch geboten. Für allgemeine Halbordnungen trifft diese Beobachtung nicht zu, für Schnitthalbordnungen von Arrangements werden wir sie, wenn auch ohne Beweis, in

Lemma 6.1 festhalten. Hierzu benötigen wir den Begriff der *Kodimension* eines Schnitts X in $\mathscr{L}(\mathscr{A})$ für ein Arrangement $\mathscr{A}$ in $\mathbb{R}^d$. Die Kodimension des Schnitts ist gewissermaßen das Komplement seiner Dimension gemessen an der Dimension des Umgebungsraums. Wir definieren:

$$\operatorname{codim}(X) := d - \dim(X).$$

Die Kodimension des Schnitts $H_1 \cap H_2 \cap H_3$ im Arrangement $\mathscr{A}$ aus Beispiel 6.1 etwa ist

$$\operatorname{codim}(H_1 \cap H_2 \cap H_3) = 2 - \dim(H_1 \cap H_2 \cap H_3) = 2.$$

Die Kodimension einer Hyperebene H in einem beliebigen Arrangement im $\mathbb{R}^d$ ist

$$\operatorname{codim}(H) = d - \dim(H) = d - (d-1) = 1.$$

Lemma 6.1
Es sei $\mathscr{A}$ ein Arrangement von Hyperebenen im $\mathbb{R}^d$ mit Schnitthalbordnung $\mathscr{L}(\mathscr{A})$. Dann gilt für das Vorzeichen oder *Signum* der Möbius-Funktion auf einem Schnitt X in $\mathscr{L}(\mathscr{A})$:

$$\operatorname{Signum} \mu(X) = (-1)^{\operatorname{codim}(X)}.$$

Wir haben nun alle kombinatorischen Konzepte und Definitionen zusammengetragen, um die Lösung unseres Problems formulieren zu können.

6.3 Die Lösung des Problems

Der folgende Satz, der uns eine kombinatorische Zählstrategie für die Regionen eines Arrangements liefert, ist 1975 von Tom Zaslavsky bewiesen worden [Z].

Satz 6.1
Es sei $\mathscr{A} = \{H_1, \ldots, H_n\}$ ein Arrangement von Hyperebenen im $\mathbb{R}^d$ mit Schnitthalbordnung $\mathscr{L}(\mathscr{A})$, und es bezeichne $b(\mathscr{A})$ die Anzahl der Regionen, in welche die Hyperebenen aus $\mathscr{A}$ den d-dimensionalen Raum zerteilen. Dann gilt

$$b(\mathscr{A}) \;=\; \sum_{X \in \mathscr{L}(\mathscr{A})} |\mu(X)|. \tag{6.1}$$

In Worten: Die Anzahl der Regionen von $\mathscr{A}$ ist gleich der Summe der Absolutbeträge der Werte der Möbius-Funktion auf der Schnitthalbordnung von $\mathscr{A}$.

Schauen wir uns Beispiele an. Für das Arrangement $\mathscr{A}$ aus Beispiel 6.1 müssen wir die Beträge der 5 Werte der Möbius-Funktion auf $\mathscr{L}(\mathscr{A})$ addieren. Man beachte dabei, dass $\mathscr{L}(\mathscr{A})$ mit der mittleren Halbordnung in Abbildung 6.6 übereinstimmt, und wir erhalten in der Tat

$$b(\mathscr{A}) \;=\; 1 + 3 \cdot 1 + 2 \;=\; 6.$$

Für das Arrangement $\mathscr{C}$ aus Beispiel 6.2 ist der Wert der Möbius-Funktion auf den Geraden, wie stets, gleich -1, auf den zweifachen Schnitten gleich 1, auf den dreifachen Schnitten gleich 2 und auf dem vierfachen Schnitt gleich 3 (siehe Abbildung 6.7). Man vergleiche die Möbius-Funktionen auf den maximalen Elementen der Halbordnungen in Abbildung 6.6.

Wir erhalten somit nach obigem Satz:

$$b(\mathscr{C}) \;=\; 1 + 7 \cdot 1 + 7 \cdot 1 + 2 \cdot 2 + 1 \cdot 3 \;=\; 22.$$

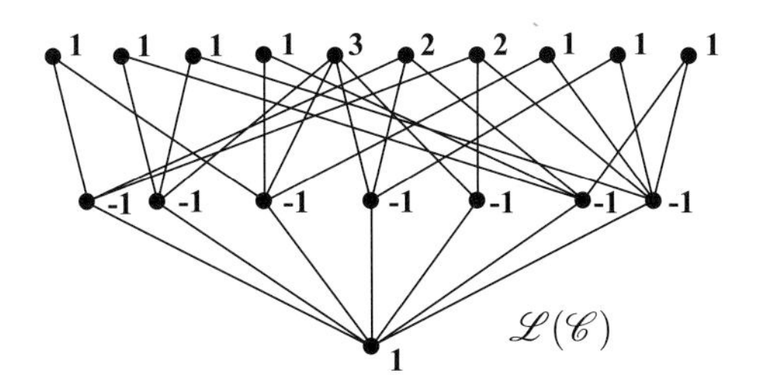

Abbildung 6.7: $\mathscr{L}(\mathscr{C})$ mit Möbius-Funktion

Schauen wir uns nun den Beweis des Satzes näher an.

Beweisskizze zu Satz 6.1: Zwei zentrale Ideen gehen in den Beweis ein:

(1) Man interpretiere die rechte Seite der Gleichung (6.1) als Auswertung eines Polynoms.

(2) Man zeige, dass die rechte und linke Seite der Gleichung (6.1) dieselbe Rekursion erfüllen.

Funktionen mittels einer sogenannten *Rekursion* zu definieren, ist ein in der Mathematik und der Informatik weitverbreitetes Prinzip. Dieses hier in aller Allgemeinheit zu erklären, würde den Rahmen des Beitrags sprengen. Wir vertrauen darauf, dass die Leserinnen und Leser unseren Ausführungen zu (2) werden folgen können und dabei sogar ein intuitives Verständnis für Rekursionen entwickeln – „learning by doing"!

Doch zunächst zur ersten Beweisidee: Die rechte Seite ist in der Tat Auswertung eines in der Arrangement-Theorie sehr prominenten Polynoms, des sogenannten *Poincaré-Polynoms*. Für ein Arrangement $\mathscr{A}$ mit Schnitthalbordnung $\mathscr{L}(\mathscr{A})$ definieren wir

$$\pi(\mathscr{A},t) := \sum_{X \in \mathscr{L}(\mathscr{A})} \mu(X)\,(-t)^{\operatorname{codim}(X)}.$$

Mit Lemma 6.1 vereinfachen wir zu

$$\pi(\mathscr{A},t) = \sum_{X \in \mathscr{L}(\mathscr{A})} |\mu(X)|\, t^{\operatorname{codim}(X)}$$

und finden in der Tat die rechte Seite der Zaslavsky'schen Formel als Auswertung von $\pi(\mathscr{A},t)$ an der Stelle $t = 1$:

$$\pi(\mathscr{A},1) = \sum_{X \in \mathscr{L}(\mathscr{A})} |\mu(X)|.$$

Greifen wir noch etwas tiefer in die Trickkiste der Arrangement-Theorie, um die zweite Beweisidee, nämlich das Ausnutzen einer Rekursion, umzusetzen:

Wir betrachten hier die beiden Seiten der Gleichung (6.1) als Funktionen auf Arrangements. Eine solche Funktion *rekursiv* zu beschreiben, heißt, ihren Wert auf dem „leeren" Arrangement, $\mathscr{A} = \emptyset$, anzugeben und den Wert der Funktion auf einem beliebigen Arrangement durch ihren Wert auf Arrangements mit einer geringeren Anzahl von Hyperebenen auszudrücken. Zusammen bestimmen diese Angaben den Wert der Funktion auf *allen* Arrangements eindeutig!

Betrachten wir das Arrangement $\mathscr{A} = \{H_1, \ldots, H_n\}$. Auf zwei Arten lässt sich hieraus ein Arrangement mit einer geringeren Anzahl von Hyperebenen konstruieren: Lassen wir zunächst die letzte Hyperebene H_n weg, so erhalten wir das Arrangement

$$\mathscr{A}' = \{H_1, \ldots, H_{n-1}\}$$

mit $n-1$ Hyperebenen. Schränken wir unser Arrangement auf H_n ein, so erhalten wir das Arrangement

$$\mathscr{A}'' = \{H_1 \cap H_n, H_2 \cap H_n, \ldots, H_{n-1} \cap H_n\}$$

mit höchstes $n-1$ Hyperebenen. Man beachte, dass das Arrangement $\mathscr{A}''$ in einem Umgebungsraum von niedrigerer Dimension lebt, nämlich in der Hyperebene H_n. Zur Illustration betrachten wir unser Beispiel $\mathscr{C}$ und die zugehörigen Arrangements $\mathscr{C}'$ und $\mathscr{C}''$ (siehe Abbildung 6.8).

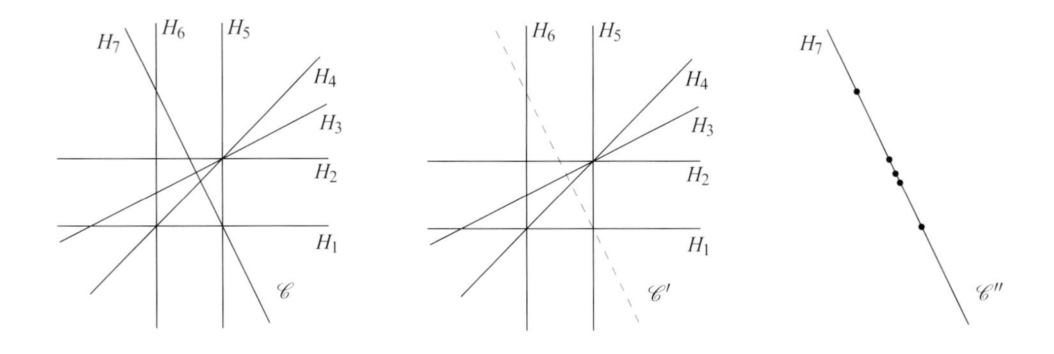

Abbildung 6.8: Die Arrangements $\mathscr{C}$, $\mathscr{C}'$ und $\mathscr{C}''$

Das Poincaré-Polynom genügt der Beziehung

$$\pi(\mathscr{A},t) = \pi(\mathscr{A}',t) + t\,\pi(\mathscr{A}'',t).$$

Dies zu zeigen, würde uns hier zu weit führen. Überlegen wir uns nur noch, wie das Poincaré-Polynom für das leere Arrangement aussieht ($\mathscr{A} = \emptyset$, $\mathscr{L}(\emptyset) = \{\mathbb{R}^d\}$, $\mu(\mathbb{R}^d) = 1$, $\operatorname{codim}(\mathbb{R}^d) = 0$), so können wir für die rechte Seite der Zaslavsky'schen Gleichung folgende Rekursion festhalten:

$$\begin{aligned} \pi(\emptyset,1) &= 1, \\ \pi(\mathscr{A},1) &= \pi(\mathscr{A}',1) + \pi(\mathscr{A}'',1). \end{aligned}$$

Man beachte, dass $\pi(\mathscr{A},1)$ durch diese beiden Bedingungen für beliebige Arrangements eindeutig beschrieben wird!

Nun müssen wir zeigen, dass die Anzahl der Regionen $b(\mathscr{A})$ die gleiche Rekursion erfüllt. Wie verhalten sich $b(\mathscr{A})$, $b(\mathscr{A}')$ und $b(\mathscr{A}'')$ zueinander? Betrachten wir zunächst $\mathscr{A}'$, und bezeichnen wir mit P die Menge derjenigen Regionen, die von H_n geschnitten werden, sowie mit Q die Menge derjenigen Regionen, die von H_n nicht geschnitten werden. Man überprüfe, dass gilt

$$b(\mathscr{A}') = |P| + |Q|,$$

wobei $|P|$ die Anzahl der Elemente in P bezeichnet, $|Q|$ analog die Anzahl der Elemente in Q. Fügen wir die Hyperebene H_n zu $\mathscr{A}'$ hinzu, so teilt sie jede Region aus P in zwei Regionen und lässt dabei die Regionen aus Q unberührt. Wir erhalten also

$$b(\mathscr{A}) = 2|P| + |Q|.$$

Außerdem gibt es genauso viele Regionen in $\mathscr{A}''$, also Regionen *auf* H_n, wie es Regionen in $\mathscr{A}'$ gibt, die von H_n geteilt werden:

$$b(\mathscr{A}'') = |P|.$$

Man vergewissere sich dieser Tatsachen noch einmal an dem in Abbildung 6.8 ausgeführten Beispiel.

Führen wir uns jetzt noch vor Augen, dass das leere Arrangement nur eine Region besitzt, nämlich seinen Umgebungsraum, so erhalten wir für $b(\mathscr{A})$ die Rekursion

$$\begin{aligned} b(\emptyset) &= 1, \\ b(\mathscr{A}) &= b(\mathscr{A}') + b(\mathscr{A}''). \end{aligned}$$

Der Vergleich der Bedingungen für $\pi(\mathscr{A},1)$ und $b(\mathscr{A})$ zeigt, dass die beiden Größen in der Tat übereinstimmen. □

6.4 Ausblick

Mit dem Zaslavsky'schen Abzählsatz für die Regionen eines Arrangements reeller Hyperebenen haben wir ein Phänomen beschrieben, welches in der Theorie der Arrangements des Öfteren auftritt und sicher einen guten Teil ihrer Faszination ausmacht: Eine geometrische oder topologische Invariante des Arrangements (hier: die Anzahl der Regionen im Komplement $\mathscr{M}(\mathscr{A}) := \mathbb{R}^d \setminus \bigcup_{H \in \mathscr{A}} H$) ist kombinatorisch bestimmt, das heißt, Arrangements mit identischen Schnitthalbordnungen haben dieselbe Anzahl von Regionen. Zudem lässt sich die Anzahl der Regionen durch die Schnitthalbordnung des Arrangements explizit beschreiben.

Für eine Reihe anderer Invarianten gelten ähnlich starke Aussagen, so für den Homotopietyp von Arrangements und die Kohomologie des Komplements komplexer Hyperebenen-Arrangements. Diese Ergebnisse sind allerdings sehr viel tiefliegender und weitaus aufwändiger zu beweisen. Am Rande nur sei erwähnt, dass die Theorie von Hyperebenen-Arrangements über den komplexen statt den reellen Zahlen ungleich schwieriger ist. Komplemente reeller Arrangements bestehen stets aus einer Menge von *Zellen*, eben jenen Regionen, die wir oben abgezählt haben. Solche Zellen lassen sich durch einfache Deformationen auf Punkte deformieren, man sagt, sie sind *kontrahierbar* (siehe Abbildung 6.9).

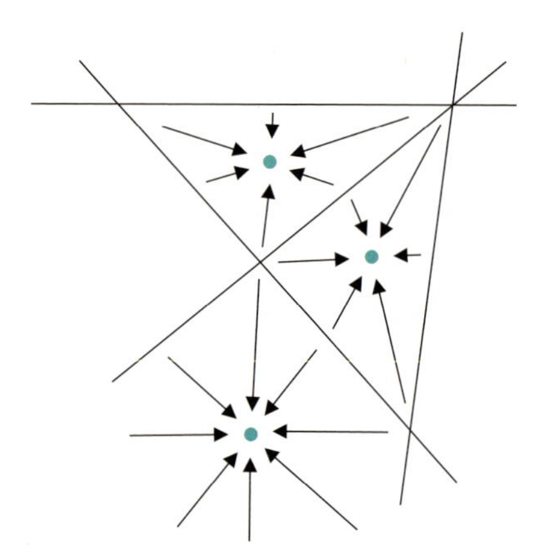

Abbildung 6.9: Zellen eines reellen Arrangements

Schon die einfachste komplexe Hyperebene, nämlich die Hyperebene H mit der Gleichung $z = 0$ in $\mathbb{C}^1$, besitzt jedoch ein Komplement, welches sich auf eine Kreislinie deformieren lässt (siehe Abbildung 6.10).

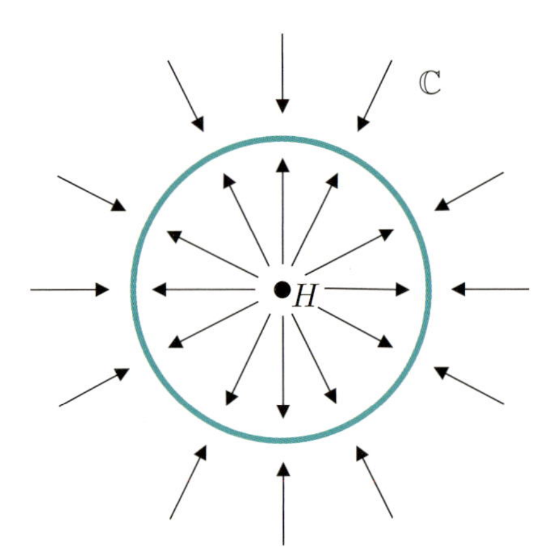

Abbildung 6.10: Das Komplement von $H = \{0\}$ in $\mathbb{C}$

Letztere lässt sich in $\mathbb{C}^1 \setminus H$ nicht zu einem Punkt kontrahieren, was zeigt, dass das Komplement von H topologisch ungleich komplizierter ist als die Zellen, die wir oben betrachtet haben.

Die Theorie der Arrangements bietet eine Vielzahl offener Probleme, eines in direktem Zusammenhang zur Zaslavsky'schen Formel können wir hier zumindest formulieren.

Die definierende Gleichung einer reellen Hyperebene H kann man als Gleichung im komplexen Vektorraum $\mathbb{C}^d$ interpretieren. Ihre Lösung ist dann eine *komplexe Hyperebene* $H^{\mathbb{C}}$. Das Arrangement $\mathscr{A}^{\mathbb{C}} = \{H^{\mathbb{C}} \,|\, H \in \mathscr{A}\}$ nennt man die *Komplexifizierung* von $\mathscr{A}$. Offensichtlich haben das Arrangement und seine Komplexifizierung identische Schnitthalbordnungen: $\mathscr{L}(\mathscr{A}) = \mathscr{L}(\mathscr{A}^{\mathbb{C}})$.

Ein tiefliegender Satz von Goresky und MacPherson [GM] besagt, dass gewisse topologische Invarianten, nämlich die sogenannten Betti-Zahlen β^i des Komplements $\mathscr{M}(\mathscr{A}^{\mathbb{C}}) = \mathbb{C}^d \setminus \bigcup_{H^{\mathbb{C}} \in \mathscr{A}^{\mathbb{C}}} H^{\mathbb{C}}$, kombinatorisch bestimmt sind. Insbesondere ist

$$\sum_{i \geq 0} \beta^i(\mathscr{M}(\mathscr{A}^{\mathbb{C}})) = \sum_{X \in \mathscr{L}(\mathscr{A}^{\mathbb{C}})} |\mu(X)|.$$

Aus Satz 6.1 wissen wir, dass

$$b(\mathscr{A}) = \sum_{X \in \mathscr{L}(\mathscr{A})} |\mu(X)|.$$

Aus der Übereinstimmung der rechten Seiten und der Tatsache, dass $\beta^0(\mathscr{M}(\mathscr{A})) = b(\mathscr{A})$ und alle höheren Betti-Zahlen für reelle Arrangements verschwinden, erhalten wir

$$\sum_{i \geq 0} \beta^i(\mathscr{M}(\mathscr{A})) = \sum_{i \geq 0} \beta^i(\mathscr{M}(\mathscr{A}^{\mathbb{C}})),$$

also die Tatsache, dass die Summen der Betti-Zahlen für reelle Arrangements und ihre Komplexifizierungen übereinstimmen. Bis heute gibt es keine gute geometrische Erklärung für diese Tatsache!

Literatur

[C7] COHEN, D., DENHAM, G., FALK, M., SCHENCK, H., SUCIU, A., TERAO, H., YUZVINSKY, S.: Complex Arrangements: Algebra, Geometry, Topology.
`http://www.math.uiuc.edu/~schenck/cxarr.pdf`

[GM] GORESKY, M., MACPHERSON, R. D.: Stratified Morse Theory. Ergebnisse der Mathematik und ihrer Grenzgebiete, 3. Folge, Band 14. Springer-Verlag, 1988

[OT] ORLIK, P., TERAO, H.: Arrangements of hyperplanes. Grundlehren der Mathematischen Wissenschaften **300**, Springer, 1992

[Z] ZASLAVSKY, T.: Facing up to arrangements: Face-count formulas for partitions of space by IIyperplancs. Memoirs of the American Mathematical Society **154** (1975)

Die Autorin:

Prof. Dr. Eva-Maria Feichtner
Department of Mathematics
University of Bremen
28359 Bremen
emf@math.uni-bremen.de

7 Hindernis- und Kontaktprobleme

Corinna Hager und Barbara I. Wohlmuth

7.1 Einführung

Kontaktprobleme sind ein Thema, das uns alle im Alltag beschäftigt. Auch wenn wir den hochinteressanten Aspekt der zwischenmenschlichen Beziehungen einmal außen vor lassen, stoßen wir jeden Tag auf Kontaktprobleme: Kaugummi an der Schuhsohle, Stift auf Papier, Kreide auf Tafel, ... Ein Kontaktproblem ist gekennzeichnet durch das Aufeinandertreffen mehrerer Gegenstände oder Körper, ohne dass sie sich gegenseitig durchdringen. Wir wollen herausfinden, wie sich die Kräfte beschreiben lassen, die bei einem solchen Aufeinandertreffen wirken. Dieses Wissen ist beispielsweise in der industriellen Fertigung von großem Nutzen, aber nicht nur dort. Auch das Umblättern dieser Seiten wäre ohne das Phänomen „Kontakt" nicht möglich, genausowenig wie Essen oder Laufen. Mit Kontaktproblemen muss man also immer rechnen. Sie zu berechnen, ist allerdings meistens nicht ganz einfach. Das gilt insbesondere dann, wenn die Gegenstände eine komplizierte Form haben, wie beispielsweise der auf dem rechten Bild von Abbildung 7.1 dargestellte Prozess, bei dem ein Blech durch ein Werkzeug in eine andere Form gebracht wird.

Alle bisher genannten Beispiele haben gemeinsam, dass sich nur die Oberflächen der Gegenstände berühren. Es gibt jedoch auch Problemstellungen, bei denen der gesamte Körper einem „Hindernis" ausgesetzt ist. Als Beispiel kann man sich ein dünnes Tuch vorstellen, das von einem Zauberer über einen Hut

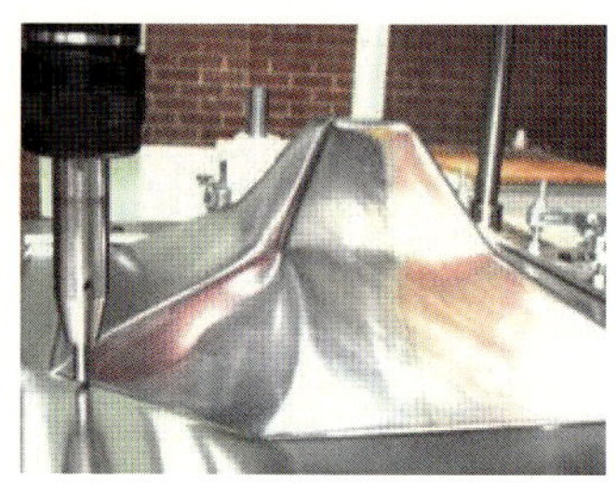

Abbildung 7.1: Kontaktprobleme im Alltag und in der Industrie (rechtes Bild: IBF, Aachen, [1]).

oder ein Kaninchen gelegt wird. Wenn das Tuch dünn genug ist, dass wir es als einen zweidimensionalen Gegenstand betrachten können, dann gilt die Beschränkung durch das Hindernis für jeden Punkt des Tuches. Dies wird mathematisch als Hindernisproblem bezeichnet. Ein ähnliches Beispiel, das wir im weiteren Verlauf des Kapitels noch näher untersuchen werden, ist eine dehnbare Schnur oder Saite, die durch die Erdanziehungskraft aus ihrer Ruhelage nach unten ausgelenkt, das heißt verschoben wird. Diese Auslenkung ist dabei durch ein festes Hindernis beschränkt, das die Saite nicht durchdringen kann, wie auf dem linken Bild von Abbildung 7.2 dargestellt. Das rechte Bild zeigt eine andere Form eines Hindernisproblems, nämlich die plastische, das heißt dauerhafte Verformung eines Körpers unter Krafteinwirkung. Im Gegensatz zu einem elastischen Körper wie beispielsweise einem Gummiband, das nach dem Loslassen wieder seine ursprüngliche Form annimmt, verhält sich ein plastisches Material wie Knetgummi oder Ton und behält seine verformte Form bei. Sogar in der Finanzmathematik spielen Hindernisprobleme eine wichtige Rolle für die Bewertung von bestimmten Arten von Aktien. Weitere Beispiele und genauere Informationen zur Modellierung sind zum Beispiel in [2] beschrieben.

Dieses Kapitel soll einen Einblick in die Simulation von Kontakt- und Hindernisproblemen geben. Dazu stellen wir zunächst die mathematischen Grundlagen für die Modellierung von Hindernisproblemen anhand eines einfachen Beispiels dar. Anschließend skizzieren wir eine mögliche Vorgehensweise, diese Probleme numerisch, das heißt mit dem Computer, näherungsweise zu lösen. Hierzu

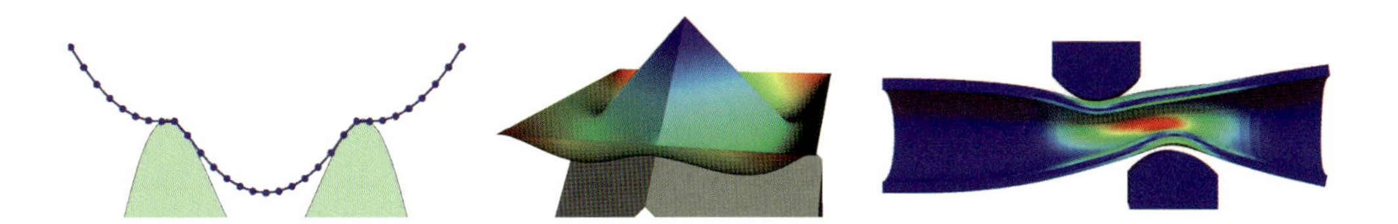

Abbildung 7.2: Durch Simulation dargestellte Hindernisprobleme: eingespannte Saite (links), elastisches Tuch (Mitte), und plastische Verformung einer Röhre (rechts).

beschäftigen wir uns in Kapitel 7.3 mit der Auslenkung einer eindimensionalen dehnbaren Saite, welche wir anschließend in Kapitel 7.4 durch ein fest vorgegebenes Hindernis erweitern. Kapitel 7.5 gibt einen Ausblick auf die Anwendung der vorgestellten Techniken auf komplexere Fragestellungen.

7.2 Kontaktprobleme früher und heute

Was passiert, wenn zwei Körper aufeinandertreffen? Diese Frage beschäftigte schon im 17. Jahrhundert den Niederländer Christiaan Huygens. Er untersuchte den Zusammenstoß von starren, das heißt nicht verformbaren Gegenständen (wie auf der linken Seite von Abbildung 7.3), und formulierte eine mathematische Beschreibung, die auf der Impuls- und Energieerhaltung basiert. Im 18. Jahrhundert entstanden unter anderem von Johann Bernoulli, Leonhard Euler und Joseph Fourier viele grundlegende Arbeiten zur Beschreibung mechanischer Bewegung. Darauf aufbauend untersuchte Heinrich Hertz den reibungsfreien Kontakt von elastischen Körpern mit einfachen Formen wie Kugeln, Zylindern oder Ebenen, die durch eine Kraft gegeneinander gedrückt werden. Wie in der Mitte von Abbildung 7.3 dargestellt, werden die Körper dabei verformt, was zu einer inneren Spannung führt. Hertz stellte eine mathematische Formel für die Form der Kontaktfläche und den Verlauf der Kontaktkraft auf, die nur von der Form und den Materialeigenschaften der Körper sowie vom Betrag der Druckkraft abhängt. Im 20. Jahrhundert formulierte der Italiener Antonio Signorini das Problem, Gleichgewichtszustände eines elastischen Körpers zu finden,

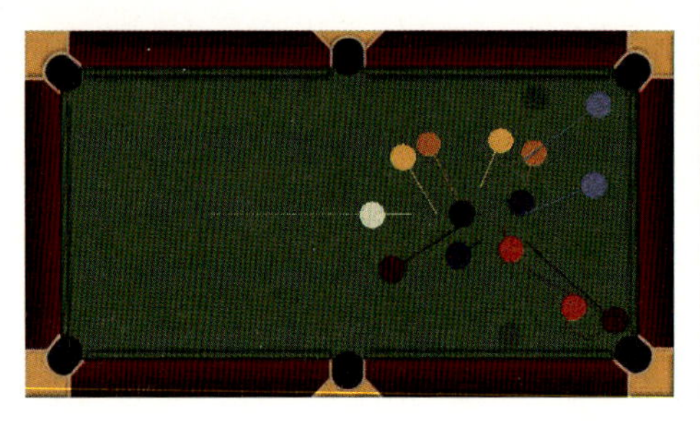

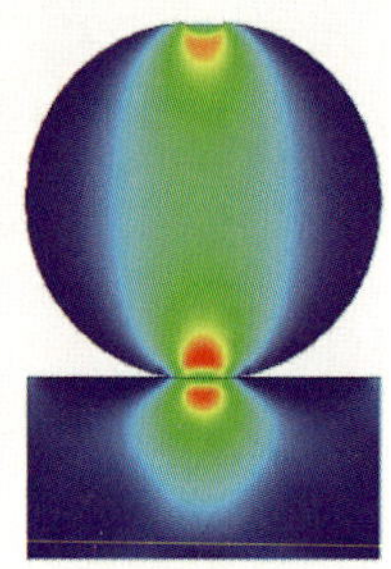

Abbildung 7.3: Kontaktproblem-Varianten; von links nach rechts: Zusammenstoß starrer Körper beim Billard, Lösung des Hertz'schen Kontaktproblems für elastische Körper, Newtons „Kontaktproblem“ [6].

der auf einer reibungsfreien Unterlage ruht. Sein Landsmann Gaetano Fichera veröffentlichte mehrere Abhandlungen zur Lösung dieses Problems und prägte darüber hinaus den Namen „Signorini-Problem“ als Bezeichnung für eine solche Fragestellung.
Ein anderer sehr bekannter Forscher, dessen Name uns im weiteren Verlauf des Kapitels noch einmal begegnen wird, ist Isaac Newton. Neben seinen zahlreichen grundlegenden Arbeiten auf dem Gebiet der Mechanik bekam er der Legende nach eine eher schmerzhafte Form eines „Kontaktproblems“ zu spüren (siehe Abbildung 7.3 rechts). Weniger konkrete, aber mindestens ebenso schmerzhafte Kontaktprobleme offenbarte auch die letzte Finanzkrise. Wir stoßen also in allen Lebensbereichen auf Hindernisprobleme. Daher ist es wichtig, diese Fragestellungen mathematisch korrekt darstellen zu können, was wir in den beiden nächsten Abschnitten anhand eines eindimensionalen Beispiels tun wollen.

7.3 Auslenkung ohne Hindernis

7.3.1 Problemstellung

Im Folgenden beschäftigen wir uns mit der Verformung einer Saite der Länge 1, die an beiden Enden fest eingespannt ist. Diese Saite wird mittels einer (möglicherweise vom Ort x mit $0 \leq x \leq 1$ abhängigen) Gewichtskraft $f(x)$ nach unten ausgelenkt, wobei wir die Auslenkung der Saite an der Stelle x nach unten mit $u(x)$ bezeichnen. Dann erfüllen die Funktionen u und f den folgenden Zusammenhang:

$$-u''(x) = f(x), \; 0 \leq x \leq 1, \qquad u(0) = u(1) = 0. \tag{7.1}$$

Dabei bezeichnet $u''(x)$ den Wert der zweiten Ableitung der Funktion u an der Stelle x. Da wir die Definition der Ableitung u' einer Funktion u später noch brauchen, geben wir sie hier kurz an: $u'(x)$ entspricht dem Grenzwert, den man erhält, wenn man den Differenzenquotienten

$$\frac{u(x+h) - u(x)}{h} \tag{7.2}$$

berechnet und h immer kleiner wählt, das heißt gegen null gehen lässt. Damit gibt $u'(x)$ die Steigung des Graphen von u im Punkt x an, während $u''(x)$ ein Maß für dessen Krümmung ist.

Die erste Gleichung in (7.1), die auch als Differentialgleichung bezeichnet wird[1], kann man über das Gleichgewicht der Kräfte herleiten, die im Punkt x auf die Saite wirken. Die Gewichtskraft $f(x)$ wirkt dabei nach unten, während der Ausdruck $u''(x)$ die Kraft bezeichnet, mit der die Saite am Punkt x nach oben zieht. Die Randwerte $u(0) = u(1) = 0$ folgen aus der Tatsache, dass die Saite links und rechts fest eingespannt ist und sich nicht bewegen kann.

In den meisten Fällen ist die Gewichtskraft f bekannt; für eine Saite, die überall gleich dick ist, ist sie beispielsweise konstant. Die Auslenkung u ist allerdings unbekannt und soll mittels der Beziehung (7.1) bestimmt werden.

[1] Eine Differentialgleichung ist eine Gleichung, in der die Werte der gesuchten Funktion $u(x)$ sowie ihrer Ableitungen vorkommen. Vergleiche hierzu auch den Beitrag von Heike Faßbender über Modellreduktion.

7.3.2 Exakte Lösung

Ist f gegeben, so kann man die Lösung u von (7.1) mittels zweimaliger Integration und Einsetzen der Randbedingungen berechnen. Das folgende Beispiel soll dieses Vorgehen verdeutlichen.

Beispiel 7.1

Sei die Last $f(x) = 2$ konstant. Dann ist nach (7.1)

$$u''(x) = -f(x) = -2 \quad \Rightarrow \quad u'(x) = -2x + c \quad \Rightarrow \quad u(x) = -x^2 + c \cdot x + d \tag{7.3}$$

für feste Zahlen $c, d \in \mathbb{R}$, die über die Randbedingungen bestimmt werden können:

$$\begin{aligned} u(0) &= -0^2 + c \cdot 0 + d = d & \stackrel{!}{=} 0, \\ u(1) &= -1^2 + c \cdot 1 + d = -1 + c + d & \stackrel{!}{=} 0. \end{aligned}$$

Aus der ersten Gleichung folgt $d = 0$, so dass die zweite Gleichung zu $-1 + c = 0$ und damit zu $c = 1$ führt. Setzt man diese Werte in (7.3) ein, ergibt sich die parabelförmige Auslenkung

$$u(x) = -x^2 + 1 \cdot x + 0 = -x^2 + x = x \cdot (1 - x),$$

die auf der linken Seite von Abbildung 7.4 nach unten gerichtet dargestellt ist.

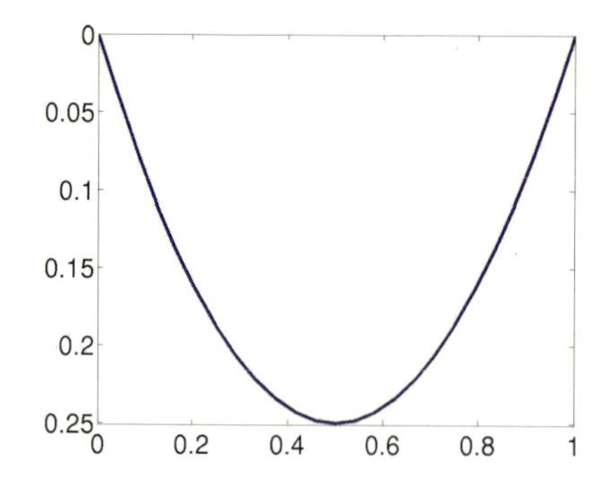

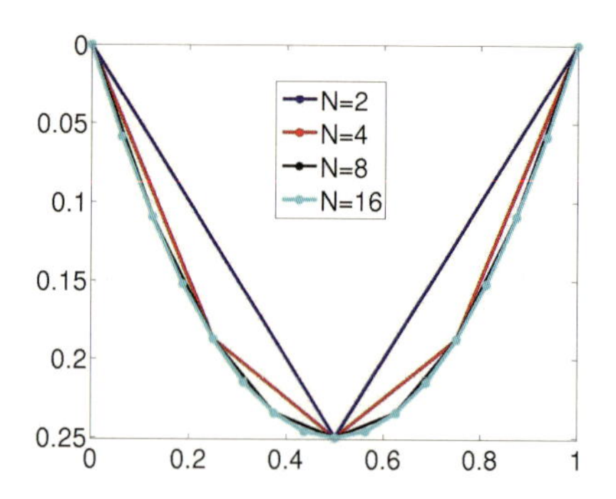

Abbildung 7.4: Auslenkung ohne Hindernis: exakte Lösung (links) und Näherungslösung für verschiedene N (rechts).

7.3.3 Näherungslösung

Für kompliziertere Funktionen f ist die exakte Berechnung der Integrale wie in Beispiel 7.1 nicht immer möglich, so dass man auf die Unterstützung von Computern zurückgreift. Eine für den Rechner lösbare Formulierung des Problems (7.1) erhält man beispielsweise durch folgendes Vorgehen: Wir wählen eine feste natürliche Zahl $N > 0$ und teilen die Gesamtstrecke von null bis eins in N Teile der Länge $h := \frac{1}{N}$ auf. Die unbekannte Funktion $u(x)$ wird nun durch einzelne Werte $u_i = u(x_i)$ an den Punkten $x_i = i \cdot h$, $i = 0, \ldots, N$, angenähert, wobei $x_0 = 0$ und $x_N = 1$ ist. Entsprechend schreiben wir auch $f_i = f(x_i)$ für die Werte der Gewichtskraft.

Wir benötigen noch eine Approximation der zweiten Ableitung in (7.1), die wir mit Hilfe des Differenzenquotienten aus (7.2) wie folgt wählen:

$$u''(x_i) \approx \frac{u'(x_{i+1}) - u'(x_i)}{h} \approx \frac{1}{h} \cdot \left(\frac{u_{i+1} - u_i}{h} - \frac{u_i - u_{i-1}}{h} \right) = \frac{u_{i+1} - 2u_i + u_{i-1}}{h^2}. \tag{7.4}$$

In (7.4) haben wir zunächst die zweite Ableitung durch den Differenzenquotienten der ersten Ableitung angenähert. Das Zeichen $\approx$ beschreibt dabei, dass diese Formel nicht exakt stimmt, da wir für h eine feste Zahl größer als null verwenden. Anschließend haben wir eine ähnliche Approximation für die ersten Ableitungen benutzt.

Unter Verwendung von (7.4) können wir nun (7.1) an der Stelle x_i auswerten und erhalten dadurch die folgende (näherungsweise erfüllte) Gleichung:

$$-\frac{u_{i+1} - 2u_i + u_{i-1}}{h^2} = \frac{1}{h^2} \cdot (-u_{i+1} + 2u_i - u_{i-1}) \approx f_i. \tag{7.5}$$

Diese Beziehung gilt für alle i zwischen 1 und $N-1$. Die Randwerte $u_0 = u_N = 0$ ergeben sich aus den Randbedingungen. Das System (7.5) besteht also aus $N-1$ Gleichungen für die Bestimmung der $N-1$ Unbekannten $u_1, \ldots, u_{N-1}$. Um diese Gleichungen übersichtlicher darzustellen, verwenden wir die Matrixschreibweise[2]. Das heißt, wir definieren eine $(N-1)\times(N-1)$-Matrix $\mathbf{A}$ und zwei $(N-1)\times 1$-Vektoren $\mathbf{u}$, $\mathbf{f}$ durch

$$\mathbf{A} := \frac{1}{h^2}\cdot\begin{bmatrix} 2 & -1 & 0 & \cdots & 0 \\ -1 & 2 & -1 & \ddots & \vdots \\ 0 & \ddots & \ddots & \ddots & 0 \\ \vdots & \ddots & -1 & 2 & -1 \\ 0 & \cdots & 0 & -1 & 2 \end{bmatrix}, \quad \mathbf{u} := \begin{bmatrix} u_1 \\ u_2 \\ \vdots \\ u_{N-2} \\ u_{N-1} \end{bmatrix}, \quad \mathbf{f} := \begin{bmatrix} f_1 \\ f_2 \\ \vdots \\ f_{N-2} \\ f_{N-1} \end{bmatrix}. \tag{7.6}$$

Dann können wir die $N-1$ Gleichungen aus (7.5) kompakt schreiben als

$$\mathbf{A}\cdot\mathbf{u} = \mathbf{f}. \tag{7.7}$$

Das folgende Beispiel soll die oben verwendete Matrix-Vektor-Multiplikation veranschaulichen.

Beispiel 7.2

Es seien $f(x) = 2$ und $N = \frac{1}{h} = 5$, das heißt $(N-1) = 4$. Damit erhalten wir aus (7.7) das Gleichungssystem

$$\frac{1}{\left(\frac{1}{5}\right)^2}\cdot\begin{bmatrix} 2 & -1 & 0 & 0 \\ -1 & 2 & -1 & 0 \\ 0 & -1 & 2 & -1 \\ 0 & 0 & -1 & 2 \end{bmatrix}\cdot\begin{bmatrix} u_1 \\ u_2 \\ u_3 \\ u_4 \end{bmatrix} = 25\cdot\begin{bmatrix} 2u_1 - u_2 \\ -u_1 + 2u_2 - u_3 \\ -u_2 + 2u_3 - u_4 \\ -u_3 + 2u_4 \end{bmatrix} = \begin{bmatrix} 2 \\ 2 \\ 2 \\ 2 \end{bmatrix}. \tag{7.8}$$

[2] Eine $(n\times m)$-Matrix ist eine rechteckige Anordnung von Zahlen in n Zeilen und m Spalten, die in diesem Kapitel immer mit einem fett gedruckten Buchstaben bezeichnet wird. Hat eine Matrix nur eine Zeile oder Spalte, so bezeichnet man sie als Vektor. Die transponierte Matrix $\mathbf{A}^T$ einer Matrix $\mathbf{A}$ erhält man, indem man Zeilen und Spalten vertauscht. Ist also $\mathbf{v}$ ein Vektor mit einer Spalte, dann besteht $\mathbf{v}^T$ aus einer Zeile.
Zwei Matrizen können miteinander multipliziert werden, wenn die Anzahl der Spalten der ersten Matrix mit der Anzahl der Zeilen der zweiten Matrix übereinstimmt. Die Durchführung dieser Multiplikation wird in Gleichung (7.8) und im Beitrag von Heike Faßbender näher beschrieben.

Durch schrittweises Auflösen und Einsetzen erhält man die Lösung für u_1, u_2, u_3 und u_4:

$$\begin{bmatrix} u_1 \\ u_2 \\ u_3 \\ u_4 \end{bmatrix} = \frac{1}{25} \cdot \begin{bmatrix} 4 \\ 6 \\ 6 \\ 4 \end{bmatrix}.$$

Durch die Lösung des Gleichungssystems (7.7) erhält man eine Näherungslösung von (7.1), die sich für größer werdendes N (und damit kleiner werdendes h) immer mehr der tatsächlichen Lösung annähert. Dies ist auf der rechten Seite von Abbildung 7.4 exemplarisch dargestellt.

Da der Differenzenquotient in (7.5) für einen festen (das heißt finiten) Wert von h betrachtet wird, nennt man diese Vorgehensweise die Methode der finiten Differenzen. Ein weiteres weit verbreitetes Verfahren, das besonders in mehreren Raumdimensionen zum Einsatz kommt, ist die Methode der finiten Elemente (für eine kurze Einführung siehe zum Beispiel [3]).

7.4 Auslenkung mit Hindernis

7.4.1 Problemstellung

Als Nächstes nehmen wir an, dass im Abstand $g(x)$ zur unverformten Saite ein Hindernis vorliegt, das die Saite nicht durchdringen kann. In Abbildung 7.5 ist diese Situation für verschiedene Arten von Hindernissen dargestellt. Dadurch erhalten wir die zusätzliche Ungleichungsbedingung $u(x) \leq g(x)$. Außerdem wirkt dort, wo die Saite aufliegt, eine (zunächst unbekannte) Kontaktkraft $\lambda(x)$ nach oben. Die Berücksichtigung dieser Größe in Gleichung (7.1) führt auf

$$-u''(x) = f(x) - \lambda(x), \qquad u(0) = u(1) = 0. \tag{7.9}$$

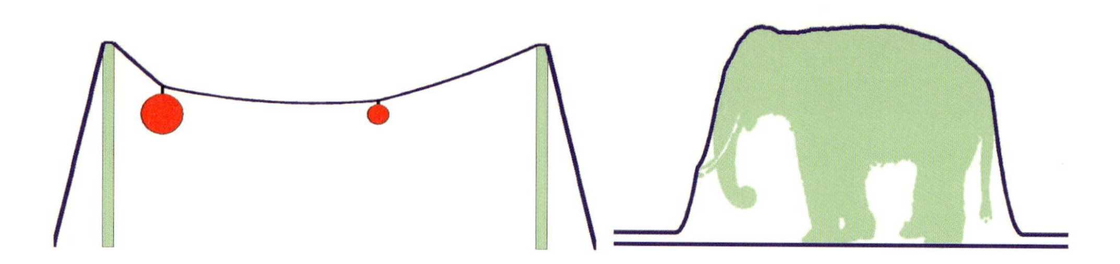

Abbildung 7.5: Beispiele für Hindernisprobleme: Leine mit unterschiedlich schweren Laternen (links) und von einer Schlange verschluckter Elefant (siehe auch [5]) (rechts).

Man kann sich leicht überlegen, dass $\lambda(x) \geq 0$ gelten muss, da die Kontaktkraft die Saite nur nach oben drücken und nicht nach unten ziehen kann. Darüber hinaus kann $\lambda(x)$ nur dann echt größer als null sein, wenn die Saite aufliegt, das heißt, wenn $u(x) = g(x)$ gilt. Zusammen mit der Ungleichung $g(x) \geq u(x)$ kann man diese Bedingungen kompakt schreiben als

$$g(x) - u(x) \geq 0, \quad \lambda(x) \geq 0, \quad \lambda(x) \cdot (g(x) - u(x)) = 0. \tag{7.10}$$

Im Unterschied zu Kapitel 7.3 haben wir nun zwei unbekannte Funktionen, u und λ, die der Differentialgleichung (7.9) sowie den Ungleichungsbedingungen (7.10) genügen. Letztere werden auch Komplementaritätsbedingungen genannt.

7.4.2 Exakte Lösung

Die Problemstellung (7.9) und (7.10) ist deutlich schwieriger als die in Kapitel 7.3, wie das folgende Beispiel verdeutlicht.

Beispiel 7.3

Es seien $f(x) = 2$ und $g(x) = \frac{1}{9}$. Das zugehörige ebene Hindernis und die ausgelenkte Saite sind auf der linken Seite von Abbildung 7.6 dargestellt. Man kann erkennen, dass sich die Lösung u in drei Teilstücke aufteilen lässt: In ein Teilstück in der Mitte, in dem die Saite auf dem Hindernis aufliegt, und in zwei Stücke an den Rändern, in denen die Saite frei hängt. Da wir momentan noch nicht wissen, an welcher Stelle das erste

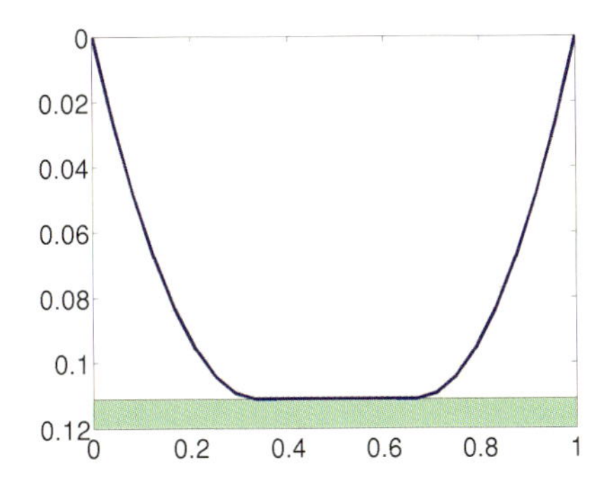

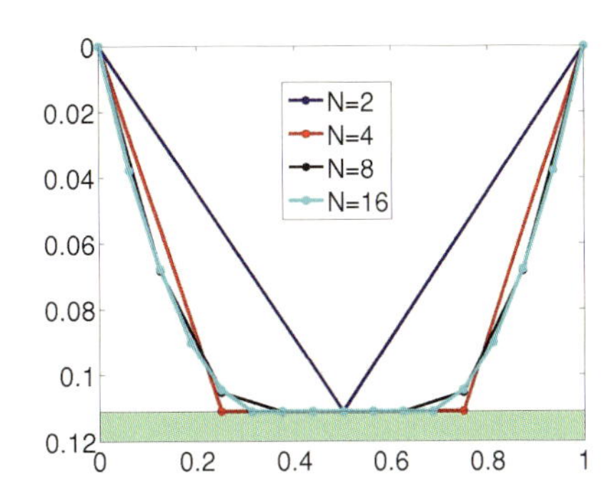

Abbildung 7.6: Auslenkung mit Hindernis: exakte Lösung (links) und Näherungslösung für verschiedene N (rechts).

Teilstück aufhört und das zweite anfängt, bezeichnen wir diesen Punkt mit a, wobei $a > 0$ gelten muss. Da die Problemstellung achsensymmetrisch ist, muss der Übergang zwischen dem zweiten und dem dritten Teilstück an der Stelle $1-a$ liegen.

Da wir wissen, dass die Saite im mittleren Teilstück, das heißt für x zwischen a und $1-a$, auf dem Hindernis aufliegt, können wir hier direkt die Lösung angeben, nämlich $u(x) = g(x) = \frac{1}{9}$. Allerdings müssen wir noch den Auftreffpunkt a sowie die Lösung für $u(x)$ auf dem ersten Teilstück, das heißt für $0 < x < a$ bestimmen. Da hier die Saite nicht auf dem Hindernis aufliegt, ist die Kontaktkraft λ gleich null, so dass u die Differentialgleichung (7.1) erfüllt. Damit können wir unser Ergebnis aus Beispiel 7.1 verwenden, wonach $u(x) = -x^2 + c \cdot x + d$ für geeignete Konstanten $c, d \in \mathbb{R}$ gilt. Außerdem kennen wir bereits die Werte für u an den Punkten 0 und a, nämlich

$$u(0) = 0, \qquad u(a) = g(a) = \frac{1}{9}.$$

Dies sind allerdings erst zwei Gleichungen für die drei unbekannten Größen a, c und d, so dass wir noch eine dritte Beziehung benötigen. Diese erhalten wir durch die Forderung, dass u in a keinen „Knick" macht, was mathematisch auf die Gleichung $u'(a) = g'(a)$ führt. Da g konstant ist, ist $g'(a) = 0$ und damit auch $u'(a) = 0$.

Setzen wir unsere allgemeine Form für u in die drei Bedingungen ein, erhalten wir

$$u(0) = d \stackrel{!}{=} 0, \qquad u(a) = -a^2 + c \cdot a + d \stackrel{!}{=} \frac{1}{9}, \qquad u'(a) = -2a + c \stackrel{!}{=} 0. \qquad (7.11)$$

Die erste Gleichung von (7.11) liefert direkt $d = 0$, während die dritte Gleichung auf $c = 2a$ führt. Einsetzen in die zweite Gleichung von (7.11) ergibt

$$-a^2 + (2a) \cdot a + 0 = a^2 \stackrel{!}{=} \frac{1}{9}.$$

Diese quadratische Gleichung hat zwei Lösungen für a, nämlich $-\frac{1}{3}$ und $\frac{1}{3}$. Allerdings ist nur die zweite Lösung sinnvoll, da wir $a > 0$ suchen. Mit der dritten Gleichung von (7.11) erhalten wir schließlich $c = \frac{2}{3}$.

Durch ein ähnliches Vorgehen lässt sich auch die Lösung auf dem rechten Teilstück zwischen $1 - a$ und 1 berechnen. Damit ergibt sich die auf der linken Seite von Abbildung 7.6 dargestellte Gesamtlösung

$$u(x) = \begin{cases} -x^2 + \frac{2}{3}x, & \text{falls } 0 \leq x < \frac{1}{3}, \\ \frac{1}{9}, & \text{falls } \frac{1}{3} \leq x \leq \frac{2}{3}, \\ -x^2 + \frac{4}{3}x - \frac{1}{3}, & \text{falls } \frac{2}{3} < x \leq 1. \end{cases}$$

Das obige Beispiel illustriert, dass die Lage beziehungsweise der Rand der Kontaktzone zunächst nicht bekannt ist und während des Lösungsvorgangs berechnet werden muss. Während dies in unserem eindimensionalen Beispiel noch möglich ist, kann die Lösung von Hindernisproblemen in mehr als einer Raumdimension im Allgemeinen nicht exakt berechnet werden. Hier müssen folglich numerische Verfahren eingesetzt werden.

7.4.3 Näherungslösung

In Kapitel 7.3.3 haben wir gesehen, dass die numerische Lösung der Differentialgleichung (7.1) mittels finiter Differenzen auf ein lineares Gleichungssystem der Form (7.7) führt. Da die hinzukommenden Ungleichungsbedingungen (7.10) aber nichtlinear[3] sind, muss für das Hindernisproblem das folgende nichtlineare Problem gelöst werden:

$$\frac{1}{h^2} \cdot (-u_{i+1} + 2u_i - u_{i-1}) + \lambda_i = f_i, \tag{7.12a}$$

$$g_i - u_i \geq 0, \quad \lambda_i \geq 0, \quad (g_i - u_i) \cdot \lambda_i = 0, \tag{7.12b}$$

wobei $g_i := g(x_i)$ und $\lambda_i := \lambda(x_i)$, jeweils für $i = 1, \ldots, N-1$.

Das bekannteste Verfahren zur näherungsweisen Lösung nichtlinearer Probleme ist das Newton-Verfahren (siehe zum Beispiel [4] oder den Beitrag von Andrea Walther). Um die Lösung einer nichtlinearen Gleichung $F(z) = 0$ zu bestimmen, wird ausgehend von einer Startlösung $z^{(0)}$ eine Folge $z^{(k)}$, $k \geq 0$, von Näherungslösungen konstruiert, die sich durch die Vorschrift

$$z^{(k+1)} = z^{(k)} - \frac{F(z^{(k)})}{F'(z^{(k)})} \tag{7.13}$$

berechnen lassen. Allerdings kann das Newton-Verfahren nicht auf Ungleichungen angewendet werden, so dass wir zunächst die Ungleichungsbedingungen (7.12b) als Gleichung formulieren müssen. Dazu benutzen wir das folgende Resultat:

Satz 7.1

Es seien $c > 0$ eine feste Zahl und a, b reelle Zahlen. Wir definieren eine Funktion

$$\psi(a,b) := a - \max(0, a - c \cdot b) = \begin{cases} a, & \text{falls } a - c \cdot b \leq 0, \\ c \cdot b, & \text{falls } a - c \cdot b > 0. \end{cases} \tag{7.14}$$

Dann sind die beiden folgenden Aussagen äquivalent:

$$a \geq 0, \quad b \geq 0, \quad a \cdot b = 0, \tag{7.15a}$$

$$\psi(a,b) = 0. \tag{7.15b}$$

[3] Eine lineare Gleichung ist eine Gleichung, die in der Form $ax + b = 0$ geschrieben werden kann, wobei x die gesuchte Variable und $a, b \in \mathbb{R}$ feste Zahlen sind. Gleichungen wie zum Beispiel $x^2 - 1 = 0$, die nicht in dieser Form geschrieben werden können, heißen nichtlinear.

Um die Aussage dieses Satzes nachzuweisen, müssen wir zwei Fälle unterscheiden.

1. Fall: Es sei $a - c \cdot b \leq 0$, das heißt $a \leq c \cdot b$. Dann ist $\psi(a,b) = a$. Zunächst nehmen wir an, dass die Komplementaritätsbedingungen (7.15a) erfüllt sind. Damit ist $a \geq 0$ und $a \cdot b = 0$. Wenn a echt größer als 0 wäre, dann müsste $b = 0$ gelten und $a \leq c \cdot b$ könnte nicht mehr erfüllt sein. Also muss $a = 0$ und damit auch $\psi(a,b) = 0$ gelten.

   Für die andere Richtung der Äquivalenz nehmen wir an, dass die Gleichung (7.15b) gilt. Daraus folgt $\psi(a,b) = a = 0$. Damit erhalten wir $a = 0 \leq c \cdot b$. Division durch c liefert $b \geq 0$. Damit sind alle Bedingungen von (7.15a) erfüllt.

2. Fall: Es sei $a - c \cdot b > 0$, das heißt $a > c \cdot b$. Damit ist $\psi(a,b) = c \cdot b$. Ähnlich wie im ersten Fall nehmen wir zunächst an, dass die drei Bedingungen (7.15a) erfüllt sind. Dann ist $b \geq 0$ und $a \cdot b = 0$. Wenn b echt größer als 0 wäre, dann müsste $a = 0$ gelten und $a > c \cdot b$ könnte nicht mehr erfüllt sein. Also muss $b = 0$ und damit auch $\psi(a,b) = 0$ gelten.

   Umgekehrt nehmen wir an, dass (7.15b) gilt. Dies führt zu $\psi(a,b) = c \cdot b = 0$ und zu $b = 0$. Damit ist aber auch $a > 0 = c \cdot b$, so dass wiederum alle Bedingungen von (7.15a) erfüllt sind.

Mittels der Funktion (7.14), die man auch als nichtlineare Komplementaritätsfunktion bezeichnet, kann das Hindernisproblem (7.12) als System von $2(N-1)$ Gleichungen geschrieben werden:

$$\mathbf{A} \cdot \mathbf{u} + \boldsymbol{\lambda} - \mathbf{f} = \mathbf{0}, \tag{7.16a}$$

$$C(u_i, \lambda_i) := \lambda_i - \max\Big(0, \lambda_i + c \cdot (u_i - g_i)\Big) = 0, \quad i = 1, \ldots, N-1. \tag{7.16b}$$

Dabei wurden $\mathbf{A}$, $\mathbf{u}$ und $\mathbf{f}$ bereits in (7.6) eingeführt, und $\boldsymbol{\lambda} := (\lambda_1, \ldots, \lambda_{N-1})^T$ bezeichnet den Vektor der Kontaktkräfte an den Punkten $x_1, \ldots, x_{N-1}$. Die Funktion C entspricht der Funktion $\psi(a,b)$ aus (7.14) für $a = \lambda_i$ und $b = g_i - u_i$.

Das nichtlineare Gleichungssystem (7.16) kann nun schrittweise mit Hilfe des Newton-Verfahrens (7.13) gelöst werden. Dazu müssen allerdings die Werte der Funktion $C(u_i, \lambda_i)$ sowie die Ableitungen nach u_i und λ_i berechnet werden. Anhand der Definition (7.16b) kann man erkennen, dass diese Werte davon abhängen, ob die Größe $\lambda_i + c(u_i - g_i)$ positiv oder negativ ist. Nach diesem Kriterium lässt sich die Menge der Punkte x_i beziehungsweise die Indexmenge $\{1, \ldots, N-1\}$ in die folgenden zwei Teilmengen aufteilen:

$$\mathscr{I} := \{1 \leq i \leq N-1 : \lambda_i + c \cdot (u_i - g_i) \leq 0\}, \tag{7.17a}$$

$$\mathscr{A} := \{1 \leq i \leq N-1 : \lambda_i + c \cdot (u_i - g_i) > 0\}. \tag{7.17b}$$

Um diese beiden Teilmengen zu bestimmen, muss man zunächst für jeden Index i zwischen 1 und $N-1$ den Wert $\lambda_i + c \cdot (u_i - g_i)$ berechnen. Ist das Ergebnis größer als null, gehört der zugehörige Index zu der Menge $\mathscr{A}$, anderenfalls zur Menge $\mathscr{I}$. Anschließend lässt sich der Wert der Komplementaritätsfunktion $C(u_i, \lambda_i)$ aus (7.16b) direkt angeben, wenn man weiß, in welcher Menge der zugehörige Index i liegt:

$$C(u_i, \lambda_i) = \begin{cases} \lambda_i - 0 = \lambda_i, & \text{falls } i \in \mathscr{I}, \\ \lambda_i - (\lambda_i + c \cdot (u_i - g_i)) = c \cdot (g_i - u_i), & \text{falls } i \in \mathscr{A}. \end{cases} \tag{7.18}$$

Die Gleichung $C(u_i, \lambda_i) = 0$ führt also für $i \in \mathscr{A}$ zur Beziehung $g_i - u_i = 0$, das heißt, am Punkt x_i liegt die Saite auf dem Hindernis auf. Daher bezeichnet man die Menge $\mathscr{A}$ auch als „aktive“ Menge. Entsprechend ist für $i \in \mathscr{I}$ die Kontaktkraft $\lambda_i = 0$, was einem Punkt in der „inaktiven“ Menge entspricht.

Mit diesen Vorarbeiten können wir nun das Newton-Verfahren (7.13) auf das nichtlineare Gleichungssystem (7.16) anwenden, um aus den alten Vektoren $\mathbf{u}^{(k)}$, $\boldsymbol{\lambda}^{(k)}$ die neuen Vektoren $\mathbf{u}^{(k+1)}$, $\boldsymbol{\lambda}^{(k+1)}$ zu bestimmen. Dazu bilden wir zunächst die (in)aktiven Mengen

$$\mathscr{I}^{(k)} := \left\{1 \leq i \leq N-1 : \lambda_i^{(k)} + c \cdot (u_i^{(k)} - g_i) \leq 0\right\}, \tag{7.19a}$$

$$\mathscr{A}^{(k)} := \left\{1 \leq i \leq N-1 : \lambda_i^{(k)} + c \cdot (u_i^{(k)} - g_i) > 0\right\}. \tag{7.19b}$$

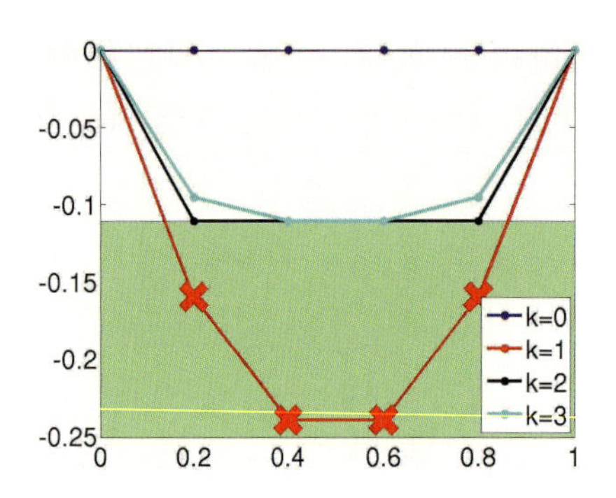

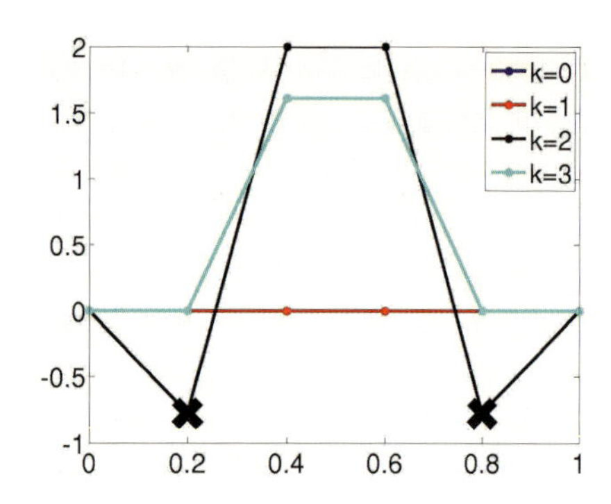

Abbildung 7.7: Newton-Iteration für das Hindernisproblem aus Beispiel 7.4: Näherungslösungen für $\mathbf{u}^{(k)}$ (links) und $\boldsymbol{\lambda}^{(k)}$ (rechts) für $k = 0, \ldots, 3$. Unzulässige Werte sind mit einem Kreuz markiert.

Anschließend bestimmen wir mit Hilfe von (7.18) das lineare Gleichungssystem für die neue Iterierte:

$$\mathbf{A} \cdot \mathbf{u}^{(k+1)} + \boldsymbol{\lambda}^{(k+1)} - \mathbf{f} = \mathbf{0}, \tag{7.20a}$$

$$i \in \mathscr{I}^{(k)}: \qquad \lambda_i^{(k+1)} = 0, \tag{7.20b}$$

$$i \in \mathscr{A}^{(k)}: \qquad u_i^{(k+1)} - g_i = 0. \tag{7.20c}$$

Die Newton-Iteration (7.19), (7.20) wird dann abgebrochen, wenn sich die aktiven Mengen (7.19) nach einem Schritt nicht mehr ändern, das heißt, wenn $\mathscr{A}^{(k+1)} = \mathscr{A}^{(k)}$ und $\mathscr{I}^{(k+1)} = \mathscr{I}^{(k)}$ gilt.

Beispiel 7.4

Wir wenden das soeben hergeleitete Newton-Verfahren auf das Hindernisproblem aus Beispiel 7.3 an. Dabei verwenden wir wie in Beispiel 7.2 eine Annäherung mit $N - 1 = 4$ Punkten und setzen $c = 1$. Als Startlösung nehmen wir

$$\mathbf{u}^{(0)} = \boldsymbol{\lambda}^{(0)} = \begin{bmatrix} 0 & 0 & 0 & 0 \end{bmatrix}^T.$$

Für den ersten Schritt des Newton-Verfahrens müssen wir die aktive Menge $\mathscr{A}^{(0)}$ bestimmen. Dazu berechnen wir die Werte $\lambda_i^{(0)} + c(u_i^{(0)} - g_i)$ für $i = 1, 2, 3, 4$. Durch die Wahl unserer Anfangslösung erhalten wir für alle i

$$\lambda_i^{(0)} + c \cdot \left(u_i^{(0)} - g_i\right) = 0 + 1 \cdot \left(0 - \frac{1}{9}\right) = -\frac{1}{9} < 0,$$

so dass alle Indizes in $\mathscr{I}^{(0)}$ liegen und die aktive Menge $\mathscr{A}^{(0)}$ leer ist. Mit (7.20b) erhalten wir damit $\lambda_i = 0$ für alle $i = 1,2,3,4$, und (7.20a) entspricht genau der Gleichung (7.8) aus Beispiel 7.2. Damit ist auch die Lösung $\mathbf{u}^{(1)}$ dieselbe wie in Beispiel 7.2, das heißt

$$\mathbf{u}^{(1)} = \frac{1}{25} \cdot \begin{bmatrix} 4 & 6 & 6 & 4 \end{bmatrix}^T, \quad \boldsymbol{\lambda}^{(1)} = \begin{bmatrix} 0 & 0 & 0 & 0 \end{bmatrix}^T.$$

Wie auf der linken Seite von Abbildung 7.7 dargestellt, ist diese Lösung nicht zulässig, da sie die Nichtdurchdringungsbedingung verletzt. Daher führen wir eine weitere Iteration durch und bestimmen dafür die neue aktive Menge $\mathscr{A}^{(1)}$ mittels

$$\lambda_i^{(1)} + c \cdot \left(u_i^{(1)} - \frac{1}{9} \right) = u_i^{(1)} - \frac{1}{9} = \begin{cases} \frac{4}{25} - \frac{1}{9} \approx 0{,}05 > 0, & \text{falls } i = 1,4, \\ \frac{6}{25} - \frac{1}{9} \approx 0{,}15 > 0, & \text{falls } i = 2,3, \end{cases}$$

was uns $\mathscr{A}^{(1)} = \{1,2,3,4\}$ liefert. Mit (7.20c) erhalten wir damit $u_i^{(2)} = g_i = \frac{1}{9}$ für alle i. Die Kontaktspannungen $\lambda_i^{(2)}$ können mit Hilfe von (7.20a) berechnet werden, was insgesamt auf folgendes Ergebnis führt:

$$\mathbf{u}^{(2)} = \frac{1}{9} \begin{bmatrix} 1 & 1 & 1 & 1 \end{bmatrix}^T, \quad \boldsymbol{\lambda}^{(2)} = \mathbf{f} - \mathbf{A} \cdot \mathbf{u}^{(2)} = \begin{bmatrix} -\frac{7}{9} & 2 & 2 & -\frac{7}{9} \end{bmatrix}^T.$$

Die negativen Kontaktspannungen an den beiden äußeren Punkten, die auch auf der rechten Seite von Abbildung 7.7 dargestellt sind, sind nicht zulässig. Die entsprechenden Punkte sind aber im nächsten Schritt nicht mehr aktiv, da

$$\lambda_i^{(2)} + c \left(u_i^{(2)} - \frac{1}{9} \right) = \lambda_i^{(2)} = \begin{cases} -\frac{7}{9} < 0, & \text{falls } i = 1,4, \\ 2 > 0, & \text{falls } i = 2,3, \end{cases}$$

und folglich $\mathscr{A}^{(2)} = \{2,3\}$ ist. Die neuen Iterierten erhalten wir nun dadurch, dass wir die Bedingungen $u_2^{(3)} = u_3^{(3)} = \frac{1}{9}$ und $\lambda_1^{(3)} = \lambda_4^{(3)} = 0$ in (7.20a) einsetzen und das Gleichungssystem nach $u_1^{(3)}$, $u_4^{(3)}$, $\lambda_2^{(3)}$ und $\lambda_3^{(3)}$ auflösen. Dies führt näherungsweise zu dem folgenden Ergebnis:

$$\mathbf{u}^{(3)} \approx \begin{bmatrix} 0{,}096 & \frac{1}{9} & \frac{1}{9} & 0{,}096 \end{bmatrix}^T, \quad \boldsymbol{\lambda}^{(3)} \approx \begin{bmatrix} 0 & 1{,}611 & 1{,}611 & 0 \end{bmatrix}^T. \tag{7.21}$$

Um zu überprüfen, ob eine weitere Iteration notwendig ist, bestimmen wir die aktuelle aktive Menge:

$$\lambda_i^{(3)} + c \cdot \left(u_i^{(3)} - \frac{1}{9} \right) = \begin{cases} u_i^{(3)} - \frac{1}{9} \approx -0{,}015 < 0, & \text{falls } i = 1,4, \\ \lambda_i^{(3)} \approx 1{,}611 \quad > 0, & \text{falls } i = 2,3. \end{cases}$$

Damit ist $\mathscr{A}^{(3)} = \{2,3\} = \mathscr{A}^{(2)}$ und $\mathscr{I}^{(3)} = \{1,4\} = \mathscr{I}^{(2)}$, und die Vektoren in (7.21) sind die endgültige Lösung des Problems.

7.5 Ausblick

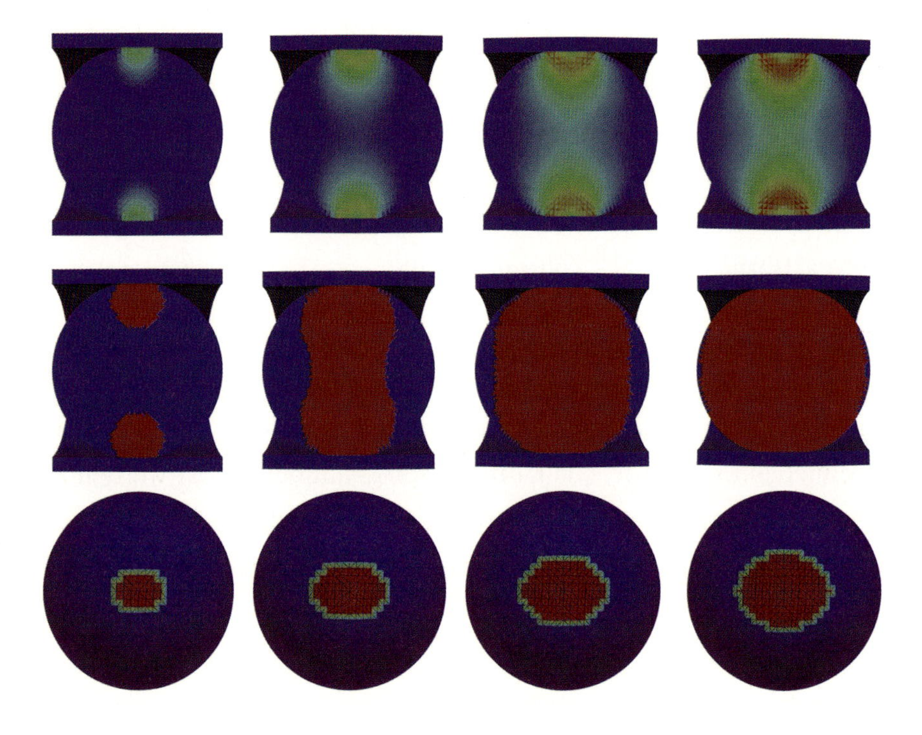

Abbildung 7.8: Beispiel für eine dynamische Simulation mit mehreren aktiven Mengen. Dargestellt sind die plastischen Verzerrungen (obere Reihe), die zugehörige plastische aktive Menge (mittlere Reihe), sowie die aktiven Kontaktpunkte auf der Oberseite der Kugel (untere Reihe) zu verschiedenen Zeitschritten.

Die in Kapitel 7.4.3 dargestellten Prinzipien lassen sich auf komplexere Problemstellungen übertragen. Als Beispiel wollen wir in Abbildung 7.8 die Ergebnisse einer dreidimensionalen Simulation zeigen, bei der eine plastische Kugel von einem Zylinderring zusammengedrückt wird. Dabei kommt die Oberfläche der Kugel mit der inneren Oberfläche des Zylinderrings in Kontakt, kann diese aber nicht durchdringen, was auf ähnliche Ungleichungsbedingungen wie für die Saite führt. Darüber hinaus treten zwei weitere Paare von Komplementaritätsbedingungen auf; einerseits für die Reibung, die beim Kontakt der Oberflächen entsteht, und andererseits für die dauerhaften Verformungen, die im Inneren der Kugel auftreten. Beide nichtlinearen Effekte können mit Hilfe einer Komplementaritätsfunktion ähnlich wie in (7.14) beschrieben und über ein Newton-Verfahren wie in (7.13) gelöst werden, wodurch verschiedene aktive Mengen wie in (7.17) entstehen. Die erste Bilderreihe in Abbildung 7.8 zeigt die durch den Druck entstehenden Verzerrungen in der Kugel nach verschiedenen Zeitschritten, während die rot eingefärbten Flächen und Punkte in der zweiten und dritten Reihe die aktiven Mengen für die Plastizität und den Kontakt darstellen.

In diesem Kapitel haben wir eine spezielle Art von Problemen untersucht, die uns jeden Tag in verschiedenen Formen begegnen. Außerdem haben wir gesehen, wie diese Probleme mit Hilfe eines mathematischen Modells beschrieben und anschließend mit Hilfe von Computerprogrammen gelöst werden können. Dies ist ein spannendes Gebiet der Mathematik, auf dem auch heute noch aktuelle Forschung stattfindet. Dabei versucht man, neue Verfahren zu entwickeln und bestehende Verfahren zu verbessern, um eine möglichst genaue Simulation möglichst schnell zu berechnen. Doch bei all dem muss einem immer bewusst sein, dass selbst die besten Computerprogramme immer nur ein Modell und nicht die Realität darstellen; die Finanzkrise hat uns gezeigt, was passieren kann, wenn dies in Vergessenheit gerät.

Literatur

[1] Brunssen, S., Wohlmuth, B. I.: An overlapping domain decomposition method for the simulation of elastoplastic incremental forming processes. Internat. J. Numer. Methods Engrg. **77**, 1224–1246 (2009)

[2] ECK, C., GARKE, H., KNABNER, P.: Mathematische Modellierung. Springer, 2008

[3] HACKENSCHMIDT, R., RIEG, F.: Finite Elemente Analyse für Ingenieure. Eine leicht verständliche Einführung. Hanser, 3. Aufl. 2009

[4] OPFER, G.: Numerische Mathematik für Anfänger. Vieweg, 2008

[5] DE SAINT EXUPÉRY, A.: Der kleine Prinz. Rauch, 2000

[6] TORRES, R.: Zero gravity: The lighter side of science. www.aps.org/publications/apsnews/200908/zerogravity.cfm. Zugriff am 14.10.2010

Die Autorinnen:

Dr. Corinna Hager

Prof. Dr. Barbara I. Wohlmuth
Lehrstuhl für Numerische Mathematik
Technische Universität München
Boltzmannstraße 3
85748 Garching
wohlmuth@ma.tum.de

8 Symmetrien von Differentialgleichungen

Julia Hartmann

Symmetrie ist in vielen Bereichen der Wissenschaft ebenso wie im täglichen Leben ein wichtiger Begriff. Oft empfinden wir Gegenstände mit vielen Symmetrien als besonders ästhetisch. Beispielsweise hat ein vierblättriges Kleeblatt mehr Symmetrien als ein normales dreiblättriges Kleeblatt und wird als Glücksbringer angesehen.

Das lässt sich mathematisch formalisieren. In diesem Text geht es jedoch nicht um Symmetrien von Gegenständen, sondern um solche von mathematischen Gleichungen. Genauer werden wir Symmetrien von sogenannten Differentialgleichungen kennenlernen und diese mit Methoden der Algebra untersuchen. Diese Theorie ist eines der einfachsten Beispiele für ein Zusammenspiel zwischen Analysis und Algebra.

8.1 Was ist eine Differentialgleichung?

Unsere Welt ist nicht statisch, sondern verändert sich ständig. Deshalb ist es wichtig, solche Veränderungsprozesse zu verstehen und so möglicherweise deren zukünftiges Verhalten vorherzusagen. Die Mathematik hat für Veränderungen einen wirkungsvollen Begriff – die Ableitung. Dies ist ein wichtiges Hilfsmittel zur mathematischen Modellierung und Analyse solcher Prozesse[1]. In den in der Praxis relevanten Prozessen ist die Veränderung jedoch meist nicht konstant, sondern wird vielmehr vom aktuellen Systemzustand bestimmt. Die Beschleunigung zum Beispiel ist die Veränderung der Geschwindigkeit und in vielen Fällen nicht konstant (zum Beispiel beim Anfahren an einer Kreuzung). Mathematisch sind solche Prozesse gerade diejenigen, die sich durch Differentialgleichungen beschreiben lassen.

Zunächst müssen wir uns auf einen Grundrechenbereich einigen.

Ein *Körper* ist ein abstrakter Rechenbereich, in dem die vier Grundrechenarten Addition ($+$), Subtraktion ($-$), Multiplikation ($\cdot$) und Division ($:$) definiert sind und den gewohnten Gesetzen genügen. Die rationalen Zahlen $\mathbb{Q}$ oder die reellen Zahlen $\mathbb{R}$ bilden zum Beispiel einen Körper. Die ganzen Zahlen $\mathbb{Z}$ hingegen bilden keinen Körper, weil man durch Division in der Regel den Bereich der ganzen Zahlen verlässt.

Um eine vernünftige algebraische Theorie für Differentialgleichungen zu erhalten, müssen wir den Körper der reellen Zahlen noch etwas vergrößern. Wir erfinden eine Zahl, die wir i nennen und deren Quadrat -1 ergibt: $i^2 = -1$. Mithilfe dieser Zahl definieren wir den Körper der *komplexen Zahlen* $\mathbb{C}$ als die Menge aller Elemente der Form $a+ib$ mit reellen Zahlen a und b. Die Addition geschieht dann nach der Regel $(a+ib)+(c+id) = (a+c)+i(b+d)$. Die Multiplikation geschieht durch Ausmultiplizieren unter Verwendung von $i^2 = -1$; es ergibt sich

$$(a+ib)\cdot(c+id) = ac+iad+ibc+i^2bd = (ac-bd)+i(ad+bc).$$

Um uns zu überzeugen, dass wir durch komplexe Zahlen (außer null) auch dividieren können, reicht es, für $a+ib$ (mit $a+ib \neq 0$) die Zahl $\frac{1}{a+ib}$ in der Form

[1] Zwei konkrete Modellierungsbeispiele mit Hilfe von Differentialgleichungen kann man in dem Beitrag von Angela Stevens finden.

$c+id$ mit reellen Zahlen c und d anzugeben; diese ergibt sich aus der Gleichung

$$\frac{1}{a+ib} = \frac{1\cdot(a-ib)}{(a+ib)(a-ib)} = \frac{a-ib}{a^2-i^2b^2} = \frac{a-ib}{a^2+b^2} = \frac{a}{a^2+b^2} - i\frac{b}{a^2+b^2}.$$

Für viele der folgenden Überlegungen könnte man auch weiter mit den reellen Zahlen arbeiten, aber die Aussagen würden dann viel komplizierter aussehen.

Nur weil wir mit den Elementen eines Körpers wie mit Zahlen rechnen können, muss es sich dabei nicht immer um Zahlen im engeren Sinne handeln. Auch Funktionen kann man addieren und multiplizieren. Unser Ausgangskörper in diesem Text ist immer der Körper F der gebrochen rationalen Funktionen in einer Variablen x mit Koeffizienten in $\mathbb{C}$. Eine gebrochen rationale Funktion ist gegeben durch einen Bruch, bei dem im Zähler und im Nenner jeweils ein Polynom steht, wobei der Nenner natürlich nicht das Nullpolynom sein darf. (Anstelle des Begriffs *Polynom* wird auch manchmal der Begriff *ganz rationale Funktion* verwendet.) Unsere Polynome haben hier komplexe Koeffizienten, zum Beispiel ist $\frac{x-i}{x^2+x}$ eine gebrochen rationale Funktion. Dabei stört es uns nicht weiter, dass die Ausdrücke als Funktionen an den (endlich vielen) Nullstellen des Nennerpolynoms gar nicht definiert sind.

Der Körper F enthält den Körper $\mathbb{C}$. Wir sagen: $\mathbb{C}$ ist ein *Teilkörper* von F oder F ist ein *Erweiterungskörper* von $\mathbb{C}$.

In der Schule lernt man, gebrochen rationale Funktionen nach der Variablen x abzuleiten, zum Beispiel ist für x^2 die Ableitung gerade $2x$; die Ableitung von $\frac{1}{x}$ ist $-\frac{1}{x^2}$. Wir bezeichnen hier die Ableitung einer Funktion f mit Df. Die Zuordnung $f \mapsto Df$, die eine Funktion auf ihre Ableitung abbildet, hat folgende für uns wichtige Eigenschaften:

(1) Sie ist additiv: Für gebrochen rationale Funktionen f und g gilt $D(f+g) = Df+Dg$.

(2) Sie erfüllt die Produktregel $D(f\cdot g) = (Df)\cdot g + f\cdot(Dg)$.

(3) Sie bildet konstante Funktionen auf die Nullfunktion ab: $Dc = 0$ für alle c aus $\mathbb{C}$.

Wir werden im Folgenden die Elemente aus $\mathbb{C}$ auch als *Konstanten* bezeichnen. Dies sind die einzigen Elemente aus F, die beim Ableiten auf null abgebildet werden.

Natürlich kann man die Operation D auch mehrfach anwenden, wir schreiben dann $D^n f$ für die n-fache Anwendung von D auf f, das heißt für die n-fache Ableitung von f. Zum Beispiel ist $D^2(x^2) = D(2x) = 2$. Für die Funktion $f = x^2$ gilt dann $D^2 f - \frac{2}{x^2} \cdot f = 0$. Das führt uns auf den Begriff einer Differentialgleichung.

Eine *(lineare homogene) Differentialgleichung* über F ist eine Gleichung in endlich vielen Ausdrücken $f, Df, D^2 f, \ldots$ mit Koeffizienten in F. Die *Ordnung* ist der maximale Exponent k, für den D^k (mit einem Koeffizienten ungleich null) vorkommt. Wir werden uns komplett auf Differentialgleichungen der Ordnung (kleiner oder gleich) zwei beschränken; an diesen kann man alle für uns wichtigen Phänomene bereits sehen. Eine solche Gleichung hat die Form

$$a_2 D^2 y + a_1 Dy + a_0 y = 0$$

mit Koeffizienten a_0, a_1, a_2 aus F (wir erlauben ausdrücklich, dass einige dieser Koeffizienten null sein dürfen). Hierbei wurde die Funktion f durch eine neue Variable y, also eine zu bestimmende Funktion, ersetzt. Ein Beispiel wäre die Differentialgleichung $D^2 y - \frac{2}{x^2} \cdot y = 0$ mit $a_2 = 1$, $a_1 = 0$ und $a_0 = -\frac{2}{x^2}$.

Eine Funktion f heißt *Lösung* der Differentialgleichung, wenn man auf der linken Seite für die Variable y die Funktion f einsetzen kann und die Nullfunktion herauskommt. In unserem Beispiel war $f(x) = x^2$ eine Lösung der Differentialgleichung $D^2 y - \frac{2}{x^2} \cdot y = 0$. Ganz analog zum Lösen von Gleichungen, die man aus der Schule kennt, kann man also versuchen, Differentialgleichungen zu lösen.

Beispiel 8.1

- Das vielleicht einfachste Beispiel einer Differentialgleichung ist $Dy - y = 0$ beziehungsweise $Dy = y$. Anders gesagt: Die Lösungen dieser Gleichung sind Funktionen, die sich beim Ableiten gar nicht verändern. Eine solche Funktion kennen wir aus der Schule, nämlich die Exponentialfunktion e^x. Aber auch die komplexen Vielfachen dieser Funktion sind Lösungen, zum Beispiel gilt $D(i \cdot e^x) = iD(e^x) = ie^x$. Hier haben wir die Eigenschaften (2) und (3) von D verwendet. Aber es gibt hier noch etwas zu bemerken: Unsere Lösung e^x kann nicht als Bruch von zwei Polynomen geschrieben werden und liegt daher nicht im ursprünglichen Körper F. Um mit der Lösung rechnen zu können, müssen wir also formal gesehen unseren Körper um die Funktion e^x vergrößern. Damit der neue Rechenbereich wieder ein Körper ist, müssen wir auch alle Ausdrücke hinzunehmen, die sich durch sukzessives Anwenden der vier Grundrechenarten auf e^x und auf Elemente von F gewinnen lassen. Wir bezeichnen diesen größeren Körper mit $F(e^x)$. Unsere Ableitungsoperation D lässt sich dann auch auf $F(e^x)$ definieren.
- Wir betrachten noch ein zweites Beispiel, nämlich die Differentialgleichung

  $$D^2y + \frac{1}{x}Dy = 0.$$

  Für Gleichungen eines solchen Typs gibt es Lösungsmethoden, auf die wir hier aber nicht näher eingehen wollen. Wir raten stattdessen die Lösung $\ln(x)$, die Logarithmusfunktion, und verifizieren durch Einsetzen

  $$D^2(\ln(x)) + \frac{1}{x}D(\ln(x)) = D\left(\frac{1}{x}\right) + \frac{1}{x} \cdot \frac{1}{x} = \frac{-1}{x^2} + \frac{1}{x^2} = 0.$$

  Wie im ersten Beispiel sind auch alle komplexen Vielfachen von $\ln(x)$ Lösungen. Gibt es noch weitere Lösungen? Das ist in der Tat der Fall, denn die konstanten Funktionen selbst (insbesondere die Funktion $f(x) = 1$) sind Lösungen, wie man durch Einsetzen leicht nachvollzieht. Wenn wir jetzt noch die Regel (1) für D hinzunehmen, sehen wir: Die Lösungsmenge unserer Differentialgleichung enthält alle *Linearkombinationen* $a \cdot \ln(x) + b \cdot 1$ mit a und b aus $\mathbb{C}$. Man kann zeigen, dass wirklich jede Lösung von dieser Form sein muss. Da $\ln(x)$ nicht im ursprünglichen Körper F liegt, müssen wir diesen wieder vergrößern, um alle

Lösungen zu finden (auch wenn diesmal bereits eine von null verschiedene Lösung im Grundkörper liegt). Analog zum ersten Beispiel nennen wir den größeren Körper $F(\ln(x))$.

Die Beobachtung aus dem Beispiel lässt sich mathematisch präzise formulieren und beweisen, wenn man zwei Begriffe aus der linearen Algebra verwendet.

Definition 8.1
Es sei E ein Körper, der $\mathbb{C}$ als Teilkörper enthält.

1. Für $y_1, \ldots, y_n \in E$ heißt die Menge aller Ausdrücke der Form $a_1y_1 + \cdots + a_ny_n$ mit Koeffizienten a_i aus $\mathbb{C}$ der *von* $y_1, \ldots, y_n$ *erzeugte* $\mathbb{C}$*-Vektorraum*. Die Elemente $y_1, \ldots, y_n$ heißen ein *Erzeugendensystem*.
2. Die *Dimension* eines $\mathbb{C}$-Vektorraumes ist die kleinste Anzahl von Elementen, die ein Erzeugendensystem bilden. Ein solches minimales Erzeugendensystem nennen wir eine *Basis*.

Mit diesen neuen Begriffen formulieren wir den folgenden Satz:

Satz 8.1
Es sei E ein Körper, der F als Teilkörper enthält und auf den sich D fortsetzen lässt (das heißt, auf dessen Elemente wir D auch anwenden können). Wir nehmen an, dass es in E außer den Elementen von $\mathbb{C}$ keine weitere Elemente gibt, die von D auf null abgebildet werden. Dann gilt:

Die Lösungen (in E) einer homogenen linearen Differentialgleichung über F bilden einen $\mathbb{C}$-Vektorraum der Dimension kleiner oder gleich der Ordnung der Differentialgleichung.

Wir nennen folglich die Menge der Lösungen ab jetzt auch den *Lösungsraum*. Die Differentialgleichung $D^4y = 0$ hat zum Beispiel einen Lösungsraum, der die vier Polynome $1, x, x^2$ und x^3 enthält. Mit weniger als vier Erzeugenden kommt man nicht aus, weil jedes Polynom vom Grad drei eine Lösung der Differentialgleichung ist. Größer als vier kann die minimale Anzahl von Erzeugenden nach

Satz 8.1 aber auch nicht sein, denn der Grad der Differentialgleichung ist gerade vier. Die angegebenen Elemente bilden demnach eine Basis, und der Lösungsraum hat die Dimension 4.

Wer mit den neuen Begriffen *Vektorraum* und *Dimension* nicht gücklich ist, bleibt einfach bei der Anschauung vom Beispiel und bei Differentialgleichungen der Ordnung kleiner oder gleich zwei: Es gibt höchstens zwei „wesentlich" verschiedene Lösungen, und jede andere Lösung ist eine Kombination dieser beiden.

8.2 Lösbarkeit von Differentialgleichungen

Wir haben bereits an Beispielen gesehen, wie Lösungen von Differentialgleichungen aussehen können.

Der Computer (sogar mancher Taschenrechner) kann Lösungen von Differentialgleichungen numerisch bestimmen. An solchen durch Näherungen bis zu einer vorgegebenen Genauigkeit bestimmbaren Lösungen sind wir hier allerdings nicht interessiert. Wir möchten vielmehr wissen, ob sich die Gleichungen *exakt* lösen lassen.

Weiterhin haben wir gesehen, dass wir unseren Rechenbereich vergrößern mussten, um Lösungen zu finden. In jedem Fall waren wir bereit, einfache Funktionen wie die Exponentialfunktion und die Logarithmusfunktion hinzuzunehmen. Wir wollen uns nun darauf einigen, welche weiteren Funktionen wir zur Lösung von Differentialgleichungen hinzunehmen wollen. Dazu beschreiben wir, in welchen Erweiterungskörpern von F diese Funktionen liegen dürfen.

Wir erlauben zunächst die Vergrößerung von F zu einem Erweiterungskörper mithilfe einer der folgenden Operationen:

1. Hinzunahme von Nullstellen eines Polynoms mit Koeffizienten in F.
2. Hinzunahme von Lösungen einer Gleichung der Form $Dy = ay$ mit a aus F.
3. Hinzunahme von Lösungen einer Gleichung der Form $Dy = f$ mit f aus F, das heißt von Stammfunktionen (unbestimmten Integralen) eines Elementes aus F.

Außerdem wollen wir nach erstmaliger Vergrößerung unseres Körpers F zu einem neuen Körper E erlauben, dass der neue Körper E nach denselben Regeln wieder vergrößert werden darf. Dabei werden jetzt die Regeln auf E angewandt, das heißt, die Koeffizienten des Polynoms und die Elemente a und f aus den Regeln dürfen jetzt aus E stammen. Insgesamt erlauben wir die Hinzunahme aller Funktionen, die in einem Erweiterungskörper von F liegen, welcher nach einer endlichen Abfolge solcher Schritte entsteht.

Zum Beispiel liegt die Funktion e^x in einem solchen Körper, weil sie bereits Lösung der Gleichung $Dy = y$ ist (siehe Beispiel 8.1). Aber auch die Hinzunahme der Funktion e^{e^x} ist erlaubt, weil diese eine Lösung der Differentialgleichung $Dy = e^x \cdot y$ ist und wir e^x bereits hinzunehmen durften. Die Funktion $x^{1/2}$ kann ebenfalls hinzugenommen werden, denn sie genügt der Gleichung $(x^{1/2})^2 = x$, ist also Nullstelle des Polynoms $y^2 - x = 0$. Auch Integrale sind erlaubt, also können wir $\ln(x)$ als Stammfunktion von $\frac{1}{x}$ und $\ln(x+1)$ als Stammfunktion von $\frac{1}{x+1}$ hinzunehmen. Durch mehrfaches Vergrößern erhalten wir auch $\ln(\ln(x))$.

Unsere Frage lautet nun: Welche Differentialgleichungen der Ordnung zwei haben einen Lösungsraum der Dimension zwei bestehend aus Funktionen, die wir zu unserem Körper F hinzunehmen dürfen? Wenn das der Fall ist, nennen wir eine Differentialgleichung *auflösbar* oder einfach nur *lösbar*.

Um dies zu untersuchen, bedienen wir uns einiger Ideen aus der Algebra.

8.3 Symmetrien und der Begriff einer Gruppe

Symmetrien sind Abbildungen, die ein mathematisches Objekt auf sich selbst abbilden und dabei die Struktur des Objektes berücksichtigen.

Als Beispiel betrachten wir die Symmetrien eines regelmäßigen Dreiecks. Zunächst können wir das Dreieck um den Mittelpunkt um 120° oder um 240° drehen. Dann können wir das Dreieck aber auch an der Mittelsenkrechten einer beliebigen Seite spiegeln. Jede dieser Operationen lässt sich rückgängig machen, und beliebig (aber endlich) viele lassen sich hintereinander ausführen. Mathematisch gesagt bilden diese Symmetrieoperationen des Dreiecks eine *Gruppe*.[2]

Definition 8.2
Eine *Gruppe* ist eine Menge G mit einer assoziativen Verknüpfung $*$ und mit den folgenden Eigenschaften:

1. Es gibt ein *neutrales Element* e in G, welches verknüpft mit jedem anderen Element a aus G wieder das jeweilige Element a ergibt: $a * e = a$.
2. Zu jedem Element a aus G gibt es ein Element b aus G, so dass die Verknüpfung von a und b das neutrale Element liefert: $a * b = e$. Das Element b heißt dann das *inverse Element zu* a.

In unserem Beispiel oben ist das neutrale Element übrigens einfach die Abbildung „gar nichts machen“.

Wir wollen jetzt Symmetrien unserer Differentialgleichungen untersuchen. Solche Abbildungen (*Symmetrieabbildungen*) sollen Lösungen auf Lösungen abbilden und dabei die Beziehungen respektieren, die zwischen den Lösungen bestehen. Außerdem sollen sie Elemente aus dem Grundkörper jeweils auf sich selbst abbilden und wie in unserer Definition oben ein inverses Element bezüglich der

[2] Der Begriff der Gruppe wird in Rebecca Waldeckers Beitrag ausführlich diskutiert.

Hintereinanderausführung besitzen, also umkehrbar sein. Letzteres ist bei Abbildungen nicht selbstverständlich, muss also in jedem Fall geprüft werden.

Mit *Beziehung* meinen wir dabei eine Gleichung, in der Lösungen, ihre Ableitungen und Elemente aus dem Grundkörper und die Grundrechenarten vorkommen. Wir verwenden diesen Begriff anstelle von *Gleichung*, um solche Gleichungen ausdrücklich von unseren Differentialgleichungen zu unterscheiden (bei denen zum Beispiel immer nur *eine* Funktion und ihre Ableitungen im Spiel waren). Wir sagen, dass eine Abbildung eine Beziehung respektiert, wenn die Bilder der Lösungen unter der Abbildung wieder dieselbe Beziehung erfüllen. Dabei darf man die Symmetrieabbildung an allen Grundrechenarten „vorbeiziehen". Wir erinnern noch einmal daran, dass alle Elemente aus dem Grundkörper unverändert bleiben sollen. Am einfachsten ist es, das an Beispielen zu erklären.

Vorher wollen wir aber schon eine allgemeine Tatsache festhalten: Eine Symmetrieabbildung ist durch die Bilder einer Basis des Lösungsraumes eindeutig bestimmt. Wir erklären das hier am Beispiel eines Lösungsraumes der Dimension zwei, für den wir eine Basis y_1, y_2 festgelegt haben. Jede andere Lösung ist dann nach Satz 8.1 von der Form $f = a_1y_1 + a_2y_2$ mit a_1 und a_2 aus $\mathbb{C}$, und man kann dies als Beziehung zwischen f, y_1 und y_2 auffassen. Für jede Symmetrieabbildung σ muss dann schon $\sigma(f) = \sigma(a_1y_1 + a_2y_2) = \sigma(a_1)\sigma(y_1) + \sigma(a_2)\sigma(y_2) = a_1\sigma(y_1) + a_2\sigma(y_2)$ gelten; also kann man das Bild von f unter σ aus den Bildern von y_1 und y_2 bestimmen.

Beispiel 8.2

- Bei der Differentialgleichung $Dy - \frac{1}{2x}y = 0$ finden wir die Lösung $\sqrt{x} = x^{1/2}$ (wie man leicht durch Einsetzen prüfen kann). Nach Satz 8.1 hat der Lösungsraum die Dimension 1, also sind alle anderen Lösungen komplexe Vielfache von $\sqrt{x}$. Die Funktion $\sqrt{x}$ erfüllt aber die Beziehung $(\sqrt{x})^2 - x = 0$ (das hatten wir schon in Abschnitt 8.2 gesehen). Insbesondere können wir $\sqrt{x}$ nur auf ein solches Vielfaches $a \cdot \sqrt{x}$ abbilden, für welches die Beziehung ebenfalls gilt. Daraus ergibt sich an a eine Bedingung: Wegen $(a\sqrt{x})^2 - x = a^2x - x = 0$ kann a nur entweder

1 oder -1 sein. Die Symmetriegruppe ist also eine Gruppe mit zwei Elementen. Das neutrale Element ist durch die Multiplikation der Lösungen mit 1 gegeben. Das andere Element vertauscht die beiden Lösungen $\sqrt{x}$ und $-\sqrt{x}$ miteinander und bildet allgemeiner das komplexe Vielfache $c\sqrt{x}$ auf $-c\sqrt{x}$ ab.

- Wir betrachten die Differentialgleichung $Dy - y = 0$ und die spezielle Lösung e^x. Wie im vorigen Beispiel entstehen alle weiteren Lösungen durch Multiplikation von e^x mit einer komplexen Zahl. Weitere Beziehungen bestehen zwischen den von null verschiedenen Lösungen nicht (das liegt am Wachstum der Exponentialfunktion; ein formaler Nachweis würde allerdings den Rahmen sprengen). Also sind diesmal alle Multiplikationen mit von null verschiedenen komplexen Zahlen als Symmetrieoperationen zulässig: Zu jeder von null verschiedenen komplexen Zahl a definiert die Abbildung σ mit $\sigma(e^x) = ae^x$ eine Symmetrieabbildung der Differentialgleichung. Die Multiplikation mit der Null ist als Abbildung nicht umkehrbar und deshalb als Symmetrieabbildung nicht erlaubt. Die komplexen Zahlen außer der Null bilden in der Tat eine Gruppe mit der Multiplikation als Verknüpfung: Jedes Element a von $\mathbb{C}$, welches ungleich null ist, besitzt ein inverses Element $1/a$ wie oben gesehen, und die restlichen Bedingungen aus der Definition einer Gruppe sind klar. Diese Gruppe wird auch mit $\mathbb{C}^*$ bezeichnet.
- Wir wagen uns an ein komplizierteres Beispiel und betrachten die Differentialgleichung $D^2y + y = 0$. Zwei Lösungen sind die trigonometrischen Funktionen $\sin(x)$ und $\cos(x)$, denn es gilt $D(\sin(x)) = \cos(x)$ sowie $D(\cos(x)) = -\sin(x)$, insbesondere reproduzieren sich die Funktionen bei zweimaligem Ableiten bis auf das Vorzeichen. Wir haben schon gesehen, dass dann auch alle Funktionen der Form $a\cos(x) + b\sin(x)$ Lösungen sind (mit komplexen Zahlen a, b), das heißt, dass die Lösungen einen Vektorraum der Dimension zwei oder größer bilden. Da der Grad der Differentialgleichung zwei ist, muss die Dimension nach unserem Satz 8.1 also auch gleich zwei sein, und die Funktionen $\sin(x)$ und $\cos(x)$ bilden eine Basis dieses Lösungsraumes. Eine Symmetrieabbildung σ des Lösungsraumes in sich selbst ist wie oben gesehen schon vollständig dadurch charakterisiert, wohin wir Sinus und Cosinus abbilden. Schreiben wir also $\sigma(\cos(x)) = a\cos(x) + b\sin(x)$ und $\sigma(\sin(x)) = c\cos(x) + d\sin(x)$. Welche Beziehungen zwischen Sinus und Cosinus kennen wir? Wir haben oben schon gesehen, wie sich Cosinus und Sinus beim Ableiten verhalten. Die Bilder un-

ter σ sollen in derselben Beziehung stehen, also muss $D(\sigma(\sin(x)) = \sigma(\cos(x))$ gelten. Wir erhalten also durch Einsetzen Bedingungen an a, b, c und d:

$$D(c\cos(x) + d\sin(x)) = a\cos(x) + b\sin(x),$$

und dies liefert unter Verwendung unserer Regeln für D gerade

$$-c\sin(x) + d\cos(x) = a\cos(x) + b\sin(x),$$

was wiederum nur gelten kann, wenn $a = d$ und $b = -c$ gilt.

Es gibt aber zwischen Cosinus und Sinus noch eine Beziehung anderer Art: Es gilt $\cos^2 + \sin^2 = 1$. Wenn wir dementsprechend die Gleichung $(\sigma(\cos))^2 + (\sigma(\sin))^2 = 1$ auswerten, erhalten wir die Bedingung $a^2 + b^2 = 1$. Man kann zeigen, dass die gefundenen Bedingungen die einzigen Bedingungen an a, b, c, d sind. Genau genommen müssen wir uns noch um die Umkehrbarkeit der Abbildung kümmern. Man kann die Umkehrabbildung hier sogar explizit angeben: Die Abbildung φ gegeben durch $\varphi(\cos) = a\cos - b\sin$ und $\varphi(\sin) = b\cos + a\sin$ macht die Abbildung σ rückgängig. Die Leserin oder der Leser sollte dies einmal durch Rechnung nachprüfen und dabei die Gleichung $a^2 + b^2 = 1$ benutzen. Die Symmetriegruppe besteht also aus all solchen Abbildungen σ, für welche die Parameter a, b, c, d wie oben definiert den Bedingungen $a = d, b = -c$ und $a^2 + b^2 = 1$ genügen.

Übrigens spielte es für die Rechnung bisher keine Rolle, ob die beiden Funktionen Cosinus und Sinus zu einem unserer zulässigen Erweiterungskörper gehören. Darum werden wir uns erst in Beispiel 8.3 kümmern.

Wir bleiben für einen Moment bei Differentialgleichungen vom Grad zwei (wie im letzten Beispiel). Da die Symmetrien immer Abbildungen des Lösungsraumes in sich sind, können wir sie wie oben stets durch vier Parameter a, b, c, d beschreiben. Die Frage ist lediglich, welche zusätzlichen Bedingungen diese Zahlen erfüllen müssen. Dabei gehören zwei der Parameter (a und c) zur ersten gewählten Lösung (im Beispiel oben der Cosinus), die anderen beiden gehören zur zweiten (im Beispiel oben der Sinus). Mathematiker schreiben die Parameter deshalb in quadratischer Anordnung:

$$\begin{pmatrix} a & b \\ c & d \end{pmatrix}.$$

Jede solche quadratische Liste von Zahlen nennt man eine *Matrix*. Man kann Matrizen multiplizieren (was dem Hintereinanderausführen der zugehörigen Symmetrien entspricht), und sie definieren genau dann umkehrbare Abbildungen, wenn $ad - bc \neq 0$ gilt. Der Ausdruck $ad - bc$ heißt auch die *Determinante* der Matrix.

Für unser Beispiel mit Sinus und Cosinus bedeutet dies: Die Gruppe der Symmetrien der Differentialgleichung $D^2y + y = 0$ ist die Gruppe aller Matrizen der Form

$$\begin{pmatrix} a & b \\ -b & a \end{pmatrix}$$

mit $a^2 + b^2 = 1$, das heißt mit Determinante 1.

Auf eine ganz formale Definition der Symmetriegruppe werden wir hier verzichten, aber die Grundidee sollte deutlich geworden sein.

Der bemerkenswerte Zusammenhang mit unserer vorigen Fragestellung nach der Lösbarkeit einer Differentialgleichung ist, dass man anhand von Eigenschaften der Symmetriegruppe die Lösbarkeit entscheiden kann. Wir formulieren dazu den folgenden Satz, der auf den amerikanischen Mathematiker Ellis Kolchin (1916–1991) zurückgeht:

Satz 8.2

- Jede Differentialgleichung der Ordnung eins ist auflösbar.
- Eine lineare Differentialgleichung $D^2y + a_1Dy + a_0y = 0$ der Ordnung zwei mit ganz rationalen Koeffizienten a_i aus F ist dann und nur dann auflösbar, wenn die Symmetriegruppe (nach geeigneter Basiswahl) nur aus Matrizen der Form

$$\begin{pmatrix} a & b \\ 0 & d \end{pmatrix}$$

  besteht.

Die Eigenschaft der Symmetriegruppe aus dem obigen Satz nennt man passenderweise auch *Auflösbarkeit*. Bevor wir uns das noch einmal an einem Beispiel ansehen, sei hier angemerkt, dass die Idee, Lösbarkeit von Gleichungen mithilfe von Symmetriegruppen zu untersuchen, viel älter ist. Für Gleichungen in einer Variablen (und ohne Ableitungen) geht sie auf den französischen Mathematiker Évariste Galois (1811–1832) zurück. Die Lösbarkeit wird dabei durch die Existenz von Lösungsformeln ersetzt. Aus der Schule kennt man eine solche Formel für Gleichungen vom Grad 2 (die sogenannte p-q- oder Mitternachtsformel) und eventuell für Grad 3 (Formel von Cardano); auch für Grad 4 gibt es Formeln. Für Grad 5 oder größer sind allerdings Gleichungen nicht mehr allgemein durch Formeln auflösbar. Der obige Satz (der sich auf Differentialgleichungen beliebigen Grades verallgemeinern lässt) beruht auf einer Übertragung der Galois'schen Ideen für Differentialgleichungen.

Zurück zu unseren Beispielen von oben:

Beispiel 8.3

- Die beiden Differentialgleichungen $Dy - y = 0$ und $Dy - \frac{1}{2x}y = 0$ sind nach Satz 8.2 auflösbar, weil sie den Grad eins haben. (Natürlich hatten wir in beiden Fällen vorher schon gesehen, dass wir die Lösungen zu F hinzunehmen dürfen.)
- Bei der Differentialgleichung $D^2y + y = 0$ sieht es erst einmal nicht so aus, als ob die Symmetriegruppe sich auf die einfache im Satz beschriebene Form bringen ließe. Hier zahlt es sich aber aus, dass wir mit komplexen Zahlen arbeiten. In der Tat ist nämlich auch e^{ix} eine Lösung der Differentialgleichung, denn es gilt $D^2(e^{ix}) = D(ie^{ix}) = i^2e^{ix} = -e^{ix}$. Eine ähnliche Rechnung liefert die weitere Lösung e^{-ix}, die offensichtlich kein Vielfaches der ersten Lösung ist. Also bilden auch diese beiden Funktionen eine Basis unseres Lösungsraumes, und bezüglich dieser Basis haben die Elemente der Symmetriegruppe die viel einfachere Gestalt

$$\begin{pmatrix} a & 0 \\ 0 & \frac{1}{a} \end{pmatrix}$$

(dies sieht man genau wie in obigem Beispiel mit Cosinus und Sinus, indem man die Beziehungen zu den Ableitungen und die Gleichung $e^{ix}e^{-ix} = 1$ beachtet –

die Leserin oder der Leser sollte sich selbst an diese Rechnung wagen). Nach unserem Satz 8.2 ist die Gleichung also auflösbar. Insbesondere sind auch Cosinus und Sinus Funktionen, die in einem unserer zulässigen Erweiterungskörper liegen. Außerdem sagt unsere Theorie über die Dimension des Lösungsraumes, dass zwischen den Funktionen $\sin(x)$, $\cos(x)$, e^{ix} und e^{-ix} eine (lineare) Gleichung mit Koeffizienten in $\mathbb{C}$ bestehen muss. In der Tat erfüllen sie die sogenannte *Euler'sche Formel* $\cos(x) + i\sin(x) = e^{ix}$.

Bisher waren alle unsere Beispiele auflösbar. Gibt es auch Differentialgleichungen (vom Grad zwei), die nicht auflösbar sind?

Ein bekanntes Beispiel ist die sogenannte *Airy-Gleichung* $D^2y - xy = 0$. Sie spielt in der Physik, zum Beispiel in der Optik, eine wichtige Rolle. Auch wenn sie relativ harmlos aussieht, so kann man doch zeigen, dass ihre Symmetriegruppe sich nicht wie im Satz transformieren lässt, dass also die Lösungen (die man auch *Airy-Funktionen* nennt) keine unserer zur Hinzunahme erlaubten Funktionen sind. Genauer: Die Symmetriegruppe der Gleichung ist die Gruppe *aller* Matrizen mit Determinante 1. Das hier nachzurechnen würde allerdings den Rahmen des Textes sprengen.

8.4 Ein negatives Resultat?

Im vorigen Abschnitt haben wir die Lösbarkeit einer Differentialgleichung mithilfe ihrer Symmetriegruppe untersucht. Um diese Symmetriegruppe in Beispielen angeben zu können, haben wir explizite Lösungen hingeschrieben und deren Beziehungen untersucht. Wenn wir aber die Lösungen immer bereits kennen müssten, um die Lösbarkeit zu testen, wäre unser Satz praktisch nicht viel wert. Es stellt sich also die Frage, ob man die Symmetriegruppe einer Differentialgleichung bestimmen kann, *ohne* die Lösungen schon zu kennen. Dies ist tatsächlich der Fall, wie man aber erst in diesem Jahrtausend herausgefunden hat.

Für Gleichungen vom Grad kleiner oder gleich zwei ist die Antwort schon länger bekannt und sogar in Computeralgebrasystemen praktisch umgesetzt. Zum Beispiel kann das Programm MAPLE die Symmetriegruppe von solchen Differentialgleichungen bestimmen, damit die Lösbarkeit testen und im lösbaren Fall sogar explizit Lösungen angeben. Eine praktische Umsetzung der Bestimmung der Symmetriegruppe für Differentialgleichungen von höherem Grad ist eine der Aufgaben, mit denen sich meine Arbeitsgruppe beschäftigt.

Je größer der Grad einer Differentialgleichung wird, desto unwahrscheinlicher ist es, dass die Gleichung tatsächlich elementar lösbar ist. Die Berechnung der Symmetriegruppe wird also in vielen Fällen die Aussage liefern, dass die Gleichung nicht elementar lösbar ist. Man könnte deshalb denken, dass es sich hier in gewisser Weise um ein negatives Resultat handelt.

Das ist aber überhaupt nicht der Fall. Gerade in dieser Situation entfaltet die Symmetriegruppe noch einmal ihre Stärke. Für die Anwendung ist es nämlich oft nicht ausreichend, die Lösung einer Differentialgleichung zu kennen, sondern man will diese dann möglicherweise in weiteren Rechnungen verwenden. Wenn man statt mit der exakten Lösung mit einer Näherung rechnet, vervielfachen sich dabei unter Umständen die Fehler der Näherung und machen die Rechnung nutzlos (man spricht hier von *Fehlerfortpflanzung*). Abhilfe schafft der Ansatz des *symbolischen Rechnens*. Hier werden die Lösungen zunächst abstrakt in die Rechnung eingesetzt. Die Symmetriegruppe trägt, wie wir gesehen haben, Information über die Beziehungen zwischen den Lösungen. Zum Beispiel erfüllen die beiden erzeugenden Lösungen y_1 und y_2 der oben erwähnten Airy-Gleichung eine Relation der Form $(Dy_1) \cdot y_2 - y_1 \cdot (Dy_2) = c$ für eine Konstante c aus $\mathbb{C}$, was man recht einfach feststellen kann, wenn man die Symmetriegruppe kennt. Also kann man überall in der Rechnung den Ausdruck $(Dy_1) \cdot y_2 - y_1 \cdot (Dy_2)$ durch die Konstante c ersetzen. Das ist so ähnlich wie beim Rechnen mit komplexen Zahlen, wo wir einfach am Ende jedes i^2 durch -1 ersetzt haben. Natürlich bleiben in der Regel trotzdem noch Terme mit y_1 und so weiter übrig. Diese werden nun am *Ende* der Rechnung durch numerische Näherungen ersetzt. Dadurch wird die Fehlerfortpflanzung so weit wie möglich vermieden.

Diese Überlegungen für Differentialgleichungen höheren Grades praktisch umzusetzen, ist ein Projekt für die Zukunft.

Literaturhinweise

Wenn man ohne Vorkenntnisse mehr über Differentialgleichungen lesen möchte, eignet sich das Buch [2]. Einen anderen als den hier vorgestellten Zugang zu Symmetrien von Differentialgleichungen findet man in [3] (dieses Buch erklärt unterwegs viele grundlegende Begriffe der Mathematik). Symmetrien spielen auch bei partiellen Differentialgleichungen eine große Rolle, siehe zum Beispiel [1]. Für Leserinnen und Leser mit mathematischer Vorbildung empfehle ich den Artikel [4].

Literatur

[1] FUCHSSTEINER, B.: Symmetrien bei partiellen Differentialgleichungen – ein Anwendungsfeld der Computeralgebra. Spektrum der Wissenschaft **3** (1996)
Auch online erhältlich unter www.wissenschaft-online.de/artikel/822903

[2] HOLZNER, S.: Differentialgleichungen für Dummies. Wiley, 2009

[3] KUGA, M.: Galois' Dream, Group Theory and Differential Equations. Birkhäuser, 1993

[4] MAGID, A.: Differential Galois Theory. Notices of the American Mathematical Society **46**, 1041–1049 (1999)
Auch online erhältlich unter www.ams.org/notices/199909/fea-magid.pdf

Die Autorin:

Prof. Dr. Julia Hartmann
Lehrstuhl A für Mathematik
RWTH Aachen
Templergraben 55
52062 Aachen
hartmann@matha.rwth-aachen.de

9 Mathematisches Potpourri rund um das Einsteigen ins Flugzeug

Anne Henke

9.1 Die Warteschlange

Kennen Sie die zeitraubenden Warteschlangen, denen man am Flughafen ausgesetzt ist, weil die Passagiere in ungeordneter Form in das Flugzeug einsteigen und einander im Weg stehen? Stellen wir uns der Einfachheit halber vor, dass n Passagiere in ein Flugzeug steigen, dessen n Sitze hintereinander angeordnet sind. Das Flugzeug hat also n Reihen, in der ersten Reihe ist Sitz Nummer eins, in der zweiten Reihe Sitz Nummer zwei und so weiter.

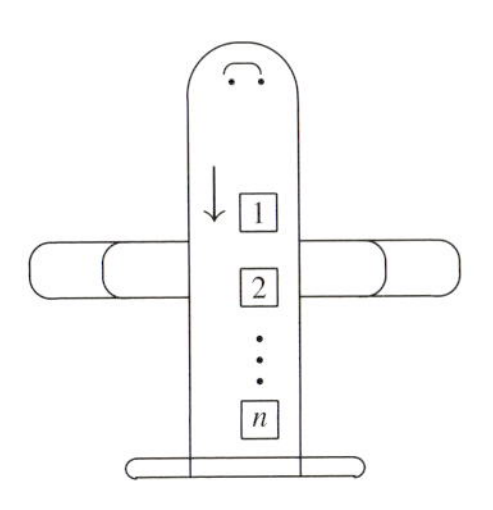

Abbildung 9.1: Flugzeugmodell

Die Passagiere stellen sich beim Einsteigen in beliebiger Reihenfolge in der Schlange an. Beim Einsteigen benötigt jeder Passagier eine Minute, um sein Handgepäck über seinem Sitz zu verstauen. In dieser Minute blockiert er den

Gang für die nach ihm einsteigenden Passagiere. Wir müssen an dieser Stelle einige weitere Annahmen festlegen: Wir gehen davon aus, dass es genauso viele Passagiere wie Sitzplätze gibt und dass nie zwei Passagiere auf demselben Sitz sitzen. Die Passagiere sind unendlich schnell, wenn sie zu ihrem Sitzplatz laufen; die wartenden Passagiere sind unendlich dünn, aber breit – sie können dicht hintereinander stehen, blockieren aber den Gang, wenn sie ihr Gepäck verstauen. Wir geben ein einfaches Beispiel:

Beispiel

Amelie und Beatrice fliegen in einem Zweipersonenflugzeug nach Tokio. Amelie sitzt in der ersten Reihe, Beatrice in der zweiten. Amelie steigt als Erste in das Flugzeug, verstaut ihr Gepäck und blockiert deshalb eine Minute lang den Gang. Beatrice muss hinter ihr warten, bevor sie zu ihrem Sitzplatz kommt, ihr Gepäck verstaut und sich hinsetzt. Das Einsteigen ins Flugzeug dauert insgesamt zwei Minuten. Steigt aber umgekehrt Beatrice als Erste ins Flugzeug, und Amelie folgt ihr auf dem Fuße, so erreichen Amelie und Beatrice gleichzeitig ihre Sitzplätze, verstauen gleichzeitig ihr Gepäck und setzen sich gleichzeitig hin. Das Einsteigen dauert dann eine Minute. Die durchschnittliche Einstiegszeit für zwei Passagiere, wir nennen sie $E(2)$, beträgt in diesem Beispiel also $1,5$ Minuten:

$$E(2) = \frac{1}{2}(1+2) = 1,5.$$

Können Sie die durchschnittliche Einstiegszeit für drei Passagiere berechnen? Hätten wir drei Passagiere, dann gäbe es $3! = 3 \cdot 2 \cdot 1 = 6$ verschiedene Warteschlangen beim Einsteigen: Zum Beispiel könnte Cecile noch mit nach Tokio fliegen. Wir nehmen an, sie sitzt in der dritten Reihe. Die möglichen Reihenfolgen für die drei Freundinnen A(melie), B(eatrice), C(ecile) beim Einsteigen sind dann

ABC, ACB, BAC, BCA, CAB, CBA.

Wir sprechen hierbei von Permutationen der Objekte A, B, C. Hat man n Objekte, so lassen sich diese auf $n! = n \cdot (n-1) \cdot (n-2) \cdot \dots \cdot 2 \cdot 1$ verschiedene Weisen anordnen: Man wählt eines der n Objekte für den ersten Platz, dann eines der verbleibenden $n-1$ Objekte für den zweiten Platz und so weiter. Es gibt also $n!$ viele Permutationen von n Objekten. Jede mögliche Einstiegsreihenfolge kann man auch als eine Permutation der Platzkarten ansehen: Der erste Passagier in der Schlange hat die Platzkarte a_1, der zweite Passagier die Platzkarte a_2, der i-te Passagier hat die Platzkarte a_i. Zur Abkürzung schreiben wir für diese Permutation

$$w := \begin{pmatrix} 1 & 2 & \dots & n \\ a_1 & a_2 & \dots & a_n \end{pmatrix}. \tag{9.1}$$

Das Zeichen $:=$ in der letzten Gleichung bedeutet, dass wir w als den Ausdruck auf der rechten Seite der Gleichung in (9.1) definieren. Alternativ und abkürzend reden wir auch vom Wort $w = [a_1, a_2, \dots, a_n]$ und meinen damit den Ausdruck in Gleichung (9.1). Permutationen sind sehr wichtige Objekte der Mathematik. Wir schreiben S_n für die Menge aller Permutationen von n Objekten. Ist w ein Element in der Menge S_n, so schreiben wir $w \in S_n$. Permutationen treten in vielen Gebieten der Mathematik auf – überall dort, wo Objekte permutiert werden. Sie werden insbesondere in der Gruppentheorie[1] und in der Darstellungstheorie – zwei Gebieten der Algebra – näher betrachtet. Doch zurück zu unserem Einstiegsmodell. Mit der neuen Notation können wir ein etwas komplizierteres Beispiel angehen.

Beispiel

Angenommen acht Passagiere steigen in ein Flugzeug, und sie haben die folgenden Platzkarten:

$$\widetilde{w} := \begin{pmatrix} 1 & 2 & 3 & 4 & 5 & 6 & 7 & 8 \\ 1 & 5 & 6 & 7 & 8 & 2 & 3 & 4 \end{pmatrix}.$$

Der als Erster einsteigende Passagier sitzt demnach auf Platz eins, der zweite Passagier auf Platz fünf und so weiter. Der erste Passagier steigt in das Flugzeug ein, blockiert den Gang in der ersten Reihe und braucht eine Minute, um sich auf Platz eins zu setzen. Alle anderen Passagiere müssen hinter ihm warten. Danach geht der zweite Passagier bis zu Reihe fünf und blockiert dort den Gang. Die Passagiere drei, vier und fünf stehen direkt hinter dem zweiten Passagier (und benötigen keinen signifikanten Platz im Gang,

[1] Der Beitrag von Rebecca Waldecker beschäftigt sich ausführlicher mit Gruppentheorie.

da sie dünn sind), so dass der hinter ihnen kommende sechste Passagier zeitgleich mit dem zweiten Passagier seinen Sitzplatz in Reihe zwei erreicht. Die Passagiere zwei und sechs verstauen ihr Gepäck und setzen sich schließlich. Dieser Vorgang dauert eine weitere Minute; die Passagiere drei, vier und fünf (sowie sieben und acht) stehen immer noch, wie im zweiten Diagramm angedeutet.

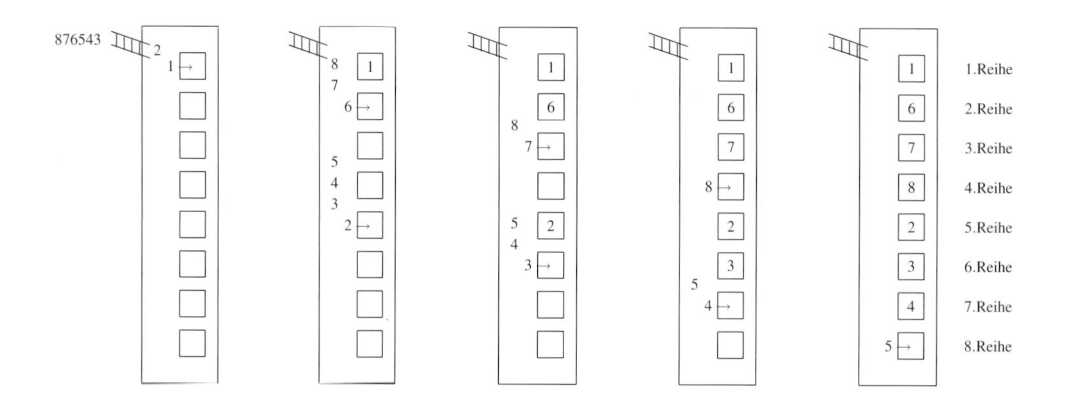

Abbildung 9.2: Die fünf Schritte beim Flugzeugeinstieg mit Platzkarten $\widetilde{w}$

Im dritten Schritt erreichen der dritte Passagier und weiter vorne im Flugzeug der siebte Passagier gleichzeitig ihren Sitzplatz, während die Passagiere vier, fünf und acht warten müssen. Danach erreichen die Passagiere vier und acht ihren Sitzplatz, und im letzten (fünften) Schritt setzt sich auch der fünfte Passagier (in Reihe acht). Das Einsteigen für die acht Passagiere (also für die Warteschlange $\widetilde{w}$) dauert insgesamt fünf Minuten.

9.2 Aufsteigende und absteigende Teilfolgen im Wort zur Warteschlange

Wie lange dauert in unserem Modell das Einsteigen in ein Flugzeug im Durchschnitt? Wann geht das Einsteigen schnell, wann dauert es lange? Die extremen Fälle, die beim Einsteigen auftreten können, sind

$$w_1 := \begin{pmatrix} 1 & 2 & \dots & n \\ n & n-1 & \dots & 1 \end{pmatrix} \quad \text{und} \quad w_2 := \begin{pmatrix} 1 & 2 & \dots & n \\ 1 & 2 & \dots & n \end{pmatrix}. \tag{9.2}$$

Im besten Fall, also wenn die Platzkarten in der Reihenfolge w_1 verteilt sind, benötigen die Passagiere eine Minute zum Einsteigen: Sie erreichen alle gleichzeitig ihren Sitzplatz, verstauen gleichzeitig ihr Gepäck und setzen sich gleichzeitig hin. Im schlechtesten Fall, bei der Permutation w_2, dauert das Einsteigen n Minuten. Diese extremen Fälle legen nahe: Das Einsteigen ins Flugzeug dauert lange, wenn das Wort $w = [a_1, a_2, \dots, a_n]$ lange aufsteigende Teilfolgen hat.

Beispiel

Betrachten wir das Wort $w = [9,3,1,4,6,2,5,8,7]$. Wir lesen w von links nach rechts. Dann enthält w zum Beispiel die aufsteigenden Teilfolgen $4 < 6 < 8$ oder $3 < 4 < 5 < 7$ oder $3 < 4 < 6 < 8$. Durchläuft man alle möglichen aufsteigenden Teilfolgen in w, so sieht man, dass die längsten aufsteigenden Teilfolgen in w aus vier Zahlen bestehen. Absteigende Teilfolgen maximaler Länge in w sind zum Beispiel $9 > 3 > 1$ oder $9 > 6 > 5$. Falls $v = [1,5,6,7,8,2,3,4]$ ist, dann hat die längste aufsteigende Teilfolge von v die Länge fünf, zum Beispiel gilt $1 < 5 < 6 < 7 < 8$. Experimentieren Sie ein bisschen: Schreiben Sie sich eine beliebige Permutation hin, zum Beispiel $[2,10,4,6,3,9,1,5,8,7]$. Können Sie sehen, wie lang die längsten aufsteigenden oder absteigenden Teilfolgen sind?

Definition

Es sei $w = [a_1, a_2, \dots, a_n]$ ein Element in der Menge S_n aller Permutationen von n Objekten. Weiter sei $1 \leq i_1 < i_2 < \cdots < i_k \leq n$ eine Folge von natürlichen Zahlen. Falls $a_{i_1} < a_{i_2} < \cdots < a_{i_k}$ gilt, dann ist dies eine aufsteigende Teilfolge im Wort w der Länge k. Analog definiert man absteigende Teilfolgen im Wort w. Wir definieren weiterhin

$$\begin{aligned} \mathrm{is}(w) &= \max\{k \mid 1 \leq k \leq n, \text{ so dass } w \text{ eine aufsteigende Teilfolge der Länge } k \text{ hat}\}, \\ \mathrm{ds}(w) &= \max\{k \mid 1 \leq k \leq n, \text{ so dass } w \text{ eine absteigende Teilfolge der Länge } k \text{ hat}\}. \end{aligned}$$

Können Sie ein Computerprogramm schreiben, welches zu gegebenem Wort w die Länge $\mathrm{is}(w)$ berechnet? Wie berechnet man $\mathrm{is}(w)$ für ein Wort $w \in S_n$, wenn n groß ist, zum Beispiel $n = 300$?

Mit dem Verständnis dieser Definition gehen wir zurück zur Berechnung von Flugzeugeinstiegszeiten: Schreiben Sie sich eine beliebige Permutation w hin, zum Beispiel die Permutation $[2,10,4,6,3,9,1,5,8,7]$. Berechnen Sie, wie lange es für die Passagiere mit den Platzkarten w dauert, um ins Flugzeug einzusteigen. Nach einigen Beispielen stellen Sie fest: Die Einstiegszeit ins Flugzeug im Falle eines Wortes w entspricht gerade $\mathrm{is}(w)$. Im Beispiel des vorigen Abschnitts hat das Wort $\widetilde{w}$ die aufsteigende Teilfolge $1,5,6,7,8$. Diese hat maximale Länge, also gilt $\mathrm{is}(\widetilde{w}) = 5$, und das Einsteigen hat fünf Minuten gedauert. Oder das Wort $[2,10,4,6,3,9,1,5,8,7]$ hat die aufsteigende Teilfolge $2,4,6,9$. Diese hat maximale Länge, das Einsteigen dauert in diesem Beispiel vier Minuten. Mit Ihren Beispielen können Sie sich die folgenden allgemeinen Argumente klarer machen:

1. Angenommen ein Wort w hat eine aufsteigende Teilfolge der Länge t. Wir zeigen nun, dass dann das Einsteigen ins Flugzeug mindestens t Minuten dauert. Es sei hierzu
$$a_{i_1} < a_{i_2} < \cdots < a_{i_t}$$
eine aufsteigende Teilfolge im Wort $w = [a_1, a_2, \ldots, a_n]$. Der Passagier mit Platzkarte a_{i_1} benötigt mindestens eine Minute, um sich auf seinen Platz zu setzen. Hierbei blockiert er – wegen $i_1 < i_2$ – den Gang für den Passagier mit Platzkarte a_{i_2} (und weitere Passagiere). Der Passagier mit Platzkarte a_{i_2} benötigt also mindestens zwei Minuten, um sich auf seinen Platz zu setzen. Während der Passagier mit Platzkarte a_{i_2} sein Gepäck verstaut, blockiert er für eine Minute den Gang für den Passagier mit Platzkarte a_{i_3}, der daher mindestens eine Minute länger für das Einsteigen benötigt als Passagier i_2 mit Platzkarte a_{i_2}. Wir wiederholen das Argument für die Passagiere $i_3, \ldots, i_{t-1}$ mit den Platzkarten $a_{i_3}, \ldots, a_{i_{t-1}}$. Damit benötigt Passagier a_t mindestens t Minuten, bis er sich auf seinen Platz setzen kann.

2. Umgekehrt nehmen wir an, das Einsteigen ins Flugzeug dauert t Minuten. Dann gibt es einen Passagier P_t mit der längsten Einstiegszeit von t Mi-

nuten. Also gibt es einen Passagier P_{t-1}, der den Passagier P_t beim Einsteigen blockiert, selbst aber $t-1$ Minuten zum Einsteigen benötigt. In der Schlange beim Einsteigen steht Passagier P_{t-1} vor dem Passagier P_t. Angenommen die Reihenfolge der Passagiere beim Einsteigen ist durch das Wort w beschrieben, dann gilt:

$$w = \begin{pmatrix} \dots & P_{t-1} & \dots & P_t & \dots \\ \dots & a_{P_{t-1}} & \dots & a_{P_t} & \dots \end{pmatrix}$$

mit $a_{P_{t-1}} < a_{P_t}$. Wir haben im Wort w also eine aufsteigende Teilfolge der Länge zwei konstruiert. Dieses Argument können wir wiederholen: Da Passagier P_{t-1} genau $t-1$ Minuten zum Einsteigen benötigt, gibt es einen Passagier P_{t-2}, der den Passagier P_{t-1} beim Einsteigen blockiert, und selbst genau $t-2$ Minuten benötigt, um sich auf seinen Sitzplatz zu setzen. Setzen Sie das Argument für $t-1$ und $t-2$ fort, um es besser zu verstehen. Sie erhalten eine aufsteigende Teilfolge der Länge drei. Wiederholt man das Argument insgesamt $t-1$ mal, so folgt, dass das Wort w eine aufsteigende Teilfolge der Länge t hat.

Um ein Argument beliebig oft wiederholen zu dürfen, bedient sich die Mathematik der sogenannten vollständigen Induktion. Finden Sie heraus (zum Beispiel im Internet), was das ist. Können Sie den letzten Beweis ohne die Floskel *wiederholen Sie das Argument* aufschreiben?

Wir haben an dieser Stelle unser Problem der Einstiegszeiten in ein Flugzeug in mathematische Sprache übersetzt. Nun können wir Fragen an unser neues mathematisches Objekt stellen. Hierzu betrachten wir Wörter w in S_n, wobei n fest gewählt sei. Wie groß wird $\mathrm{is}(w)$ typischerweise sein? Für wie viele Wörter w ist $\mathrm{is}(w)$ nahe an n oder nahe an eins? Wie oft nimmt $\mathrm{is}(w)$ welchen Wert an? Was ist die durchschnittliche Einstiegszeit, also der Erwartungswert

$$E(n) = \frac{1}{n!} \sum_{w \in S_n} \mathrm{is}(w)? \tag{9.3}$$

Die letzte Gleichung sagt: Man summiere für alle Wörter w in der Menge S_n die Werte $\mathrm{is}(w)$ auf und teile das Ergebnis durch $n!$.

Beispiel
Für $n = 3$ erhalten wir zum Beispiel:

$$E(3) = \frac{1}{6}(\mathrm{is}(w_1) + \mathrm{is}(w_2) + \mathrm{is}(w_3) + \mathrm{is}(w_4) + \mathrm{is}(w_5) + \mathrm{is}(w_6))$$

für die Wörter

$$w_1 = [1,2,3], \quad w_2 = [1,3,2], \quad w_3 = [2,1,3],$$
$$w_4 = [2,3,1], \quad w_5 = [3,1,2], \quad w_6 = [3,2,1].$$

Haben Sie $E(3)$ schon berechnet? Versuchen Sie, ein Computerprogramm zur Berechnung von $E(n)$ zu schreiben. Wenn n wächst, dann hat die Menge S_n viele Elemente: Berechnen Sie den Wert von 10! und vergleichen Sie ihn mit den Potenzen $10, 10^2, 10^3, \ldots$. Für wie große Werte n können Sie den Erwartungswert $E(n)$ berechnen? Sie werden feststellen, dass man mit dem Computer recht schnell an rechnerische Grenzen stößt. Die Frage nach der genauen Berechnung des Erwartungswertes $E(n)$ ist zu schwierig, um auf den folgenden Seiten gelöst zu werden. Wir wollen aber einigen überraschenden und schönen theoretischen Überlegungen nachgehen, die tief in verschiedene Gebiete der reinen und angewandten Mathematik hineinführen.

9.3 Eine untere Schranke für die Einstiegszeit

Können wir die durchschnittliche Einstiegszeit $E(n)$ abschätzen? Die Einstiegszeit für die Wörter w_1 und w_2 in Gleichung (9.2) sind 1 und n, und der Erwartungswert liegt bestimmt zwischen diesen beiden extremen Werten. Vielleicht ungefähr bei $(n+1)/2$? Diese Abschätzung ist naiv, und wir kennen eigentlich keinen Grund dafür. Wir wollen im Folgenden zunächst abschätzen, wie lange das Einsteigen im Durchschnitt mindestens dauert. Wenn Sie nicht alles in diesem Kapitel verstehen, lesen Sie im nächsten Kapitel weiter und kommen Sie später noch einmal zu diesem Kapitel zurück.

Theorem (Erdős und Szekeres, 1935)
Es sei n eine natürliche Zahl. Wir nehmen an, es gilt $n = p \cdot q + 1$ für natürliche Zahlen p und q. Weiter sei $w \in S_n$. Dann gilt:

$$\mathrm{is}(w) > p \qquad \text{oder} \qquad \mathrm{ds}(w) > q.$$

Der folgende hübsche Beweis wurde von Seidenberg 1958 publiziert. Wir unterteilen den Beweis in drei Schritte.

Beweis
1. Schritt. Gegeben ist ein Wort

$$w := \begin{pmatrix} 1 & 2 & \dots & n \\ a_1 & a_2 & \dots & a_n \end{pmatrix}. \tag{9.4}$$

Es gilt insbesondere $a_i \neq a_j$ für $i \neq j$. Wir definieren nun für $i = 1, \dots, n$ die Zuordnung $a_i \mapsto (M_i, N_i)$ mit

$$\begin{aligned} M_i &:= \text{Länge der längsten absteigenden Teilfolge in } w\text{, die in } a_i \text{ beginnt,} \\ N_i &:= \text{Länge der längsten aufsteigenden Teilfolge in } w\text{, die in } a_i \text{ beginnt.} \end{aligned}$$

Wir zeigen im zweiten Schritt des Beweises, dass

$$(M_i, N_i) \neq (M_j, N_j) \text{ für } i \neq j. \tag{9.5}$$

Damit folgt, dass die Menge $\{(M_i, N_i) \mid 1 \leq i \leq n\}$ genau n Elemente hat.

2. Schritt. Wir beweisen die Behauptung in (9.5). Wir können $i < j$ annehmen, da andernfalls die Rolle von i und j einfach vertauscht werden kann. Wir unterscheiden zwei Fälle:

1. Angenommen $a_i < a_j$. Es sei $a_j < a_{j_2} < a_{j_3} < \cdots$ eine längste aufsteigende Teilfolge in w, die in a_j startet. Dann ist $a_i < a_j < a_{j_2} < a_{j_3} < \cdots$ eine aufsteigende Teilfolge in w, die in a_i startet. Insbesondere folgt, dass $N_i > N_j$.

2. Angenommen $a_i > a_j$. Es sei $a_j > a_{j_2} > a_{j_3} > \cdots$ eine längste absteigende Teilfolge in w, die in a_j startet. Dann ist $a_i > a_j > a_{j_2} > a_{j_3} > \cdots$ eine absteigende Teilfolge in w, die in a_i startet. Insbesondere folgt, dass $M_i > M_j$.

Damit folgt, dass $(M_i,N_i) \neq (M_j,N_j)$ für $i \neq j$.

3. Schritt. Nach Voraussetzung ist $n = p \cdot q + 1$. Angenommen es gilt $\mathrm{is}(w) \leq p$. Dann hat die längste aufsteigende Teilfolge in w eine Länge $\leq p$. Damit hat auch jede längste aufsteigende Teilfolge von w, die in a_i startet, eine Länge $\leq p$. Es ist also $N_i \leq p$ für $1 \leq i \leq n$. Angenommen die Werte von M_i erfüllen $1 \leq M_i \leq q$ für alle $1 \leq i \leq n$. Dann hat die Menge $\{(M_i,N_i) \mid 1 \leq i \leq n\}$ höchstens $p \cdot q < n$ Elemente. Dies ist ein Widerspruch zum ersten Beweisschritt. Also gibt es einen Index i mit $M_i > q$, und es folgt $\mathrm{ds}(w) > q$. Damit haben wir für ein beliebiges Wort $w \in S_n$ gezeigt, entweder $\mathrm{is}(w) > p$ oder $\mathrm{ds}(w) > q$. Das beendet den Beweis. □

Was sagt der Satz von Erdős und Szekeres für unser Problem der Einstiegszeiten beim Flugzeug? Angenommen $w = [a_1, a_2, \ldots, a_n]$ ist ein Wort in der Menge S_n. Wir definieren das umgekehrte Wort $w_r := [a_n, a_{n-1}, \ldots, a_2, a_1]$. Dann gilt $w_r \in S_n$. Angenommen $n > 1$, dann gilt für jedes Wort w, dass $w \neq w_r$ ist. Damit lässt sich die Menge S_n als disjunkte[2] Vereinigung von $n!/2$ Wortpaaren (w, w_r) schreiben. Jede aufsteigende Teilfolge des umgekehrten Wortes w_r entspricht dann einer absteigenden Teilfolge von w und umgekehrt. Wir wählen nun die natürlichen Zahlen p und q nahe an $\sqrt{n}$. Angenommen $\mathrm{is}(w) \leq \sqrt{n}$, das Einsteigen der Schlange w geht also schnell (relativ zur Größe $\sqrt{n}$). Dann sagt der Satz von Erdős und Szekeres, dass $\mathrm{ds}(w) > \sqrt{n}$ ist. Damit folgt für das umgekehrte Wort $\mathrm{is}(w_r) > \sqrt{n}$, die Passagiere in der durch w_r gegebenen Reihenfolge brauchen also relativ lange zum Einsteigen. Es gibt sicher auch Paare w und w_r, die beide mit Wartezeiten von mindestens $\sqrt{n}$ verbunden sind, wie Sie sich anhand eines Beispiels überlegen können. Feststellen können wir jetzt aber jedenfalls,

[2] Zwei Mengen A_1 und A_2 sind *disjunkt*, wenn ihre Schnittmenge leer ist, also $A_1 \cap A_2 = \emptyset$. Es ist S_n eine disjunkte Vereinigung von Mengen $A_1, \ldots, A_t$, falls $S_n = A_1 \cup \ldots \cup A_t$ und für alle $1 \leq i < j \leq t$ die Mengen A_i und A_j jeweils disjunkt sind.

dass mindestens eine der beiden Warteschlangen w und w_r langsam ist. Damit gilt für jedes Wortpaar (w, w_r) für die Einstiegszeit

$$\mathrm{is}(w) + \mathrm{is}(w_r) \geq (1 + \sqrt{n}) > \sqrt{n}.$$

Der Erwartungswert $E(n)$ erfüllt damit die Ungleichung

$$E(n) = \frac{1}{n!} \sum_{w \in S_n} \mathrm{is}(w) > \frac{1}{n!} \cdot \frac{n!}{2} \sqrt{n} = \frac{\sqrt{n}}{2}.$$

Um ein tieferes Verständnis für $\mathrm{is}(w)$ und einen Algorithmus für die Berechnung von $\mathrm{is}(w)$ zu gewinnen, müssen wir nun in eine Technologie einsteigen, die für Permutationen entwickelt wurde, die Robinson-Schenstedt-Knuth-Korrespondenz, kurz RSK-Korrespondenz.

9.4 Die Warteschlange als kombinatorisches Objekt: Young-Tableaux

Um die Robinson-Schenstedt-Knuth-Korrespondenz zu beschreiben, müssen wir Standard-(Young-)Tableaux einführen. Hierbei handelt es sich um Objekte aus der Kombinatorik, für die ganz unabhängig von dem hier beschriebenen Problem der Flugzeugeinstiegszeiten einige sehr hübsche Ergebnisse gelten. Im nächsten Kapitel werden wir dann sehen, wie wir die Warteschlange beim Flugzeugeinstieg mit diesen Hilfsmitteln analysieren und $\mathrm{is}(w)$ berechnen können.

Es sei n eine natürliche Zahl. Eine Folge $\lambda = (\lambda_1, \lambda_2, \ldots, \lambda_t)$ natürlicher Zahlen heißt eine *Partition* von n in t Teile, falls $\lambda_1 \geq \lambda_2 \geq \cdots \geq \lambda_t > 0$ und falls n die Summe der Teile $\lambda_1, \ldots, \lambda_t$ ist. Zum Beispiel ist $\lambda = (5,2,2,1)$ eine Partition von zehn in vier Teile. Der erste Teil von λ ist $\lambda_1 = 5$. Das zur Partition $\lambda = (5,2,2,1)$ gehörige Young-Diagramm ist das Diagramm:

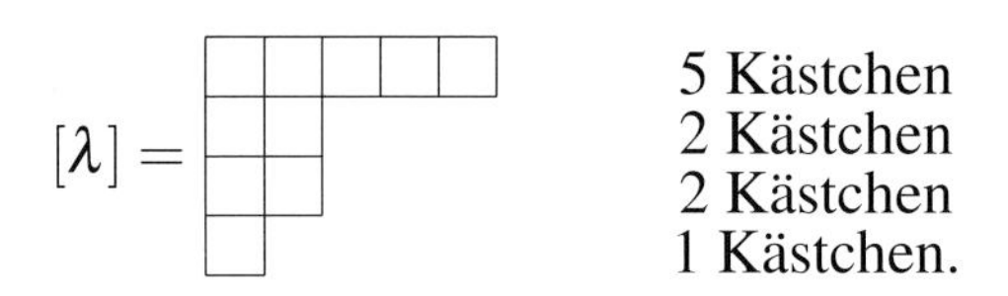

Es besteht aus zehn Kästchen, mit λ_i aufeinander folgenden Kästchen in der i-ten Reihe, so dass in jeder Reihe die Kästchen ganz links in derselben Spalte auftreten. Für eine beliebige Partition $\lambda = (\lambda_1, \lambda_2, \ldots, \lambda_t)$ definieren wir analog ein *Young-Diagramm* (oder kurz Diagramm) der Gestalt λ als die Menge

$$[\lambda] = \{(i,j) \mid 1 \leq i \leq t \text{ und } 1 \leq j \leq \lambda_i\}.$$

Graphisch ist ein Young-Diagramm eine Ansammlung von Kästchen mit einem Kästchen in Zeile i und Spalte j für jedes Paar $(i,j) \in [\lambda]$. Wir identifizieren oft das Young-Diagramm $[\lambda]$ und die Partition λ.

Es sei λ eine Partition von n. Ein Young-Tableau T der Gestalt λ (wir sprechen auch von einem λ-*Tableau*) erhält man, indem man die Kästchen des Young-Diagramms $[\lambda]$ beliebig mit den Zahlen $1, \ldots, n$ füllt, wobei jede Zahl genau einmal vorkommt. Zum Beispiel ist das folgende ein Young-Tableau der Partition $\lambda = (5,3,2)$ von 10:

$$T = \begin{array}{|c|c|c|c|c|} \hline 7 & 2 & 4 & 8 & 3 \\ \hline 5 & 10 & 6 \\ \cline{1-3} 1 & 9 \\ \cline{1-2} \end{array} .$$

Wir sagen, T hat n Kästchen, falls λ eine Partition von n ist. Ein Tableau T heißt *Standard-Tableau*, falls die Zahlen in den Zeilen von T von links nach rechts und in den Spalten von T von oben nach unten aufsteigend sind. Wir schreiben f^λ für die Anzahl der Standard-Tableaux der Gestalt λ.

Beispiel

Es sei λ eine Partition von n. Dann gibt es $n!$ Tableaux der Gestalt λ. Beispielsweise gibt es für $\lambda = (2,1)$ sechs Tableaux der Gestalt λ:

$$\begin{array}{|c|c|} \hline 1 & 2 \\ \hline 3 \\ \cline{1-1} \end{array} , \begin{array}{|c|c|} \hline 1 & 3 \\ \hline 2 \\ \cline{1-1} \end{array} , \begin{array}{|c|c|} \hline 2 & 1 \\ \hline 3 \\ \cline{1-1} \end{array} , \begin{array}{|c|c|} \hline 2 & 3 \\ \hline 1 \\ \cline{1-1} \end{array} , \begin{array}{|c|c|} \hline 3 & 1 \\ \hline 2 \\ \cline{1-1} \end{array} , \begin{array}{|c|c|} \hline 3 & 2 \\ \hline 1 \\ \cline{1-1} \end{array} .$$

Nur die ersten beiden dieser sechs Tableaux sind Standard-Tableaux, und daher gilt $f^{(2,1)} = 2$. Die Standard-Tableaux der Gestalt $(2,2)$ sind

$$\begin{array}{|c|c|}\hline 1&2\\\hline 3&4\\\hline\end{array}\,,\quad \begin{array}{|c|c|}\hline 1&3\\\hline 2&4\\\hline\end{array}\,,$$

und es gilt damit $f^{(2,2)} = 2$. Die Standard-Tableaux der Gestalt $(3,2)$ sind

$$\begin{array}{|c|c|c|}\hline 1&2&3\\\hline 4&5\\\cline{1-2}\end{array}\,,\quad \begin{array}{|c|c|c|}\hline 1&2&4\\\hline 3&5\\\cline{1-2}\end{array}\,,\quad \begin{array}{|c|c|c|}\hline 1&3&4\\\hline 2&5\\\cline{1-2}\end{array}\,,\quad \begin{array}{|c|c|c|}\hline 1&2&5\\\hline 3&4\\\cline{1-2}\end{array}\,,\quad \begin{array}{|c|c|c|}\hline 1&3&5\\\hline 2&4\\\cline{1-2}\end{array}\,,$$

und es gilt $f^{(3,2)} = 5$. Bestimmen Sie f^{λ} für einige Partitionen λ, zum Beispiel für $(4,1),(5,1)$ oder allgemeiner für $\lambda = (n-1,1)$, wobei n eine natürliche Zahl ist. Bestimmen Sie f^{λ} für die Partition $\lambda = (a,1^b)$. Hierbei sind a und b natürliche Zahlen und $(a,1^b)$ steht für die Partition von $a+b$ mit b Teilen der Größe eins.

Eine allgemeine Formel für f^{λ} herzuleiten ist etwas schwieriger, diese ist aber überraschend schön: Wir ordnen jedem Kästchen (i,j) in einem Young-Diagramm $[\lambda]$ eine natürliche Zahl zu, die sogenannte zugehörige Hakenlänge h_{ij}. Geometrisch gesehen definiert das Kästchen (i,j) einen Haken im Diagramm $[\lambda]$, und h_{ij} entspricht gerade der Anzahl der Kästchen in diesem Haken:

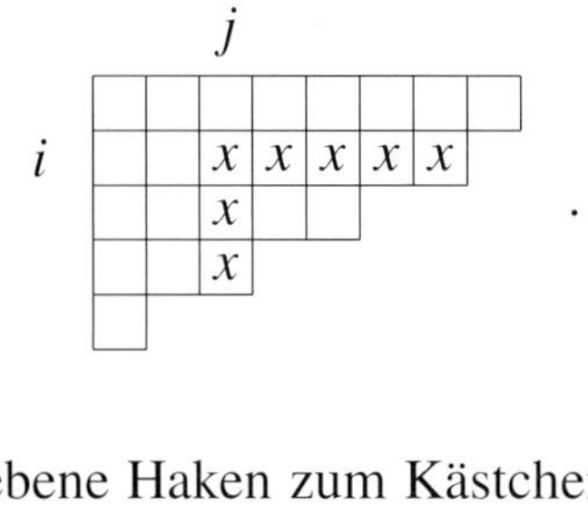

$$\begin{array}{c} \\ i \\ \\ \\ \\ \end{array}\;\begin{array}{|c|c|c|c|c|c|c|c|}\multicolumn{2}{c}{} & \multicolumn{1}{c}{j} & \multicolumn{5}{c}{}\\\hline &&&&&&&\\\hline &&x&x&x&x&x\\\cline{1-7} &&x&&\\\cline{1-5} &&x\\\cline{1-3} \\\cline{1-1}\end{array}\;.$$

Der im Beispiel angegebene Haken zum Kästchen $(2,3)$ hat die Länge sieben, da er sieben Kästchen enthält. Formal gilt

$$\begin{aligned} h_{ij} = 1 \quad &+ \quad \text{Anzahl der Kästchen in Zeile } i \text{ rechts von Kästchen } (i,j) \\ &+ \quad \text{Anzahl der Kästchen in Spalte } j \text{ unterhalb von Kästchen } (i,j). \end{aligned}$$

Theorem (Hakenformel)
Es sei λ eine Partition von n und f^λ die Anzahl der Standard-Tableaux der Gestalt λ. Dann gilt

$$f^\lambda = \frac{n!}{\prod\limits_{(i,j)\in[\lambda]} h_{ij}}.$$

Der Nenner der letzten Gleichung bedeutet: Man bilde das Produkt aller Hakenlängen h_{ij} für $(i,j) \in [\lambda]$.

Beispiel
Es sei $\lambda = (3,2)$ wie im vorigen Beispiel. Wir schreiben im folgenden Young-Diagramm in jedes Kästchen (i,j) die zugehörige Hakenlänge. Dann erhalten wir die Hakenlängen

4	3	1
2	1	

.

Es folgt mit der Hakenformel

$$f^{(3,2)} = \frac{5!}{4\cdot 3\cdot 1\cdot 2\cdot 1} = 5,$$

wie oben abgezählt.

Die Zahlen f^λ sind wichtige Invarianten (sogenannte Charaktergrade beziehungsweise Dimensionen einfacher Moduln) in der Darstellungstheorie, einem mit vielen anderen Bereichen der Mathematik und der mathematischen Physik eng verbundenen Teilgebiet der Algebra. Es gibt inzwischen Beweise der Hakenformel mit Methoden aus diversen Gebieten der Mathematik (zum Beispiel aus der Kombinatorik, der Wahrscheinlichkeitstheorie oder der komplexen Analysis). Wir können an dieser Stelle aus Platzgründen keinen Beweis angeben, sondern kommen nun zur RSK-Korrespondenz.

9.5 Robinson-Schenstedt-Knuth-Algorithmus I: Mathematiker im Kino

Es gehen n Mathematikstudentinnen und -studenten ins Kino. Die Eintrittskarten haben die Nummern $1,2,\ldots,n$, welche die Sitzpriorität angeben (die Sitze selbst sind nicht nummeriert). Hierbei steht eine kleinere Nummer für eine höhere Priorität bei der Sitzwahl. Die Mathematikstudentinnen und -studenten haben besondere Vorstellungen, was ein guter Sitzplatz im Kino ist:

Regeln

(1) Vorne sitzen ist besser als hinten sitzen.
(2) Links sitzen ist besser als rechts sitzen.

Die Studierenden kaufen Popcorn und betreten dann in beliebiger Reihenfolge den Kinosaal. Hierbei gilt:

Der 1. Kinogänger hat das Ticket mit der Nummer a_1.
Der 2. Kinogänger hat das Ticket mit der Nummer a_2.
$\vdots$
Der n. Kinogänger hat das Ticket mit der Nummer a_n.

Die Reihenfolge, in der die Studierenden den Kinosaal betreten, entspricht also einem Wort $w = [a_1, a_2, \ldots, a_n]$ in der Menge S_n der Permutationen von n Objekten. In welcher Form die beiden oben angegebenen Regeln im RSK-Algorithmus angewandt werden, definieren wir im Folgenden:

Der erste Kinogänger mit der Ticketnummer a_1 geht in den Kinosaal und setzt sich auf den besten Platz. Der beste Platz ist vorne links. Der zweite Kinogänger betritt den Saal. Er zeigt dem ersten Kinogänger seine Karte mit der Nummer a_2. Zwei Fälle sind im Robinson-Schenstedt-Knuth-Algorithmus möglich:

1. Falls $a_2 < a_1$, hat der zweite Kinogänger eine höhere Priorität als der erste. Der erste Kinogänger muss aufstehen und in die nächste (zweite) Reihe

gehen. Er setzt sich dort auf den besten Platz, den er mit seiner Prioritätsnummer bekommen kann. In diesem Fall ist das der Platz ganz links. Der zweite Kinogänger hingegen nimmt den besten Platz ein, also in der ersten Reihe, ganz links. Die Anordnung im Kino ist

vorne

links
$$\begin{array}{|c|}\hline a_2 \\ \hline a_1 \\ \hline \end{array}\ .$$

2. Falls $a_2 > a_1$, hat der erste Kinogänger eine höhere Priorität. Er darf daher auf seinem Platz sitzen bleiben. Der zweite Kinogänger setzt sich auf den besten Platz, den er in der ersten Reihe bekommen kann. In diesem Fall ist das der zweite Platz von links. Die Anordnung im Kino ist:

vorne

links
$$\begin{array}{|c|c|}\hline a_1 & a_2 \\ \hline \end{array}\ .$$

Im Robinson-Schenstedt-Knuth-Algorithmus wird dieser Prozess nun wiederholt.

Beispiel

Es sei die Anzahl der Kinogänger $n = 10$. Die ersten sieben Kinobesucher sitzen bereits im Saal, und die Sitze sind wie folgt besetzt:

vorne

links
$$\begin{array}{|c|c|c|c|}\hline 2 & 4 & 6 & 8 \\ \hline 3 & 5 \\ \cline{1-2} 10 \\ \cline{1-1} \end{array}\ .$$

Hierbei entspricht ein Kästchen einem besetzten Sitz, und der entsprechende Kinobesucher hat die Prioritätsnummer, die im Kästchen angegeben ist. Vor dem Kinosaal befinden sich noch Amelie mit der Sitzpriorität 9, Beatrice mit der Sitzpriorität 7 und Cecile mit der Sitzpriorität 1. Amelie betritt den Kinosaal. Sie sucht in der ersten Reihe die kleinste Zahl größer als 9. Solch eine Zahl gibt es nicht. Also nimmt sie den besten freien Platz in der ersten Reihe:

$$\begin{array}{|c|c|c|c|c|}\hline 2 & 4 & 6 & 8 & 9 \\ \hline 3 & 5 \\ \cline{1-2} 10 \\ \cline{1-1} \end{array}\ .$$

Nun betritt Beatrice den Saal. Sie läuft die erste Reihe entlang von links nach rechts, bis sie die kleinste Zahl größer als 7 findet. Das ist 8. Der Student Ali mit der Prioritätsnummer 8 muss aufstehen und in die zweite Reihe gehen, und Beatrice setzt sich auf seinen Platz. Ali läuft von links nach rechts die zweite Reihe entlang, bis er die kleinste Zahl größer als 8 findet. Eine solche Zahl gibt es nicht. Er setzt sich deshalb auf den besten freien Platz in der zweiten Reihe. Wir veranschaulichen dies durch:

$$7 \rightsquigarrow \begin{array}{|c|c|c|c|c|}\hline 2&4&6&8&9\\\hline 3&5\\\cline{1-2} 10\\\cline{1-1}\end{array} \quad\Longrightarrow\quad 8 \rightsquigarrow \begin{array}{|c|c|c|c|c|}\hline 2&4&6&7&9\\\hline 3&5\\\cline{1-2} 10\\\cline{1-1}\end{array} \quad\Longrightarrow\quad \begin{array}{|c|c|c|c|c|}\hline 2&4&6&7&9\\\hline 3&5&8\\\cline{1-3} 10\\\cline{1-1}\end{array}\,.$$

Schließlich betritt Cecile den Kinosaal. Sie hat heute Geburtstag und daher die höchste Priorität 1. Sie geht zielstrebig auf den besten Platz im Kino zu: in der ersten Reihe ganz links. Dort sitzt Bert, mit der Prioritätsnummer 2. Bert muss aufstehen und in die zweite Reihe gehen. Die kleinste Zahl größer als 2 in der zweiten Reihe ist 3. Dort sitzt Chris. Er muss aufstehen und in die dritte Reihe gehen. Die kleinste Zahl größer als 3 in der dritten Reihe ist 10. Diese gehört Dani. Dani muss in die vierte Reihe gehen und setzt sich dort auf den (freien) Sitz ganz links. Die Anordnung im Kinosaal ist dann:

$$R_1(w) = \begin{array}{|c|c|c|c|c|}\hline 1&4&6&7&9\\\hline 2&5&8\\\cline{1-3} 3\\\cline{1-1} 10\\\cline{1-1}\end{array}\,.$$

Wir haben einem Wort $w \in S_{10}$ damit ein Young-Tableau $R_1(w)$ zugeordnet und damit eine Funktion R_1 definiert. Der angegebene Algorithmus definiert den ersten Teil der Robinson-Schenstedt-Knuth-Korrespondenz. An dieser Stelle sollten Sie einige Beispiele zum RSK-Algorithmus durchspielen: Berechnen Sie die Young-Tableaux $R_1(v_1)$ und $R_1(v_2)$ für

$$v_1 = [3,5,10,2,6,8,4,9,7,1] \quad \text{und} \quad v_2 = [3,5,6,10,2,8,4,9,7,1]. \tag{9.6}$$

Schreiben Sie sich ein beliebiges Wort $w \in S_{10}$ hin, und konstruieren Sie wie im obigen Beispiel das dazugehörige Young-Tableau $R_1(w)$ mit dem RSK-Algorithmus. Beobachten Sie: Es folgt direkt aus der Definition des Algorithmus, dass die Einträge in den so konstruierten Young-Tableaux $R_1(w)$ immer

1. von links nach rechts aufsteigen,
2. von oben (vorne im Kinosaal) nach unten (hinten im Kinosaal) aufsteigen.

Der RSK-Algorithmus ordnet also jedem $w \in S_n$ ein Standard-Tableau $R_1(w)$ mit n Kästchen zu.

9.6 Robinson-Schenstedt-Knuth-Algorithmus II

Können wir umgekehrt zu einem gegebenen Standard-Young-Tableau T mit n Kästchen ein Wort $w \in S_n$ konstruieren mit $R_1(w) = T$? Wir müssen hierzu den im vorigen Kapitel beschriebenen RSK-Algorithmus rückwärts anwenden. Wir betrachten nochmals die Diagramme

$$R' := \begin{array}{|c|c|c|c|c|}\hline 2&4&6&7&9\\ \hline 3&5&8 \\ \cline{1-3} 10 \\ \cline{1-1}\end{array} \qquad \text{und} \qquad R'' := \begin{array}{|c|c|c|c|c|}\hline 1&4&6&7&9\\ \hline 2&5&8 \\ \cline{1-3} 3 \\ \cline{1-1} 10 \\ \cline{1-1}\end{array}$$

aus dem vorigen Beispiel. Möchte man den RSK-Algorithmus rückwärts anwenden, so gibt es das folgende Problem: Das Wort $w \in S_n$ ist durch $R_1(w)$ nicht eindeutig bestimmt. Es gilt zum Beispiel für die beiden Wörter in (9.6), dass $R_1(v_1) = R'' = R_1(v_2)$ ist. Der Algorithmus zur Funktion R_1 besteht aus n Schritten; in jedem Schritt wird das Diagramm um ein weiteres Kästchen erweitert, indem eine neue Zahl nach obigen Vorschriften in das Diagramm eingearbeitet wird. Wenn wir den Algorithmus rückwärts anwenden wollen, müssen wir wissen, welches Kästchen in welchem Schritt dazugekommen ist.

Beispiel

Betrachten wir nochmals das letzte Beispiel. Im letzten Schritt des RSK-Algorithmus kam das Kästchen $(4,1)$ hinzu, das erste Kästchen in Reihe vier. Es hat den Eintrag 10. Der Eintrag 10 kam aus der dritten Zeile, wo die 10 von der größten Zahl kleiner als 10 vertrieben wurde. In diesem Fall war das die 3. Der Eintrag 3 kam also aus der zweiten Zeile, wo die 3 von der größten Zahl kleiner als 3 vertrieben wurde. Das war die 2. Der

Eintrag 2 kam also aus der ersten Zeile, wo die 2 vom größten Eintrag kleiner als 2 vertrieben wurde. Dies war die 1. Der Eintrag 1 fällt aus dem Diagramm heraus, und wir haben das Diagramm R' (siehe oben) aus dem vorletzten Schritt hergestellt, indem wir das Kästchen $(4,1)$ nach den umgekehrten Regeln wieder aus dem Diagramm R'' gelöscht haben.

Um eine Umkehrabbildung zu R_1 angeben zu können, müssen wir deshalb den Algorithmus erweitern zu einer Abbildung

$$RSK : w \mapsto (R_1(w), R_2(w)),$$

wobei ein Wort $w \in S_n$ abgebildet wird auf ein Paar $(R_1(w), R_2(w))$ von Standard-Tableaux gleicher Gestalt. Das Tableau $R_1(w)$ wurde im letzten Kapitel definiert. Das Tableau $R_2(w)$ hält fest, welches Kästchen von $R_1(w)$ zu welchem Zeitpunkt im Algorithmus dazugekommen ist.

Beispiel
Wir betrachten das Wort $w = [3,1,5,2,4]$ in der Menge S_5. Der RSK-Algorithmus liefert das Standard-Tableau $R_1(w)$ wie folgt:

$$\begin{array}{|c|}\hline 3\\\hline\end{array} \rightsquigarrow \begin{array}{|c|}\hline 1\\\hline 3\\\hline\end{array} \rightsquigarrow \begin{array}{|c|c|}\hline 1&5\\\hline 3\\\cline{1-1}\end{array} \rightsquigarrow \begin{array}{|c|c|}\hline 1&2\\\hline 3&5\\\hline\end{array} \rightsquigarrow \begin{array}{|c|c|c|}\hline 1&2&4\\\hline 3&5\\\cline{1-2}\end{array} = R_1(w).$$

Das Young-Tableau $R_2(w)$ hält fest, in welchem Schritt welches Kästchen bei der Konstruktion von $R_1(w)$ dazugekommen ist:

$$\begin{array}{|c|}\hline 1\\\hline\end{array} \rightsquigarrow \begin{array}{|c|}\hline 1\\\hline 2\\\hline\end{array} \rightsquigarrow \begin{array}{|c|c|}\hline 1&3\\\hline 2\\\cline{1-1}\end{array} \rightsquigarrow \begin{array}{|c|c|}\hline 1&3\\\hline 2&4\\\hline\end{array} \rightsquigarrow \begin{array}{|c|c|c|}\hline 1&3&5\\\hline 2&4\\\cline{1-2}\end{array} = R_2(w).$$

Nach Konstruktion hat also $R_2(w)$ immer die gleiche Gestalt wie $R_1(w)$, und der Eintrag in einem Kästchen in $R_2(w)$ gibt an, in welchem Schritt des Algorithmus das Kästchen dazugekommen ist. Ebenfalls nach Konstruktion folgt, dass auch das Young-Tableau $R_2(w)$ ein Standard-Tableau ist. Mit dem Beispiel haben wir angedeutet, dass sich die durch den RSK-Algorithmus gegebene Zuordnung $w \mapsto R_1(w)$ auch umkehren lässt. Es gilt:

Theorem (Robinson-Schenstedt-Knuth-Korrespondenz)
Die Menge S_n aller Permutationen von n Objekten hat gleich viele Elemente wie die Menge

$$\{(P,Q) \mid P,Q \text{ Standard-Tableaux gleicher Gestalt } \lambda \text{ für eine Partition } \lambda \text{ von } n\}.$$

Eine Bijektion[3] zwischen diesen beiden Mengen ist durch die Abbildung RSK gegeben. Da die Anzahl der Standard-λ-Tableaux gerade f^λ ist, folgt insbesondere

$$n! = \sum_\lambda (f^\lambda)^2,$$

wobei die Summe über alle Partitionen λ von n läuft.

Da das Tableau $R_1(w)$ ein Standard-Tableau ist, steht in der ersten Zeile eine aufsteigende Folge von Zahlen. Wenn man den Algorithmus nochmals genau durchgeht, sieht man, dass dies tatsächlich einer aufsteigenden Teilfolge in w entspricht und dass sogar die folgende Formel gilt:

Theorem (Schenstedt [10], 1961)

- Die Länge der ersten Zeile des Young-Tableau $R_1(w)$ ist $\text{is}(w)$.
- Die Länge der ersten Spalte des Young-Tableau $R_1(w)$ ist $\text{ds}(w)$.

Die erste Aussage bedeutet, dass die Länge der ersten Zeile genau die Wartezeit ist, die man erhält, wenn die Flugzeugpassagiere in der durch w gegebenen Ordnung einsteigen.

Mit Hilfe der RSK-Korrespondenz lässt sich nun auch der Satz von Erdős und Szekeres besser verstehen: Es sei $n = p \cdot q + 1$. Da $R_1(w)$ genau n Kästchen (sagen wir der Seitenlänge eins) hat, passt es als Diagramm nicht in ein Rechteck der Seitenlänge $p \times q$. Damit gilt

$$\text{is}(w) > p \quad \text{oder} \quad \text{ds}(w) > q.$$

Dies ist genau die Behauptung des Satzes von Erdős und Szekeres.

[3] Wir bezeichnen mit id_X die Identitätsabbildung auf einer Menge X, also $\text{id}_X(p) = p$ für jedes Element p von X. Eine Abbildung $f : A \to B$ zwischen zwei Mengen A und B heißt eine *Bijektion* oder *invertierbar*, falls es eine Abbildung $f^{-1} : B \to A$ gibt mit den Eigenschaften $f^{-1} \circ f = \text{id}_A$ und $f \circ f^{-1} = \text{id}_B$. Diese Definition ist gleichbedeutend damit, dass jedes Element b von B als Bild $f(a)$ von genau einem Element a in A vorkommt.

9.7 Die durchschnittliche Einstiegszeit *E(n)*

Es sei n eine natürliche Zahl. In den letzten Kapiteln haben wir uns ein wenig mit der wunderschönen Kombinatorik von Young-Tableaux beschäftigt. Wir haben eine Formel für die Flugzeugeinstiegszeit in einer durch ein Wort w gegebenen konkreten Situation gefunden. In diesem Abschnitt wollen wir die Fäden zusammenbringen: Wir wollen eine Vorstellung davon bekommen, wie die kombinatorischen Ergebnisse auf unser ursprüngliches Problem, die Berechnung der durchschnittlichen Einstiegszeit $E(n)$ – siehe Gleichung (9.3) – in ein Flugzeug, angewandt werden.

Zu einem Wort $w \in S_n$ gehört wie oben erklärt ein Young-Tableau $R_1(w)$. Angenommen das Tableau $R_1(w)$ hat die Gestalt $\lambda = (\lambda_1, \lambda_2, \ldots)$. Dann folgt nach dem Satz von Schenstedt, dass die Länge der ersten Zeile von $R_1(w)$ gerade $\lambda_1 = \mathrm{is}(w)$ ist. Nach der RSK-Korrespondenz gibt es genau $(f^\lambda)^2$ viele Wörter $w \in S_n$, so dass $R_1(w)$ ein Tableau der Gestalt λ ist. Es gilt also:

$$E(n) = \frac{1}{n!} \sum_{w \in S_n} \mathrm{is}(w) = \frac{1}{n!} \sum_{\lambda} \lambda_1 \cdot (f^\lambda)^2,$$

wobei die letzte Summe über alle Partitionen $\lambda = (\lambda_1, \lambda_2, \ldots)$ von n läuft, und λ_1 der erste Teil von λ ist. Die durchschnittliche Einstiegszeit hängt also ab von den Partitionen λ und der Anzahl f^λ der Standard-Tableaux von Gestalt λ.

Von nun an nehmen wir an, dass die natürliche Zahl n groß ist. Wir wollen den Erwartungswert $E(n)$ besser abschätzen. Nach der RSK-Korrespondenz gilt

$$n! = \sum_{\lambda} (f^\lambda)^2.$$

Wir nehmen an, dass es in dieser Gleichung einen eindeutigen Summanden gibt, der die Summe dominiert. Das heißt, es gibt für jede große natürliche Zahl n eine Partition μ, für die f^μ maximal ist und für die $(f^\mu)^2$ ungefähr so groß ist wie $n!$. Wir schreiben hierfür

$$n! \approx (f^\mu)^2.$$

Dann lässt sich der Erwartungswert der Flugzeugeinstiegszeiten abschätzen durch

$$E(n) = \frac{1}{n!}\sum_{\lambda}\lambda_1 \cdot (f^{\lambda})^2 \approx \frac{1}{n!}\cdot \mu_1 \cdot (f^{\mu})^2 \approx \mu_1,$$

also durch die Länge der ersten Zeile des Young-Diagramms $[\mu]$. Unser Problem der Berechnung von $E(n)$ lässt sich also an dieser Stelle umformulieren: Wir wollen für sehr große n wissen, wie das Young-Diagramm $[\mu]$ aussieht, für das f^{μ} maximal ist. Insbesondere wollen wir wissen, wie lang die erste Zeile μ_1 dieses Diagrams $[\mu]$ ist. Dieses Problem wurde von den Mathematikern Vershik und Kerov (siehe [13]) und unabhängig auch von Logan und Shepp (siehe [8]) in den siebziger Jahren des letzten Jahrhunderts gelöst.

Zeichnen Sie Young-Diagramme mit n Kästchen so, dass der Flächeninhalt des Young-Diagramms insgesamt eins, die Seitenlänge jedes Kästchens also gerade $1/\sqrt{n}$ ist. Für immer größer werdende n nähern sich die Diagramme $[\mu]$ dann einer Gestalt an, die durch die x-Achse, die y-Achse und die folgende Kurve (siehe Abbildung 9.3) definiert ist:

$$\begin{aligned} x &= -y + 2\cdot\cos(\varphi), \\ y &= -\frac{2}{\pi}\sin(\varphi) + \frac{2}{\pi}\varphi\cdot\cos(\varphi), \end{aligned}$$

mit $0 \le \varphi \le \pi$. Dass eine solche Kurve existiert und warum sie diese Gestalt hat, können wir hier nicht beweisen.

Der Schnittpunkt der Kurve mit der x-Achse ist $\mu_1 = 2$. Da die Kästchen die Seitenlänge $1/\sqrt{n}$ haben, folgt

$$E(n) \approx 2\sqrt{n}.$$

Wie genau ist der für $E(n)$ geschätzte Wert, und wie nahe kommen ihm die Einstiegszeiten mit welcher Wahrscheinlichkeit? Hierzu müssten wir die Wahrscheinlichkeitsverteilung von $\mathrm{is}(w)$ für $w \in S_n$ bestimmen. Dies ist ein schwieriges Problem. Gessel hat dieses Problem 1990 in einer Forschungsarbeit umformuliert in ein Problem, in dem eine nach Painlevé benannte Differentialglei-

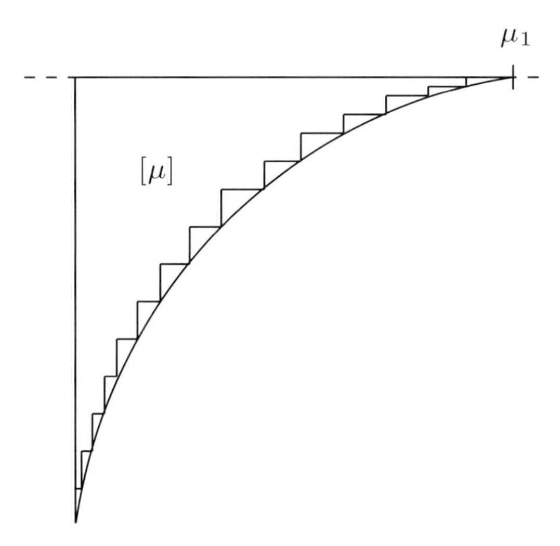

Abbildung 9.3: Approximative Gestalt eines Young-Diagramms $[\mu]$ mit maximalem f^μ

chung[4] gelöst werden muss. Paul Painlevé (1863–1933) war französischer Mathematiker und zweimal Premierminister der dritten französischen Republik. Angeblich weckten die Anwendungen seiner Differentialgleichungen auf die Theorie des Fliegens in ihm Interesse an der Fliegerei. Er gilt kurioserweise auch als der erste Flugzeugpassagier der Wright-Brüder in Frankreich. Die relevante Painlevé-Gleichung wurde 1999 von Baik, Deift und Johansson in einer 60 Seiten langen Forschungsarbeit gelöst (siehe [4]). Bei der gesuchten Wahrscheinlichkeitsverteilung von $\text{is}(w)$ handelt es sich um eine sogenannte Tracey-Widom-Verteilung. Solche Verteilungen treten zum Beispiel auch in der Theorie der Zufallsmatrizen auf, unter anderem bei Anwendungen in der Teilchenphysik.

An dieser Stelle braucht man also neben Algebra und Kombinatorik noch viele andere Gebiete der reinen oder angewandten Mathematik, wie zum Beispiel Analysis und Wahrscheinlichkeitstheorie. Zwischen diesen Gebieten entstehen unerwartete und spannende Beziehungen. Abstrakte Konzepte erhalten plötzlich

[4] Der Beitrag von Heike Faßbender erklärt, was eine Differentialgleichung ist.

unvorhersehbare Anwendungen, nicht nur auf dieses konkrete Problem, sondern auch auf viele andere, scheinbar völlig unabhängige Probleme. Das illustriert die universelle Rolle der Mathematik als Sprache der Wissenschaft, aber auch die Entwicklung mathematischer Konzepte, die aus theoretischen Gründen eingeführt werden und irgendwann überraschend in Anwendungen gebraucht werden. Letzteres inspiriert unter Umständen dann wiederum neue theoretische Untersuchungen.

Mit Methoden, die Algebra, Kombinatorik, Analysis und Wahrscheinlichkeitstheorie kombinieren, kann man nun auch überlegen, wie ein Modell für das Einsteigen in ein konkretes Flugzeug aussehen würde und welche (praktischen) Maßnahmen die Einstiegszeit verkürzen würden (siehe [2, 3]): Soll man bei einem Flugzeug mit sechs Sitzen in jeder Reihe zum Beispiel erst alle Passagiere einsteigen lassen, die am Fenster sitzen? Was bedeutet das für die aufsteigenden Teilfolgen? Hier können Sie viele Fragen stellen und experimentieren.

Literaturhinweise

Darstellungstheorie studiert abstrakte Symmetrien. Eine erste Vorstellung hierzu vermittelt das Büchlein von Farmer [5], welches ohne universitäre Vorbildung gut lesbar ist. In diesem Text wird durch das Studium von Symmetrien auf spielerische Weise der Begriff der Gruppe entwickelt. Erste Berührung mit universitärer Mathematik in Algebra, Kombinatorik, Analysis und Wahrscheinlichkeitstheorie und in vielen anderen Bereichen der Mathematik kann man mit den elementar gehaltenen Büchern von Schaum's Outlines gewinnen. Eine systematische Einführung in Gruppentheorie erhält man zum Beispiel in [1]. Die restliche unten angegebene Literatur ist Fachliteratur und ist mit Schulwissen alleine größtenteils nicht zugänglich. Eine fachliche Übersicht erhält man in [12]. Teilweise zugänglich für die weniger fachlich ausgebildete Leserin mit einem dicken Fell sind einzelne Kapitel aus Textbüchern, die sich ausschließlich mit Kombinatorik beschäftigen, zum Beispiel in [6, 7, 9, 11].

Literatur

[1] AYRES, F., JAISINGH, L. R.: Abstract Algebra. Schaum's Easy Outlines, McGraw-Hill, 2003

[2] BACHMAT, E., BEREND, D., SAPIR, L., SKIENA, S., STOLYAROV, N.: Analysis of aeroplane boarding via spacetime geometry and random matrix theory. J. Phys. A **39**, 453–459 (2006)

[3] BACHMAT, E., BEREND, D., SAPIR, L., SKIENA, S., STOLYAROV, N.: Analysis of airplane boarding times. Preprint.

[4] BAIK, J., DEIFT, P., JOHANSSON, K.: On the distribution of the length of the longest increasing subsequence of random permutations. J. Amer. Math. Soc. **12 (4)**, 1119–1178 (1999)

[5] FARMER, D. W.: Groups and Symmetry. A guide to discovering mathematics. Mathematical World **5**, American Mathematical Society, 1996

[6] FULTON, W.: Young Tableaux. London Mathematical Society Student Texts **35**, Cambridge University Press, 1997

[7] KNUTH, D.: The Art of Computer Programming, **3**, Addison-Wesley, 1998

[8] LOGAN, B. F., SHEPP, L. A.: A variational problem for random Young tableaux. Adv. Math. **26**, 206–222 (1977)

[9] SAGAN, B. E.: The Symmetric Group: Representations, Combinatorial Algorithms, and Symmetric Functions. Graduate Texts in Mathematics **203**, Springer-Verlag, 2. Aufl. 2000

[10] SCHENSTED, C. E.: Longest increasing and decreasing subsequences. Canad. J. Math. **13**, 179–191 (1961)

[11] STANLEY, R.: Enumerative Combinatorics. Cambridge Studies in Advanced Mathematics **62**, Volume 2, Cambridge University Press, 1999

[12] STANLEY, R.: Increasing and decreasing subsequences and their variants. Proc. International Congress of Mathematicians, Vol. I, 545–579, Eur. Math. Soc., Zürich, 2007

[13] VERSHIK, A. M., KEROV, S. V.: Asymptotics of the Plancherel measure of the symmetric group and the limit of Young tableaux. Dokl. Akad. Nauk SSSR **233** 1024–1027 (1977). English translation in Soviet Math. Dokl. **18**, 527–531 (1977)

Die Autorin:

Anne Henke, PhD
Pembroke College
St Aldates
OX1 1DW Oxford
Großbritannien
henke@maths.ox.ac.uk

10 Mit Mathematik zu verlässlichen Simulationen: numerische Verfahren zur Lösung zeitabhängiger Probleme

Marlis Hochbruck

10.1 Einleitung

Viele Prozesse in der Natur, Technik oder Wirtschaft werden durch mathematische Modelle beschrieben, bei denen man etwas über die Änderung der gesuchten Größe weiß, ohne die gesuchte Größe selbst zu kennen. Beschreiben wir den Wert dieser Größe zu einer Zeit t mit $y(t)$, dann werden Änderungen von y durch die erste Ableitung $y'(t)$ beschrieben. Kennt man die Ableitung $y'(t)$ und einen Wert der Größe $y(t_0)$ zur Zeit t_0 (Anfangswert), so kann man die Funktion $y(t)$ durch Integration erhalten:

$$y(t) = y(t_0) + \int_{t_0}^{t} y'(\tau)d\tau.$$

Wir wollen hier Probleme betrachten, bei denen die Änderung der Funktion von der Funktion selbst abhängt. Ein einfaches Beispiel ist uns aus der Mechanik bekannt. Das zweite Newton'sche Gesetz lautet

$$\text{Kraft} = \text{Masse} \times \text{Beschleunigung}. \tag{10.1}$$

Wir bezeichnen die Kraft mit F, die Masse mit m und die Position, an der sich der Körper zur Zeit t befindet, mit $q(t)$. Dann ist die Geschwindigkeit $v(t)$ zur

Zeit t die zeitliche Änderung des Ortes, $v(t) = q'(t)$, und die Beschleunigung $a(t)$ ist die zeitliche Änderung der Geschwindigkeit, $a(t) = v'(t) = q''(t)$. Da die Kraft von der Zeit (zum Beispiel durch einen äußeren Antrieb) und der Position abhängen kann (zum Beispiel ist die Schwerkraft auf Erde und Mond unterschiedlich), ist Gleichung (10.1) als Formel ausgedrückt eine Differentialgleichung

$$F\big(t, q(t)\big) = m v'(t), \qquad q'(t) = v(t). \tag{10.2}$$

Äquivalent kann man $v'(t)$ auch durch die zweite Ableitung $q''(t)$ ersetzen:

$$F\big(t, q(t)\big) = m q''(t). \tag{10.3}$$

Die Lösung einer Differentialgleichung ist in der Regel nicht eindeutig bestimmt; sie wird eindeutig, wenn man gewisse Werte der Lösung oder deren Ableitung vorschreibt, beispielsweise den Wert der Lösung zu einer Anfangszeit t_0 (wie beim Integrationsproblem). Wie viele Werte der Lösung man benötigt, hängt von der höchsten auftretenden Ableitung ab. So wird die mechanische Bewegung (10.2) durch Vorgabe der Anfangsposition $q(t_0)$ und der Anfangsgeschwindigkeit $v(t_0)$ eindeutig beschrieben. In der Form (10.3) erreicht man die Eindeutigkeit durch Vorgabe von $q(t_0)$ und $q'(t_0)$.

Es ist meist leicht zu überprüfen, ob eine gegebene Funktion eine Differentialgleichung erfüllt, denn hierzu muss man die Funktion nur ableiten und in die Gleichung einsetzen. Als ein Beispiel hierfür betrachten wir exponentielles Wachstum, bei dem die Änderung eines Bestandes $y'(t)$ proportional zum Bestand $y(t)$ ist. Dies wird durch die Differentialgleichung

$$y'(t) = \lambda y(t) \tag{10.4}$$

mit einem reellen Parameter λ beschrieben. Für $\lambda > 0$ nimmt der Bestand im zeitlichen Verlauf zu, für $\lambda < 0$ nimmt er ab, und für $\lambda = 0$ bleibt der Bestand konstant. Beispiele für exponentielles Wachstum sind die Vermehrung von Bakterien oder Viren.

Durch Ableiten und Einsetzen in (10.4) kann man nachrechnen, dass

$$y(t) = e^{\lambda(t-t_0)} y(t_0) \tag{10.5}$$

die Differentialgleichung (10.4) erfüllt. Dies erklärt auch die Bezeichnung *exponentielles Wachstum* (im Fall $\lambda > 0$) beziehungsweise *exponentielles Abklingen* (im Fall $\lambda < 0$).

Eine deutlich schwierigere Aufgabe als die Überprüfung der Korrektheit einer gegebenen Lösung einer Differentialgleichung ist deren Berechnung. In vielen Problemen von praktischem Interesse weiß man, dass eine Lösung existiert, kann aber keine geschlossene Formel hierfür angeben, weil es eine solche oft gar nicht gibt. Dann muss man sich mit Näherungen zufriedengeben, die mit Hilfe eines Computers berechnet werden. Auch wenn es zunächst unbefriedigend erscheint, dass wir jetzt nicht mehr tatsächliche Lösungen berechnen, sondern nur Näherungen, ist das für die meisten praktischen Anwendungen vollkommen ausreichend. Durch Messfehler, ungenaue Kenntnis über die Anfangsdaten (etwa die Positionen von Himmelskörpern) oder vereinfachte Annahmen beschreiben Differentialgleichungen in der Regel die Natur ohnehin nicht exakt, sondern nur näherungsweise. Die exakte Lösung einer solchen Differentialgleichung ist also auch schon eine Näherung.

Um verlässliche Simulationen durchzuführen, muss man wissen, wie groß deren Fehler ist und welche Eigenschaften die Näherungen haben. Die numerische Mathematik befasst sich unter anderem damit, Verfahren zu konstruieren, mit denen man solche Näherungen berechnen kann, sowie deren Fehler und Eigenschaften zu analysieren. Wichtig ist natürlich, dass die Analyse der Fehler nur Annahmen über die Lösung verwendet, die man überprüfen kann, ohne die Lösung selbst zu kennen. Zum Beispiel weiß man für viele mechanische Probleme, dass die Gesamtenergie des Systems, also die Summe aus potentieller Energie (Lageenergie) und kinetischer Energie (Bewegungsenergie), im zeitlichen Verlauf erhalten bleibt, wenn man Reibung oder Luftwiderstand vernachlässigt. Solche Erhaltungseigenschaften werden wir im Folgenden diskutieren.

10.2 Erste numerische Verfahren

Wir betrachten ein Anfangswertproblem der Form

$$y'(t) = f\big(y(t)\big), \qquad y(t_0) = y_0, \tag{10.6}$$

wobei f eine Funktion ist, t die Zeit bezeichnet und der Anfangswert y_0 zur Zeit t_0 vorgegeben ist. Um die Lösung y zu approximieren, versucht man, Näherungen nicht mehr zu jeder beliebigen Zeit, sondern nur noch zu endlich vielen Zeitpunkten $t_0 \le t_n \le T$ mit

$$t_0, \quad t_1 = t_0 + h, \quad t_2 = t_0 + 2h, \quad \dots \quad \text{also} \quad t_n = t_0 + nh \quad \text{für} \quad n = 0, 1, \dots$$

zu berechnen, wobei der Abstand zwischen den Zeitpunkten durch die Schrittweite $h > 0$ gegeben ist. Für $n = 0$ wissen wir aus der Anfangsbedingung, dass $y_0 = y(t_0)$ gilt. Außerdem kennen wir die Steigung $y'(t_0) = f(y_0)$, so dass wir die Tangente ℓ_0 an die Lösung im Punkt (t_0, y_0) angeben können (zum Beispiel das erste rote Geradenstück in Abbildung 10.1). Eine Näherung y_1 an die Lösung $y(t_1)$ nach einem Zeitschritt mit der Schrittweite h bekommen wir durch den Wert der Tangente zur Zeit $t_1 = t_0 + h$:

$$y_1 = \ell_0(t_1).$$

Im nächsten Schritt verwendet man (t_1, y_1) als Startwert, um eine Gerade ℓ_1 zu berechnen, die durch diesen Startwert geht und die Steigung $f(y_1)$ hat. Diese ist jedoch keine Tangente an die Lösung, da im Allgemeinen $y_1 \neq y(t_1)$ gilt. Wenn y_1 aber nahe genug an $y(t_1)$ liegt, dann ist ℓ_1 eine gute Näherung dieser Tangente.

Allgemein approximiert man beim sogenannten *expliziten Euler-Verfahren* die Lösung im Zeitschritt von t_n bis t_{n+1} durch eine Gerade ℓ_n, wobei $\ell_n(t_n) = y_n$ und $\ell_n'(t_n) = f(y_n)$ gilt (in Abbildung 10.1 rot eingezeichnet). Damit ist

$$\ell_n(t) = y_n + (t - t_n) f(y_n), \qquad t_n \le t \le t_{n+1}. \tag{10.7}$$

Als Näherung y_{n+1} für $y(t_{n+1})$ zur Zeit t_{n+1} setzt man

$$y_{n+1} = \ell_n(t_{n+1}) = y_n + hf(y_n). \tag{10.8}$$

y_{n+1} kann also durch Einsetzen von y_n in die Funktion f berechnet werden, weshalb man von einem *expliziten Verfahren* spricht. Die Lösungskurve aus den Näherungen des Euler-Verfahrens setzt sich aus Geradenstücken ℓ_n für $n = 0, 1, \ldots$ zusammen, wie man in Abbildung 10.1 erkennt. Daher heißt das Verfahren auch *Euler'sches Polygonzugverfahren*.

Eine andere Möglichkeit ist dadurch gegeben, dass im n-ten Schritt die Gerade $\widetilde{\ell}_n$ durch den Punkt (t_n, y_n) geht und die Differentialgleichung zur Zeit t_{n+1} erfüllt, also $\widetilde{\ell}'_n(t_{n+1}) = f(y_{n+1})$ gilt:

$$\widetilde{\ell}_n(t) = y_n + (t - t_n) f(y_{n+1}). \tag{10.9}$$

Analog zum expliziten Euler-Verfahren definiert man die Näherung y_{n+1} für $y(t_{n+1})$ durch

$$y_{n+1} = \widetilde{\ell}_n(t_{n+1}) = y_n + hf(y_{n+1}). \tag{10.10}$$

Das Problem hierbei ist, dass y_{n+1} auf beiden Seiten der Gleichung auftritt. y_{n+1} wird also durch diese Gleichung erst bestimmt und kann nicht wie beim expliziten Euler-Verfahren durch Einsetzen in die rechte Seite der Gleichung (10.8) berechnet werden. Daher nennt man dieses Verfahren das *implizite Euler-Verfahren*. Bei einer komplizierten Funktion f kann es sehr aufwändig sein, die Gleichung (10.10) nach der neuen Näherung y_{n+1} aufzulösen (aber es kann sich lohnen). Die Näherungen des impliziten Euler-Verfahrens sind in Abbildung 10.1 grün eingezeichnet.

Man kann zeigen, dass unter geeigneten Voraussetzungen an die Lösung y der sogenannte *Diskretisierungsfehler* $y(t_n) - y_n$ der Näherung zur Zeit t_n proportional zur Schrittweite h ist. Also wird der Fehler immer kleiner, wenn man die Schrittweite h verkleinert. Dies erkennt man in Abbildung 10.1 rechts, in der die Schrittweite halb so groß ist wie im linken Bild.

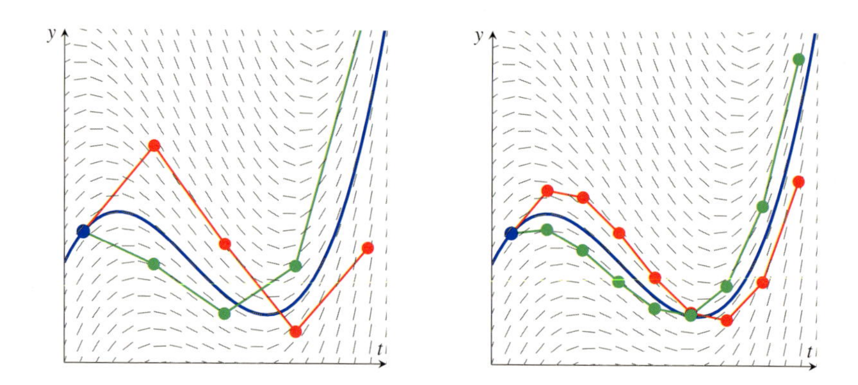

Abbildung 10.1: Vier beziehungsweise acht Schritte des expliziten und des impliziten Euler-Verfahrens mit dem durch einen blauen Punkt gekennzeichneten Anfangswert. Zum Vergleich ist die exakte Lösung eingezeichnet. Außerdem sind für ausgewählte Punkte (t,y) die durch die Differentialgleichung definierten Steigungen $\big(t,f(y)\big)$ durch kurze Tangentenstücke (grau) veranschaulicht.

Für zwei *gekoppelte* Differentialgleichungen der Form

$$v'(t) = f\big(q(t)\big), \qquad q'(t) = g\big(v(t)\big) \tag{10.11}$$

(wie zum Beispiel bei den Newton'schen Bewegungsgleichungen (10.2) mit $g(v) = v$) hat das explizite Euler-Verfahren die Form

$$v_{n+1} = v_n + hf(q_n), \qquad q_{n+1} = q_n + hg(v_n). \tag{10.12}$$

Ein anderes Verfahren erhält man, indem man eine der beiden Gleichungen (10.11) mit dem expliziten und die andere mit dem impliziten Euler-Verfahren löst: Dies ergibt zwei Varianten des *symplektischen Euler-Verfahrens*

$$v_{n+1} = v_n + hf(q_n), \qquad q_{n+1} = q_n + hg(v_{n+1}), \tag{10.13a}$$

oder

$$q_{n+1} = q_n + hg(v_n), \qquad v_{n+1} = v_n + hf(q_{n+1}), \tag{10.13b}$$

welche beide explizit sind.

Das implizite Euler-Verfahren zur Lösung von (10.11) hat die Form

$$v_{n+1} = v_n + hf(q_{n+1}), \qquad q_{n+1} = q_n + hg(v_{n+1}). \tag{10.14}$$

Wir werden später sehen, dass sich die Varianten des Euler-Verfahrens für gewisse Probleme völlig verschieden verhalten.

10.3 Räuber-Beute-Modelle

Spannender als das in Abschnitt 10.1 betrachtete exponentielle Wachstum eines Bestandes sind Wachstumsprozesse, bei denen der Bestand von äußeren Einflüssen oder von einem anderen Bestand abhängt. Ein Beispiel hierfür sind Räuber-Beute-Modelle, mit denen in der Biologie die zeitliche Entwicklung der Populationen von Tieren modelliert wird.

Nehmen wir an, wir hätten zwei Arten von Lebewesen, Räuber und Beute (zum Beispiel Haie und kleinere Speisefische), bei denen sich die Räuber von der Beute ernähren. Zu einer Zeit t bezeichne $r(t)$ die Anzahl der Raub- und $b(t)$ die Anzahl der Beutetiere. Vito Volterra (1925) und Alfred Lotka (1926) haben dafür folgendes mathematisches Modell entwickelt:

$$r'(t) = -\alpha_r r(t) + \gamma_r b(t) r(t), \qquad b'(t) = \alpha_b b(t) - \gamma_b b(t) r(t). \tag{10.15}$$

Hierbei bezeichnet $\alpha_b > 0$ die Reproduktionsrate der Beutetiere ohne Störung durch Räuber (dies entspricht dem Parameter λ in (10.4)) und $\alpha_r > 0$ die Sterberate der Raubtiere, wenn keine Beute (also kein Futter) vorhanden ist. $\gamma_b > 0$ ist die Anzahl der Beutetiere, die von einem einzigen Raubtier pro Zeiteinheit gefressen werden. $\gamma_r > 0$ bezeichnet die Reproduktionsrate der Raubtiere pro Beutetier.

Die Lösungen der Differentialgleichungen (10.15) kann man auf unterschiedliche Arten darstellen. Die Funktionsgraphen zu $r(t)$ und $b(t)$ können als Funktion der Zeit gezeichnet werden, wobei auf der y-Achse die Anzahl der Tiere

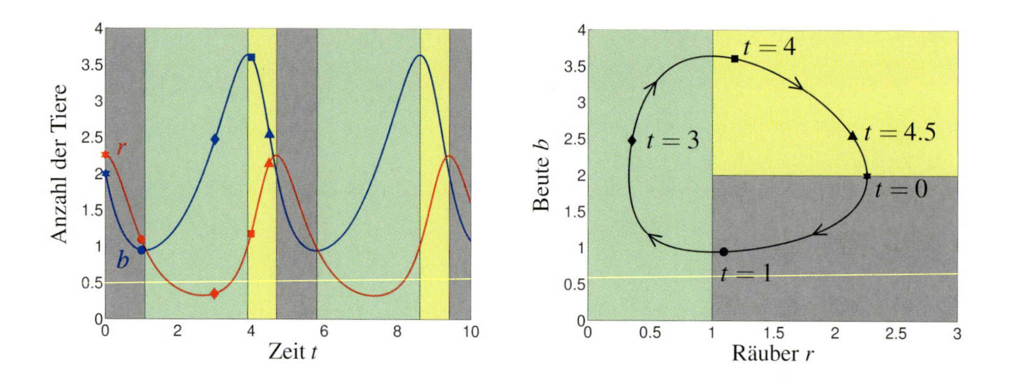

Abbildung 10.2: Lotka-Volterra-Gleichung (10.15) mit $\alpha_b = \gamma_b = \gamma_r = 1$, $\gamma_r = 2$. Links: Anzahl der Räuber (rot) und der Beute (blau), jeweils in Einheiten von tausend Tieren aufgetragen als Funktionen der Zeit. Rechts: Dieselbe Lösung als Phasendiagramm.

in Abhängigkeit der Zeit t aufgetragen ist. Die Beziehung zwischen Raub- und Beutetieren kann auch in einem sogenannten *Phasendiagramm* veranschaulicht werden. Dabei trägt man auf der x-Achse die Anzahl der Raubtiere und auf der y-Achse die Anzahl der Beutetiere ab, vergleiche Abbildung 10.2.

Sind die rechten Seiten der Differentialgleichung (10.15) beide null, so ändern sich die Populationen nicht. Startet man in einem solchen Punkt, so verbleibt man für alle Zeiten dort. Deshalb spricht man hier von einem *Gleichgewichtspunkt* der Differentialgleichung. Im Räuber-Beute-Modell ist der Punkt (r, b) mit

$$r = \frac{\alpha_b}{\gamma_b}, \qquad b = \frac{\alpha_r}{\gamma_r}$$

ein solcher Gleichgewichtspunkt, was man durch Einsetzen in (10.15) nachrechnen kann. Anschaulich bedeutet dies, dass die Anzahl der Raub- und der Beutetiere für alle Zeiten gleich bleibt, die Geburten also die Sterbefälle ausgleichen.

In Abbildung 10.2 erkennt man, dass die Populationen von Raub- und Beutetieren verschiedene Zyklen um den Gleichgewichtspunkt (der Punkt $(1, 2)$ für die Parameter im Beispiel, gut zu erkennen im Phasendiagramm rechts) herum durchlaufen. In der grünen Phase gibt es nur wenige Raubtiere, die Beutetiere können sich daher stark vermehren. In der gelben Phase wächst durch die gute Futtersituation die Zahl der Raubtiere an, während die der Beutetiere entsprechend fällt. In der grauen Phase verhungern viele Raubtiere, da kaum noch Nahrung vorhanden ist. Dadurch schließt sich wieder die grüne Phase an.

Durch eine Variablentransformation können die gekoppelten Differentialgleichungen (10.15), bei denen die rechten Seiten von beiden Variablen r und b abhängen, in die Form (10.11) gebracht werden. Hierzu dividiert man die Gleichungen (10.15) durch r beziehungsweise b. Dies ist erlaubt, wenn $r, b > 0$ gilt, also solange keine der Populationen ausgestorben ist. Es ergibt sich

$$\frac{r'(t)}{r(t)} = -\alpha_r + \gamma_r b(t), \qquad \frac{b'(t)}{b(t)} = \alpha_b - \gamma_b r(t). \tag{10.16}$$

Wir bezeichnen die natürliche Logarithmusfunktion mit ln und definieren

$$\widetilde{r}(t) = \ln r(t), \qquad \widetilde{b}(t) = \ln b(t)$$

beziehungsweise

$$r(t) = e^{\widetilde{r}(t)}, \qquad b(t) = e^{\widetilde{b}(t)}$$

und erhalten nach der Kettenregel die neuen Differentialgleichungen

$$\widetilde{r}'(t) = -\alpha_r + \gamma_r b(t) = -\alpha_r + \gamma_r e^{\widetilde{b}(t)} = f\big(\widetilde{b}(t)\big), \tag{10.17a}$$

$$\widetilde{b}'(t) = \quad \alpha_b - \gamma_b r(t) = \quad \alpha_b - \gamma_b e^{\widetilde{r}(t)} = g\big(\widetilde{r}(t)\big). \tag{10.17b}$$

Diese Gleichungen haben die gewünschte Form (10.11) mit $v = \widetilde{r}$ und $q = \widetilde{b}$.

Dass sich die in Abbildung 10.2 dargestellten Zyklen immer wiederholen (also die Lösung ein sogenanntes *periodisches* Verhalten zeigt), kann man wie folgt erklären: Offensichtlich gilt

$$\widetilde{r}'(t)\widetilde{b}'(t) - \widetilde{b}'(t)\widetilde{r}'(t) = 0. \tag{10.18}$$

Ersetzen wir jeweils den zweiten Faktor der beiden Summanden in (10.18) durch die entsprechende Differentialgleichung (10.17), so folgt

$$\widetilde{r}'(t)\big(\alpha_b - \gamma_b e^{\widetilde{r}(t)}\big) + \widetilde{b}'(t)\big(\alpha_r - \gamma_r e^{\widetilde{b}(t)}\big) = 0.$$

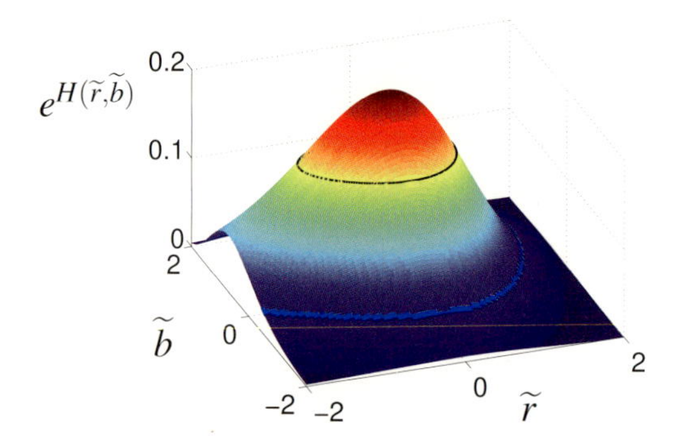

Abbildung 10.3: Durch $\exp\big(H(\widetilde{r},\widetilde{b})\big)$ definierte „Landschaft" mit der Höhenlinie aus Abbildung 10.2.

Jede Funktion $I(t)$ mit

$$I'(t) = \widetilde{r}'(t)\big(\alpha_b - \gamma_b e^{\widetilde{r}(t)}\big) + \widetilde{b}'(t)\big(\alpha_r - \gamma_r e^{\widetilde{b}(t)}\big) \tag{10.19}$$

ist also konstant. Durch Integration können wir I berechnen:

$$I(t) = H(\widetilde{r}(t),\widetilde{b}(t)), \qquad H(\widetilde{r},\widetilde{b}) = \alpha_b\widetilde{r} - \gamma_b e^{\widetilde{r}} + \alpha_r\widetilde{b} - \gamma_r e^{\widetilde{b}}. \tag{10.20}$$

Die bei der Integration auftretende Konstante haben wir der Einfachheit halber auf null gesetzt. Dies zeigt, dass die Funktion H für alle Zeiten konstant bleibt, wenn $\widetilde{r}(t)$ und $\widetilde{b}(t)$ die Differentialgleichung (10.17) (beziehungsweise $r(t)$ und $b(t)$ die ursprüngliche Differentialgleichung (10.15)) lösen. Die Lösungskurve $\big(\widetilde{r}(t),\widetilde{b}(t)\big)$ im Phasendiagramm liegt wie eine geschlossene Höhenlinie in der durch die Funktion $H(\widetilde{r},\widetilde{b})$ definierten „Landschaft", vergleiche Abbildung 10.3, wo zur besseren Darstellung die Höhe des Gebirges an einem Punkt $(\widetilde{r},\widetilde{b})$ durch den Wert $\exp\big(H(\widetilde{r},\widetilde{b})\big)$ gegeben ist. Diese Höhenlinie wird immer wieder durchlaufen; ein Umlauf entspricht einer Periode.

In den neuen Variablen ist das Problem ein sogenanntes Hamilton-Problem mit der Hamilton-Funktion H, welche in einem mechanischen Problem der Energie entspricht. Hieraus ergeben sich wichtige geometrische Eigenschaften. Eine detaillierte Diskussion würde den Rahmen dieses Beitrags sprengen, deshalb sei

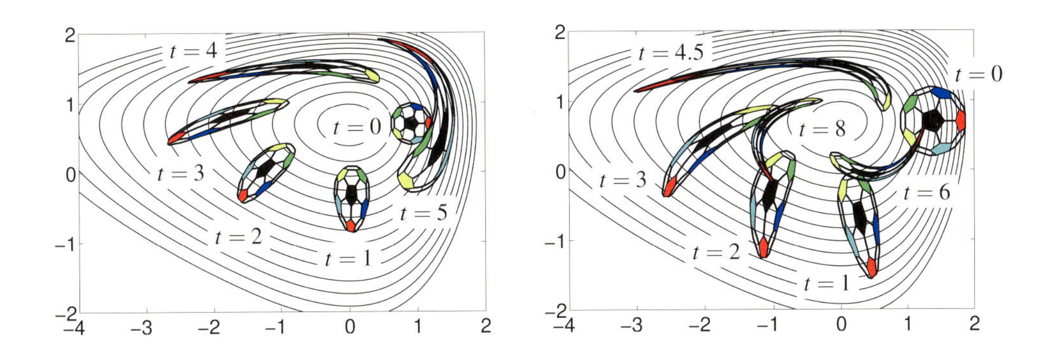

Abbildung 10.4: Numerische Lösung der Lotka-Volterra-Gleichungen (10.15) mit explizitem Euler-Verfahren (links) und implizitem Euler-Verfahren (rechts) mit $h = 0.1$.

hier auf die Fachliteratur verwiesen, zum Beispiel die in Abschnitt 10.6 angegebenen Bücher von Ernst Hairer, Christian Lubich und Gerhard Wanner [1] und von Benedict Leimkuhler und Sebastian Reich [2].

Neben der gerade gezeigten Erhaltung der Hamilton-Funktion H weisen die Lösungen eines Hamilton-Problems weitere Erhaltungseigenschaften auf. Als Beispiel starten wir nicht nur mit einem einzigen Startwert, sondern mit allen Punkten einer Fläche $A(0)$ in der $(\widetilde{r}, \widetilde{b})$-Ebene, und betrachten die Fläche $A(t)$, die aus den Lösungen zur Zeit t mit Startwerten aus der Fläche $A(0)$ gebildet werden. Dann ist der Flächeninhalt (aber nicht notwendigerweise die Form) der Fläche $A(t)$ derselbe wie der von $A(0)$. Beweise für diese Flächenerhaltung und weitere Eigenschaften findet man ebenfalls in den Büchern [1], [2].

Obwohl wir nun schon einige Eigenschaften der Lösung kennen, ist es nicht möglich, geschlossene Formeln für die Lösung von (10.15) anzugeben. Man kann die Lösung nur näherungsweise mit numerischen Verfahren berechnen, zum Beispiel mit dem expliziten (10.12), impliziten (10.14) oder einem der symplektischen Euler-Verfahren (10.13). Überraschenderweise verhalten sich diese drei doch sehr ähnlichen Verfahren vollkommen unterschiedlich.

Als Beispiel betrachten wir die Fläche eines „ebenen Handballs“ bestehend aus weißen Sechsecken und bunten Fünfecken, deren Flächeninhalte im zeitlichen

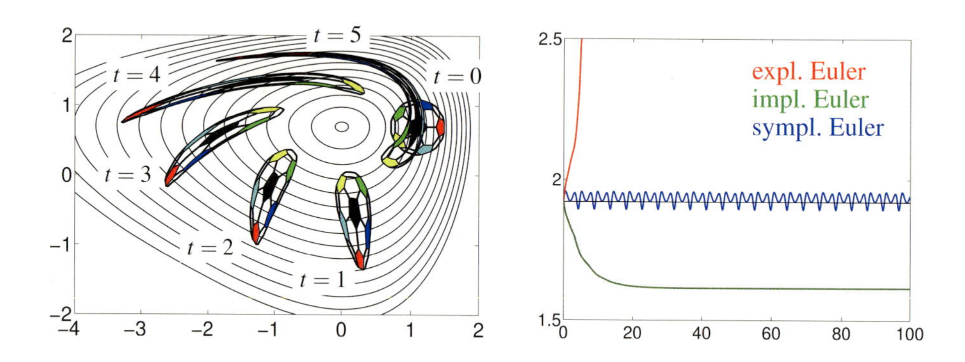

Abbildung 10.5: Links: Numerische Lösung der Lotka-Volterra-Gleichungen (10.15) mit symplektischem Euler-Verfahren mit $h = 0.1$. Rechts: Betrag der Hamilton-Funktion H als Funktion der Zeit, simuliert mit 1000 Zeitschritten mit $h = 0.1$. Die dünne schwarze Linie zeigt den Wert $|H(0)|$.

Verlauf erhalten bleiben. In den Abbildungen 10.4 und 10.5 illustrieren wir die mit den drei Euler-Verfahren berechneten Näherungen. Im Hintergrund der Bilder sind die Höhenlinien der Hamilton-Funktion H eingezeichnet. Offenbar werden die Flächeninhalte und der Betrag der Hamiltonfunktion H beim expliziten Euler-Verfahren immer größer, die des impliziten Euler-Verfahrens immer kleiner, während das symplektische Euler-Verfahren die Flächen und die Hamilton-Funktion sehr gut (aber nicht exakt) erhält.

Betrachtet man eine feste Ecke eines der Fünf- oder Sechsecke, so beobachtet man, dass die Näherungen des expliziten Euler-Verfahrens spiralförmig nach außen und die des impliziten Euler-Verfahrens nach innen zum Gleichgewichtspunkt hin laufen. Die Näherungen des symplektischen Euler-Verfahrens verlaufen wie die der exakten Lösung auf geschlossenen Bahnen. Diese Eigenschaft und auch die Tatsache, dass die Hamilton-Funktion mit kleiner Amplitude (proportional zur Schrittweite h) um den exakten (konstanten) Wert oszilliert (siehe Abbildung 10.5), kann man mit Methoden der geometrischen numerischen Integration beweisen. Dies und viele andere Beispiele und Resultate zu diesem Teilgebiet der Numerik findet man in dem in Abschnitt 10.6 aufgeführten Buch von Ernst Hairer, Christian Lubich und Gerhard Wanner [1].

10.4 Mehrkörperprobleme

Die Bewegungen von Himmelskörpern haben schon immer die Menschen fasziniert. Während dank Kepler und Newton die Bewegung eines einzelnen Planeten um die Sonne (Zweikörperproblem) durch eine geschlossene Formel beschrieben werden kann, sind Mehrkörperprobleme im Allgemeinen nicht mehr in geschlossener Form lösbar. Da Experimente in der Himmelsmechanik kaum möglich sind und Beobachtungen sehr lange dauern, ist man auf numerische Simulationen angewiesen.

Ein mathematisches Modell für Mehrkörperprobleme, bei denen die einzelnen Körper sich im Gravitationsfeld der anderen Körper bewegen, basiert auf der Gesamtenergie H des Systems. Als Beispiel betrachten wir ein Dreikörperproblem in der Ebene $\mathbb{R}^2$ bestehend aus einem Planeten, dessen Masse wir auf $m_1 = 1$ skalieren, der von zwei Monden der (relativen) Massen $m_2 = m_3 = 10^{-2}$ umkreist wird. Die Anfangspositionen in (x,y)-Koordinaten in der Ebene seien $q^{[1]} = (0,0)$ (Planet), $q^{[2]} = (1,0)$ (erster Mond), $q^{[3]} = (4,0)$ (zweiter Mond), und die Anfangsgeschwindigkeiten seien $v^{[1]} = (0,0)$ (Planet), $v^{[2]} = (0,1)$ (erster Mond), $v^{[3]} = (0,0.5)$ (zweiter Mond). Die Gesamtenergie ist

$$H(q,v) = T(v) + V(q), \tag{10.21a}$$

$$T(v) = T_1(v) + T_2(v) + T_3(v), \tag{10.21b}$$

$$V(q) = V_{1,2}(q) + V_{1,3}(q) + V_{2,3}(q), \tag{10.21c}$$

wobei

$$T_i(v) = \tfrac{1}{2} m_i \left| v^{[i]} \right|^2, \qquad V_{i,j}(q) = -\frac{m_i m_j}{\left| q^{[i]} - q^{[j]} \right|} \tag{10.22}$$

für $i \neq j$ und $i,j = 1,2,3$ gilt. Hierbei bezeichnet T_i die kinetische Energie des i-ten Körpers, $V_{i,j}$ das vom i-ten und j-ten Körper erzeugte Gravitationspotential (die Gravitationskonstante wurde auf eins skaliert), $\left| v^{[i]} \right|$ die Länge des zweidimensionalen Vektors $v^{[i]}$ und $\left| q^{[i]} - q^{[j]} \right|$ den Abstand zwischen den

Körpern i und j. Im Unterschied zum letzten Abschnitt bestehen die Variablen $q = (q^{[1]}, q^{[2]}, q^{[3]})$ und $v = (v^{[1]}, v^{[2]}, v^{[3]})$ jetzt nicht mehr nur aus einer einzelnen Komponente, sondern sind Vektoren mit je sechs Komponenten, denn jedes $q^{[i]}$ und jedes $v^{[i]}$ besitzt zwei Komponenten.

Die Newton'schen Bewegungsgleichungen für (10.21) lauten

$$v'(t) = -V'\big(q(t)\big), \qquad q'(t) = T'\big(v(t)\big) = mv, \tag{10.23}$$

was erneut ein Problem der Form (10.11) mit $f(q) = -V'(q)$ und $g(v) = mv$ ist. Hierbei ist mv eine Kurzschreibweise für $(m_1 v^{[1]}, m_2 v^{[2]}, m_3 v^{[3]})$, und f entspricht in diesem Fall der Schwerkraft. Die Ableitung $V'(q)$ ist ein sechsdimensionaler Vektor, bei dem in der i-ten Komponente die Ableitung von V nach der i-ten Variablen des sechsdimensionalen Vektors q gebildet wird, während die übrigen fünf Variablen wie Konstanten behandelt werden. Analog ist $T'(v)$ definiert. Damit entspricht (10.23) einem Paar von je sechs Differentialgleichungen der Bauart (10.11).

Eine besondere Eigenschaft von sogenannten konservativen mechanischen Problemen, zu denen auch Mehrkörperprobleme gehören, ist, dass eine Umkehrung der Anfangsgeschwindigkeiten bei gleichen Anfangspositionen die Lösungskurven nicht ändert, sondern nur die Richtung, in der sie durchlaufen werden. Dies ist ein weiteres Beispiel einer Eigenschaft der exakten Lösung, die man kennt, ohne die Lösung selbst zu kennen. Man nennt solche Probleme *zeitreversibel*.

Bei der Simulation des Räuber-Beute-Modells haben wir gesehen, dass das symplektische Euler-Verfahren für das Hamilton-Problem qualitativ gute Ergebnisse liefert. Um die Konstruktion eines zeitreversiblen numerischen Verfahrens zu verstehen, ist eine andere Interpretation der Varianten des symplektischen Euler-Verfahrens hilfreich. Hierzu betrachten wir einen kleinen Zeitschritt der Länge h. Auf diesem ändern sich die Lösungen nur wenig. Wir nehmen zuerst an, dass q sich gar nicht ändert, lösen also über das kleine Zeitintervall $[t_n, t_{n+1}]$ die Gleichungen

$$v'(t) = f\big(q(t)\big), \qquad q'(t) = 0. \tag{10.24a}$$

mit den Anfangswerten (q_n, v_n). Es ergibt sich eine neue Näherung v_{n+1} für $v(t_{n+1})$. In der exakten Lösung von (10.11) ist q natürlich im Allgemeinen nicht konstant, denn es gilt ja $q'(t) = g\big(v(t)\big)$. Um q zu verändern, nehmen wir an, dass v über dasselbe kleine Zeitintervall konstant bleibt (es soll den neuen Wert v_{n+1} annehmen), und lösen die Gleichungen

$$v'(t) = 0, \qquad q'(t) = g\big(v(t)\big) \tag{10.24b}$$

mit den Anfangswerten (q_n, v_{n+1}). Man erhält auf diese Art und Weise zwar nicht die exakte Lösung, aber eine gute Näherung, denn die Summe der beiden Paare von Differentialgleichungen (10.24a) und (10.24b) ergibt die ursprünglichen Differentialgleichungen (10.11).

Der Vorteil dieser Aufspaltung ist, dass die gekoppelten Gleichungen (10.24) im Gegensatz zur Ausgangsgleichung (10.11) sehr einfach zu lösen sind. So ist die Lösung von (10.24a) mit Anfangswert $\big(q(s), v(s)\big)$ zu einer Zeit s (wir verwenden später $s = t_n$ oder $s = t_n + h/2$) wegen $q'(t) = 0$ zunächst durch $q(t) = q(s)$ gegeben. Weil q konstant ist, ist v eine Gerade mit Steigung $f\big(q(s)\big)$. Die Lösung von (10.24a) mit Anfangswerten $\big(q(s), v(s)\big)$ lautet also

$$v(t) = v(s) + (t-s)f\big(q(s)\big), \qquad q(t) = q(s). \tag{10.25a}$$

Analog ist die Lösung von (10.24b) mit Anfangswerten $\big(q(s), v(s)\big)$ durch

$$v(t) = v(s), \qquad q(t) = q(s) + (t-s)g\big(v(s)\big) \tag{10.25b}$$

gegeben.

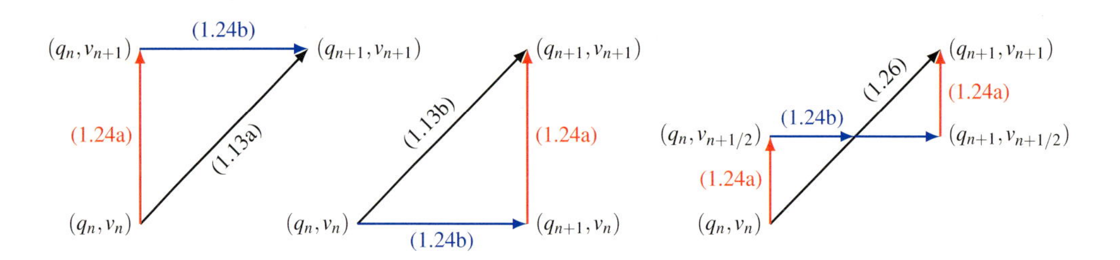

Abbildung 10.6: Grafische Darstellung von sogenannten Splitting-Verfahren: Links und in der Mitte die symplektischen Euler-Verfahren (10.13a) und (10.13b), rechts das Störmer-Verlet-Verfahren (10.26).

Das symplektische Euler-Verfahren (10.13a) lässt sich damit so interpretieren, dass zuerst die Gleichungen (10.24a) und dann die Gleichungen (10.24b) jeweils über ein Zeitintervall der Länge h exakt gelöst werden. Löst man zuerst (10.24b) und dann (10.24a), so ergibt sich die Variante (10.13b). Dies ist in Abbildung 10.6 dargestellt.

Verfahren, bei denen die numerische Lösung aus der exakten Lösung von Teilproblemen wie (10.24) zusammengesetzt wird, nennt man *Splitting-Verfahren* (denn die Differentialgleichung wird aufgespalten). Im Allgemeinen ist die aus dieser Aufspaltung resultierende Näherung nicht die exakte Lösung von (10.11), obwohl wir beide Teilprobleme exakt lösen.

Ein zeitreversibles Verfahren erhält man, wenn man die beiden Varianten (10.13a) und (10.13b) des symplektischen Euler-Verfahrens abwechselnd ausführt, also einen Zeitschritt in zwei Schritte mit halber Schrittweite $h/2$ zerlegt. Da wir auswählen können, mit welcher Variante wir beginnen, gibt es zwei Möglichkeiten. Wir betrachten hier nur die Möglichkeit, die mit (10.13a) beginnt. Diese ist im rechten Bild von Abbildung 10.6 skizziert. Ausgehend von (q_n, v_n) beginnen wir mit einem Schritt der Variante (10.13a) mit Schrittweite $h/2$ und erhalten $(q_{n+1/2}, v_{n+1/2})$. Anschließend liefert ein Schritt mit (10.13b) die neue Näherung (q_{n+1}, v_{n+1}):

$$v_{n+1/2} = v_n + \tfrac{h}{2} f(q_n), \tag{10.26a}$$
$$q_{n+1/2} = q_n + \tfrac{h}{2} g(v_{n+1/2}), \tag{10.26b}$$
$$q_{n+1} = q_{n+1/2} + \tfrac{h}{2} g(v_{n+1/2}) = q_n + h g(v_{n+1/2}), \tag{10.26c}$$
$$v_{n+1} = v_{n+1/2} + \tfrac{h}{2} f(q_{n+1}). \tag{10.26d}$$

Verwendet man nur die zweite Formel in (10.26c), so kann auf die Berechnung von $q_{n+1/2}$ in (10.26b) verzichtet werden. Dieses Verfahren ist in der Literatur als *Störmer-Verlet-Verfahren* bekannt. Die Funktionen f und g müssen in jedem Zeitschritt nur einmal ausgewertet werden, denn $f(q_{n+1})$ kann im nächsten Zeitschritt wieder verwendet werden.

Durch den oben erläuterten Zusammenhang zwischen dem symplektischen Euler-Verfahren und der exakten Lösung der aufgespaltenen Differentialgleichungen (10.24) lässt sich das Verfahren (10.26) in Worten wie folgt beschreiben:

(a) löse (10.24a) mit Anfangswert (q_n, v_n) mit Schrittweite $h/2$,
(b) löse (10.24b) mit Schrittweite h,
(c) löse (10.24a) mit Schrittweite $h/2$, erhalte (q_{n+1}, v_{n+1}).

Dies ist in der rechten Grafik in Abbildung 10.6 skizziert.

Das Verfahren ist zeitreversibel, weil die Lösung von (10.24a) in zwei Schritte der Schrittweite $h/2$ aufgeteilt wird, zwischen denen wie bei einem Sandwich die Lösung von (10.24b) steckt. Dreht man nämlich die Reihenfolge der drei Schritte um, startet also mit Schritt (c) bei (q_{n+1}, v_{n+1}) und rechnet rückwärts (also mit Schrittweite $-h$ statt h), so ergibt sich nach Schritt (a) wieder der Startwert (q_n, v_n).

In Abbildung 10.7 sind die Ergebnisse des Störmer-Verlet-Verfahrens für die am Anfang dieses Abschnitts angegebenen Anfangsdaten über eine Simulationszeit von $T = 1000$ Zeiteinheiten mit der Schrittweite $h = 0.1$ dargestellt. Die

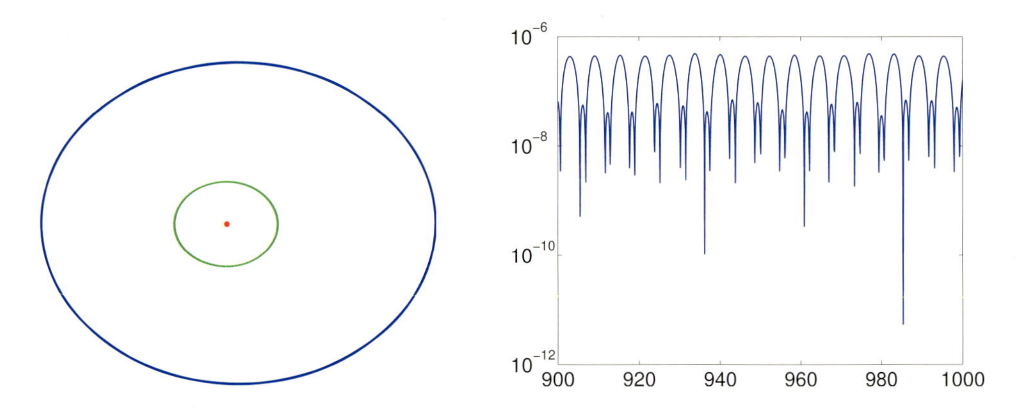

Abbildung 10.7: Links: Bahnkurven des Dreikörperproblems (10.21); rechts: Energiefehler für die letzten 100 Zeiteinheiten in logarithmischer Skala, Schrittweite $h = 0.1$.

linke Grafik zeigt die Bahnkurven des Planeten (rot) sowie der beiden Monde (grün und blau). Rechts ist der Energiefehler in Abhängigkeit von der Zeit für das letzte Zeitintervall von 900 bis 1000 Zeiteinheiten aufgetragen (der Fehler für die vorangegangenen Zeiten sieht ganz genauso aus). Die Periode des grün eingezeichneten Mondes liegt bei etwa 2π und die des blauen bei etwa 14π. Man sieht, dass die Energie der numerischen Lösung nur wenig von der exakten Energie abweicht und die Maxima dieser Abweichung mit der Zeit nicht größer werden. Für dieses Beispiel wurde bewiesen, dass der Fehler höchstens proportional zu h^2 ist. Der Energiefehler ist bemerkenswert klein, wenn man die große Schrittweite von $h = 0.1$ und die lange Simulationszeit von 10.000 Zeitschritten berücksichtigt.

10.5 Hochoszillatorische Probleme

Wir erweitern das Problem aus dem letzten Abschnitt jetzt zu einem Vierkörperproblem, indem wir einen Satelliten mit der (relativen) Masse $m_4 = 10^{-4}$ in der Nähe des ersten (grünen) Mondes (also des zweiten Körpers) platzieren. Die

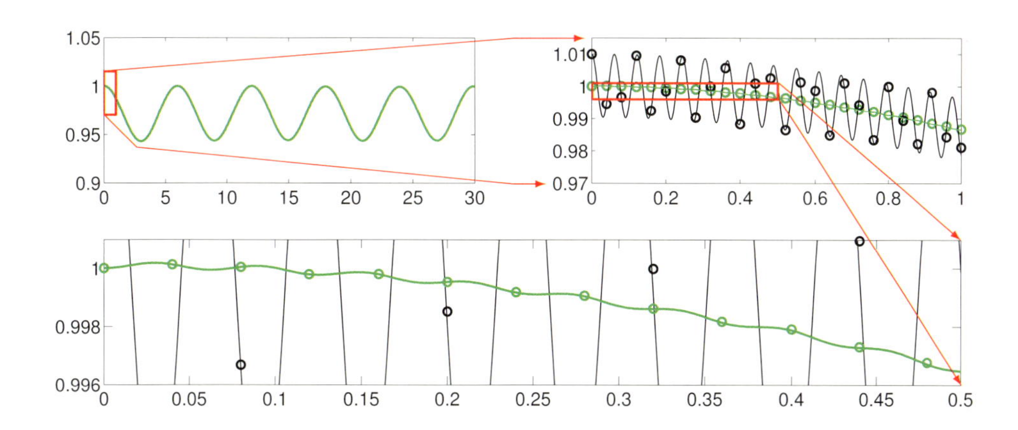

Abbildung 10.8: Abstände des ersten Mondes und seines Satelliten zum Ursprung als Funktion der Zeit. Links oben: langsame Oszillation des ersten Mondes; rechts oben: schnelle Oszillation des Satelliten um den ersten Mond und durch das Mehrskalenverfahren berechnete Näherungen (schwarze Linie beziehungsweise schwarze und grüne Kreise). Unten: Vergrößerung. Alle Simulationen mit Schrittweite $h = 0.04$ und Mikroschrittweite $h/40$.

Energie des Vierkörperproblems enthält neben den Termen für das Dreikörperproblem zusätzlich die kinetische Energie des Satelliten und die Gravitationspotentiale. In (10.21) ist also

$$T(v) = T_1(v) + T_2(v) + T_3(v) + T_4(v), \tag{10.27a}$$

$$V(q) = V_{1,2}(q) + V_{1,3}(q) + V_{1,4}(q) + V_{2,3}(q) + V_{2,4}(q) + V_{3,4}(q). \tag{10.27b}$$

Die Anfangsposition des Satelliten sei $q^{[4]} = (1.01, 0)$, und die Geschwindigkeit sei $v^{[4]} = (0,0)$, so dass zu Beginn der Abstand $\left|q^{[4]} - q^{[2]}\right| = 10^{-2}$ Längeneinheiten beträgt. Anschaulich ist klar, dass ein so leichter Satellit kaum Auswirkungen auf die Bewegung des Planeten und des weit von ihm entfernten zweiten (blauen) Mondes hat. Allerdings resultiert aus der Nähe zum ersten Mond eine schnelle Oszillation des Satelliten um diesen Mond, welche bewirkt, dass der erste Mond – wenn auch mit nur sehr kleiner Amplitude – um die Bahnkurve oszilliert, die er im ungestörten Dreikörperproblem durchlaufen würde. Im

Problem treten jetzt mehrere Zeitskalen auf, nämlich die Frequenzen, mit denen die beiden Monde um den Planeten oszillieren, und die, mit denen der Satellit um den ersten Mond oszilliert. Dies ist in Abbildung 10.8 für den ersten Mond (grün) und den Satelliten (schwarz) dargestellt. Beachten Sie die unterschiedlichen Zeitskalen (links 30 Zeiteinheiten, rechts nur eine Zeiteinheit). Im unteren Bild erkennt man die schnelle Oszillation des Mondes mit sehr kleiner Amplitude.

Für die numerische Simulation bereiten die schnellen Oszillationen große Schwierigkeiten, wenn man versucht, das Problem mit Standardverfahren zu lösen. Wendet man zum Beispiel das Störmer-Verlet-Verfahren aus dem letzten Abschnitt an, so wird die Lösung instabil (das heißt, die Körper fliegen aus ihrer Umlaufbahn), wenn man die Schrittweite h nicht sehr stark verkleinert. Man benötigt Näherungen an etwa zehn Zeitpunkten pro Periode, um eine Oszillation gut wiederzugeben (aufzulösen). Manchmal ist man an der genauen Simulation der schnellen Oszillation gar nicht interessiert, sondern möchte nur die langsameren Bewegungen auflösen. Für diesen Fall haben wir numerische Verfahren entwickelt, welche die verschiedenen Zeitskalen berücksichtigen.

Die Idee eines *Mehrskalenverfahrens* für das Vierkörperproblem ist, die langsamen und die schnellen Oszillationen zu trennen:

$$V(q) = V_{\text{schnell}}(q) + V_{\text{langsam}}(q). \tag{10.28}$$

Für die schnellen Oszillationen ist nur das Potential $V_{2,4}$ verantwortlich, welches die Wechselwirkung des ersten Mondes mit dem Satelliten beschreibt. Daher setzen wir

$$\begin{aligned} V_{\text{schnell}}(q) &= V_{2,4}(q), \\ V_{\text{langsam}}(q) &= V_{1,2}(q) + V_{1,3}(q) + V_{1,4}(q) + V_{2,3}(q) + V_{3,4}(q). \end{aligned}$$

Entsprechend trennen wir die Kräfte $f(q) = -V'(q)$ in

$$f(q) = f_{\text{schnell}}(q) + f_{\text{langsam}}(q). \tag{10.29}$$

Wir spalten jetzt die Differentialgleichungen (10.23) in eine Summe von drei Paaren von Differentialgleichungen auf:

$$v'(t) = f_{\text{langsam}}\big(q(t)\big), \quad q'(t) = 0, \tag{10.30a}$$

$$v'(t) = f_{\text{schnell}}\big(q(t)\big), \quad q'(t) = 0, \tag{10.30b}$$

$$v'(t) = 0, \qquad q'(t) = mv(t). \tag{10.30c}$$

Analog zum Störmer-Verlet-Verfahren und dessen Interpretation als Splitting-Verfahren kann man jetzt ein Dreifach-Splitting durchführen:

(a) löse (10.30a) mit Anfangswert (q_n, v_n) mit Schrittweite $h/2$,
(b) löse (10.30b) mit Schrittweite $h/2$,
(c) löse (10.30c) mit Schrittweite h,
(d) löse (10.30b) mit Schrittweite $h/2$,
(e) löse (10.30a) mit Schrittweite $h/2$, erhalte (q_{n+1}, v_{n+1}).

Allerdings ist so noch nichts gewonnen, denn die Teilschritte (a) (mit f_{langsam}) und (b) (mit f_{schnell}) ergeben zusammen genau dieselbe Näherung wie die exakte Lösung mit der gesamten Gleichung (10.24a) (mit $f = f_{\text{schnell}} + f_{\text{langsam}}$). Genauso verhält es sich mit den Teilschritten (d) und (e). Das Verfahren ist damit äquivalent zum Störmer-Verlet-Verfahren (10.26).

Die Idee eines Mehrskalenverfahrens ist, die durch die Kraft f_{schnell} beschriebene schnelle Oszillation mit kleinerer Schrittweite zu simulieren. Hierzu wählen wir eine natürliche Zahl $N \geq 1$ und zerlegen den Zeitschritt in N sogenannte Mikrozeitschritte der Schrittweite h/N. Die schnelle Oszillation wird nun mit dem Verfahren (10.26) mit der Schrittweite h/N simuliert. Während dieser Mikrozeitschritte sind die „langsamen Kräfte" an den Positionen $q_{n+1/2}$ aus Teilschritt (a) eingefroren. Wir ersetzen also die Teilschritte (b)–(d) durch N Teilschritte (b_k)–(d_k), $k = 1, \dots, N$, woraus sich folgendes Verfahren ergibt:

(a) löse (10.30a) mit Anfangswert (q_n, v_n) mit Schrittweite $h/2$,

wiederhole für $k = 1, 2, \ldots, N$:

(b$_k$) löse (10.30b) mit Schrittweite $h/(2N)$,

(c$_k$) löse (10.30c) mit Schrittweite h/N,

(d$_k$) löse (10.30b) mit Schrittweite $h/(2N)$,

wiederhole_ende

(e) löse (10.30a) mit Schrittweite $h/2$, erhalte (q_{n+1}, v_{n+1}).

Pro Zeitschritt muss die Kraft f_{langsam} wie beim Störmer-Verlet-Verfahren (10.26) nur einmal ausgewertet werden, die Kraft f_{schnell} jedoch N-mal. In vielen Mehrskalenproblemen ist die Auswertung der langsamen Kraft viel aufwändiger als die der schnellen, so dass dieser Algorithmus wesentlich effizienter ist, als das gesamte Problem mit der Mikroschrittweite h/N zu lösen. In unserem Beispiel besteht die langsame Kraft aus fünf, die schnelle aber nur aus einem Term, daher erfordert eine Auswertung von f_{langsam} hier fünfmal so viel Aufwand wie eine Auswertung von f_{schnell}.

Die Ergebnisse der Simulation mit Schrittweite $h = 0.04$ sind in den Abbildungen 10.8 rechts und 10.9 links durch die Kreise dargestellt. Zu Vergleichszwecken sind zusätzlich mit sehr hoher Genauigkeit berechnete Näherungen an die exakten Lösungen eingezeichnet (dünne Linien). Man erkennt eine gute Übereinstimmung, ohne dass die schnelle Oszillation aufgelöst wird. In Abbildung 10.9 ist der Energiefehler mit derselben Schrittweite $h = 0.01$ wie in Abbildung 10.7 dargestellt. Der Fehler ist nur unwesentlich größer als beim Dreikörperproblem.

10.6 Abschließende Bemerkungen

In diesem Beitrag haben wir anhand von Beispielen gezeigt, dass es für verlässliche numerische Simulationen wesentlich ist, Eigenschaften der exakten

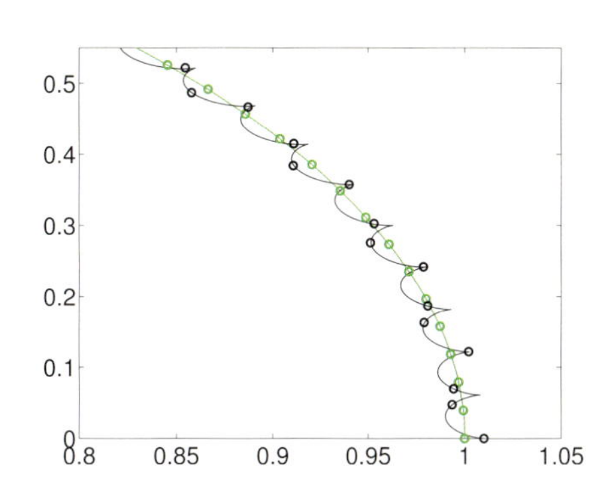

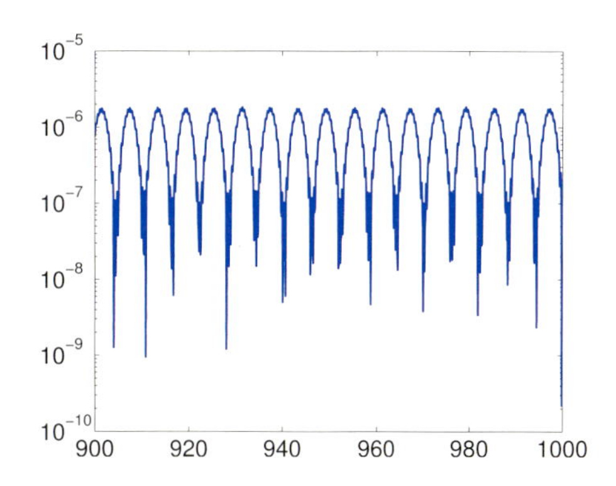

Abbildung 10.9: Simulation des Vierkörperproblems (10.27). Links: Abstand des ersten Mondes (grün) und des Satelliten (schwarz) zum Ursprung als Funktion der Zeit, gerechnet mit Schrittweite $h = 0.04$ (Näherungen als Kreise dargestellt). Rechts: Energiefehler für die letzten 100 Zeiteinheiten in logarithmischer Skala, mit größerer Schrittweite $h = 0.1$; Mikroschrittweite $h/40$ in beiden Fällen.

Lösung von Differentialgleichungen zu berücksichtigen, selbst wenn man die exakte Lösung nicht kennt. Als Beispiel für solche Eigenschaften haben wir hier Energieerhaltung, periodisches Verhalten, Flächenerhaltung, Zeitreversibilität oder mehrere im Problem vorhandene Zeitskalen betrachtet, aber es gibt eine Vielzahl weiterer Strukturen, die hier nicht erwähnt werden konnten.

Eine Aufgabe der numerischen Mathematik ist die Konstruktion solcher Verfahren, der Beweis von wichtigen Eigenschaften (wie etwa Fehlerabschätzungen oder eine näherungsweise Energieerhaltung und so weiter) sowie deren effiziente, auf das spezielle Anwendungsproblem angepasste Implementierung. Dies ist ein Gegenstand aktueller Forschung auf dem Gebiet der geometrischen numerischen Integration, unter anderem in meiner Arbeitsgruppe „Numerik" am Karlsruher Institut für Technologie.

Abschließend sei darauf hingewiesen, dass in diesem Beitrag aus Gründen der besseren Darstellung auf wissenschaftliche Vollständigkeit verzichtet wurde. Dies gilt insbesondere auch für Referenzen auf Originalartikel in wissenschaftlichen Fachzeitschriften. Aktuelle Fachbücher (auf Englisch) zu diesem Thema sind unter Literatur angegeben.

Des Weiteren haben wir nur einfache Verfahren (basierend auf Varianten des Euler-Verfahrens) betrachtet. Es sei jedoch gesagt, dass die hier beschriebenen Effekte nicht auf Euler-Verfahren beschränkt sind, sondern auch bei anderen (modernen) Verfahren (die zum Beispiel im Mathematikstudium vermittelt werden) auftreten.

Mein Dank gilt den Mitgliedern meiner Arbeitsgruppe für ihre vielfältige Unterstützung bei der Entstehung dieses Beitrags.

Literatur

[1] HAIRER, E.; LUBICH, C.; WANNER, G.: Geometric Numerical Integration, Structure-Preserving Algorithms for Ordinary Differential Equations. Springer Series in Computational Mathematics **31**, Springer, 2006

[2] LEIMKUHLER, B.; REICH, S.: Simulating Hamiltonian Dynamics. Cambridge Monographs on Applied and Computational Mathematics **14**, Cambridge University Press, 2004

In diesen Büchern findet man zahlreiche Referenzen auf die Fachliteratur.

[3] DEUFLHARD, P.; BORNEMANN, F.: Numerische Mathematik 2, Gewöhnliche Differentialgleichungen. de Gruyter, 3. Aufl. 2008

Ein aktuelles deutschsprachiges Lehrbuch zur Numerik gewöhnlicher Differentialgleichungen.

Die Autorin:

Prof. Dr. Marlis Hochbruck
Institut für Angewandte und Numerische Mathematik
Karlsruher Institut für Technologie
Kaiserstr. 89–93
76133 Karlsruhe
marlis.hochbruck@kit.edu

11 Was wir alles für Gleichungen vom Grad drei (nicht) wissen – elliptische Kurven und die Vermutung von Birch und Swinnerton-Dyer

Annette Huber-Klawitter

11.1 Einleitung

Worum es gehen wird

Zur Jahrtausendwende stellte die Clay-Foundation die ihrer Meinung nach wichtigsten sieben mathematischen Fragen vor, die Milleniumsprobleme. Auf die Lösung ist jeweils eine Million Dollar ausgesetzt. In der Liste findet sich auch eine der berühmtesten Vermutungen der modernen Zahlentheorie. Ich will sie formulieren und zeigen, wie sie sich in den Kontext der Dinge einbettet, die wir wissen. Hier ist sie:

Vermutung 11.1 (Birch und Swinnerton-Dyer, 1965)
Es sei E eine elliptische Kurve über $\mathbb{Q}$. Dann stimmt die Nullstellenordnung der L-Funktion $L(E,s)$ in $s = 1$ mit dem Rang der Gruppe $E(\mathbb{Q})$ überein.

Hoffentlich ist bis zum Ende unseres Crashkurses (einigermaßen) klar, was alle diese Wörter bedeuten. Schon in die Formulierung geht nämlich einiges an spannender und schwieriger Mathematik ein! Der Beitrag von Priska Jahnke in diesem Band behandelt übrigens eng verwandte Themen.

Zahlentheorie

Zahlentheorie ist der Teil der Mathematik, der sich mit den Eigenschaften von Zahlen beschäftigt. Gemeint sind Zahlen wie

$$1, 2, 3, \dots .$$

Das Gebiet ist uralt. Viele sehr interessante Sachverhalte waren bereits in der Antike bekannt.

In diesem Artikel soll der Zahlbegriff etwas allgemeiner gefasst werden. Es geht auch um Zahlen wie

$$0, -4, \frac{1}{3}, -\frac{97}{312}, \dots .$$

Präzise: um die rationalen[1] Zahlen.

Wir wollen uns mit Gleichungen und ihren Lösungsmengen beschäftigen.

Lineare und quadratische Gleichungen

Lineare Gleichungen sind gut verstanden: Die Gleichung

$$3x = 7$$

hat eine einzige Lösung, nämlich $\frac{7}{3}$. Auch mit Gleichungssystemen in mehreren Variablen können wir gut umgehen. Zum Beispiel hat

$$\frac{9}{2}x - 3y = 1 ,$$
$$-2x + 4y = 0$$

[1] **Ganze Zahlen:** $\mathbb{Z} = \{0, \pm 1, \pm 2, \pm 3, \dots\}$; **Rationale Zahlen:** $\mathbb{Q} = \left\{ \frac{a}{b} \mid a, b \in \mathbb{Z}, b \neq 0 \right\}$

genau eine Lösung, deren Bestimmung hier eine Übungsaufgabe für den Leser oder die Leserin ist. Sie liegt auf jeden Fall in $\mathbb{Q}$, da die Koeffizienten $9/2$, 3, -2 und 4 rationale Zahlen sind. Schöner ist der geometrische Standpunkt: Jede der beiden Gleichungen beschreibt eine Gerade. Diese beiden Geraden schneiden sich in genau einem Punkt, denn sie sind nicht parallel.

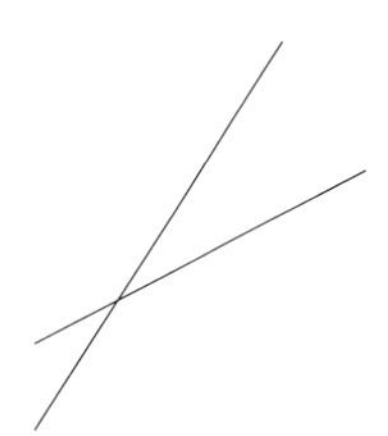

Quadratische Gleichungen in einer Variablen sind ebenfalls vertraut. Die Lösungsformel ist unter vielen Namen bekannt (a,b,c-Formel, p,q-Formel, Mitternachtsformel). Das Beispiel

$$x^2 = 3$$

zeigt, dass manche Gleichungen mit rationalen Koeffizienten keine Lösung in den rationalen Zahlen haben. Für quadratische Gleichungen in zwei Variablen kommt uns wieder die Geometrie zu Hilfe. Die Gleichung

$$x^2 + y^2 = 1$$

beschreibt einen Kreis. Allgemeiner trifft man auf die Kegelschnitte: Ellipsen, Parabeln und Hyperbeln. Konstruktionen mit Zirkel und Lineal – der Gegenstand der Schulgeometrie – sind nur ein Spezialfall. Mehr lernt man in der Schule meist nicht. Überraschenderweise kommt aber auch die höhere Mathematik bei Gleichungen höheren Grades sehr schnell an ihre Grenzen.

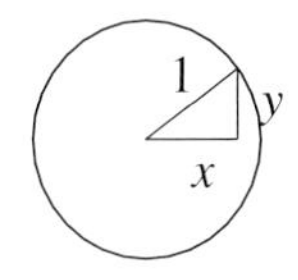

Übersicht

In diesem Artikel soll es hauptsächlich um Gleichungen dritten Grades in zwei Variablen gehen, zum Schluss ein wenig um Gleichungen höheren Grades in nur einer Variablen.

- Gleichungen vom Grad drei beschreiben eine elliptische Kurve. Dies ist der erste Begriff, den wir vorstellen werden.
- Danach lernen wir $E(\mathbb{Q})$ und seinen Rang kennen. Dafür müssen wir zunächst das Gruppengesetz auf der elliptischen Kurve vorstellen und den Satz von Mordell formulieren.
- Nun fehlt uns noch die L-Funktion. Danach sind wir so weit: Die Vermutung von Birch und Swinnerton-Dyer kann hingeschrieben werden.
- Zum Ausklang wird der Zusammenhang zu der analogen Vermutung für Gleichungen in einer Variablen hergestellt, meinem eigenen Forschungsgebiet.

11.2 Elliptische Kurven

Unsere Gleichungen: Grad drei in zwei Variablen

Wir wollen uns nun auf Gleichungen konzentrieren wie

$$\frac{1}{2}x^3 - 2x^2y + y^2 + 3xy - 5y = \frac{5}{8}\,.$$

Diese Gleichung hat zwei Variablen x, y, rationale Koeffizienten (wie $\frac{1}{2}$) und Grad 3; das heißt, wenn man in jedem Summanden die Exponenten von x und y addiert, so erhält man höchstens 3. Wir zeichnen die Lösungspaare (x, y) der Gleichung in der Ebene ein und erhalten eine Kurve. Ein typisches Beispiel ist in Abbildung 11.1 zu sehen. Wir werden meist nicht zwischen der Gleichung und der Kurve unterscheiden.

Der Einfachheit halber beschränken wir uns auf Gleichungen der Form

$$y^2 = x^3 + \alpha x^2 + \beta x + \gamma\,.$$

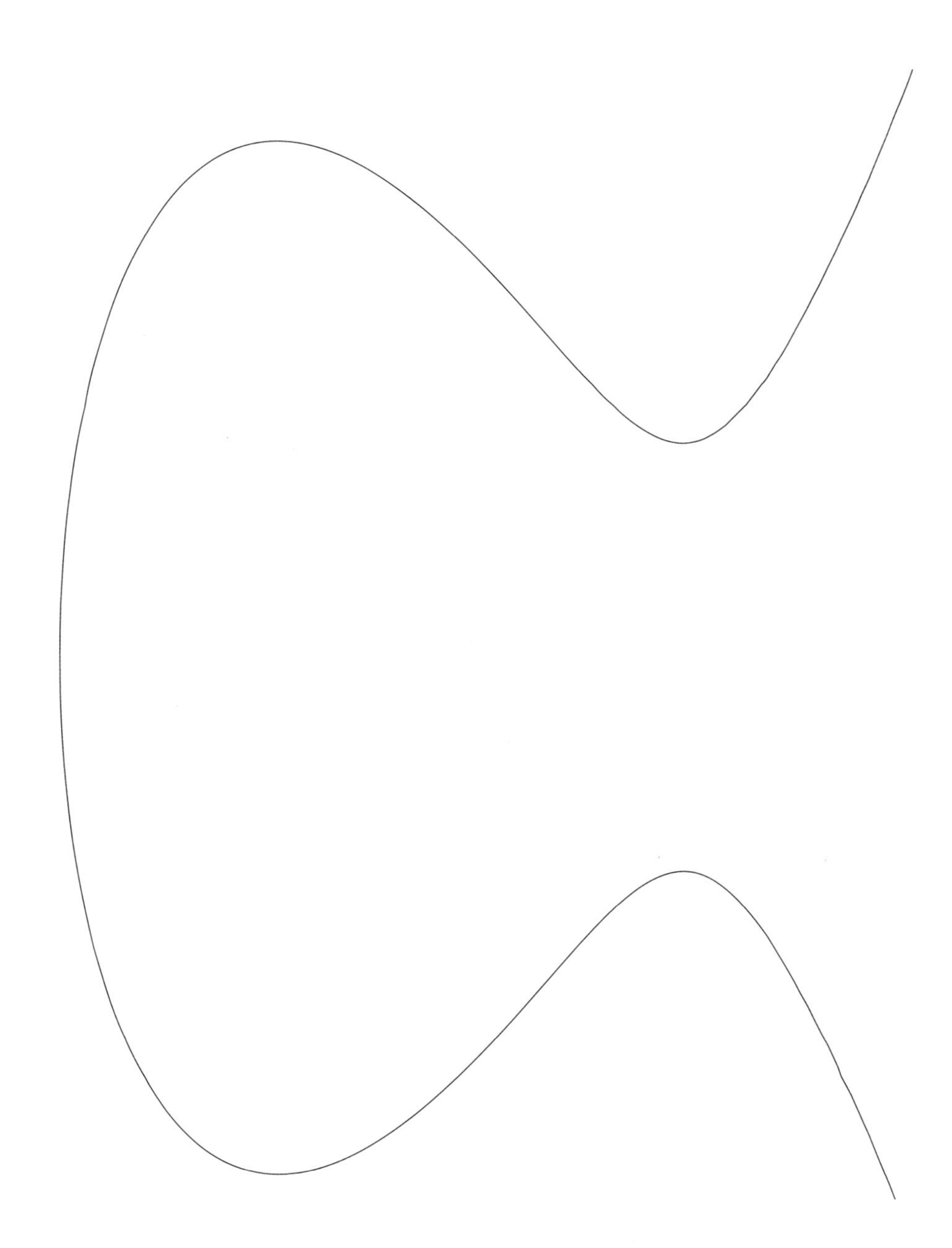

Abbildung 11.1: Die elliptische Kurve $y^2 = x^2 - 6x + 8$

Hierbei sind $\alpha, \beta, \gamma \in \mathbb{Q}$ feste Koeffizienten, während x, y die Variablen der Gleichung sind.[2]

Die Frage nach der Lösbarkeit in den rationalen Zahlen ist alles andere als offensichtlich!

Beispiel 11.2
Nehmen wir

$$y^2 = x^3 + 17 .$$

Für die meisten rationalen x wird y eine echte Quadratwurzel sein, zum Beispiel ist für $x = 0$ der Wert $y = \pm\sqrt{17}$ nicht rational. Rationale Lösungen erhalten wir nur, wenn zufällig die Wurzel aus einer Quadratzahl gezogen wird. Einige kleine ganzzahlige Lösungen kann man raten, zum Beispiel

$$(-1,4), \quad (-2,3), \quad (2,5), \quad (4,9), \quad (8,23) .$$

Insgesamt gibt es 16 ganzzahlige Lösungen, zum Beispiel auch

$$(52,375), \quad (5234,378661) .$$

Hinzu kommen viele rationale Punkte, zum Beispiel

$$\left(\frac{137}{64}, -\frac{2651}{512}\right) .$$

Kurven vom Grad drei sind fast das Gleiche wie elliptische Kurven. Um zu verstehen, warum deren Definition komplizierter ausfällt, wollen wir erst untersuchen, was beim Schneiden mit Geraden passiert.

---

[2] Die Einschränkung ist nicht groß, durch elementare lineare Variablentransformationen wie zum Beispiel $x = x' + y'$, $y = 2y' - 1$ kann jede Gleichung dritten Grades, also jede Gleichung der Form

$$a_{30}x^3 + a_{21}x^2y + a_{12}xy^2 + a_{03}y^3 + a_{20}x^2 + a_{11}xy + a_{02}y^2 + a_{10}x + a_{01}y + a_{00} = 0$$

auf diese Form gebracht werden.

Schneiden mit Geraden

Wie viele Schnittpunkte hat eine Gerade mit einer Kurve vom Grad 3?

Geometrisch kann man sich das mit der Kurve auf Seite 219 und einem Lineal anschauen. (Am besten probieren Sie es aus, bevor Sie weiterlesen.) Alternativ wollen wir ein Beispiel rechnen.[3]

Wir betrachten wieder die Kurve mit der Gleichung

$$y^2 = x^3 + 17 \,. \qquad (\star)$$

Auf der Kurve liegen die Punkte $P = (-1,4)$ und $Q = (2,5)$, denn es gilt

$$4^2 = 16 = (-1)^3 + 17 \text{ und } 5^2 = 25 = 2^3 + 17 \,.$$

Zwei Punkte legen eine Gerade fest, in diesem Fall hat sie die Gleichung

$$y = \frac{1}{3}x + \frac{13}{3} \,.$$

Gibt es weitere Schnittpunkte der Geraden mit der Kurve? Dafür setzen wir die Geradengleichung in die Gleichung $(\star)$ ein:

$$\left(\frac{1}{3}x + \frac{13}{3}\right)^2 = x^3 + 17 \quad \Leftrightarrow \quad 0 = x^3 - \frac{1}{9}x^2 - \frac{26}{9}x - \frac{16}{9} \,.$$

Das ist eine Gleichung vom Grad drei in einer Variablen x. Zum Glück kennen wir zwei Nullstellen: die x-Koordinaten von P und Q. Das Polynom ist also durch $(x+1)(x-2) = x^2 - x - 2$ teilbar. Eine Polynomdivision später, mit

[3] Wenn es zu kompliziert wird, bitte gleich in den nächsten Abschnitt springen und exotische Grenzfälle ignorieren.

$$\left(x^3 - \frac{1}{9}x^2 - \frac{26}{9}x - \frac{16}{9}\right) \,:\, \left(x^2 - x - 2\right) = x + \frac{8}{9},$$

kennen wir die dritte Nullstelle, nämlich $x = -\frac{8}{9}$. Der Punkt $R = (-\frac{8}{9}, \frac{11881}{729})$ ist der eindeutige dritte Schnittpunkt der Kurve dritten Grades mit der Geraden durch P und Q.

Die Methode funktioniert offensichtlich auch für andere Zahlenwerte. Aus zwei Schnittpunkten berechnen wir genau einen dritten.

Ganz stimmt das aber nicht, wie man mit Experimentieren in dem Bild auf Seite 219 sehen kann. Was kann schiefgehen?

1. Es könnte sein, dass das Polynom dritten Gerades mehrfache Nullstellen hat. Geometrisch bedeutet dies, dass die Gerade eine Tangente an die Kurve ist. Dieses Problem lösen wir, indem wir vereinbaren, dass Schnittpunkte mit *Vielfachheit* gezählt werden müssen.
2. Senkrechte Geraden wie $x = 2$ schneiden die Kurve auch mit Vielfachheit gezählt nur in maximal zwei Punkten, genauer: gar nicht oder zweimal. Beim Einsetzen der Geradengleichung bleibt nämlich nur ein quadratisches Polynom übrig, dessen beiden Lösungen wir schon kennen. Wir gehen daher zur Lösungsmenge in der *projektiven Ebene*[4] über. Wir fügen einfach zur Kurve einen *unendlich fernen* Punkt ∞ hinzu, der auf allen senkrechten Geraden (und keiner anderen) liegt. Die Gerade $x = 2$ schneidet also die Kurve $(\star)$ in den Punkten $(2,5), (2,-5), \infty$. (Es würde zu weit führen, hier die projektive Ebene systematisch zu diskutieren. Es ist aber weder Zauberei noch Willkür.)

[4]Die projektive Ebene entsteht aus der Ebene, indem man für jede Geradenrichtung formal einen zusätzlichen Punkt hinzufügt. Dies ist ein „unendlich ferner" Punkt, in dem sich alle parallelen Geraden mit gleicher Richtung schneiden. Alle unendlich fernen Punkte liegen auf der unendlich fernen Geraden. In der projektiven Ebene haben je zwei Geraden genau einen Schnittpunkt. In Priska Jahnkes Beitrag in diesem Band wird die projektive Ebene näher erklärt.

Elliptische Kurven

Definition 11.3
Es sei E_0 die Kurve mit der Gleichung $y^2 = x^3 + \alpha x^2 + \beta x + \gamma$ für $\alpha, \beta, \gamma \in \mathbb{Q}$, so dass $x^3 + \alpha x^2 + \beta x + \gamma$ keine doppelten Nullstellen hat. Dann heißt

$$E = E_0 \cup \{\infty\}$$

elliptische Kurve über $\mathbb{Q}$. Mit $E(\mathbb{Q})$ bezeichnen wir die Menge der Punkte (x,y) von E mit rationalen Koordinaten x und y (einschließlich ∞).

Warum die Bedingung, die doppelte Nullstellen ausschließt? Sie verhindert Kurven wie die Schlinge mit der Gleichung $y^2 = -x^2(x-1)$ im Bild rechts. Im Kreuzungspunkt gibt es mehr als eine Tangente, und das würde uns im Weiteren stören.

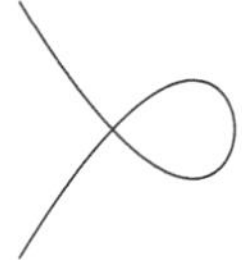

Beispiel 11.4
Für die Gleichung $y^2 = x^3 + 17$ liegen $P = (-1,4)$, $Q = (2,5)$, $R = (-\frac{8}{9}, \frac{11881}{729})$ in $E(\mathbb{Q})$.

Bemerkung 11.5
Gleichungen von elliptischen Kurven tauchen auf, wenn man die Kurvenlänge von Ellipsen berechnet. Für unsere Fragestellung ist das unwichtig.

Und nun korrekt:

Satz 11.6
Es sei E eine elliptische Kurve. Hat eine Gerade zwei Schnittpunkte P und Q mit E, dann hat sie genau einen dritten Schnittpunkt R mit E. Dabei werden Schnittpunkte mit Vielfachheit gezählt.

Korollar 11.7
Es sei E eine elliptische Kurve über $\mathbb{Q}$ und $P, Q \in E(\mathbb{Q})$. Dann liegt auch der dritte Schnittpunkt der Geraden durch P und Q mit E in $E(\mathbb{Q})$.

Beweis
Wie bei der Rechnung im obigen Beispiel tauchen in jedem Schritt nur rationale Zahlen auf.

Beim Blick in die Vermutung 11.1 sollten nun die Begriffe elliptische Kurve über $\mathbb{Q}$ und die Menge $E(\mathbb{Q})$ vertraut sein. Außerdem wissen wir aus Korollar 11.7, was passiert, wenn man Punkte aus $E(\mathbb{Q})$ mit Geraden verbindet.

11.3 Das Gruppengesetz

Die Definition der Verknüpfung $\star$

Unser nächstes Ziel ist die Definition des Rangs von $E(\mathbb{Q})$. Dafür führen wir ein *Gruppengesetz* auf E ein, also eine Art Addition. Deren Existenz ist es, was elliptische Kurven so interessant für viele Anwendungen macht.

Definition 11.8
Es sei E eine elliptische Kurve. Wir definieren eine Abbildung

$$\star : E \times E \to E,$$
$$(P,Q) \mapsto P \star Q$$

wie folgt: Es seien $P,Q \in E$ Punkte der Kurve. Es sei G_1 die eindeutig bestimmte Gerade durch P und Q. Es sei H_1 der dritte Schnittpunkt von G_1 mit E. Weiter sei G_2 die senkrechte Gerade durch H_1. Es sei H_2 der dritte Schnittpunkt von G_2 mit E. Wir setzen

$$P \star Q := H_2 \, .$$

Es sind hier noch allerlei Sonderfälle zu berücksichtigen:

1. Ist $P = Q$, so ist G_1 die eindeutige Tangente in P, analog für G_2.
2. Ist $P = \infty$, so ist G_1 die senkrechte Gerade durch Q, analog für $Q = \infty$ für G_2.
3. Wir setzen $\infty \star \infty = \infty$.

Dies wird in Abbildung 12.3 in Priska Jahnkes Beitrag illustriert. Wichtig ist, dass die Operation $\star$ nichts mit dem Addieren der Koordinaten von Punkten zu tun hat. Mit einem hübschen Programm meines Kollegen Stefan Kebekus (siehe Literaturverzeichnis) kann die Rechenvorschrift ausprobiert werden (oder natürlich mit Bleistift und Papier).

Diese etwas seltsame Vorschrift hat sehr gute Eigenschaften, analog zu den Rechenregeln für ganze oder rationale Zahlen. Wir können addieren und subtrahieren.

Satz 11.9
Die Punkte von E bilden bezüglich der Addition $\star$ eine *abelsche Gruppe* mit neutralem Element ∞. Das heißt, es gilt für alle $P, Q, R \in E$:

1. $P \star Q = Q \star P$,
2. $(P \star Q) \star R = P \star (Q \star R)$,
3. $P \star \infty = P$,
4. zu jedem Punkt P gibt es einen eindeutigen Punkt Q mit $P \star Q = \infty$; wir schreiben $Q = [-1]P$ und sagen, dass Q das Inverse von P ist.

Über Gruppen kann man mehr in Rebecca Waldeckers Beitrag erfahren. Der Leser oder die Leserin ist herzlich eingeladen, sich Beweise für diese Aussagen zu überlegen. Eigenschaft 1. ist ganz leicht, 3. und 4. kann man sich geometrisch überlegen. Die Eigenschaft 2. jedoch ist alles andere als offensichtlich. Um sie zu beweisen, muss man erst Sätze der algebraischen Geometrie herleiten (Satz von Bézout oder Satz von Riemann-Roch).

Korollar 11.10
Es sei E eine elliptische Kurve über $\mathbb{Q}$. Dann ist $E(\mathbb{Q})$ bezüglich der Addition $\star$ eine abelsche Gruppe mit neutralem Element ∞.

Beweis
Alle Eigenschaften gelten nach dem letzten Satz. Zu zeigen bleibt, dass für $P, Q \in E(\mathbb{Q})$ auch $P \star Q \in E(\mathbb{Q})$. Das folgt aus Korollar 11.7 und der Konstruktionsvorschrift.

Der Satz von Mordell und der Rang von $E(\mathbb{Q})$

$E(\mathbb{Q})$ haben wir eingeführt als die Menge der rationalen Lösungen einer (fast) beliebigen Gleichung dritten Grades in zwei Variablen. Wir haben jetzt gesehen, dass diese Lösungsmenge eine sehr interessante Struktur hat. Aber gibt es überhaupt Lösungen? Manchmal ja, manchmal nein. Manchmal unendlich viele, manchmal nur endlich viele.

Zur Formulierung einer präziseren Antwort brauchen wir noch etwas Notation.

Definition 11.11
Es sei E eine elliptische Kurve, P ein Punkt der Kurve. Dann definieren wir

$$[0]P = \infty, \quad [1]P = P, \quad [2]P = P \star P, \quad [3]P = ([2]P) \star P, \quad \dots ,$$

$[-1]P$ wie in der Eigenschaft 4. von $\star$ in Satz 11.9 und

$$[-2]P = [-1]([2]P), \quad [-3]P = [-1]([3]P), \quad \dots .$$

Damit gilt automatisch

$$[n]P \star [m]P = [n+m]P, \quad [n]P \star [-n]P = \infty, \quad [n]([m]P) = [nm]P$$

für alle $n, m \in \mathbb{Z}$.

Theorem 11.12 (Mordell, 1922)
Es sei E eine elliptische Kurve über $\mathbb{Q}$. Dann ist $E(\mathbb{Q})$ eine endlich erzeugte abelsche Gruppe, das heißt, es gibt Punkte

$$P_1, \dots, P_r, F_1, \dots, F_t \in E(\mathbb{Q}) ,$$

so dass es für jedes $P \in E(\mathbb{Q})$ eindeutig bestimmte Zahlen $n_1, n_2, \dots, n_r \in \mathbb{Z}$ und ein eindeutiges $i \in \{1, \dots, t\}$ gibt mit

$$P = [n_1]P_1 \star [n_2]P_2 \star \dots [n_r]P_r \star F_i .$$

Beispiel 11.13
Für die bereits vorher betrachtete Kurve mit der Gleichung $y^2 = x^3 + 17$ gilt $r = 2, t = 0$ mit den Punkten $P_1 = (-2,3)$ und $P_2 = (2,5)$. Also sind die Elemente P von $E(\mathbb{Q})$ genau von der Form

$$P = [n_1]P_1 \star [n_2]P_2 \ .$$

Der endliche Anteil (das sind die F_i) ist auch allgemein gut verstanden:

Theorem 11.14 (Mazur, 1977)
Es sei E eine elliptische Kurve über $\mathbb{Q}$, und es sei t die Zahl aus dem Satz von Mordell. Dann gilt $t \leq 16$.

Schwieriger ist der unendliche Anteil, wie wir im Folgenden sehen werden.

Definition 11.15
Die Zahl r in Theorem 11.12 heißt *Rang* von $E(\mathbb{Q})$. Der Fall $r = 0$ ist erlaubt, das heißt, $P_1, \ldots, P_r$ tauchen dann in der Darstellung gar nicht auf.

Korollar 11.16
Es sei E eine elliptische Kurve über $\mathbb{Q}$. Dann hat E genau dann endlich viele Punkte mit rationalen Koeffizienten, wenn der Rang r von $E(\mathbb{Q})$ gleich null ist. In diesem Fall enthält E höchstens 16 rationale Punkte.

Wir kennen Beispiele von Kurven mit endlich vielen rationalen Punkten und solche mit unendlich vielen. Wie unterscheiden wir die Fälle? Gibt es eine Formel für den Rang r?

Die Antwort ist vermutungsweise ja, eben die Formel von Birch und Swinnerton-Dyer, deren erste Hälfte wir jetzt verstehen. Übrigens ist bis heute unbekannt, ob es elliptische Kurven mit beliebig großem Rang gibt.

11.4 Die L-Funktion einer elliptischen Kurve

Elliptische Kurven über Restklassen modulo p

Für die Definition der L-Funktion einer elliptischen Kurve brauchen wir für (fast) jede Primzahl p eine natürliche Zahl t_p, an deren Definition wir uns nun wagen.

In diesem Abschnitt ist p eine Primzahl.[5] Wir wollen mit den Restklassen[6] modulo p rechnen. Das heißt, es geht um ganze Zahlen, aber wir interessieren uns immer nur für den Rest, der nach ganzzahliger Division durch p bleibt. Wir schreiben $a \equiv b \mod p$, wenn die beiden Zahlen denselben Rest haben. Diese Art des Rechnens wurde von Gauß 1801 eingeführt.

Beispiel 11.17
$p = 5$. Dann ist

$$2+4 \equiv 1 \mod 5 ,$$

denn 6 hat bei Division durch 5 den Rest 1:

$$6 = 1 \cdot 5 + 1 .$$

Oder:

$$3 \cdot 3 \equiv -1 \mod 5 ,$$

denn 9 und -1 haben beide bei Division durch 5 den gleichen Rest, nämlich 4:

$$9 = 1 \cdot 5 + 4 \qquad -1 = -1 \cdot 5 + 4 .$$

Es gibt genau p Restklassen modulo p, die durch die Zahlen $0, 1, 2, \ldots, p-1$ repräsentiert werden.

[5] Ein natürliche Zahl ungleich 1 heißt Primzahl, wenn sie nur durch 1 und sich selbst teilbar ist.

[6] Zwei Zahlen gehören genau dann zur selben Restklasse, wenn ihre Differenz durch p teilbar ist. Wir sagen dann, sie haben denselben Rest modulo p.

Definition 11.18
Die Menge der Restklassen modulo p wird mit $\mathbb{Z}/p\mathbb{Z}$ bezeichnet.

Nun zurück zu unseren elliptischen Kurven. Um einfachere Formeln zu erhalten, betrachten wir ab jetzt nur Gleichungen E_0 der Form

$$y^2 = x(x-1)(x-\mu)$$

mit $\mu \in \mathbb{Z}$, $\mu \neq 1, 0$. Wie bisher ist $E = E_0 \cup \{\infty\}$. Diese Gleichung können wir jetzt auch modulo p betrachten, indem wir von μ zu seiner Restklasse übergehen. Wir suchen nun nach Lösungen modulo p.

Beispiel 11.19
Die elliptische Kurve $y^2 \equiv x(x-1)(x-2) \mod 5$ hat beispielsweise die Lösung $(3,4)$, denn

$$4^2 \equiv 1 \mod 5 \quad \text{und} \quad 3(3-1)(3-2) \equiv 1 \mod 5\ .$$

Die vollständige Liste aller Lösungen modulo 5 ist

$$(0,0),(1,0),(2,0),(3,1),(3,4),(4,2),(4,3)\ .$$

Rechnen mit Restklassen ist viel einfacher als mit rationalen Zahlen!

Definition 11.20
Mit $E(\mathbb{Z}/p\mathbb{Z})$ bezeichnen wir die Menge der Punkte von E mit Koordinaten in $\mathbb{Z}/p\mathbb{Z}$, das heißt

$$E(\mathbb{Z}/p\mathbb{Z}) = \big\{(x,y) \in (\mathbb{Z}/p\mathbb{Z}) \times (\mathbb{Z}/p\mathbb{Z}) \mid y^2 \equiv x(x-1)(x-\mu)\big\} \cup \{\infty\}\ .$$

Die Anzahl der Elemente von $E(\mathbb{Z}/p\mathbb{Z})$ wird mit a_p bezeichnet.

In Beispiel 11.19 hatten wir $a_5 = 8$ (bitte ∞ nicht vergessen!). Die Zahl der Elemente von $E(\mathbb{Z}/p\mathbb{Z})$ ist endlich, denn es gibt für x und für y jeweils nur p Möglichkeiten. Außerdem gibt es wieder ∞, insgesamt also

$$a_p \leq p^2 + 1\ .$$

Tatsächlich wissen wir mehr:

Satz 11.21 (Hasse, 1933)
Es sei E eine elliptische Kurve der obigen Form. Es sei p kein Teiler von μ und $\mu - 1$. Dann gilt

$$|p+1-a_p| \leq 2\sqrt{p}\,.$$

Bemerkung 11.22
Wir stellen hier eine Bedingung an p, durch die für jedes E endlich viele Primzahlen ausgeschlossen werden. In der Definition einer elliptischen Kurve hatten wir verlangt, dass

$$x^3+\alpha x^2+\beta x+\gamma$$

keine mehrfachen Nullstellen hat. In unserer spezielleren Form $x(x-1)(x-\mu)$ bedeutet das einfach $\mu \neq 0, 1$. Wenn p ein Teiler von μ oder $\mu - 1$ ist, so wird die Gleichung aber modulo p zu

$$y^2 \equiv x^2(x-1) \quad \text{beziehungsweise} \quad y^2 \equiv x(x-1)^2\,.$$

Das sind keine elliptischen Kurven! Daher betrachten wir diese „Ausnahmeprimzahlen“ nicht.

Das rein geometrisch definierte Gruppengesetz auf E funktioniert auch modulo p. Dies benötigt eigentlich eine geeignete Sprache von Geometrie über Restklassen. Oder konkret: Die Vorschrift aus Definition 11.8 für $(P,Q) \mapsto P \star Q$ läuft auf das Lösen von Gleichungen hinaus. Diese Gleichungen können auch modulo p gelöst werden. Auf jeden Fall gilt:

Satz 11.23
Es sei E eine elliptische Kurve über $\mathbb{Z}/p\mathbb{Z}$. Dann ist $E(\mathbb{Z}/p\mathbb{Z})$ bezüglich der Addition $\star$ eine abelsche Gruppe mit endlich vielen Elementen.

Gruppen mit endlich vielen Elementen werden bei bestimmten Public-Key-Verschlüsselungsverfahren benötigt, daher erfreuen sich elliptische Kurven auch bei Banken einer gewissen Beliebtheit. Solche Verschlüsselungsverfahren werden in Priska Jahnkes Beitrag in Abschnitt 12.5 erklärt.

Für das Weitere ist aber nur die Zahl a_p wichtig beziehungsweise die Größe

$$t_p := p + 1 - a_p,$$

die auch im Satz von Hasse vorkam.

In Beispiel 11.19 hatten wir $a_5 = 8$ und $t_5 = -2$.

Definition der L-Funktion und Eigenschaften

Es sei nun E die elliptische Kurve mit der Gleichung

$$y^2 = x(x-1)(x-\mu) ,$$

wobei $\mu \in \mathbb{Z}$, $\mu \neq 0, 1$. Jeder solchen Kurve wollen wir eine differenzierbare Funktion zuordnen, wir benutzen ab jetzt die Techniken der Differentialrechnung. Wir erinnern uns an die Zahl

$$t_p = p + 1 - a_p ,$$

die im Satz von Hasse vorkam.

Definition 11.24
Die *(restringierte) L-Funktion von E* an der Stelle s ist definiert durch das unendliche Produkt

$$L(E,s) = \prod_{p \nmid \mu(\mu-1)} \frac{1}{1 - t_p p^{-s} + p^{1-2s}} .$$

Wir haben es hier mit einem unendlichen Produkt zu tun: für jede Primzahl, die μ und $\mu - 1$ nicht teilt, ein Faktor. Das Produkt konvergiert für $s > 3/2$, und wir erhalten eine differenzierbare Funktion in der Variablen s.

In der Vermutung von Birch und Swinnerton-Dyer geht es um die L-Funktion in der Nähe von 1. Leider konvergiert das Produkt dort nicht! Der Ausweg benutzt die komplexe Differentialrechnung, übersteigt also die Schulmathematik.

Theorem 11.25
$L(E,s)$ setzt sich zu einer eindeutigen komplex differenzierbaren Funktion für alle $s \in \mathbb{C}$ fort.

Hinter diesem Theorem steckt die sogenannte Modularität von elliptischen Kurven, die in Wiles' Beweis der Fermat'schen Vermutung eine Schlüsselrolle spielte. Es ist wohl das tiefste Ergebnis, das wir ansprechen.

Wir betrachten ab jetzt $L(E,s)$ als Funktion auf ganz $\mathbb{C}$, interessieren uns aber nur für $s = 1$. Dort hat die Funktion im Allgemeinen eine Nullstelle. Wie bei der Kurvendiskussion in der reellen Differentialrechnung hat die Nullstelle eine Vielfachheit. Formal führt man sie so ein:

Definition 11.26
Die *Nullstellenordnung* von $L(E,s)$ in 1 ist die eindeutig bestimmte Zahl $n \geq 0$, so dass der Grenzwert

$$\lim_{s \to 1} \frac{L(E,s)}{(s-1)^n}$$

existiert und ungleich 0 ist.

Die Existenz und Eindeutigkeit dieser Zahl folgt aus der Theorie der komplex differenzierbaren Funktionen.

Die Vermutung von Birch und Swinnerton-Dyer

Und damit noch einmal:

Vermutung 11.27 (Birch und Swinnerton-Dyer, 1965)
Es sei E eine elliptische Kurve über $\mathbb{Q}$. Dann stimmt die Nullstellenordnung n der L-Funktion von E in 1 mit dem Rang r der Gruppe $E(\mathbb{Q})$ überein.

Die beiden Engländer formulierten auch eine präzise Formel für den Wert des Grenzwertes in der Definition der Nullstellenordnung.

Da die Formulierung so kompliziert ist, überrascht es, dass man die Vermutung in expliziten Beispielen numerisch überprüfen kann. Das geht tatsächlich und wurde in unzähligen Fällen durchgeführt. Allgemein bewiesen sind nur die Spezialfälle $r = 0$ und $r = 1$ durch Arbeiten von Gross/Zagier (1983) und Kolyvagin (1990).

Immerhin wissen wir damit:

Korollar 11.28
$E(\mathbb{Q})$ ist genau dann endlich, wenn $L(E,1) \neq 0$.

11.5 Die Bloch-Kato-Vermutung

Mit diesem Ausblick will ich den Zusammenhang mit meiner eigenen Forschung herstellen. Elliptische Kurven sind Beispiele für sogenannte algebraische Varietäten über $\mathbb{Q}$. Eine allgemeine Varietät ist ein System von Polynomgleichungen in mehreren Variablen. Die Koeffizienten sollen weiter in $\mathbb{Q}$ liegen. Der Grad und die Anzahl der Variablen ist also nun beliebig. Jeder solchen Varietät (und sogar allgemeiner jedem „Motiv", das sind gewisse Bausteine von Varietäten) wird ebenfalls eine L-Funktion zugeordnet. Die Gruppe $E(\mathbb{Q})$ lässt sich verallgemeinern durch die sogenannten *motivischen Kohomologiegruppen*.

Die *Vermutung von Beilinson (1984)* drückt die Nullstellenordnung (beziehungsweise die Polstellenordnung) der L-Funktion in Zahlen $r \in \mathbb{Z}$ aus durch die Dimension der motivischen Kohomologiegruppen der Varietät. Die *Vermutung von Bloch und Kato (1990)* gibt auch eine sehr komplizierte Formel für den führenden Koeffizienten (so heißt der Grenzwert analog zu Definition 11.26). Beide verallgemeinern die Vermutung von Birch und Swinnerton-Dyer.

In meiner eigenen Forschung geht es um den „Babyfall“ von Gleichungen in einer Variablen. Dies sind die algebraischen Varietäten der Dimension 0 (vulgo: Punkte).

Beispiel 11.29
Es sei V die Varietät, die durch die Gleichung $x = 1$ definiert ist. Dann ist die zugehörige L-Funktion die Riemann'sche ζ-Funktion

$$\zeta(s) = \prod_{p \text{ prim}} \frac{1}{1-p^{-s}} = \sum_{n=1}^{\infty} \frac{1}{n^s} = 1 + \frac{1}{2^s} + \frac{1}{3^s} + \dots .$$

(Man beachte die formale Ähnlichkeit mit der L-Funktion einer elliptischen Kurve.)

Theorem 11.30 (Borel, 1974)
Die Beilinson-Vermutung gilt für Varietäten der Dimension 0.

Theorem 11.31 (Huber-Kings, 2003)
Die Bloch-Kato-Vermutung gilt für Gleichungen der Form

$$x^N = 1 .$$

Dabei wurde der Fall $N = 1$, also der Riemann'schen ζ-Funktion, weitgehend von Bloch und Kato selbst bewiesen. Für beliebiges N gibt es noch einen alternativen Beweis von Burns und Greither.

In der Einleitung des Artikels habe ich argumentiert, dass wir lineare und quadratische Gleichungen sehr gut verstehen. Dann habe ich mit den elliptischen Kurven den Fall einer Gleichung in zwei Variablen vom Grad 3 betrachtet, wo noch tiefe Vermutungen offen sind. Nun stellt sich heraus, dass selbst für Gleichungen in nur einer Variablen, aber von beliebigem Grad, noch keineswegs alle zahlentheoretischen Probleme gelöst sind!

Danksagung

Herzlicher Dank geht an Stefan Kebekus, Holger Klawitter und Stephen Meagher für Hinweise und Kommentare.

Literatur

[1] BIRCH, B. J., SWINNERTON-DYER, H. P. F.: Notes on elliptic curves. II. J. Reine Angew. Math. **218**, 79–108 (1965) *(Der Originalartikel, in dem die Vermutung formuliert wird.)*

[2] SINGH, S.: Fermats letzter Satz: Die abenteuerliche Geschichte eines mathematischen Rätsels. DTV, 2000
(Sehr gut geschriebene populärwissenschaftliche Darstellung eines anderen großen Problems, bei dessen Lösung die elliptischen Kurven eine Schlüsselrolle gespielt haben.)

[3] WILES, A.: The Birch and Swinnerton-Dyer Conjecture, erhältlich auf

`http://www.claymath.org/millennium/Birch_and_Swinnerton-Dyer_Conjecture/`

(Die Clay-Foundation hat 1 Million USD auf die Lösung der Vermutung ausgesetzt. Dies ist die offizielle Website mit der Problemstellung.)

[4] KEBEKUS, S.: Elliptic Curve Plotter. Programmpaket erhältlich unter

`http://home.mathematik.uni-freiburg.de/kebekus/software/ellipticcurve-de.html`

(Eine graphische Applikation, mit der man elliptische Kurven zeichnen und mit dem Gruppengesetz experimentieren kann.)

[5] WERNER, A.: Elliptische Kurven in der Kryptographie. Springer, 2002
(Eigentlich für Studierende im Grundstudium.)

[6] MILNE, J. S.: Elliptic curves. BookSurge Publishers, Charleston, SC, 2006
http://www.jmilne.org/math/Books/ectext.html
(Lehrbuch für Studierende im Hauptstudium.)

[7] SILVERMAN, J. H., TATE, J.: Rational points on elliptic curves. Undergraduate Texts in Mathematics. Springer, 1992
(Ebenfalls, aber viel stärker auf den rationalen Fall konzentriert.)

[8] SILVERMAN, J. H.: The arithmetic of elliptic curves. Graduate Texts in Mathematics. Springer, 2. Aufl. 2009.
(Dito, für Leser mit Vorkenntnissen in algebraischer Geometrie. Meine Hauptreferenz, zum Beispiel für die Punkte von $y^2 = x^3 + 17$ *oder die Formel für die L-Funktion.)*

Die Autorin:

Prof. Dr. Annette Huber-Klawitter
Albert-Ludwigs-Universität Freiburg
Mathematisches Institut
Eckerstr. 1
79104 Freiburg
annette.huber@math.uni-freiburg.de

12 Kugeln, Kegelschnitte, und was gibt es noch?

Priska Jahnke

12.1 Einleitung

Die algebraische Geometrie beschäftigt sich mit Nullstellenmengen von Polynomen, genannt *Varietäten*. Das sind Gebilde im Raum, man stelle sich eine hingeworfene Decke, Kugeln oder Ringe vor. Im Folgenden möchte ich anhand einfacher Beispiele versuchen, die Grundlagen zu erklären, insbesondere mit welchen Objekten wir es hier zu tun haben und welche Rolle sie zum Beispiel in der Kryptographie spielen. Im letzten Abschnitt möchte ich kurz darauf eingehen, womit ich mich beschäftige. Ziel der folgenden Abschnitte wird es unter anderem sein, den Satz von Bézout zu verstehen, der dann in Abschnitt 12.5 eine wesentliche Rolle spielt:

Satz (Bézout)
Es seien C_1, C_2 zwei ebene projektive Kurven vom Grad $d_i = \mathrm{grad}(\mathrm{C_i})$ über einem algebraisch abgeschlossenen Körper, die keine gemeinsamen Komponenten besitzen. Dann schneiden sich C_1 und C_2 in genau $d = d_1 \cdot d_2$ Punkten, wenn man Schnittpunkte mit Vielfachheiten zählt.

Was sind „ebene projektive Kurven“? Was ist ihr „Grad“, was ihre „Komponenten“? Was bedeutet „algebraisch abgeschlossen“, und wozu brauchen wir das?

Einen vollständigen Beweis des Satzes werde ich nicht geben können, es sei auf die Literatur verwiesen ([2], [3]).

12.2 Geraden, Kreise, Kegelschnitte

Anschaulich und in der Anwendung wichtig sind eindimensionale algebraische Varietäten, die algebraischen Kurven. Man unterscheidet affine und projektive algebraische Kurven. Wir wollen hier mit affinen Kurven beginnen: Eine *(reelle) ebene affine Kurve* ist eine Lösungsmenge

$$C = \{(x,y) \in \mathbb{R}^2 \mid f(x,y) = 0\} \subset \mathbb{R}^2,$$

wobei $f(x,y)$ ein nicht-konstantes Polynom in den zwei Variablen x und y ist. Wir schreiben im Folgenden kurz

$$C = V(f).$$

$V(f)$ ist also die Nullstellenmenge von f. Später werden wir auch komplexe Kurven einführen.

Beispiel 12.1

1. $C = V(2x - y + 1)$ ist eine *Gerade* im $\mathbb{R}^2$. Das sieht man leicht, wenn man die Gleichung etwas umformt: $2x - y + 1 = 0$ gilt genau dann, wenn $y = 2x + 1$ ist.
2. $C = V(-x^2 - y + 1)$ ist eine um 1 nach oben verschobene, nach unten geöffnete Parabel, denn $-x^2 - y + 1 = 0 \Longleftrightarrow y = -x^2 + 1$. Da man die Parabel als Schnitt eines dreidimensionalen Kegels mit einer geeigneten Ebene erhält, spricht man auch von einem *Kegelschnitt*.
3. $C = V(x^2 + y^2 - 1)$ ist der *Einheitskreis*. Auch der Kreis ist ein Kegelschnitt!
4. $C = V((x + y)(x - y))$ ist ein *Geradenkreuz*, wieder ein Kegelschnitt.
5. $C = V(y^2 - x(x - 1)(x + 1))$ heißt *elliptische Kurve*[1].

[1] Elliptische Kurven werden genauer im Artikel *Was wir alles über Gleichungen vom Grad drei (nicht) wissen – elliptische Kurven und die Vermutung von Birch und Swinnerton-Dyer* von Annette Huber besprochen.

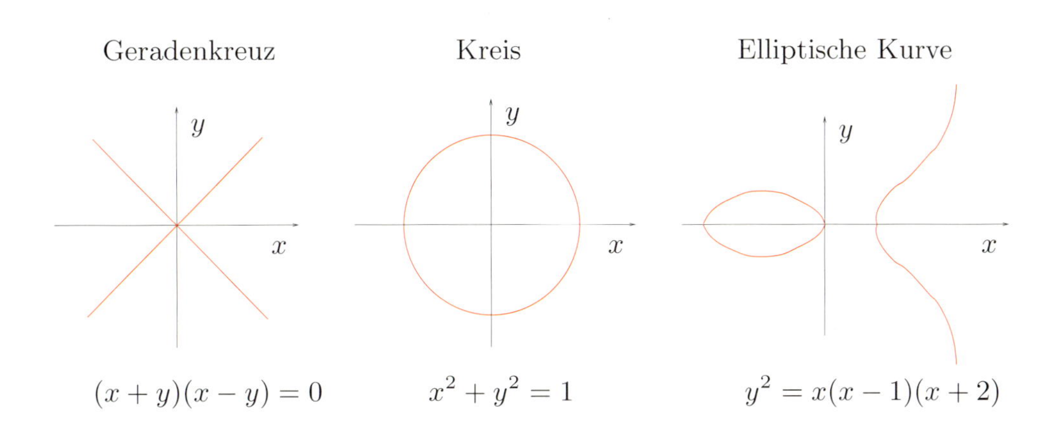

Achtung: Bei reellen Kurven kann es passieren, dass die Lösungsmenge einer Gleichung leer oder nur ein Punkt ist. So ist $C_1 = V(x^2+1) = \emptyset$ und $C_2 = V(x^2+y^2) = \{(0,0)\}$ nur ein Punkt. Beide Mengen sehen wir nicht als „echte“ ebene affine Kurven an.

Grad, Kegelschnitte. Für Polynome $f(x)$ in einer Variablen bezeichnet grad(f) den Grad des Polynoms, das ist die höchste vorkommende x-Potenz, also zum Beispiel $\mathrm{grad}(5x^2+x-1) = 2$. Für Polynome in zwei Variablen verallgemeinern wir diesen Begriff entsprechend: Der Grad eines einzelnen Summanden (eines sogenannten „Monoms“) ist die Summe der Grade in x und y, also zum Beispiel $\mathrm{grad}(x^2y^4) = 2+4 = 6$. Der Grad von f ist der maximale Grad aller Summanden. Für $C = V(f)$ setzen wir

$$\mathrm{grad}(C) = \mathrm{grad}(f).$$

Damit können wir definieren: Jede Kurve $C = V(f)$ vom Grad zwei nennen wir einen *Kegelschnitt*, eine Kurve vom Grad drei heißt *Kubik*. Fast alle Kegelschnitte lassen sich tatsächlich als Schnitt eines Kegels mit einer Ebene im $\mathbb{R}^3$ realisieren.

Komponenten. Betrachten wir noch einmal das Geradenkreuz $C = V(f)$ mit $f(x,y) = (x-y)(x+y)$. Es ist $(x-y)(x+y) = 0$ genau dann, wenn $x-y=0$

oder $x+y=0$ gilt, das heißt $C=C_1\cup C_2$ mit

$$C_1=V(x-y) \quad \text{und} \quad C_2=V(x+y).$$

Man nennt C_1 und C_2 die *Komponenten von C*. Die Zerlegung $C=C_1\cup C_2$ entspricht der Faktorisierung

$$f(x,y)=f_1(x,y)\cdot f_2(x,y)$$

mit $f_1(x,y)=x-y$ und $f_2(x,y)=x+y$. Ist $f(x,y)$ nicht in Faktoren zerlegbar, so nennen wir f beziehungsweise C *irreduzibel*, sonst *reduzibel*.

Achtung. Die elliptische Kurve in Beispiel 12.1 besteht im Bild auch aus zwei „Komponenten“, die Gleichung und damit auch die Kurve ist jedoch irreduzibel!

Schnittpunkte. Wir wissen, dass sich zwei verschiedene, nicht parallele Geraden in der Ebene in einem Punkt schneiden. Eine Gerade schneidet einen Kreis entweder gar nicht oder in genau zwei Punkten, wenn wir den Schnittpunkt eines Kreises mit einer Tangenten doppelt zählen. Das müssen wir sinnvollerweise, da eine Tangente Grenzwert von Sekanten ist, die jeweils den Kreis in genau zwei verschiedenen Punkten schneiden. Wir sehen also bereits, dass wir mit Vielfachheiten zählen müssen. Berechnen wir einige Schnittpunkte:

Beispiel 12.2
Wir betrachten die Gerade $L=V(y)$.

1. Es sei $C=V(x^2+y^2-1)$, also C ein Kreis. Dann ist

$$\begin{aligned} L\cap C &= \{(x,y)\mid y=0, x^2+y^2-1=0\} \\ &= \{(x,y)\mid y=0, x^2=1\}=\{(1,0),(-1,0)\}. \end{aligned}$$

2. Es sei $C=V(y^2-x(x-1)(x+1))$, also C eine Kubik. Dann ist

$$L\cap C=\{(x,y)\mid y=0, x(x-1)(x+1)=0\}=\{(0,0),(1,0),(-1,0)\}.$$

3. Es sei $C = V(y-1)$, also C eine Gerade. Dann ist
$$L \cap C = \{(x,y) \mid y = 0, y-1 = 0\} = \emptyset.$$

Die Anzahl der Schnittpunkte der Geraden L mit der Kurve C entspricht in den beiden ersten Beispielen genau dem Produkt $\text{grad(L)} \cdot \text{grad(C)} = \text{grad(C)}$, so wie es der Satz von Bézout behauptet. Aber was stimmt im dritten Beispiel nicht? Nach dem Satz von Bézout müsste es einen Schnittpunkt der beiden Geraden C und L geben. Wir werden im Folgenden sehen, dass die Kurven C und L nicht „projektiv“ sind und daher der Satz von Bézout nicht anwendbar ist.

12.3 Unendlich ferne Punkte

Bei der Berechnung von Schnittpunkten sind wir auf das Problem paralleler Geraden gestoßen. Damit sich zwei verschiedene Geraden immer in einem Punkt treffen, führen wir „Punkte im Unendlichen“ ein. Es zeigt sich, dass ein einziger unendlich ferner Punkt nicht genügt, sondern dass wir eine ganze unendlich ferne Gerade benötigen. Wir werden also die reelle Ebene $\mathbb{R}^2$ in einen größeren Raum legen, die projektive Ebene $\mathbb{P}_2(\mathbb{R})$, und entsprechend jeder Kurve in $\mathbb{R}^2$ „Punkte im Unendlichen“ hinzufügen.

Die projektive Gerade $\mathbb{P}_1(\mathbb{R})$. Wir betrachten die Menge aller Geraden im $\mathbb{R}^2$ durch 0 und nennen diese $\mathbb{P}_1(\mathbb{R})$. Eine Gerade L ist durch die Angabe eines Ortsvektors $a \in \mathbb{R}^2$ und eines von null verschiedenen Richtungsvektors $v \in \mathbb{R}^2$ festgelegt; da L durch 0 gehen soll, können wir $a = 0$ wählen, das heißt,
$$L = \{\lambda v \in \mathbb{R}^2 \mid \lambda \in \mathbb{R}\}$$
ist die Menge aller Vielfachen des Richtungsvektors v. Zwei solche Geraden L_1 und L_2 stimmen genau dann überein, wenn ihre Richtungsvektoren Vielfache voneinander sind. Wir schreiben
$$\mathbb{P}_1(\mathbb{R}) = \{[X:Y] \mid (X,Y) \in \mathbb{R}^2 \backslash \{0\}\},$$

wobei $[X : Y] = [\lambda X : \lambda Y]$ für alle $\lambda \in \mathbb{R}$, $\lambda \neq 0$ ist. Der projektive Punkt $[X : Y]$ entspricht also der Geraden $L \subset \mathbb{R}^2$, die durch den Ortsvektor $0 \in \mathbb{R}^2$ und den Richtungsvektor $v = (X,Y)$ bestimmt ist.

Achtung: Da der Richtungsvektor einer Geraden niemals der Nullvektor sein darf, gilt insbesondere $[0 : 0] \notin \mathbb{P}_1(\mathbb{R})$! Das bedeutet umgekehrt, dass bei einem projektiven Punkt $[X : Y] \in \mathbb{P}_1(\mathbb{R})$ stets einer der Einträge X oder Y ungleich null ist.

Zur geometrischen Veranschaulichung wollen wir $\mathbb{P}_1(\mathbb{R})$ mit dem Einheitskreis identifizieren. Es sei $[X : Y]$ ein projektiver Punkt, also $v = (X,Y) \neq 0$ der Richtungsvektor einer Geraden. Da die Gerade durch Strecken oder Stauchen des Richtungsvektors unverändert bleibt, können wir die Länge $||v||$ des Richtungsvektors „normieren“: Nach dem Satz des Pythagoras berechnet man $||v|| = \sqrt{X^2+Y^2}$. Also hat der Vektor $\tilde{v} = (\frac{X}{\sqrt{X^2+Y^2}}, \frac{Y}{\sqrt{X^2+Y^2}})$ Länge eins und definiert dieselbe Gerade wie v. Anders ausgedrückt: Der Abstand des Punktes $(\frac{X}{\sqrt{X^2+Y^2}}, \frac{Y}{\sqrt{X^2+Y^2}}) \in \mathbb{R}^2$ vom Ursprung des Koordinatensystems ist eins, das heißt, $\tilde{v}$ liegt auf einem Kreis mit Radius eins um den Ursprung, dem sogenannten „Einheitskreis“. Also besitzt jede Gerade einen Richtungsvektor auf dem Einheitskreis.

Umgekehrt definiert jeder Punkt $v = (X,Y)$ auf dem Einheitskreis eine Gerade mit Ortsvektor 0 und Richtungsvektor v. Allerdings definieren die Vektoren v und $-v$ dieselbe Gerade. Um eine eindeutige Identifizierung aller Geraden durch ihre Richtungsvektoren zu erhalten, dürfen wir also nur entweder v oder $-v$ betrachten. Liegt v nicht auf der x-Achse, so liegt genau einer der beiden Punkte oberhalb, der andere unterhalb der x-Achse. Lassen wir jeweils den „unteren“ weg, so bleibt ein „halber Kreis“ übrig. Liegt v auf der x-Achse, so ist $v = (1,0)$ oder $v = (-1,0)$. Diese beiden Punkte definieren aber denselben projektiven Punkt $[1 : 0] = [-1 : 0]$, wieder müssen wir einen der beiden Punkte auswählen, den anderen weglassen. Oder einfacher: Wir „kleben“ diese beiden

Punkte zusammen und erhalten so wieder einen Kreis[2]:

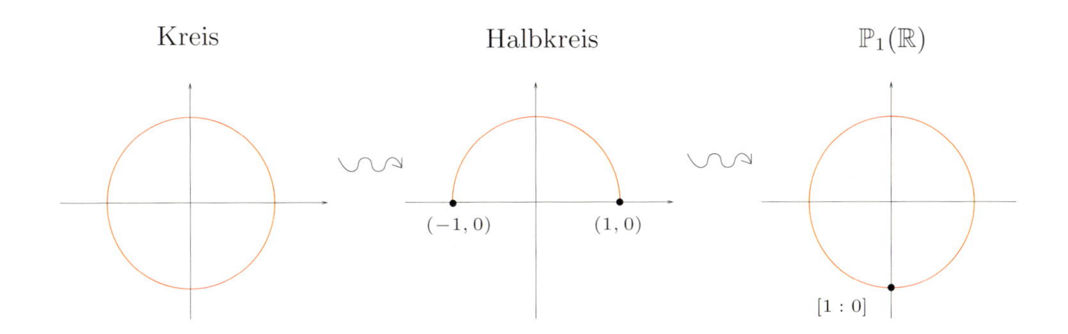

Die projektive Ebene $\mathbb{P}_2(\mathbb{R})$. Analog zu $\mathbb{P}_1(\mathbb{R})$ definieren wir $\mathbb{P}_2(\mathbb{R})$ als die Menge aller Geraden im $\mathbb{R}^3$ durch 0. Das heißt, jeder Punkt $P \in \mathbb{P}_2(\mathbb{R})$ entspricht einer Geraden $L \subset \mathbb{R}^3$. Indem wir jeder Geraden einen Richtungsvektor zuordnen, erhalten wir

$$\mathbb{P}_2(\mathbb{R}) = \{[X:Y:Z] \mid (X,Y,Z) \in \mathbb{R}^3 \backslash \{0\}\},$$

wobei $[X:Y:Z] = [\lambda X : \lambda Y : \lambda Z]$ für alle $\lambda \in \mathbb{R}$, $\lambda \neq 0$ ist.

Zur geometrischen Veranschaulichung der projektiven Ebene normieren wir wieder die Länge des Richtungsvektors auf eins. Dann finden wir alle Punkte von $\mathbb{P}_2(\mathbb{R})$ auf der oberen Halbkugel im $\mathbb{R}^3$, müssen jedoch noch den Rand

$$\{(x,y,z) \in \mathbb{R}^3 \mid x^2+y^2+z^2-1=0, z=0\} = \{(x,y) \in \mathbb{R}^2 \mid x^2+y^2-1=0\}$$

geeignet identifizieren. Dabei entsteht die sogenannte „Kreuzhaube“.

Beispiel 12.3
Der Punkt $[1:2:3] = [2:4:6] = [-1:-2:-3] \in \mathbb{P}_2(\mathbb{R})$ entspricht der Geraden $L = \{(\lambda, 2\lambda, 3\lambda) \mid \lambda \in \mathbb{R}\}$.

[2]Wir müssen ihn noch geeignet verschieben und strecken, um wieder den Einheitskreis zu erhalten.

Karten. Wir wollen nun die Ebene $\mathbb{R}^2$ als Teilmenge von $\mathbb{P}_2(\mathbb{R})$ beziehungsweise die Gerade $\mathbb{R}$ als Teilmenge von $\mathbb{P}_1(\mathbb{R})$ wiederfinden.

(1) Die Teilmengen

$$\mathscr{U}_X = \{[X:Y] \in \mathbb{P}_1(\mathbb{R}) \mid X \neq 0\} \quad \text{und} \quad \mathscr{U}_Y = \{[X:Y] \in \mathbb{P}_1(\mathbb{R}) \mid Y \neq 0\}$$

heißen *affine Karten* von $\mathbb{P}_1(\mathbb{R})$. Da bei jedem projektiven Punkt $[X:Y] \in \mathbb{P}_1(\mathbb{R})$ entweder X oder Y ungleich null ist, folgt $\mathbb{P}_1(\mathbb{R}) = \mathscr{U}_X \cup \mathscr{U}_Y$, das heißt, jeder projektive Punkt liegt in (mindestens) einer affinen Karte.

Ist $Y \neq 0$, so ist $[X:Y] = [\frac{X}{Y}:1]$, und die Zuordnung

$$[X:Y] \mapsto \tfrac{X}{Y} = x \in \mathbb{R}$$

liefert eine Identifikation von $\mathscr{U}_Y$ mit $\mathbb{R}$, das heißt, wir können jede der affinen Karten mit $\mathbb{R}$ identifizieren. Es ist $[X:0] = [1:0]$, da X nicht null sein darf, also

$$\mathbb{P}_1(\mathbb{R}) = \mathscr{U}_Y \cup \{[X:Y] \in \mathbb{P}_1(\mathbb{R}) \mid Y = 0\} \simeq \mathbb{R} \cup \{[1:0]\},$$

wobei man das Zeichen „$\simeq$“ mit „kann identifiziert werden mit“ übersetzt. Den Punkt $[1:0]$ nennen wir *unendlich fernen Punkt*.

(2) Analog zerlegen wir nun die projektive Ebene. Die Teilmengen

$$\mathscr{U}_X = \{[X:Y:Z] \in \mathbb{P}_2(\mathbb{R}) \mid X \neq 0\}, \quad \mathscr{U}_Y = \{[X:Y:Z] \in \mathbb{P}_2(\mathbb{R}) \mid Y \neq 0\}$$
$$\text{und} \quad \mathscr{U}_Z = \{[X:Y:Z] \in \mathbb{P}_2(\mathbb{R}) \mid Z \neq 0\}$$

heißen *affine Karten* von $\mathbb{P}_2(\mathbb{R})$. Wegen $[X:Y:Z] \neq [0:0:0]$ ist $\mathbb{P}_2(\mathbb{R}) = \mathscr{U}_X \cup \mathscr{U}_Y \cup \mathscr{U}_Z$. Ist $Z \neq 0$, so ist $[X:Y:Z] = [\frac{X}{Z}:\frac{Y}{Z}:1]$, und die Zuordnung

$$[X:Y:Z] \mapsto (\tfrac{X}{Z}, \tfrac{Y}{Z}) = (x,y) \in \mathbb{R}^2$$

liefert eine Identifikation von $\mathscr{U}_Z$ mit $\mathbb{R}^2$. Es gilt

$$\mathbb{P}_2(\mathbb{R}) = \mathscr{U}_Z \cup \{[X:Y:Z] \in \mathbb{P}_2(\mathbb{R}) \mid Z = 0\} \simeq \mathbb{R}^2 \cup \mathbb{P}_1(\mathbb{R}),$$

denn $\{[X:Y:Z] \in \mathbb{P}_2(\mathbb{R}) \mid Z = 0\}$ ist die Menge aller projektiven Punkte der Form $[X:Y:0]$, und diese können wir mit $\mathbb{P}_1(\mathbb{R})$ identifizieren (die Null „weglassen“). Diese projektive Gerade nennen wir *unendlich ferne Gerade*.

Ebene projektive Kurven. Eine *(reelle) ebene projektive Kurve* ist wie eine ebene affine Kurve die Nullstellenmenge eines Polynoms F in den drei Variablen X,Y,Z. Das folgende Beispiel zeigt, dass wir bei der Definition etwas aufpassen müssen:

Beispiel 12.4

Wir wollen versuchen, die Nullstellenmenge C des Polynoms X^2-1 im $\mathbb{P}_2(\mathbb{R})$ zu definieren. Es ist sicherlich $P = [1:0:0] \in C$. Andererseits ist $[1:0:0] = [2:0:0]$, aber $[2:0:0]$ löst die Gleichung $X^2-1=0$ nicht! Betrachten wir dagegen $F(X,Y,Z) = X^2+XY+Z^2$, so gilt für $P = [X_0:Y_0:Z_0] = [\lambda X_0 : \lambda Y_0 : \lambda Z_0]$, $\lambda \neq 0$:

$$\begin{aligned} F(\lambda X_0, \lambda Y_0, \lambda Z_0) &= (\lambda X_0)^2 + \lambda X_0 \lambda Y_0 + (\lambda Z_0)^2 = \lambda^2 (X_0^2 + X_0 Y_0 + Z_0^2) \\ &= \lambda^2 F(X_0, Y_0, Z_0). \end{aligned}$$

Das bedeutet: Der Vektor (X_0,Y_0,Z_0) löst die Gleichung $F(X,Y,Z)=0$ genau dann, wenn auch jedes Vielfache $(\lambda X_0, \lambda Y_0, \lambda Z_0)$ die Gleichung löst.

Wir nennen ein Polynom, bei dem jeder Summand den gleichen Grad hat, ein *homogenes* Polynom und definieren: Eine ebene projektive Kurve ist eine Nullstellenmenge

$$C = V(F) \subset \mathbb{P}_2(\mathbb{R}),$$

wobei F ein homogenes Polynom in X,Y,Z ist. Wie bei affinen Kurven heißt C *irreduzibel*, falls F nicht in (homogene) Faktoren zerlegbar ist, sonst *reduzibel*.

Beispiel 12.5

Projektive Kurven kann man sich nur schwer vorstellen, aber wie sieht eine projektive Kurve auf einer affinen Karte aus? Wir betrachten

$$C = V(X^2+Y^2-Z^2)$$

auf der Karte $\mathscr{U}_Z = \{[X:Y:Z] \mid Z \neq 0\} \simeq \mathbb{R}^2$. Dann ist

$$\begin{aligned} C \cap \mathscr{U}_Z &= \{[X:Y:Z] \in \mathbb{P}_2(\mathbb{R}) \mid X^2+Y^2-Z^2=0,\ Z\neq 0\} \\ &= \{[\tfrac{X}{Z}:\tfrac{Y}{Z}:1] \in \mathbb{P}_2(\mathbb{R}) \mid (\tfrac{X}{Z})^2+(\tfrac{Y}{Z})^2-1=0,\ Z\neq 0\} \\ &= \{(x,y)\in\mathbb{R}^2 \mid x^2+y^2-1=0\} \end{aligned}$$

der Einheitskreis. Wir haben oben gesehen, dass

$$\mathbb{P}_2(\mathbb{R}) = \mathscr{U}_Z \cup L_Z$$

gilt, wobei $L_Z = \{[X:Y:Z] \mid Z=0\} \simeq \mathbb{P}_1(\mathbb{R})$ die unendlich ferne Gerade ist. Enthält C weitere Punkte in $\mathbb{P}_2(\mathbb{R})$, die nicht auf dem Einheitskreis in $\mathscr{U}_Z$ liegen? Dazu müssen wir C mit der unendlich fernen Geraden L_Z schneiden:

$$\begin{aligned} C \cap L_Z &= \{[X:Y:Z] \in \mathbb{P}_2(\mathbb{R}) \mid X^2+Y^2-Z^2=0, Z=0\} \\ &= \{[X:Y:0] \in \mathbb{P}_2(\mathbb{R}) \mid X^2+Y^2=0\} \\ &= \emptyset, \end{aligned}$$

da $[0:0:0]$ kein Punkt im projektiven Raum ist! Die Kurve C liegt also vollständig in der Karte $\mathscr{U}_Z$.

Fazit: Um die Gleichung der Kurve auf einer affinen Karte zu erhalten, müssen wir die entsprechende Variable 1 setzen und die großen durch kleine Buchstaben ersetzen. Also wird zum Beispiel auf $\mathscr{U}_X$ die Variable $X=1$ gesetzt und Y durch $y=\frac{Y}{X}$, Z durch $z=\frac{Z}{X}$ ersetzt.

Übung: Überlegen Sie sich, dass $C \cap \mathscr{U}_X = \{(y,z)\in\mathbb{R}^2 \mid 1+y^2-z^2\}$ eine Hyperbel ist und dass der Schnitt $C\cap L_X = C\cap\{X=0\} = \{[0:1:1],[0:1:-1]\}$ aus zwei Punkten besteht.

12.4 Kugeln, Ringe, Brezeln

In diesem Abschnitt wollen wir von reellen zu komplexen Kurven übergehen. Die komplexen Zahlen sind „algebraisch abgeschlossen"; das heißt, die bei reellen Kurven beobachteten Phänomene, dass die durch eine Gleichung definierte

Teilmenge des $\mathbb{R}^2$ leer ist oder nur aus einem Punkt besteht, können hier nicht mehr auftreten.

Komplexe Zahlen. Die Gleichung $x^2 + 1 = 0$ hat keine reelle Lösung, wir definieren daher eine neue Zahl i durch

$$i = \sqrt{-1}$$

und führen die Menge der komplexen Zahlen ein:

$$\mathbb{C} = \{a + ib \mid a, b \in \mathbb{R}\}.$$

Es gilt $i^2 = -1$. Die Zahl a nennen wir den *Realteil*, die Zahl b den *Imaginärteil* der komplexen Zahl $z = a + ib$. Dann stimmen zwei komplexe Zahlen genau dann überein, wenn ihre Real- und Imaginärteile übereinstimmen. Durch

$$z = a + ib \mapsto (a, b) \in \mathbb{R}^2$$

identifizieren wir $\mathbb{C}$ mit der reellen Ebene $\mathbb{R}^2$ („Gauß'sche Zahlenebene"). Wir rechnen mit komplexen Zahlen, indem wir wie gewohnt rechnen, $i^2 = -1$ ausnutzen und zum Schluss nach Real- und Imaginärteil sortieren:

Beispiel 12.6

1. $(2 + 3i) + (-1 - i) = 2 - 1 + 3i - i = 1 + 2i.$
2. $(2 + 3i) \cdot (-1 - i) = -2 - 2i - 3i - 3i^2 = -2 - 5i - 3 \cdot (-1) = 1 - 5i.$

Satz 12.1
Die komplexen Zahlen sind *algebraisch abgeschlossen*, das heißt, jedes Polynom $f(x)$ in einer Variablen x hat genau d Nullstellen, falls d der Grad von f ist und wir mit Vielfachheiten zählen.

Beispiel 12.7

1. $f(x) = x^2 + 2x + 2$ hat Grad zwei. Wir erhalten die zwei Nullstellen $x_1 = i - 1$, $x_2 = -i - 1$.
2. $f(x) = x^3 - x^2 + x - 1$ hat Grad drei, wir erhalten die drei Nullstellen $1, i,$ und $-i$.

Ebene komplexe Kurven. Komplexe Kurven sind definiert wie reelle Kurven, wir müssen nur überall die Menge der reellen Zahlen durch die Menge der komplexen Zahlen ersetzen. Also definieren wir

$$C = V(f) = \{(x,y) \in \mathbb{C}^2 \mid f(x,y) = 0\} \subset \mathbb{C}^2$$

als die Nullstellenmenge eines Polynoms $f(x,y)$ in zwei Variablen. Wenn wir $\mathbb{C}$ mit $\mathbb{R}^2$ identifizieren, liegt diese Kurve im vierdimensionalen Raum, das sprengt unsere Vorstellungskraft. Trotzdem betrachten wir einige Beispiele:

Beispiel 12.8
Es sei $C = V(f) \subset \mathbb{C}^2$ eine komplexe Kurve.

1. $f(x,y) = x$. Die Nullstellenmenge $C = V(f)$ besteht genau aus allen Paaren $(0,y)$, wobei y ein beliebiger Punkt in $\mathbb{C}$ ist. Das heißt, C ist die reelle Ebene, falls wir wie oben $\mathbb{C}$ mit $\mathbb{R}^2$ identifizieren. Wir haben also zwei freie (reelle) Parameter.
2. $f(x,y) = x^2 - y$. Schreiben wir $x = a + ib$ und $y = c + id$, so ist

$$f(x,y) = a^2 + 2iab - b^2 - c - id,$$

und wir erhalten die beiden Bedingungen $a^2 - b^2 - c = 0$, $2ab - d = 0$. Also sind $c = a^2 - b^2$ und $d = 2ab$ aus a und b berechenbar. Wieder haben wir zwei freie (reelle) Parameter.

Da man zwei reelle Parameter frei wählen kann, heißen komplexe Kurven auch Flächen, genauer heißen sogenannte glatte komplexe Kurven *Riemann'sche Flächen*[3].

Die komplexe projektive Gerade $\mathbb{P}_1(\mathbb{C})$. Analog zur reellen projektiven Geraden $\mathbb{P}_1(\mathbb{R})$ definieren wir $\mathbb{P}_1(\mathbb{C})$ als Menge aller komplexen Geraden in $\mathbb{C}^2$ durch den Nullpunkt, wobei eine komplexe Gerade die Menge aller komplexen Vielfachen eines vom Nullvektor verschiedenen Richtungsvektors $v = (X,Y) \in \mathbb{C}^2$ ist. Definieren wir affine Karten wie bei $\mathbb{P}_1(\mathbb{R})$, so erhalten wir

$$\mathbb{P}_1(\mathbb{C}) \simeq \mathbb{C} \cup \{[0:1]\}.$$

[3] Glatte beziehungsweise singuläre Punkte haben wir hier nicht besprochen, vergleiche [2]. Glatt bedeutet anschaulich, dass es keine Überkreuzungspunkte gibt.

Wir haben also einen einzigen Punkt zur reellen Ebene hinzugefügt, man nennt daher $\mathbb{P}_1(\mathbb{C})$ auch „Einpunktkompaktifizierung" von $\mathbb{R}^2$. Anschaulich lässt sich $\mathbb{P}_1(\mathbb{C})$ wie folgt mit der *Sphäre* oder der sogenannten *Riemann'schen Zahlenkugel*

$$S^2 = \{(x,y,z) \in \mathbb{R}^3 \mid x^2 + y^2 + z^2 = 1\} \subset \mathbb{R}^3$$

identifizieren: Wir bezeichnen den Punkt $(0,0,1) \in S^2$ als „Nordpol" und betrachten die stereographische Projektion der Kugel auf die xy-Ebene E. Dabei ist der Bildpunkt eines Punktes $(x,y,z) \neq (0,0,1)$ der Schnittpunkt der (reellen) Geraden durch (x,y,z) und $(0,0,1)$ mit E. Wir identifizieren E mit $\mathbb{C}$ und bilden den Nordpol auf den unendlich fernen Punkt $[0:1]$ ab.

Ebene komplexe projektive Kurven. Wir definieren die komplexe projektive Ebene $\mathbb{P}_2(\mathbb{C})$ wie $\mathbb{P}_2(\mathbb{R})$ als Menge aller komplexen Geraden durch Null im $\mathbb{C}^3$. Ebene komplexe projektive Kurven sind dann als Nullstellenmengen homogener Gleichungen in $\mathbb{P}_2(\mathbb{C})$ definiert. Eine homogene Gleichung vom Grad drei zum Beispiel liefert einen Ring im $\mathbb{R}^3$, einen „Torus". Man spricht hier auch von einer *elliptischen Kurve*. Verbiegt, verschiebt und streckt man die Kurven geeignet, so lässt sich jede (glatte) ebene komplexe projektive Kurve als Gebilde mit g Löchern darstellen, die Zahl g nennt man *Geschlecht* der Kurve. Sie berechnet sich aus dem Grad d:

$$g = \frac{(d-1)(d-2)}{2}.$$

Eine Kurve vom Grad $d = 4$ hat also $g = 3$ Löcher, und man kann sie sich daher als „Brezel" vorstellen. (Glatte) projektive komplexe Kurven sind genau die „kompakten Riemann'schen Flächen":

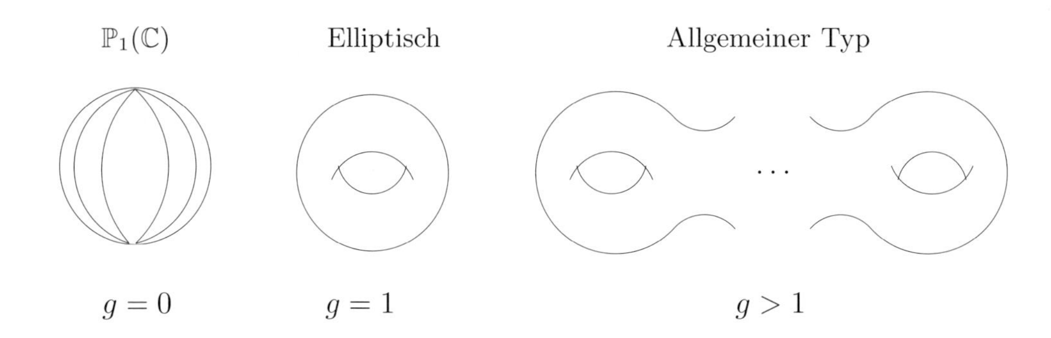

Der Satz von Bézout. Wir haben nun alle Voraussetzungen des Satzes von Bézout erklärt und wollen ihn an einem Beispiel verstehen:

Beispiel 12.9
Es sei

$$C_1 - V(X^2+Y^2+Z^2) \subset \mathbb{P}_2(\mathbb{C})$$

eine komplexe Kurve vom Grad zwei, und $C_2 = V(aX+bY+cZ)$ mit $(a,b,c) \in \mathbb{C}^3 \setminus \{0\}$ sei eine komplexe Gerade. Da einer der Koeffizienten a, b oder c ungleich null ist, nehmen wir einmal an, dass $a \neq 0$ ist (sonst benennen wir die Variablen um). Es ist

$$C_2 = V(aX+bY+cZ) = V(a(X+\tfrac{b}{a}Y+\tfrac{c}{a}Z)) = V(X+\tfrac{b}{a}Y+\tfrac{c}{a}Z).$$

Ersetzen wir b durch ab und c durch ac, so können wir $a = 1$ annehmen und die Geradengleichung nach X auflösen: $X = -bY - cZ$. Einsetzen liefert

$$C_1 \cap C_2 = \{[X:Y:Z] \mid X = -bY - cZ, (bY+cZ)^2 + Y^2 + Z^2 = 0\}.$$

Wir nutzen nun die Beschreibung $\mathbb{P}_2(\mathbb{C}) = \mathscr{U}_Z \cup L_Z$ wie in Beispiel 12.5:

1. Auf $\mathscr{U}_Z$ gilt: $\mathscr{U}_Z \cap C_1 \cap C_2 = \{(x,y) \mid (by+c)^2 + y^2 + 1 = 0,\ x = -by - c\}$. Es ist $(by+c)^2 + y^2 + 1 = (b^2+1)y^2 + 2bcy + c^2 + 1$. Ist $b^2 + 1 \neq 0$, so hat die quadratische Gleichung $(b^2+1)y^2 + 2bcy + c^2 + 1 = 0$ zwei Lösungen für y, denn wir müssen mit Vielfachheiten zählen. Ist $b^2 + 1 = 0$, so reduziert sich die Bedingung auf $2bcy + c^2 + 1 = 0$. Es gibt also eine Lösung für y im Fall $bc \neq 0$, im Fall $bc = 0$ gibt es keine. Der Wert von x lässt sich in jedem Fall eindeutig aus y berechnen.

2. Auf L_Z gilt: $L_Z \cap C_1 \cap C_2 = \{[X:Y:Z] \mid X^2+Y^2+Z^2=0,\ Z=0,\ X=-bY-cZ\}$. Wir setzen zuerst $Z=0$, $X=-bY$ ein und erhalten $b^2Y^2+Y^2=(b^2+1)Y^2=0$. Im Fall $b^2+1\neq 0$ erhalten wir $X=Y=Z=0$ als einzige Lösung des Gleichungssystems. Dies definiert aber keinen Punkt in $\mathbb{P}_2(\mathbb{C})$. Also gibt es keine Lösung. Ist $b^2+1=0$, so gilt $L_Z \cap C_1 \cap C_2 = \{[X:Y:Z] \mid Z(2bcY+(c^2+1)Z)=0,\ Z=0,\ X=-bY-cZ\}$, das heißt, es gibt die Lösung $[-b:1:0]$. Ist $bc\neq 0$, so ist die Vielfachheit eins, ist $bc=0$, so ist die Vielfachheit zwei.

In jedem Fall erhalten wir also genau zwei Schnittpunkte, wenn wir die Vielfachheiten richtig zählen.

12.5 Algebraische Kurven in der modernen Datensicherheit

Ohne gute und vor allem auch schnelle Methoden, Daten zu ver- und entschlüsseln, wäre eine so weitreichende Nutzung des Internets, wie wir sie kennen, kaum möglich. Stellen wir uns vor, wir möchten ein Musikstück oder einen Text von einem Anbieter irgendwo in der Welt über das Netz herunterladen und (der Einfachheit halber) mit Kreditkarte bezahlen. Um dieses Geschäft abzuwickeln, brauchen wir zweimal eine „sichere" Leitung: Wir möchten nicht, dass ein Dritter unsere Kontodaten „mithört", und der Anbieter möchte nicht, dass ein Unbefugter Musik oder Text mitschneiden kann, ohne zu bezahlen. Wie funktioniert das? Hierzu findet man weitere Informationen in [5], [4], [7] und [8].

Symmetrisch versus asymmetrisch. In der Kryptographie unterscheidet man zwischen sogenannten *symmetrischen* und *asymmetrischen* Verfahren. Letztere werden auch *Public-Key*-Verfahren genannt. Symmetrische Verfahren sind deutlich schneller, es wird jedoch von Sender und Empfänger ein gemeinsamer *Schlüssel* benötigt. Das ist zum Beispiel eine Zuordnung $A \to C$, $B \to D$, $\ldots$, $Z \to B$, bei der wir einfach die Buchstaben des Alphabets „mischen", die

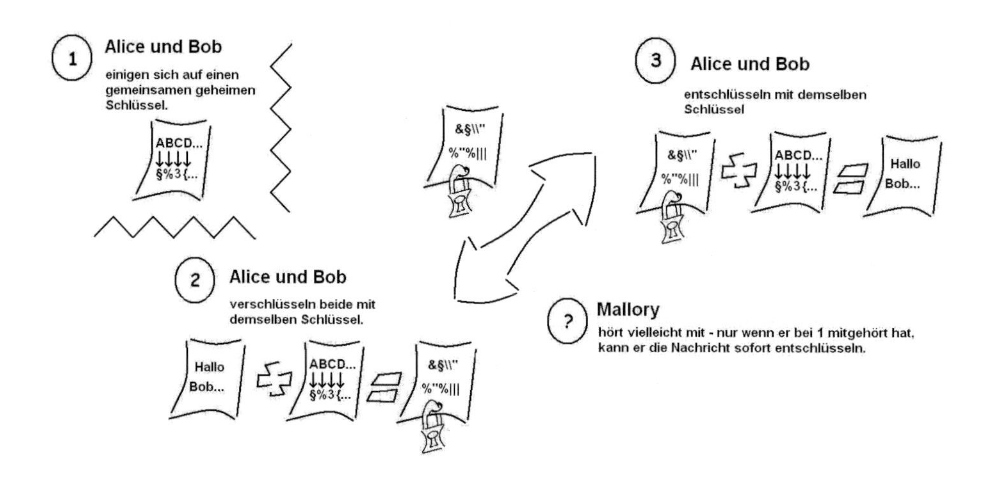

Abbildung 12.1: Schema eines symmetrischen Verschlüsselungsverfahrens

Anfangsstellung der Rotoren bei der Enigma oder einfach eine große Zahl bei modernen Verfahren wie DES (=Data Encryption Standard), AES (=Advanced Encryption Standard) oder Twofish.

Wer den Schlüssel kennt, kann alle verschickten Nachrichten entschlüsseln. Wir sollten ihn also nicht unverschlüsselt über das Internet schicken! Aber persönlich treffen kann ich den Anbieter auch nicht, was nun? Die Lösung bieten Public-Key-Verfahren, die zum *Schlüsselaustausch* verwendet werden, wie im folgenden Abschnitt ausführlicher erläutert wird. Public-Key-Verfahren sind vergleichsweise langsam, aber mit ihrer Hilfe können sich Sender und Empfänger auf eine nur ihnen bekannte Zahl einigen – den Schlüssel für ein schnelleres symmetrisches Verfahren wie DES.

ECC – ein Public-Key-Verfahren. Betrachten wir das ECC-Verfahren (ECC = Elliptic Curve Cryptography). Es basiert auf der Tatsache, dass elliptische Kurven eine Gruppenstruktur besitzen, das heißt, zwei Punkten P und Q auf der Kurve lässt sich mittels eines Algorithmus ein dritter Punkt $S = P + Q$ zuordnen[4].

[4] Es sei noch einmal auf den Beitrag von Annette Huber verwiesen.

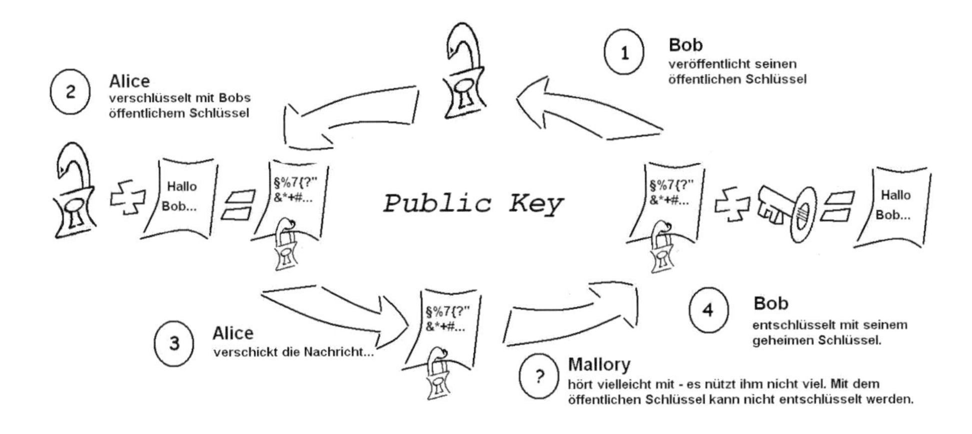

Abbildung 12.2: Schema eines asymmetrischen Verschlüsselungsverfahrens (Public-Key-Verfahren)

Eine elliptische Kurve ist eine (glatte) projektive ebene Kurve C vom Grad drei. Nach dem Satz von Bézout schneidet dann jede Gerade die Kurve C in genau drei Punkten (über einem algebraisch abgeschlossenen Körper). Wir können die Gleichung von C so wählen, dass C nur genau einen unendlich fernen Punkt O besitzt, also die unendlich ferne Gerade mit Vielfachheit drei in O trifft. Die Kurve hat die sogenannte *Weierstraß-Form.*

Es seien jetzt $P, Q \in C$ zwei beliebige Punkte, und es sei L_1 die Gerade durch P und Q (wir wählen im Fall $P = Q$ die Tangente an C). Dann schneidet L_1 die Kurve C noch in genau einem weiteren Punkt S. Es sei L_2 die Gerade durch S und O. Wieder gibt es genau einen weiteren Schnittpunkt $P \oplus Q$ mit C. Dieser soll der gesuchte Punkt $P \oplus Q = P + Q$ sein, wie Abbildung 12.3 veranschaulicht. Hierbei ist zu bemerken, dass der Punkt O der unendlich ferne Punkt ist und alle senkrechten Geraden den Punkt O treffen.

Alle diese geometrischen Konstruktionen sind natürlich explizit berechenbar, so dass ein Computerprogramm bei Eingabe der Koordinaten der Punkte P und

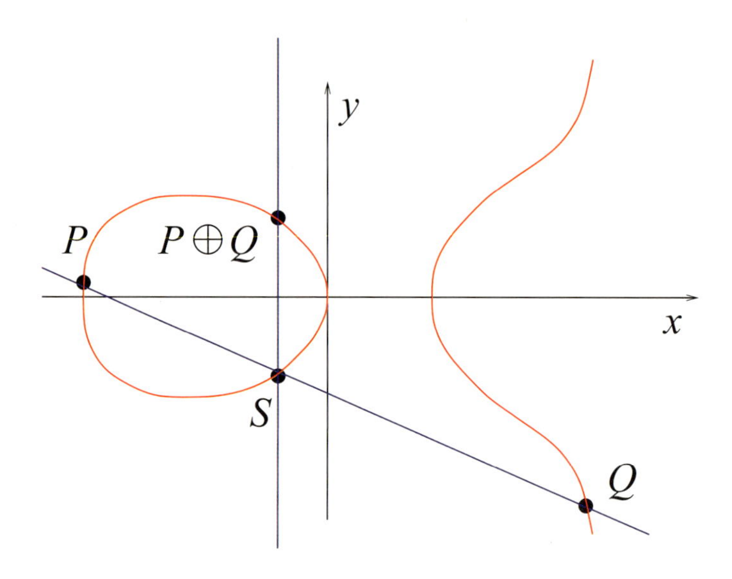

Abbildung 12.3: Das Gruppengesetz auf elliptischen Kurven

Q die Koordinaten des Punktes $P+Q$ ausgibt. Umgekehrt lässt sich aus den Koordinaten von P und nP die Vielfachheit n nicht so leicht ermitteln. Wir verschlüsseln jetzt nach folgendem Algorithmus von Whitfield Diffie und Martin Hellman (1976), wobei wir den Anbieter mit A und uns mit B bezeichnen:

1. A und B wählen unabhängig voneinander jeder eine geheime ganze Zahl s_A beziehungsweise s_B.
2. Wir einigen uns auf eine öffentlich bekannte elliptische Kurve C und einen Punkt $P \in C$.
3. Wir berechnen den Punkt $S_B = s_B P = \underbrace{P + \cdots + P}_{s_B-\text{mal}}$, der Anbieter $S_A = s_A P = \underbrace{P + \cdots + P}_{s_A-\text{mal}}$.
4. Wir tauschen die Punkte S_A und S_B über eine unsichere Leitung aus.

5. Wir berechnen $S = s_B S_A$, der Anbieter $S = s_A S_B$. Das ist der gemeinsame Schlüssel, den nur A und B kennen.

Der Algorithmus funktioniert, da $s_B S_A = s_A S_B = \underbrace{P + \cdots + P}_{s_A s_B-\text{mal}}$ ist. Er ist sicher, da sich allein aus P, S_A und S_B weder S, noch die geheimen Zahlen s_A und s_B zurückberechnen lassen.

ECC hat gegenüber anderen Public-Key-Verfahren einen großen Vorteil: Die abzuspeichernde Datenmenge ist sehr klein, das heißt, die Schlüssel sind vergleichsweise kurz (256 Bit bei ECC im Vergleich etwa zu 2048 Bit bei RSA). ECC wird daher immer dann eingesetzt, wenn es wenig Speicherplatz gibt, zum Beispiel auf EC- oder anderen Chipkarten.

12.6 Ausblick

Wie schon einleitend gesagt, sind algebraische Kurven sehr spezielle Varietäten X. Ich untersuche allgemeiner Nullstellengebilde im drei- oder höherdimensionalen Raum und lasse mehr als eine definierende Gleichung zu, das heißt,

$$X = V(F_1, \ldots, F_r) \subset \mathbb{P}_n(\mathbb{C})$$

ist die gemeinsame Nullstellenmenge endlich vieler (homogener) Polynome. Es entstehen zum Beispiel Flächen im Raum.

Wir haben projektive komplexe Kurven grob nach der Anzahl der „Löcher", also nach ihrem Geschlecht eingeteilt. Ich beschäftige mich unter anderem mit der Klassifikation höherdimensionaler Varietäten. Viele Phänomene treten schon bei Kurven auf, einige Probleme sind neu: So lassen sich zum Beispiel algebraische Flächen durch *Aufblasung* verändern. Hierbei wird in die Fläche eine zusätzliche Kugel eingebaut, die Fläche also an einer Stelle „aufgebläht" ([1], [6]). Interessant für Physiker sind sogenannte *Calabi-Yau*-Mannigfaltigkeiten. Das sind Varietäten mit sehr speziellen Symmetrieeigenschaften. Sie treten unter anderem als Teilmengen von *Fano-Varietäten* auf, einer anderen sehr speziellen Klasse von Varietäten. Diese zu verstehen ist eines meiner Hauptarbeitsgebiete.

Literatur

[1] BARTH, W., PETERS, C., VAN DE VEN, A.: Compact complex surfaces. Springer, 1984

[2] FISCHER, G.: Ebene algebraische Kurven. Vieweg, 1994

[3] HULEK, K.: Elementare algebraische Geometrie. Vieweg, 2000

[4] JAHNKE, P.: Kryptografie – Das Hüten von Geheimnissen. Spektrum – Die Zeitschrift der Universität Bayreuth **01/08** (2008)

[5] KOBLITZ, N.: Algebraic aspects of cryptography. Springer, 1998

[6] MUMFORD, D.: Complex projective varieties. Springer, 1976

[7] SCHMEH, K.: Kryptografie. dpunkt-Verlag, 2009

[8] WERNER, A.: Elliptische Kurven in der Kryptographie. Springer, 2002

Die Autorin:

Prof. Dr. Priska Jahnke
Mathematisches Institut
Freie Universität Berlin
Arnimallee 3
14195 Berlin
pjahnke@zedat.fu-berlin.de

13 „Diskret“ optimierte Pläne im Alltag

Sigrid Knust

In diesem Beitrag werden einige mathematische Methoden zum Lösen von sogenannten „diskreten“ Optimierungsproblemen am Beispiel von Planungsproblemen vorgestellt.

13.1 Planungsprobleme

Im Alltag begegnen wir immer wieder Plänen, die uns mitteilen, zu welchen Zeiten bestimmte Ereignisse stattfinden:

- ein *Stundenplan* legt fest, wann welche Klasse in welchem Raum bei welchem Lehrer Unterricht hat,
- ein *Fahrplan* legt fest, wann welche Verkehrsmittel (zum Beispiel Züge, Flüge, Busse) welche Orte anfahren,
- ein *Schichtplan* legt fest, an welchen Tagen und zu welchen Zeiten die Beschäftigten (zum Beispiel Ärzte, Krankenschwestern, Busfahrer) arbeiten müssen,
- ein *Produktionsplan* legt fest, wann welche Produkte auf welchen Maschinen gefertigt werden und
- ein *Sportligaspielplan* legt fest, wann welche Mannschaften an welchem Ort gegeneinander spielen.

Für alle diese Pläne gilt, dass sie nicht willkürlich aufgestellt werden, sondern versucht wird, bestimmte Nebenbedingungen (sogenannte „harte“ Bedingungen) auf jeden Fall einzuhalten und andere Nebenbedingungen (sogenannte „weiche“ Bedingungen) so gut wie möglich zu erfüllen. Während früher Menschen oft stunden- oder sogar tagelang immer wieder damit beschäftigt waren, möglichst gute Pläne für den nächsten Planungszeitraum aufzustellen, gibt es heute zunehmend Computerprogramme, welche die Planer bei ihrer schwierigen Aufgabe unterstützen sollen. Einige Ideen für mathematische Verfahren, die dabei zum Einsatz kommen, werden im Folgenden kurz vorgestellt.

Planungsprobleme gehören zu den sogenannten *„diskreten“* oder *kombinatorischen Optimierungsproblemen*, bei denen aus einer endlichen (aber sehr großen) Menge von verschiedenen Möglichkeiten eine möglichst gute Lösung gesucht ist. „Diskret“ heißen solche Probleme, da bei ihnen im Gegensatz zu kontinuierlichen Problemen keine unendlichen, sondern nur endliche Mengen von Möglichkeiten betrachtet werden. Oft geht es darum, Reihenfolgen für bestimmte Ereignisse festzulegen oder Zuordnungen zu finden, wovon es jeweils nur endlich viele gibt. Die Güte einer Lösung wird durch eine Zielfunktion bewertet, die jeder Lösung eine Zahl zuordnet. Man unterscheidet zwischen *Minimierungs-* beziehungsweise *Maximierungsproblemen*, je nachdem, ob man eine Lösung sucht, die einen möglichst kleinen beziehungsweise großen Zielfunktionswert hat (zum Beispiel möchte man oft Kosten minimieren oder Gewinne maximieren).

Im Folgenden betrachten wir zwei konkrete Beispiele für Planungsprobleme.

Stundenplanung: In jedem Schuljahr muss an Schulen ein Stundenplan für den Unterricht in den einzelnen Klassen aufgestellt werden. Nachdem den Klassen für alle Fächer Lehrer zugeordnet sind, müssen die Schulstunden so geplant werden, dass

- kein Lehrer gleichzeitig in zwei verschiedenen Klassen unterrichtet,
- keine Klasse zwei verschiedene Unterrichtsstunden zur gleichen Zeit hat,

- für jede Stunde ein geeigneter Raum zur Verfügung steht, wobei für manche Fächer (zum Beispiel Chemie, Physik, Sport) spezielle Räume gebraucht werden,
- Klassen mit jüngeren Schülern keine Freistunden haben,
- für keine Klasse die einzelnen Stunden eines Faches alle am gleichen Tag stattfinden.

Als weiche Nebenbedingungen sollen außerdem gegebenenfalls Wünsche von Lehrern berücksichtigt werden (zum Beispiel gewisse Freistunden), „schwierige“ Fächer möglichst in den ersten Stunden eingeplant und die Stunden eines Faches für jede Klasse möglichst gleichmäßig über die Woche verteilt werden. Je nach Schule kommen weitere spezifische Nebenbedingungen und Wünsche dazu (zum Beispiel verschiedene Standorte).

Schichtplanung: Wir betrachten eine Heizölfirma, bei der jeden Tag verschiedene Tankfahrzeuge in bestimmten Schichten (früh/spät) mit unterschiedlichen Schichtdauern gefahren werden müssen. Für jedes Fahrzeug gibt es eine Teilmenge von zulässigen Fahrern, die dieses fahren können (nicht jeder Fahrer kann jedes Fahrzeug fahren). Es gibt Stamm- und Aushilfsfahrer, denen jeweils eine individuelle Sollarbeitszeit für den aktuellen Monat zugeordnet ist. Jeder Fahrer gibt bestimmte Urlaubstage an, an denen er nicht verfügbar ist. Gesucht ist ein Schichtplan für den aktuellen Monat, so dass

- jedem Fahrzeug an jedem Tag ein zulässiger und verfügbarer Fahrer zugeordnet ist,
- jeder Fahrer höchstens ein Fahrzeug pro Tag und höchstens 50 Stunden pro Woche fährt,
- kein Fahrer in einer Woche gleichzeitig in Früh- und Spätschichten eingesetzt wird,
- kein Stammfahrer nur einen oder zwei Tage in einer Woche fährt,

- für jeden Fahrer die tatsächlich geleistete Arbeitszeit im Monat möglichst wenig von seiner vorgegebenen Sollarbeitszeit abweicht,
- den Fahrern pro Woche möglichst wenig verschiedene Fahrzeuge zugewiesen werden.

Ein Beispiel für einen solchen Schichtplan ist in Abbildung 13.1 dargestellt. Während die Fahrer den Zeilen entsprechen, sind die Tage des Monats in den Spalten zu finden. Die Einträge in dem Plan geben an, ob ein Fahrer Urlaub hat, nicht eingeplant wird oder welches Fahrzeug er in welcher Schicht fährt.

Plan für Janaur 2009

Fahrer Plan | TKW Plan | Prioritäten Fahrer | Prioritäten TKW | Prioritäten | Abweichungen

Januar 2009	Fahrer-Typ	Fr 02	Sa 03	Mo 05	Di 06	Mi 07	Do 08	Fr 09	Sa 10	Mo 12	Di 13	Mi 14	Do 15	Fr 16	Sa 17	Mo 19	Di 20	Mi 21	Do 22	Fr 23	Sa 24	Mo 26	Di 27	Mi 28	Do 29	Fr 30	Sa 31
Becker	Stamm		-	1	1	1	1	1	-	1	1	1	1	1	-	1	1	1	1	1	-	1	1	1	-	-	-
Fischer	Stamm	-	-	1	1	1	1	1	-	1	1	1	1	1	-	1	1	1	1	1	-	1	1	1	1	1	-
Hoffmann	Stamm	2	-	2	2	2				-	-	-	2	2	-	2	2	2	2	2	-	-	-	-	3	3	-
Koch	Aushilfe	1	-	-	-	-	-	-	1	-	-	-	-	-	1	-	-	-	-	-	-	-	-	-	-	-	-
Meyer	Stamm	4	4	4	4	4	-	-	-	5	5	5	4	4	5	-	-	-	4	4	4	-	-	-	-	-	-
Müller	Stamm					-	2	2	-	3	3	3		-	-	3	3	3	-	-	-	2	2	2	2	2	-
Schmidt	Stamm	5	5	5	5	5						-	5	5	-	5	5	5	5	5	5	-	-	-	5	5	5
Schneider	Stamm	4	-			-	4	4	-	4	4	4	4	4	-	4	4	4	4	4	-	4	4	4	4	4	-
Schulz	Stamm	-	-	4	4	4	4	4	-	4	4	4	-	-	-	4	4	4	-	-	-	4	4	4	4	4	-
Schäfer	Aushilfe		-						4						4						1						4
Wagner	Stamm	3	-	3	3	3	3	3	-	-	-	-	3	3	-	-	-	-	3	3	-	3	3	3	-	-	-
Weber	Stamm	1	1	-	-	-	5	5	5	2	2	2	-	-	-	-	-	-	-	-	-	5	5	5	1	1	1

= Frühschicht = Spätschicht = Tagschicht = Urlaub

Abbildung 13.1: Schichtplan für Tankfahrzeugfahrer

Bevor man Lösungsverfahren für konkrete Planungsprobleme entwickeln kann, muss man zunächst festlegen, welche harten und weichen Nebenbedingungen berücksichtigt werden sollen. Außerdem muss eine Zielfunktion spezifiziert werden, mit deren Hilfe man die Güte von Lösungen bewerten kann. Oft besteht die Zielfunktion aus einer gewichteten Summe von „Strafkosten“, die Verletzungen weicher Nebenbedingungen bestrafen. Harte Nebenbedingungen müssen dagegen in den Lösungen immer eingehalten werden. Man spricht auch von „zulässigen“ Lösungen, wenn alle harten Nebenbedingungen eingehalten sind. Man sucht dann eine zulässige Lösung mit möglichst geringen Strafkosten. Sind alle weichen Nebenbedingungen erfüllt, ist der Zielfunktionswert gleich 0 (so eine „perfekte“ Lösung, in der alle weichen Nebenbedingungen erfüllt sind, lässt sich meistens jedoch nicht finden).

Beispielsweise könnte man die Güte eines Schichtplanes messen, indem man für jeden Fahrer die Abweichung der tatsächlich geleisteten Arbeitszeit im Monat von seiner vorgegebenen Sollarbeitszeit berechnet (Über- beziehungsweise Unterstunden) und die Beträge aller dieser Abweichungen aufaddiert. Zusätzlich zählt man für jeden Fahrer die Anzahl der ihm in einer Woche zugewiesenen verschiedenen Fahrzeuge und addiert die Anzahlen für alle Fahrer auf, die mehr als ein Fahrzeug fahren. Je nachdem, wie wichtig einem diese beiden Punkte sind, kann man die einzelnen Komponenten noch mit unterschiedlichen Gewichtsfaktoren multiplizieren und dann aufaddieren.

13.2 Lösungsverfahren

Um kombinatorische Optimierungsprobleme zu lösen, gibt es *exakte* Algorithmen und *Näherungsverfahren* (Heuristiken). Während exakte Algorithmen immer eine optimale Lösung berechnen, liefern Näherungsverfahren nur eine (möglichst gute) Näherungslösung, von der man im Allgemeinen nicht genau weiß, wie gut sie wirklich ist. Da sich exakte Algorithmen wegen ihrer hohen Laufzeit oft nur auf kleine Probleme anwenden lassen, ist man bei praktischen Anwendungen in der Regel auf Näherungsverfahren angewiesen. Um ihre Qualität abzuschätzen, berechnet man häufig noch untere Schranken bei Minimierungsproblemen beziehungsweise obere Schranken bei Maximierungsproblemen. Eine untere Schranke ist dabei ein Wert, der kleiner oder gleich dem optimalen Zielfunktionswert des Problems ist. Ist LB der Wert einer unteren Schranke (lower bound), so ist für eine Lösung s mit Zielfunktionswert $c(s)$ die Abweichung $c(s) - LB$ eine obere Schranke für den absoluten Fehler und $\frac{c(s)-LB}{LB}$ eine obere Schranke für den relativen Fehler bezüglich einer optimalen Lösung. Hat man beispielsweise eine Lösung s mit Zielfunktionswert $c(s) = 54$ und ist $LB = 50$ eine untere Schranke, so weiß man, dass der berechnete Lösungswert um höchstens 8 % vom Optimum abweicht.

Ein einfaches (aber sehr aufwändiges) exaktes Verfahren ist die *vollständige Enumeration*, bei der alle zulässigen Lösungen generiert werden und am Ende eine beste Lösung ausgegeben wird. Da es nur endlich viele Lösungen gibt, findet dieses Verfahren auf jeden Fall immer eine optimale Lösung. Bei unserem Schichtplanungsproblem könnte man beispielsweise sukzessive alle Tage im Planungszeitraum durchgehen und für jeden Tag jedem Fahrzeug nach und nach alle zulässigen und verfügbaren Fahrer zuordnen. Streicht man unzulässige Lösungen (bei denen zum Beispiel ein Fahrer zwei verschiedenen Fahrzeugen an einem Tag zugeordnet ist, mehr als 50 Stunden die Woche arbeitet oder sowohl Früh- als auch Spätschichten in einer Woche hat), erhält man auf diese Weise alle zulässigen Schichtpläne.

Um den Aufwand dieses Verfahrens abzuschätzen, betrachten wir ein (sehr kleines) Beispiel mit 5 Fahrzeugen und insgesamt 10 Fahrern, von denen jeweils durchschnittlich 3 zulässig für ein Fahrzeug sind. Soll jedes Fahrzeug an 6 Tagen (Montag bis Samstag) in nur einer Schicht gefahren werden, so gibt es insgesamt $3^{5\cdot 6} = 3^{30} \approx 2 \cdot 10^{14}$ verschiedene mögliche Fahrer-Zuordnungen pro Woche (für jedes der 5 Fahrzeuge muss man an jedem der 6 Tage einen Fahrer zuordnen, für jede dieser 30 Schichten gibt es 3 mögliche Fahrer, wobei jede Möglichkeit mit jeder anderen kombiniert werden kann). Unter der Voraussetzung, dass ein Rechner eine Milliarde Lösungen pro Sekunde generieren und bewerten kann, würde er für die vollständige Enumeration aller Wochenpläne bereits mehr als zwei Tage rechnen. Für die Berechnung von Monatsplänen würde man schon bei diesem kleinen Beispiel mehrere Jahre rechnen müssen. Diese Aufwandsabschätzung zeigt, dass eine vollständige Enumeration für praktische Anwendungen unbrauchbar ist.

Eine effiziente Weiterentwicklung von vollständiger Enumeration sind sogenannte *Branch-&-Bound-Algorithmen*. Sie generieren ebenfalls in systematischer Reihenfolge Lösungen, versuchen dabei aber möglichst große Teile des Lösungsraumes durch die Berechnung von Schranken im Laufe des Suchprozesses auszuschließen: Weiß man, dass es in einem Teilbereich der Lösungsmenge keine bessere Lösung als die bisher beste gefundene Lösung gibt, so muss dieser Bereich nicht weiter untersucht werden. Auch wenn Branch-&-Bound-Algorithmen effizienter als vollständige Enumeration sind, benötigen sie für größere Probleme immer noch zu viel Rechenzeit.

Spezielle, recht effiziente Branch-&-Bound-Algorithmen wurden in den letzten Jahren zur Lösung von sogenannten ganzzahligen linearen Programmen entwickelt. Viele kombinatorische Optimierungsprobleme lassen sich als ganzzahlige lineare Programme formulieren. Dazu führt man verschiedene Variablen (die nur ganzzahlige Werte annehmen dürfen) ein und formuliert alle Nebenbedingungen als lineare Gleichungen oder Ungleichungen (zum Beispiel $3x_1 + 5x_2 = 7$, $4x_1 - x_2 \leq 5$). Auch die Zielfunktion muss sich als lineare Funktion in Abhängigkeit von den verwendeten Variablen schreiben lassen. Mittlerweile gibt es sehr effiziente Software, die beliebige ganzzahlige lineare Programme bis zu einer bestimmten Größenordnung lösen kann. Um solche Software einsetzen zu können, muss man für sein Problem eine geeignete Formulierung als lineares Programm finden.

Für unser Schichtplanungsproblem kann man beispielsweise Variablen $x_{ijt} \in \{0,1\}$ verwenden, wobei $x_{ijt} = 1$ ist, wenn Fahrer i Fahrzeug j am Tag t fährt (und 0 sonst). Nehmen wir an, dass es insgesamt n Fahrer gibt, so lässt sich die Bedingung, dass Fahrzeug j am Tag t genau einem Fahrer zugewiesen werden muss, schreiben als

$$x_{1jt} + x_{2jt} + \cdots + x_{njt} = 1.$$

Gibt es insgesamt m Fahrzeuge, so lässt sich durch die Ungleichung

$$x_{i1t} + x_{i2t} + \cdots + x_{imt} \leq 1$$

sicherstellen, dass Fahrer i am Tag t höchstens ein Fahrzeug fährt. Um zu gewährleisten, dass die Bedingungen an allen Tagen für alle Fahrzeuge beziehungsweise Fahrer erfüllt werden, führt man die erste Bedingung für alle Fahrzeuge j und alle Tage t ein, die zweite Bedingung wird für alle Fahrer i und alle

Tage t hinzugefügt. Auf diese Weise erhält man ein ganzes System von Gleichungen und Ungleichungen, die simultan erfüllt sein müssen.

Während exakte Verfahren prinzipiell den ganzen Lösungsraum durchsuchen und auf diese Weise eine beste Lösung bestimmen, betrachten Näherungsverfahren nur eine Teilmenge von Lösungen. Man unterscheidet dabei zwischen *Konstruktionsverfahren*, die nach bestimmten Kriterien eine Lösung generieren, und *Verbesserungsverfahren*, die versuchen, eine gegebene Lösung durch kleine Änderungen zu verbessern.

Ein einfaches Konstruktionsverfahren für unser Schichtplanungsproblem könnte versuchen, wie folgt einen Plan zu generieren: Man geht sukzessive für jeden Tag im Planungszeitraum alle Fahrzeuge durch und weist jedem Fahrzeug den ersten zulässigen und verfügbaren Fahrer zu, der an diesem Tag noch kein Fahrzeug fährt und für den alle harten Nebenbedingungen eingehalten werden.

Wir illustrieren den Algorithmus an einem kleinen Beispiel mit 2 Fahrzeugen und 4 Fahrern, wobei Fahrer 1 und 2 Stammfahrer mit einer Sollarbeitszeit von 40 Stunden pro Woche sind, Fahrer 3 und 4 sind Aushilfen mit einer Sollarbeitszeit von 15 Stunden pro Woche. Alle Fahrzeuge sollen von Montag bis Freitag in einer 10-Stunden-Schicht und am Samstag in einer 5-Stunden-Schicht gefahren werden, wobei Fahrzeug 1 von Fahrern 1, 2, 4 und Fahrzeug 2 von Fahrern 1, 2, 3 gefahren werden kann. Wir möchten einen Plan für eine Woche aufstellen, wobei Fahrer 1 am Mittwoch Urlaub hat.

Das einfache Konstruktionsverfahren generiert den Plan aus Tabelle 13.1.

Am Mittwoch wird Fahrzeug 1 Fahrer 2 zugeordnet, da Fahrer 1 nicht verfügbar ist. Am Samstag wird Fahrzeug 2 Fahrer 3 zugeordnet, da Fahrer 2 bereits 50 Stunden erreicht hat. Man erhält einen Plan, bei dem die absoluten Abweichungen von den Sollstundenzahlen 5+10+|-15|=30 betragen. Ein Fahrer fährt zwei verschiedene Fahrzeuge in dieser Woche.

Tabelle 13.1: Beispielplan, generiert mit einfachem Konstruktionsverfahren

Fahrer	Mo	Di	Mi	Do	Fr	Sa	Arbeitszeit	Abweichung	Anzahl Fahrzeuge
1	1	1	U	1	1	1	45 Std.	+5	1
2	2	2	1	2	2	-	50 Std.	+10	2
3	-	-	2	-	-	2	15 Std.	0	1
4	-	-	-	-	-	-	0 Std.	-15	0

Ein besserer Plan entsteht, wenn man dem Aushilfsfahrer 4 Mittwoch und Freitag Fahrzeug 1 zuordnet, Fahrzeug 2 am Mittwoch durch Fahrer 2 fahren lässt und Fahrzeug 2 am Freitag Fahrer 3 zuweist. In diesem Plan (siehe Tabelle 13.2) sind alle Sollstundenzahlen exakt eingehalten und kein Fahrer fährt mehr als ein Fahrzeug pro Woche. Alle weichen Nebenbedingungen sind also erfüllt, das heißt, die Lösung hat Strafkosten 0 und ist somit optimal (natürlich lässt sich nicht immer ein derartig „perfekter" Plan finden).

Tabelle 13.2: Verbesserter Beispielplan

Fahrer	Mo	Di	Mi	Do	Fr	Sa	Arbeitszeit	Abweichung	Anzahl Fahrzeuge
1	1	1	U	1	1	-	40 Std.	0	1
2	2	2	2	2	-	-	40 Std.	0	1
3	-	-	-	-	2	2	15 Std.	0	1
4	-	-	1	-	-	1	15 Std.	0	1

Um eine bessere Lösung von einer gegebenen Lösung aus zu erhalten, kann man wie im obigen Beispiel versuchen, sukzessive einzelne Fahrer-Fahrzeug-Zuordnungen zu ändern. Verbessert sich dadurch der Zielfunktionswert, wird die Änderung akzeptiert, andernfalls wird eine andere Modifikation ausprobiert. Ein solches Vorgehen nennt sich auch *lokale Suche*, da der Lösungsraum durchsucht wird und die aktuelle Lösung etwas (das heißt lokal) verändert wird. Gibt es keine Verbesserung einer Lösung mehr, so hat man ein sogenanntes lokales Optimum erreicht, das jedoch nicht global optimal sein muss. Daher suchen kompliziertere Verfahren wie *Simulated Annealing*, *Tabusuche* oder *Genetische Algorithmen* von einem lokalen Optimum aus weiter, indem sie bei ihrer Suche auch schlechtere Lösungen zulassen. Diese Algorithmen liefern für praktische Optimierungsprobleme oft recht gute Lösungen, allerdings ist bei ihrer Entwicklung einiger Aufwand nötig, um effiziente und leistungsfähige Verfahren zu erhalten.

13.3 Planung von Sportligen

Ein anderes Planungsproblem, bei dem mathematische Methoden hilfreich sind, ist das Aufstellen von Spielplänen für Turniere oder Sportligen. In der einfachsten Variante sind eine gerade Anzahl n von Mannschaften (oder Spielern) und $n-1$ Runden (Spieltage) gegeben. Gesucht ist ein Spielplan, so dass jede Mannschaft genau einmal gegen jede andere spielt und jede Mannschaft in jeder Runde genau ein Spiel austrägt. Für $n = 6$ Mannschaften erfüllt beispielsweise folgender Plan diese Bedingungen:

Runde 1	Runde 2	Runde 3	Runde 4	Runde 5
1-2	1-3	1-4	1-5	1-6
3-5	2-6	2-3	2-4	2-5
4-6	4-5	5-6	3-6	3-4

Im Folgenden werden wir zeigen, dass für jedes gerade n ein solcher Spielplan existiert. Wir modellieren dazu das Problem durch sogenannte *Graphen*. Ein

Graph besteht aus einer Menge von Knoten und Kanten, wobei eine Kante jeweils zwei Knoten miteinander verbindet. Auf diese Weise lassen sich zum Beispiel Straßennetzwerke modellieren, bei denen Straßen den Kanten und Kreuzungen den Knoten entsprechen. Bei der Sportligaplanung führen wir für jede Mannschaft einen Knoten ein, die Spiele entsprechen den Kanten. Einen solchen Graphen nennt man auch vollständig, da jeder Knoten mit jedem anderen Knoten durch eine Kante verbunden ist. Für $n = 6$ Mannschaften erhält man beispielsweise den Graphen links in Abbildung 13.2.

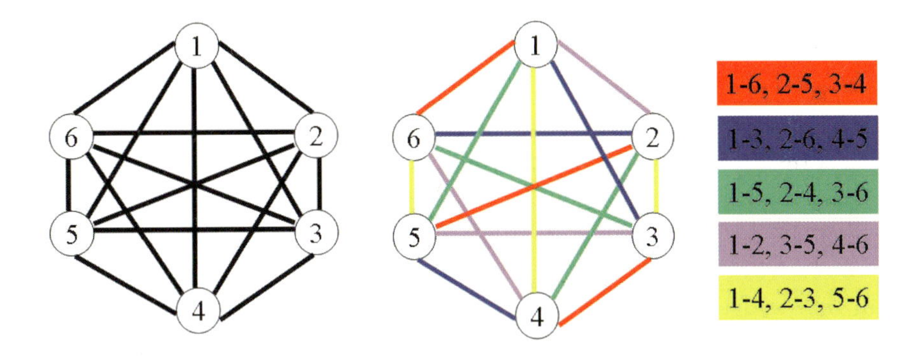

Abbildung 13.2: Graph für 6 Mannschaften

Um einen Spielplan zu erhalten, färben wir nun die Kanten mit den Farben $1, 2, \ldots, n-1$, wobei jede Farbe eine Runde repräsentiert. Eine solche Färbung wollen wir zulässig nennen, wenn sie einem zulässigen Spielplan entspricht. Dazu müssen alle Kanten, die in den gleichen Knoten hineinführen, unterschiedlich gefärbt sein, denn sonst ist die Bedingung verletzt, dass jede Mannschaft in jeder Runde nur einmal spielt.

Für den vollständigen Graphen mit $n = 6$ Knoten ist zum Beispiel die in der Mitte von Abbildung 13.2 dargestellte Kantenfärbung mit $n - 1 = 5$ Farben zulässig. Ein zugehöriger Spielplan ist rechts neben dem Graphen dargestellt, wobei die Farbe „Rot" die erste Runde repräsentiert, die Farbe „Blau" die zweite Runde und so weiter.

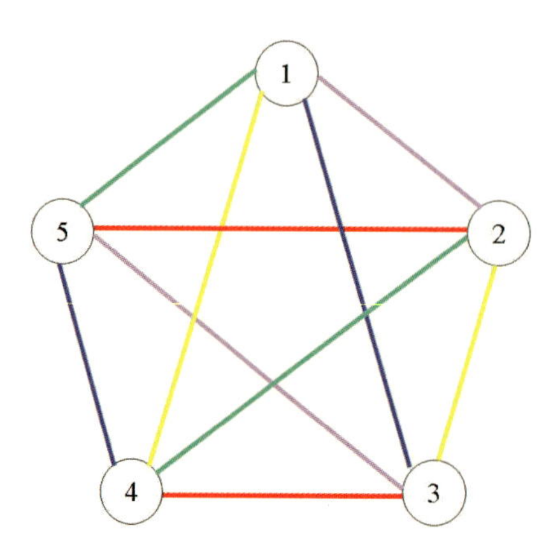

Abbildung 13.3: Resultierendes Fünfeck

Es bleibt die Frage, wie man für jede gerade Zahl n eine zulässige Kantenfärbung für den vollständigen Graphen mit n Knoten finden kann. Betrachten wir in dem Beispiel einmal den Graphen, der entsteht, wenn wir Knoten 6 und alle 5 Kanten, die in ihn hineinführen, entfernen. Es ergibt sich ein Fünfeck, bei dem die 5 Kanten auf dem Rand (1-2, 2-3, 3-4, 4-5, 5-1) alle unterschiedlich gefärbt sind. Zeichnen wir das Fünfeck wie in Abbildung 13.3 als regelmäßiges Fünfeck (das heißt, die Innenwinkel an allen 5 Ecken sind gleich), fällt auf, dass jede Kante im Inneren des Fünfecks die gleiche Farbe wie die zugehörige parallele Kante auf dem Rand hat. Sind bei einer Kantenfärbung immer nur parallele Kanten (die ja keinen Knoten gemeinsam haben) mit der gleichen Farbe gefärbt, ist unsere obige Bedingung erfüllt, dass Kanten, die in den gleichen Knoten hineinführen, stets unterschiedlich gefärbt sind. Bei unserem Beispiel sehen wir weiterhin, dass bei jedem der 5 Knoten 4 Farben verbraucht sind und jeweils eine andere Farbe unbenutzt ist (die jeweils für die Kante zum Knoten 6 genutzt werden kann).

Diese Beobachtungen lassen sich zu einem Konstruktionsverfahren für eine Kantenfärbung für jeden Graphen mit einer geraden Anzahl n von Knoten umsetzen.

Das Verfahren färbt in $n-1$ Iterationen jeweils eine Menge von parallelen Kanten mit einer anderen Farbe wie folgt (siehe auch Abbildung 13.4):

1. Bilde aus den Knoten $1,2,\ldots,n-1$ ein regelmäßiges $(n-1)$-Eck und platziere den Knoten n links oben neben dem $(n-1)$-Eck.
2. Verbinde den Knoten n mit der „Spitze" des $(n-1)$-Ecks.
3. Verbinde die übrigen Knoten jeweils mit dem gegenüberliegenden Knoten auf der gleichen Höhe im $(n-1)$-Eck.
4. Die eingefügten $\frac{n}{2}$ Kanten werden mit der ersten Farbe gefärbt (im Beispiel die Kanten 6-1, 5-2, 4-3).
5. Verschiebe die Knoten $1,\ldots,n-1$ des $(n-1)$-Ecks gegen den Uhrzeigersinn zyklisch um eine Position weiter (das heißt, Knoten 2 geht auf den Platz von Knoten 1, Knoten 3 ersetzt den alten Knoten 2, ..., Knoten $n-1$ ersetzt den alten Knoten $n-2$ und Knoten 1 ersetzt den alten Knoten $n-1$). Der Knoten n behält seinen Platz neben dem $(n-1)$-Eck und die in den Schritten 2 und 3 eingefügten Kanten behalten ihre Position im $(n-1)$-Eck.
6. Die neu resultierenden $\frac{n}{2}$ Kanten werden mit der zweiten Farbe gefärbt (im Beispiel die Kanten 6-2, 1-3, 5-4).
7. Die Schritte 5 und 6 des Verfahrens werden für die übrigen Farben $3,\ldots,n-1$ wiederholt.

Man kann zeigen, dass dieses Verfahren für jede gerade Zahl n funktioniert und eine zulässige Kantenfärbung liefert. Hat man keine weiteren Bedingungen an einen Spielplan, so ergibt sich aus dieser Kantenfärbung ein zulässiger Plan für n Mannschaften.

In der Praxis ist die Planung einer Sportliga jedoch meist viel schwieriger, da zusätzliche Nebenbedingungen berücksichtigt werden müssen. Betrachtet man zum Beispiel die deutsche Fußballbundesliga, so finden die Spiele in den Stadien der jeweiligen Mannschaften statt. Ein Spielplan besteht somit nicht nur aus

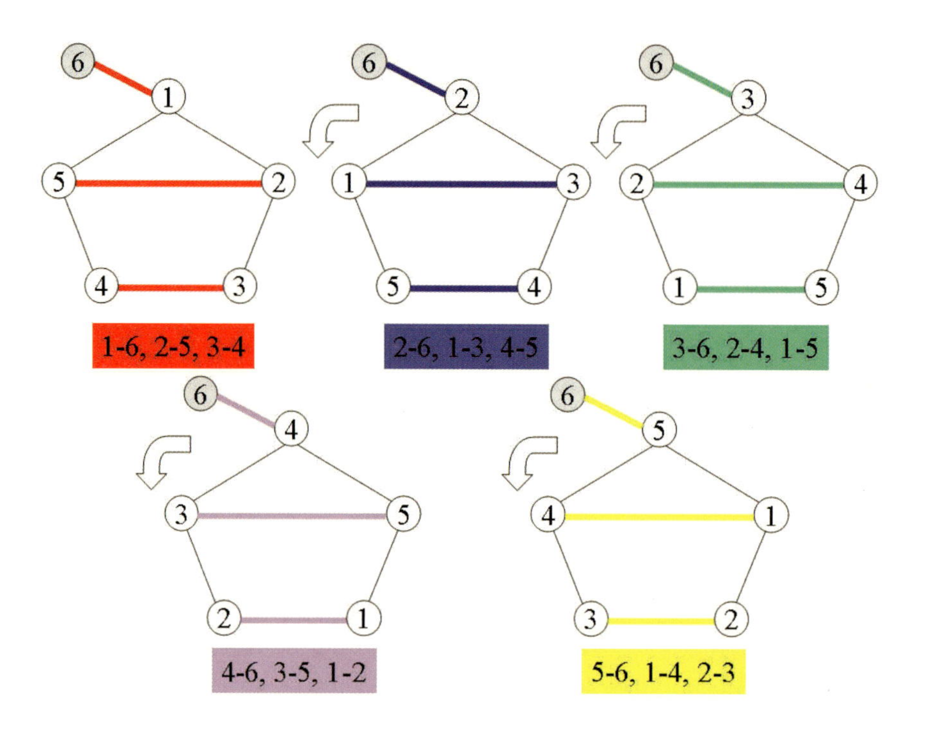

Abbildung 13.4: Ablauf des Verfahrens

den Spielpaarungen pro Runde (wer spielt gegen wen), sondern es muss zusätzlich für jede Spielpaarung noch das Heimrecht festgelegt werden (wo findet das Spiel statt). Aus verschiedenen Gründen (zum Beispiel Fairness, Attraktivität für die Zuschauer) sollten sich Heim- und Auswärtsspiele für jede Mannschaft möglichst abwechseln. Außerdem ist zu beachten, dass zwei Mannschaften, die das gleiche Stadion für Heimspiele nutzen, nicht gleichzeitig in einer Runde zu Hause spielen. Darüber hinaus sollten aufgrund von Bahn- oder Polizeikapazitäten nicht zu viele Heimspiele gleichzeitig in einer Region stattfinden. Die Medien und Zuschauer möchten eine Saison erleben, die lange spannend bleibt (das heißt, Spitzenspiele sollten eher zum Ende der Saison stattfinden), und attraktive Spiele sollten möglichst gleichmäßig über die Saison verteilt sein. Hat man eine Vielzahl solcher zusätzlicher Nebenbedingungen, so wird die Sportligaplanung deutlich schwieriger und man ist wiederum auf Näherungsverfahren angewiesen.

13.4 Zum Weiterlesen

Neben den in diesem Kapitel erwähnten Planungsproblemen gibt es zahlreiche weitere diskrete Optimierungsprobleme im Alltag. In [2] werden einige davon vorgestellt (zum Beispiel kürzeste Wege beim Routenplaner, Planung von Leitungs- oder Computernetzwerken, Tourenplanung für die Müllabfuhr, kombinatorische Spiele, Graphenfärbungsprobleme) und didaktisch zur Verwendung im Mathematikunterricht aufbereitet. Auch [1] beschäftigt sich mit verschiedenen Problemen bei der Routenplanung, wobei diese schülergeeignet in einen Dialog zwischen einem 15-jährigen Mädchen und einem sprechenden Computer eingebunden sind.

[4] ist eine insbesondere für Schüler und Nicht-Fachleute geschriebene Einführung in die Welt der Graphen. Eine Sammlung von 43 verschiedenen Algorithmen wurde in [5] anlässlich des Jahres der Informatik zusammengestellt (unter anderem ist dort auf S. 275–284 auch ein ausführlicherer Beitrag der Autorin zur Sportligaplanung enthalten). Eine Visualisierung verschiedener Verfahren zur Erstellung von Sportligaplänen findet sich auf der Webseite [3].

Literatur

[1] GRITZMANN, P., BRANDENBERG, R.: Das Geheimnis des kürzesten Weges: Ein mathematisches Abenteuer. Springer, 3. Aufl. 2005

[2] HUSSMANN, B., LUTZ-WESTPHAL, B.: Kombinatorische Optimierung erleben. Vieweg, 2007

[3] KNUST, S.: Construction methods for sports league schedules. `http://www.informatik.uos.de/knust/sportssched/webapp/index.html`

[4] NITZSCHE, M.: Graphen für Einsteiger: Rund um das Haus vom Nikolaus. Vieweg+Teubner, 3. Aufl. 2009

[5] VÖCKING, B., ALT, H., DIETZFELBINGER, M., REISCHUK, R., SCHEIDELER, C., VOLLMER, H., WAGNER D. (Hrsg.): Taschenbuch der Algorithmen. Springer, 2008

Die Autorin:

Prof. Dr. Sigrid Knust
Universität Osnabrück
Fachbereich Mathematik/Informatik
Institut für Informatik
Albrechtstr. 28
49069 Osnabrück
sknust@uos.de

14 Mathematiker spinnen?! – Asymptotische Modellierung

Nicole Marheineke

Ein industrieller Spinnprozess von Fasern zu Garnen oder Vliesstoffen – die Gartenbewässerung mit Sprenger oder Schlauch – Honig, der vom Löffel auf das Frühstücksbrötchen tropft: Auf den ersten Blick (Abbildung 14.1) sind das drei grundverschiedene Vorgänge, die nichts gemeinsam haben. Und doch sind sie mathematisch gleich!

Alle Vorgänge zeichnen sich durch die Strömung einer Flüssigkeit (Polymer, Wasser, Honig) aus, die infolge von Gravitation und/oder Luftkräften gezogen

Abbildung 14.1: Industrieller Spinnprozess (Foto von Industriepartner), Wassersprenger, Honigtropfen.

und verstreckt wird. Es bilden sich lange, dünne, flüssige Jets, die je nach Materialeigenschaften abreißen und Tropfen formen können. Viskosität, Oberflächenspannungen, aber auch Temperaturabhängigkeiten spielen dabei eine wichtige Rolle. Die Dynamik und Verformungen eines solchen Jets können mit Hilfe der *Kontinuumsmechanik* beschrieben werden. Die Kontinuumsmechanik nimmt eine kontinuierliche Verteilung der Materie im Raum an, so dass die relevanten Größen (Massendichte, Geschwindigkeit, Druck, Temperatur) an jedem Raumpunkt gegeben sind. Die molekulare Zusammensetzung der Materie wird dabei vernachlässigt beziehungsweise über geeignete Mittelungen berücksichtigt. Die Grundgleichungen der Kontinuumsmechanik basieren auf den Erhaltungsprinzipien von Masse, Impuls, Drehimpuls und Energie:

Nichts kann aus nichts entstehen. Nichts kann zu nichts verschwinden.

Das heißt, dass die Erhaltungsgrößen in einem Vorgang konstant sind; es sei denn, dass sie durch äußere Einwirkungen verändert werden, wie zum Beispiel durch Massezufuhr/-abfuhr, Kräfte, Wärmequellen/-senken. Da die Erhaltungsgleichungen für alle Materialien und Aggregatzustände (Feststoff, Flüssigkeit, Gas) gültig sind, werden sie im Hinblick auf ein bestimmtes Material durch konstitutive Gesetze, die das Materialverhalten charakterisieren, ergänzt und mit vorgangsbedingten Anfangs- und Randbedingungen abgeschlossen. Zusammen bilden sie ein *mathematisches Modell der Kontinuumsmechanik.*

Die Kontinuumsmodelle (First-Principles-Modelle) versuchen die Gesetzmäßigkeiten der realen Vorgänge abzubilden und sind daher in der Regel sehr komplex, was ihre Lösung nicht nur erschwert, sondern oft sogar unmöglich macht. Deshalb stellt sich die Frage der Relevanz: Welche Effekte sind in welchen Szenarien dominant und für die Beschreibung des Vorgangs wichtig, welche sind eher klein und können vernachlässigt werden? Die *Asymptotische Modellierung* ist ein Konzept, das dieser Frage nachgeht. Es vereinfacht gezielt das Ausgangsmodell und reduziert die Komplexität des Problems.

14.1 Konzept der Asymptotischen Modellierung

Um die für einen Vorgang relevanten Effekte und damit die entsprechenden Terme in den Modellgleichungen zu finden, müssen wir zunächst klären, was groß (wichtig) und klein (unwichtig) in diesem Zusammenhang eigentlich bedeutet. Ist ein Mensch groß? Gegenüber einem Insekt – ja, aber gegenüber einer Giraffe – nein! Eine solche Beurteilung benötigt also Bezugs-/Referenzgrößen. Wir wollen das Konzept der Asymptotischen Modellierung im Folgenden an einem einfachen, aber aussagekräftigen Beispiel studieren, der Dynamik eines Teilchens.

Gegeben sei ein Teilchen mit der Masse m. Um es in Bewegung zu setzen, muss gegen seine Trägheit eine bestimmte Kraft aufgebracht werden. Ist es in Bewegung, dann hat es eine konstante Geschwindigkeit; es sei denn, dass äußere Kräfte es beschleunigen oder abbremsen. Dies entspricht der Impulserhaltung. Seine Bewegung wird durch das Newton'sche Gesetz beschrieben: *Masse mal Beschleunigung ist gleich den angreifenden Kräften.* Nehmen wir an, dass das Teilchen (zum Beispiel ein Ball oder eine Rakete) mit einer Geschwindigkeit v senkrecht vom Erdboden aus in die Luft geschossen wird. Dann können wir seine Position x (Abstand/Höhe vom Erdboden) in Abhängigkeit von der Zeit t beschreiben, das liefert eine Funktion $x : \mathbb{R}_0^+ \to \mathbb{R}_0^+$, $t \mapsto x(t)$. Das mathematische Modell lautet:

$$mx''(t) = F(x(t)), \qquad F(x) = -\frac{Gm_E m}{(x+r)^2}, \qquad x(0) = 0, \qquad x'(0) = v,$$

wobei x' und x'' die ersten und zweiten Ableitungen nach der Zeit bezeichnen (das sind die Geschwindigkeit und Beschleunigung des Teilchens). Die auf das Teilchen wirkende Kraft F ist die (höhenabhängige) Schwerkraft mit Gravitationskonstante G, Masse m_E und Radius r der Erde, die Erdbeschleunigung ergibt sich als $g = Gm_E/r^2$. Wir betrachten hier die Erde als Kugel und vernachlässigen den Strömungswiderstand in der Luft. Bei dem Modell handelt es sich um ein Anfangswertproblem einer Differentialgleichung zweiter Ordnung. Dabei ist die Teilchenbewegung bestimmt durch drei physikalische Größen: Erdbeschleunigung $g \approx 10\,\mathrm{m/s}^2$, Erdradius $r \approx 10^7$ m und Anfangsgeschwindigkeit des Teilchen $v = v_0$ m/s,

$$x''(t) = -\frac{g}{(x(t)/r+1)^2}, \qquad x(0) = 0, \qquad x'(0) = v. \tag{14.1}$$

Mit Hilfe einer *Entdimensionalisierung* können wir die Anzahl der Größen reduzieren und einen einzigen dimensionslosen Parameter ε in Abhängigkeit von g, r und v identifizieren, der die Teilchenbewegung vollständig charakterisiert. Er ergibt sich als $\varepsilon = v^2/(gr)$, wie wir gleich sehen werden.

Skalenanalyse Die im Modell auftretenden Dimensionen (Einheiten) sind Länge und Zeit. Deshalb führen wir eine typische Länge ℓ und typische Zeit τ als Referenzen ein und skalieren die Variablen des Problems gemäß

$$x(t) = \ell \hat{x}\left(\frac{t}{\tau}\right), \qquad \hat{t} = \frac{t}{\tau}.$$

Somit haben $\hat{x}$ und $\hat{t}$ keine physikalischen Einheiten und sind *dimensionslos*. Einsetzen in (14.1) und Anwenden der Kettenregel liefert das dimensionslose Gleichungssystem

$$c_1 \hat{x}''(\hat{t}) = -\frac{1}{(c_2 \hat{x}(\hat{t})+1)^2}, \qquad \hat{x}(0) = 0, \qquad \hat{x}'(0) = c_3, \tag{14.2}$$

$$c_1 = \frac{\ell}{\tau^2 g}, \qquad c_2 = \frac{\ell}{r}, \qquad c_3 = \frac{\tau}{\ell} v \qquad \text{und} \qquad \varepsilon = c_1 c_2 c_3^2 = \frac{v^2}{gr},$$

in dem die dimensionslosen Parameter c_1, c_2, c_3 von ℓ und τ abhängen. In der Kombination $c_1 c_2 c_3^2 = v^2/(gr) = \varepsilon$ bilden sie einen dimensionslosen, von ℓ und τ unabhängigen Parameter, der für die Asymptotische Modellierung maßgeblich ist. Die Festlegung von ℓ und τ entscheidet über die Skalen, auf denen das Problem betrachtet wird. Daher ist eine problembezogene Wahl zwingend erforderlich. Unter Ausnutzung unserer Größen g, r und v ergeben sich als natürliche Referenzlängen $\ell \in \{r, v^2/g\}$ und -zeiten $\tau \in \{r/v, \sqrt{r/g}, v/g\}$.

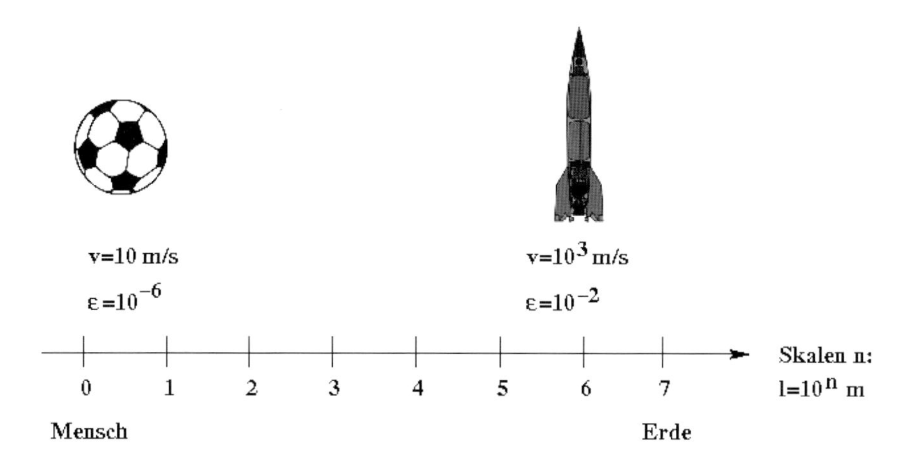

Abbildung 14.2: Relevante (Längen-)Skalen $n \in \mathbb{R}$ mit $\ell = 10^n$ m für die senkrechte Bewegung eines Balls und einer Rakete im Schwerefeld der Erde.

Im Beispiel eines Balls, der mit der Geschwindigkeit $v = 10\,\mathrm{m/s}$ in die Luft gekickt wird, gilt

$$r \approx 10^7\,\mathrm{m}, \quad \frac{v^2}{g} \approx 10\,\mathrm{m} \qquad \text{und} \qquad \frac{r}{v} \approx 10^6\,\mathrm{s}, \quad \sqrt{\frac{r}{g}} \approx 10^3\,\mathrm{s}, \quad \frac{v}{g} \approx 1\,\mathrm{s}.$$

Da der Ball in Sekundenschnelle in Meterhöhe fliegt, bieten sich somit $\ell = v^2/g$ und $\tau = v/g$ als problembezogene Skalen an. Diese Wahl führt auf die Modellparameter $c_1 = c_3 = 1$ sowie $c_2 = \varepsilon$ in (14.2). Der Parameter ε ist hier mit $\varepsilon \approx 10^{-6}$ so klein, dass wir ihn null setzen dürfen. Es resultiert ein Modell mit konstanter Gravitationskraft, das durch zweifache Integration und Einsetzen der Anfangsbedingungen direkt gelöst werden kann. Die Rückskalierung ergibt das dimensionsbehaftete Ergebnis für die Ballbewegung x, das wir bereits aus der Schule kennen,

$$\begin{aligned} & \hat{x}''(\hat{t}) = -1, \quad \hat{x}(0) = 0, \quad \hat{x}'(0) = 1 \\ \Longrightarrow \quad & \hat{x}(\hat{t}) = -\frac{1}{2}\hat{t}^2 + \hat{t} \quad \text{und} \quad x(t) = -\frac{1}{2}gt^2 + vt. \end{aligned} \tag{14.3}$$

Es beschreibt eine parabelförmige Weg-Zeit-Kurve für die senkrechte Bewegung im Erdschwerefeld. Wählen wir im Vergleich den Erdradius als Bezugslänge $\ell = r$, dann sind $c_1 = \varepsilon^{-1}$, $c_2 = 1$, $c_3 = \varepsilon$ in (14.2). Für $\varepsilon = 0$ lautet das vereinfachte Modell

$$\hat{x}''(\hat{t}) = 0, \quad \hat{x}(0) = 0, \quad \hat{x}'(0) = 0 \quad \Longrightarrow \quad \hat{x}(\hat{t}) = 0 \quad \text{und} \quad x(t) = 0.$$

Auf dieser Längenskala bewegt sich der Ball in einer Sekunde überhaupt nicht. Im Gegensatz zu den beiden obigen Modellvereinfachungen führen die anderen Skalierungen, da sie nicht zum Problem passen, zu unsinnigen Ergebnissen, siehe Tabelle 14.1 und Abbildung 14.2. Sie implizieren falsche beziehungsweise überhaupt keine Lösungen, wie zum Beispiel im Fall $\ell = r$ und $\tau = r/v$. Beim Übergang $\varepsilon \to 0$ wird hier die Differentialgleichung zu einer unlösbaren algebraischen Gleichung,

$$\varepsilon \hat{x}''(\hat{t}) = -\frac{1}{(\hat{x}(\hat{t}) + 1)^2}, \quad \hat{x}(0) = 0, \quad \hat{x}'(0) = 1,$$

was für $\varepsilon = 0$ und $\hat{t} = 0$ zum Widerspruch $0 = -1$ führt.

Die Identifikation eines kleinen Parameters und die Vereinfachung der Modellgleichungen infolge des Weglassens entsprechender Terme funktionieren allerdings nicht immer, wie uns das Beispiel eines Raketenabschusses zeigt. Mit $v = 10^3$ m/s ergibt sich $\varepsilon \approx 10^{-2}$ von moderater Größe, die wir berücksichtigen müssen. Die vom Problem induzierten natürlichen Längen und Zeiten liegen alle im gleichen Bereich, so dass jede Skalierung die Lösung des vollen Problems (14.2) erfordert.

Asymptotische Entwicklung Mit der Methode der asymptotischen Entwicklung kann man das vereinfachte Modell (14.3) des senkrechten Wurfs verbessern und auch für moderate Größen von $\varepsilon < 1$ zugänglich machen. Die Idee ist, den Term der Größenordnung ε im vollen Modell (14.2) nicht komplett zu vernachlässigen, sondern eine Reihenentwicklung für die Lösung bezüglich ε anzusetzen, $\hat{x}_\varepsilon(\hat{t}) = \hat{x}_0(\hat{t}) + \varepsilon\hat{x}_1(\hat{t}) + \varepsilon^2\hat{x}_2(\hat{t}) + \cdots$, um so bessere Approximationen zu erzielen. Die Koeffizientenfunktionen $\hat{x}_i$ werden bestimmt, indem die

Skalen		Parameter			Ball	Rakete
ℓ	τ	c_1	c_2	c_3	$\varepsilon \approx 10^{-6} \to 0$	$\varepsilon \approx 10^{-2}$, moderat
v^2/g	v/g	1	ε	1	plausibles Modell	
r	v/g	ε^{-1}	1	ε	$\hat{x} \equiv 0$	Weglassen
r	$\sqrt{r/g}$	1	1	$\sqrt{\varepsilon}$	falsche Lösung, $\hat{x} < 0$	von ε
r	r/v	ε	1	1	keine Lösung	NICHT
v^2/g	$\sqrt{r/g}$	ε	ε	$\sqrt{\varepsilon^{-1}}$	keine Lösung	sinnvoll!
v^2/g	r/v	ε^2	ε	ε^{-1}	keine Lösung	

Tabelle 14.1: Physikalische Größen im Modell der Teilchenbewegung: Erdbeschleunigung $g \approx 10\,\text{m/s}^2$, Erdradius $r \approx 10^7$ m, Teilchenanfangsgeschwindigkeit v. Charakteristischer dimensionsloser Parameter: $\varepsilon = v^2/(gr)$. Im Beispiel des Balls ist $v = 10\,\text{m/s}$ und damit $\varepsilon \approx 10^{-6}$ vernachlässigbar klein, im Beispiel der Rakete ist $v = 10^3$ m/s und damit $\varepsilon \approx 10^{-2}$ von moderater, zu beachtender Größe. Abhängig von der Skalenwahl ergeben sich sinnvolle oder unsinnige Modellvereinfachungen.

Reihenentwicklung in (14.2) eingesetzt und die sich zu jeder Ordnung in ε ergebenden Gleichungen sukzessive gelöst werden. Ausgehend von (14.2) erhalten wir für $c_1 = c_3 = 1$ und $c_2 = \varepsilon$

$$\hat{x}_\varepsilon''(\hat{t}) = -\frac{1}{(\varepsilon\hat{x}_\varepsilon(\hat{t}) + 1)^2} = -1 + 2\varepsilon\hat{x}_\varepsilon(\hat{t}) - 3\varepsilon^2\hat{x}_\varepsilon^2(\hat{t}) + \cdots,$$
$$\hat{x}_\varepsilon(0) = 0, \quad \hat{x}_\varepsilon'(0) = 1.$$

Die Gültigkeit der rechten Seite der Differentialgleichung lässt sich durch Ausmultiplizieren Term für Term überprüfen. Durch Sammeln der Terme mit $\varepsilon^0 = 1$ bekommen wir die Gleichungen nullter Ordnung. Dabei handelt es sich um das bekannte System aus (14.3),

$$
\begin{aligned}
\mathcal{O}(\varepsilon^0): \quad & \hat{x}_0''(\hat{t}) = -1, \quad \hat{x}_0(0) = 0, \quad \hat{x}_0'(0) = 1 \\
\Longrightarrow \quad & \hat{x}_0(\hat{t}) = -\frac{1}{2}\hat{t}^2 + \hat{t}.
\end{aligned}
$$

Die Probleme in erster und zweiter Ordnung lassen sich analog bilden, sie lauten:

$$
\begin{aligned}
\mathcal{O}(\varepsilon^1): \quad & \hat{x}_1''(\hat{t}) = 2\hat{x}_0(\hat{t}), \quad \hat{x}_1(0) = \hat{x}_1'(0) = 0 \\
\Longrightarrow \quad & \hat{x}_1(\hat{t}) = -\frac{1}{12}\hat{t}^4 + \frac{1}{3}\hat{t}^3 \\
\mathcal{O}(\varepsilon^2): \quad & \hat{x}_2''(\hat{t}) = 2\hat{x}_1(\hat{t}) - 3\hat{x}_0^2(\hat{t}), \quad \hat{x}_2(0) = \hat{x}_2'(0) = 0 \\
\Longrightarrow \quad & \hat{x}_2(\hat{t}) = -\frac{11}{360}\hat{t}^6 + \frac{11}{60}\hat{t}^5 - \frac{1}{4}\hat{t}^4.
\end{aligned}
$$

Entsprechend können wir die weiteren Koeffizientenfunktionen berechnen, wobei der Aufwand immer größer wird. Die Approximation der Lösung hat dann die folgende Form:

$$
\hat{x}_\varepsilon(\hat{t}) = -\frac{1}{2}\hat{t}^2 + \hat{t} + \varepsilon\left(-\frac{1}{12}\hat{t}^4 + \frac{1}{3}\hat{t}^3\right) + \varepsilon^2\left(-\frac{11}{360}\hat{t}^6 + \frac{11}{60}\hat{t}^5 - \frac{1}{4}\hat{t}^4\right) + \cdots .
$$

Die Approximationsgüte für diesen Ansatz ist in Abbildung 14.3 dargestellt. Man sieht, dass bereits für $\varepsilon = 0{,}2$ die Approximation $\hat{x}_0 + \varepsilon\hat{x}_1$ von der exakten Lösung optisch kaum zu unterscheiden ist, während $\hat{x}_0$ eine große Abweichung aufweist. Im Allgemeinen muss jedoch die Konvergenz der Methode der asymptotischen Entwicklung nicht gelten. Wenn der kleine Parameter ε zum Beispiel als Faktor vor einem für die mathematische Struktur entscheidenden Term steht (bei Differentialgleichungen vor der höchsten auftretenden Ableitung der gesuchten Funktion), kann sich der Charakter des Problems ändern und die Methode zu keiner Lösung führen. Man spricht von einer *singulären Störung*. Abhilfe kann eventuell eine asymptotische Modellentwicklung ab der ersten Ordnung schaffen.

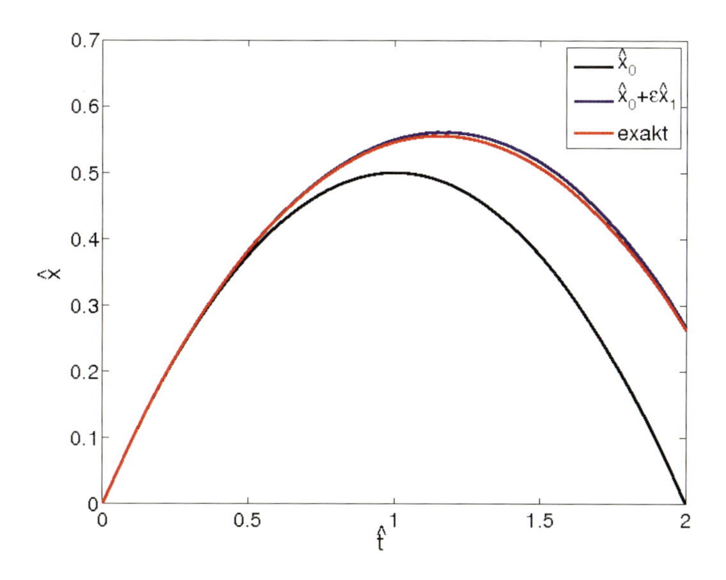

Abbildung 14.3: Asymptotische Entwicklung für die Teilchenbewegung $\hat{x}_\varepsilon$ mit $\varepsilon = 0{,}2$.

Der klare Vorteil der Entdimensionalisierung ist die Reduktion der vielen physikalischen Größen auf wenige charakteristische Parameter und die damit verbundene Abstraktion der Modellgleichungen. Die dimensionslosen Gleichungen gelten hier für den senkrechten Wurf eines beliebigen Teilchens/Objekts in einem beliebigen Schwerefeld. Erst durch die Festlegung der Größen und die Rückskalierung wird das mathematische Ergebnis im Kontext eines physikalischen Problems interpretierbar. Dies ist besonders für Experimente wichtig: Aus dem dimensionslosen Ergebnis lässt sich zum Beispiel entnehmen, wie ein Wurf auf dem Mond durch ein entsprechendes Experiment auf der Erde nachgestellt und simuliert werden kann.

Literaturhinweise Als lebendige und anschauliche Einführung in die Mathematische Modellierung von Phänomenen aus den Natur- und Ingenieurwissenschaften verweisen wir auf die Lehrbücher [5,6], zum Weiterlesen für Asymptotische Analysis und Störungsmethoden auf [7]. Im Weiteren werden wir uns einer Anwendung aus der Strömungsdynamik zuwenden. Diesbezügliche Asymptotische Modelle und Methoden werden zum Beispiel in [3] vorgestellt und diskutiert. Besonders empfehlenswert ist ein Blick in [4] für die wunderschön gelungene Bebilderung der Effekte in verschiedenen Strömungsszenarien.

14.2 Simulation von Spinnprozessen für die Herstellung technischer Textilien

Die optimale Prozessauslegung von Spinnverfahren für die Herstellung technischer Textilien stellt schwierige Anforderungen an Mathematiker, Naturwissenschaftler und Ingenieure, siehe [8]. Im Spinnprozess von Glaswolle zum Beispiel werden Zehntausende von viskosen, flüssigen Jets von schnellen, turbulenten Luftströmungen geformt. Dabei spielen Homogenität und Dünne der gesponnenen Fasern eine wichtige Rolle für die Qualität der Endprodukte. Die Vorhersage und Steuerung dieser Eigenschaften bedarf der Bestimmung der Strömung-Faser-Wechselwirkungen. Bei dem dazugehörigen Kontinuumsmodell (First-Principles-Modell) handelt es sich um ein dreidimensionales, sehr komplexes Multiskalen-Mehrphasenproblem mit entsprechenden Übergangsbedingungen zwischen den Phasen, dessen numerische Berechnung – trotz der großen Fortschritte in der Computertechnologie – bislang noch unmöglich ist. Daher haben wir in Zusammenarbeit mit dem Fraunhofer Institut für Techno- und Wirtschaftsmathematik (ITWM) in Kaiserslautern ein auf Asymptotik basierendes Kopplungskonzept entwickelt, das die numerische Simulation möglich und das Problem Optimierungsfragestellungen zugänglich macht [1]. Umgesetzt in Software kommt es bereits in Industrieprojekten erfolgreich zum Einsatz. In diesem Sinne gilt unser Dank der Firma Woltz GmbH in Wertheim für die Erlaubnis der beispielhaften Darstellung ihres Rotationsspinnprozesses (Abbildung 14.4 und Tabelle 14.2) und der entsprechenden Simulationsergebnisse.

Der Rotationsspinnprozess der Firma Woltz GmbH zeichnet sich dadurch aus, dass aus einer rotierenden Schleuderscheibe mit 26 950 kleinen Löchern heiße

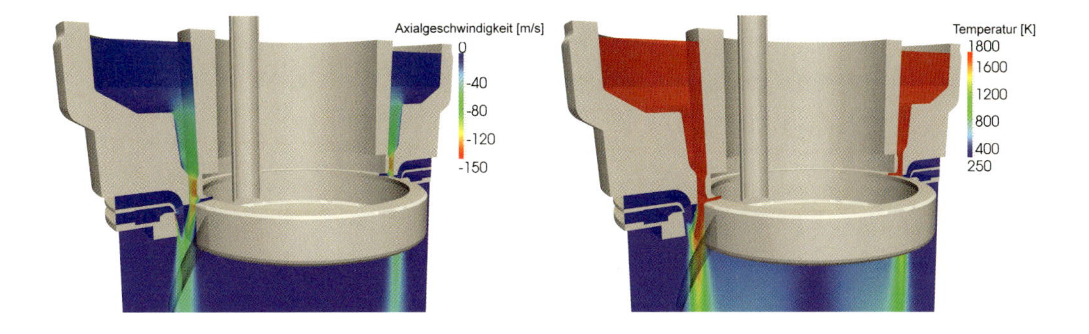

Abbildung 14.4: Rotationsspinnprozess der Firma Woltz GmbH. Die Wände der rotierenden Schleuderscheibe sind perforiert mit 35 Reihen von jeweils 770 gleichmäßig gesetzten kleinen Löchern, aus denen heiße Glasschmelze austritt. Die flüssigen Jets wachsen und bewegen sich infolge von Viskosität, Oberflächenspannungen, Gravitation und Luftkräften. Zwei Luftströme interagieren dabei mit dem entstehenden Glasfaservorhang: eine vertikal gerichtete heiße Brennerluft sowie eine hoch turbulente Schleierströmung aus den seitlichen Schlitzdüsen. Die Farblegenden stellen die axiale Geschwindigkeit (*links*) und die Temperatur (*rechts*) der Luftströmung dar. Einige Glasjets sind beispielhaft als schwarze Kurven eingezeichnet.

Glasschmelze austritt, die von zwei verschiedenen, sich überlagernden Luftströmungen zu dünnen Glasfasern versponnen wird. Die Glasjets werden dabei um einen Faktor 10 000 gedehnt. Ihr charakterisierender *Slenderness-Parameter*,

	Temperatur	Geschwindigkeit	Durchmesser
Brennerluft im Kanal	1773 K	$1{,}2 \cdot 10^{2}$ m/s	$1{,}0 \cdot 10^{-2}$ m
Schleierströmung am Injektor	303 K	$3{,}0 \cdot 10^{2}$ m/s	$2{,}0 \cdot 10^{-4}$ m
Schleuderscheibe	1323 K	$2{,}3 \cdot 10^{2}$ 1/s	$4{,}0 \cdot 10^{-1}$ m
Glasjets an Spinndüse	1323 K	$6{,}7 \cdot 10^{-3}$ m/s	$7{,}4 \cdot 10^{-4}$ m

Tabelle 14.2: Typische Temperaturen, Geschwindigkeiten und Längen im Rotationsspinnprozess, vergleiche mit Abbildung 14.4 (Temperatur in Kelvin [K], 0° C entspricht 273,15 K). Die 26 950 Glasjets werden um einen Faktor 10 000 gedehnt, ihr Slenderness-Parameter beträgt $\varepsilon \approx 10^{-4}$.

der das Verhältnis von Dicke zu Länge ausdrückt, beträgt insbesondere $\varepsilon \approx 10^{-4}$. In Wechselwirkung hat der entstehende Glasfaservorhang eine große Schleppwirkung auf die Luft.

Asymptotische Cosserat-Rod- und String-Modelle für Faserdynamik Das Kontinuumsmodell einer einzelnen Faserdynamik beruht auf den Erhaltungsprinzipien für Masse, Impuls, Drehimpuls und Energie für die dreidimensionale Strömung. Jedoch erlaubt die schlanke Jetgeometrie mit $\varepsilon \approx 10^{-4}$ eine asymptotische Vereinfachung. Durch Mittelung der Erhaltungsgleichungen über die Querschnittsflächen kann die Dynamik auf eine eindimensionale Beschreibung reduziert werden. Dieses Vorgehen basiert auf der Annahme, dass das Verschiebungsfeld in jedem Querschnitt durch eine bestimmte Anzahl von Größen ausgedrückt werden kann. In der speziellen Cosserat-Rod-Theorie handelt es sich um zwei zeitabhängige, bogenlängenparametrisierte Größen: eine Kurve, welche die Jetposition festlegt, und ein orthonormales Direktorendreibein, das die Orientierung der Querschnittsflächen beschreibt. Das *Cosserat-Rod-Modell* (Balken-Modell) ist ein asymptotisches Modell erster Ordnung, das den Slenderness-Parameter ε explizit in der Drehimpulsbilanz enthält. Es ist in der Lage, alle Arten von Verformungen, wie Dehnung, Biegung, Scherung und Torsion, abzubilden. Im Übergang $\varepsilon \to 0$ spaltet sich die Drehimpulsbilanz von den übrigen Gleichungen ab. Es entsteht ein vereinfachtes *String-Modell* (Modell nullter Ordnung, Stab-Modell), das ausschließlich Jetkurve, Querschnittsflächen, konvektive Geschwindigkeit, tangentiale Spannungen und Temperatur beschreibt. Das String-Modell geht von Längenerhaltung aus und vernachlässigt Drehimpulseffekte wie Scherung oder Torsion der Querschnittsflächen. Beide Modelle bestehen aus Systemen partieller Differentialgleichungen.

Mit der Entdimensionalisierung ergeben sich neben ε noch weitere charakteristische Parameter für den Spinnprozess, die unter anderem durch die Viskosität, Wärmeabstrahlung, Gravitation, Luftkraft, Rotation der Schleuderscheibe ins Problem getragen werden. In bestimmten prozessrelevanten Parameterbe-

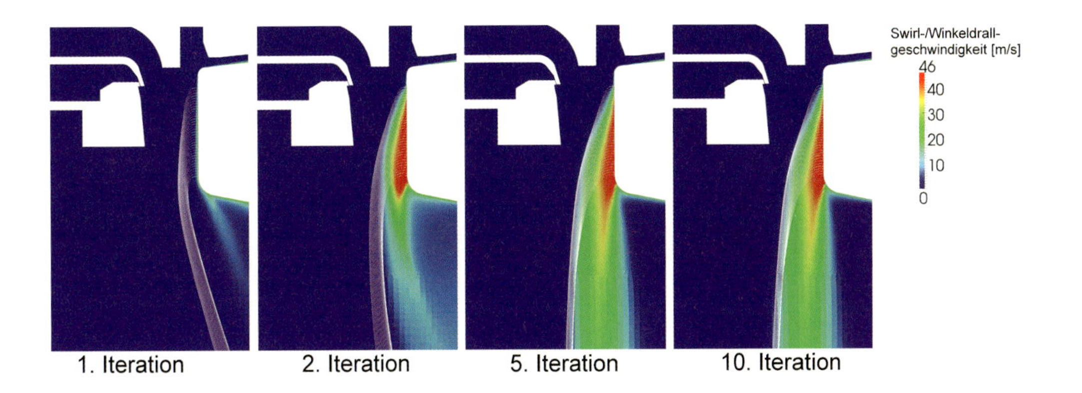

Abbildung 14.5: Illustration des iterativen Kopplungsverfahrens. Iterationsergebnisse für die Swirl-/Winkeldrallgeschwindigkeit der Luft und die gesponnenen Glasjets (dargestellt als weiße Kurven).

reichen entarten die dimensionslosen String-Gleichungen und sind unlösbar – im Gegensatz zum komplexeren, aus mehr Gleichungen bestehenden Cosserat-Rod-System. Daher ist das Cosserat-Rod-Modell dem String-Modell überlegen und für die Simulation eines Glasjets vorzuziehen, für Details siehe [2].

Faser-Strömung-Wechselwirkungen Im betrachteten Rotationsspinnprozess (Abbildung 14.4) ist die Schleuderscheibe perforiert durch 35 Reihen von 770 gleichmäßig gesetzten Löchern. Die Spinnbedingungen (Lochgröße, Geschwindigkeiten, Temperaturen) sind dabei für jede Reihe gleich. Dieser Aufbau ermöglicht grundlegende Modellvereinfachungen. Betrachten wir den Prozess in einem mit der Scheibe mitgeführten, rotierenden Bezugssystem, dann werden Glasjets und Luftströmung stationär, das heißt unabhängig von der Zeit. Des Weiteren formen die Glasjets einer jeden Spinnreihe einen dichten Faservorhang. Im Zuge einer Homogenisierung, bei der wir von einer gleichmäßigen Verteilung der Fasermasse ausgehen, können wir die Luftströmung als rotationsinvariant betrachten und jeden Faservorhang repräsentativ durch die Dynamik eines Einzeljets im Rahmen der Cosserat-Rod-Theorie beschreiben. Dies resultiert in einer enormen Komplexitätsreduktion und macht die Simulation des Problems möglich.

Die Luftströmung wird modelliert durch die stationären, rotationsinvarianten Navier-Stokes-Gleichungen $\mathscr{S}_{Luft}$, das sind die Erhaltungsgleichungen für Newton'sche Flüssigkeiten. Dabei handelt es sich um ein System partieller Differentialgleichungen für Massendichte, Geschwindigkeit, Druck und Temperatur. Die Jetdynamik ist gegeben durch das Cosserat-Rod-Modell $\mathscr{S}_{Jets}$, das sich infolge der Stationarität zu einem Randwertproblem gewöhnlicher Differentialgleichungen erster Ordnung vereinfacht. Die Kopplung der Systeme findet mit Hilfe von asymptotisch hergeleiteten Kraftwiderstands- und Wärmeaustauschmodellen statt, die dem Prinzip *Actio gleich Reactio* genügen. Für Details veweisen wir auf [1]. Für die Simulation berechnen wir die Wechselwirkungen von Luftströmung und Glasjets iterativ, so lange bis sich die Faserwerte nicht mehr ändern, siehe Abbildung 14.5.

Kopplungs-Algorithmus

Initialisierung der Iteration: $k = 0$, Luftsimulation $\mathscr{S}_{Luft}$ ohne Jets ergibt $\Upsilon^{(0)}$.

Iterative Berechnung von

$$\Psi_i^{(k)} = \mathscr{S}_{Jets}(\Upsilon^{(k)}) \text{ für } i = 1, \ldots, 35, \quad \Upsilon^{(k+1)} = \mathscr{S}_{Luft}(\Psi^{(k)}), \quad k = k+1,$$

so lange bis $\|\Psi^{(k)} - \Psi^{(k-1)}\| < \text{Toleranz}$ erfüllt ist.

(Ψ bezeichnet hier die Werte der Glasjets, Υ die der Luftströmung.)

Die Effekte der Strömung-Faser-Wechselwirkungen sind in den folgenden Abbildungen illustriert. Abbildung 14.5 zeigt die Swirl-/Winkeldrallgeschwindigkeit der Luft und die Lage der gesponnenen Glasjets für verschiedene Iterationsschritte. In der ungestörten Strömung ohne Glasjets gibt es keine Swirlgeschwindigkeit. Sie entsteht erst infolge der Schleppwirkung der Faservorhänge, welche die Luft mit sich ziehen. Des Weiteren wird die vertikal gerichtete Brennerströmung von den Jets ausgelenkt, siehe Abbildung 14.6. Die Glasjets verhalten sich, was Lage und Dynamik angeht, wie erwartet. Außerdem entsprechen ihre Eigenschaften (Geschwindigkeit und Temperatur) denen der Strömung, was einen größenmäßig richtigen Impuls- und Energieaustausch impli-

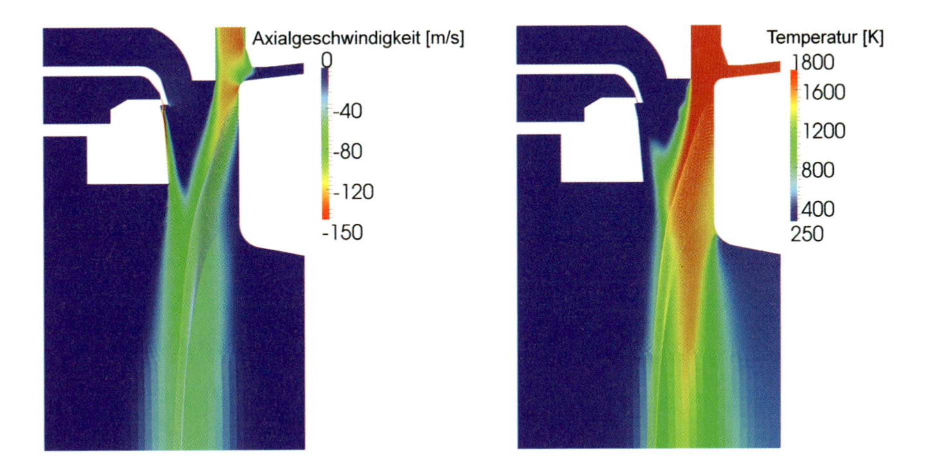

Abbildung 14.6: Simulationsergebnis für Glasjets und Luftströmung im Spinnprozess. Die Farblegenden stellen die axiale Geschwindigkeit und Temperatur der Luftströmung dar. Die Repräsentanten der 35 Spinnreihen sind entsprechend ihrer Geschwindigkeit und Temperatur eingefärbt. Die Dynamik und Eigenschaften der Jets der obersten und untersten Spinnreihe sind detailliert in Abbildung 14.7 dargestellt.

ziert. Der Einfluss der Spinnreihen wird deutlich in Abbildung 14.7: Die obersten Jets sind wärmer und damit besser dehnbar. Sie sind zudem schneller und folglich bei dem gegebenen konstanten Massenfluss dünner. Beides ist darin begründet, dass sie länger der heißen Brennerluft ausgesetzt sind. Im Hinblick auf eine hohe Qualität des zu fertigenden Glaswollproduktes sind jedoch Homogenität und Dünne der Fasern von entscheidender Bedeutung. Dies gilt es in Zukunft durch eine optimale Auslegung des Spinnprozesses zu erreichen, zum Beispiel durch unterschiedliche Lochdurchmesser, verschiedene Abstände der Spinnreihen oder eine andere Anströmrichtung der Brennerluft.

In diesem Sinne:

Mathematiker spinnen – innovativ und praxisrelevant!

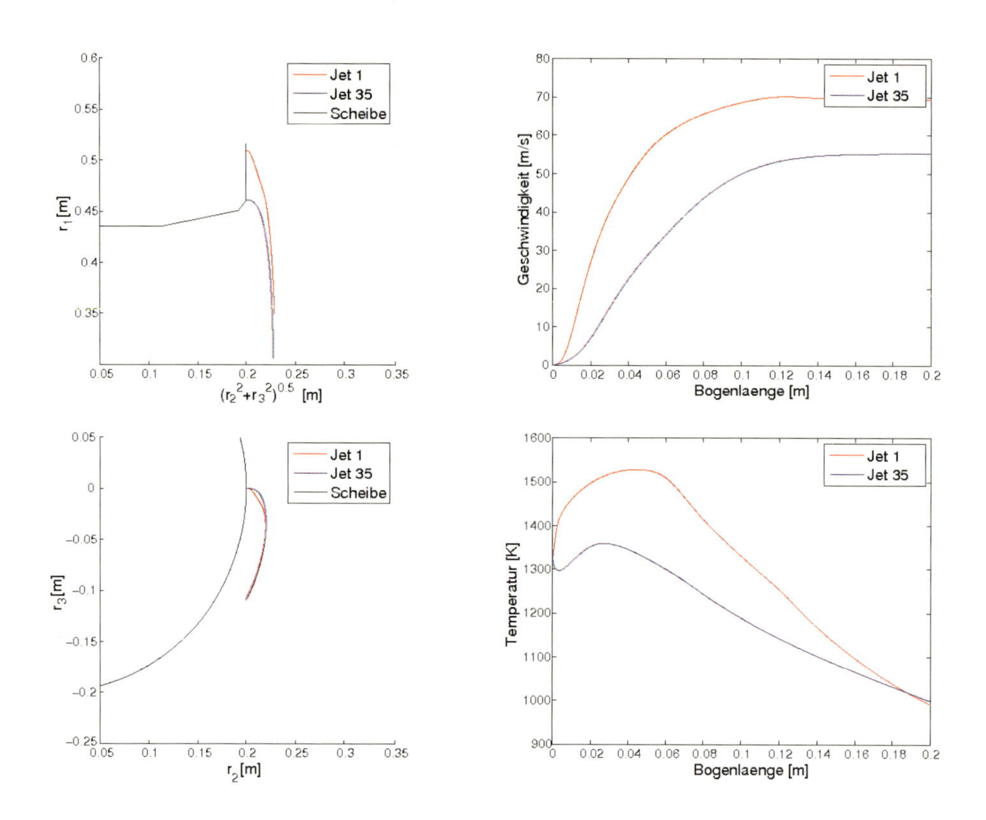

Abbildung 14.7: Dynamik und Eigenschaften der obersten und untersten Glasjets, die aus der Schleuderscheibe austreten. *Links:* Ansicht der Jetkurve $\mathbf{r} = (r_1, r_2, r_3)$ von der Seite und von oben mit Vertikalkomponente r_1 und Horizontalkomponenten r_2, r_3. Dabei gibt $(r_2^2 + r_3^2)^{0,5}$ den radialen Abstand zur Rotationsachse an. *Rechts:* Geschwindigkeit und Temperatur entlang des bogenlängenparametrisierten Jets.

Literatur

[1] ARNE, W., MARHEINEKE, N., SCHNEBELE, J., WEGENER, R.: Fluid-fiber-interactions in rotational spinning process of glass wool manufacturing. Berichte des Fraunhofer ITWM **197** (2010)

[2] ARNE, W., MARHEINEKE, N., WEGENER, R.: Asymptotic transition from Cosserat rod to string models for curved viscous inertial jets. Math. Mod. Meth. Appl. Sci. **21(10)** (2011)

[3] VAN DYKE, M.: Perturbation Methods in Fluid Mechanics. Academic Press, 1972

[4] VAN DYKE, M.: An Album of Fluid Motion. Parabolic Press, 1982

[5] ECK, C., GARCKE, H., KNABNER, P.: Mathematische Modellierung, Springer, 2008

[6] HAUSSLER, F., LUCHKO, Y.: Mathematische Modellierung mit MATLAB – Eine praxisorientierte Einführung. Spektrum Akademischer Verlag, 2011

[7] HOLMES, M. H.: Introduction to Perturbation Methods. Springer, 1985

[8] KLAR, A., MARHEINEKE, N., WEGENER, R.: Hierarchy of mathematical models for production processes of technical textiles. ZAMM – Z. Ang. Math. Mech. **89(12)**, 941–961 (2009)

Die Autorin:

Prof. Dr. Nicole Marheineke
FAU Erlangen-Nürnberg
Lehrstuhl für Angewandte Mathematik I
Martensstr. 3
91058 Erlangen
nicole.marheineke@am.uni-erlangen.de

15 Tropische Geometrie

Hannah Markwig

Tropische Geometrie, das klingt nach weißen Stränden, Palmen, Sonne und Meer. Aber die Enttäuschung gleich vorneweg: Tropische Geometrie hat eigentlich nichts mit den Tropen zu tun. Der Name wurde zu Ehren des brasilianischen Informatikers Imre Simon geprägt, der sich als einer der Ersten mit diesem Gebiet beschäftigt hat. Dennoch ist tropische Geometrie tatsächlich so interessant wie der Name verspricht oder vielleicht sogar noch interessanter.

Tropische Geometrie ist ein Teilgebiet der algebraischen Geometrie, das aber auch viele Verbindungen zu anderen Disziplinen der Mathematik hat, wie zum Beispiel Kombinatorik oder Biomathematik. Besonderen Erfolg konnte die tropische Geometrie in der enumerativen (also abzählenden) Geometrie erzielen. Im Folgenden werden zunächst die algebraische und enumerative Geometrie vorgestellt. In Kapitel 15.2 wird die tropische Geometrie eingeführt, und es werden Beispiele für ihre Anwendung in der enumerativen Geometrie vorgestellt.

15.1 Algebraische Geometrie

In der algebraischen Geometrie untersucht man Lösungsmengen von sogenannten polynomialen Gleichungen. Ein Beispiel ist die Gleichung $y = x^2$. Die Lösungsmenge dieser Gleichung besteht aus allen Punkten (x, y) der Ebene, für welche die Gleichung erfüllt ist, sie ist also eine Parabel (Abbildung 15.1).

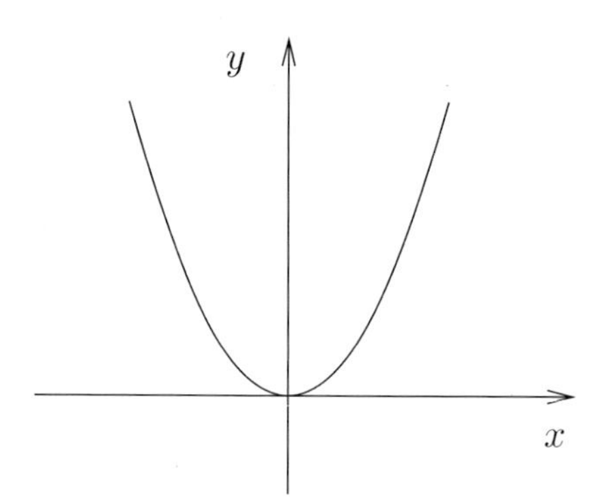

Abbildung 15.1: Die Parabel $y - x^2 = 0$.

Man nennt die Parabel auch das Nullstellengebilde des Polynoms $y - x^2$, da sie aus denjenigen Punkten (x, y) besteht, für die das Polynom null ergibt.

Solche Nullstellengebilde werden auch in den Artikeln von Priska Jahnke und Annette Huber in diesem Band untersucht. Sie spielen aber nicht nur in der Mathematik eine Rolle. Anwendung finden sie zum Beispiel beim Design von Industrierobotern. Ein Roboter steht normalerweise auf mehreren Beinen und hat einen oder mehrere Arme. Man möchte die Position des Arms beeinflussen, indem man die Länge der Beine ändert. Die Position des Arms kann nun durch algebraische Gleichungen beschrieben werden. So hilft die algebraische Geometrie, die Bewegung des Roboterarms im Raum zu verstehen.

In der algebraischen Geometrie geht es nun darum, geometrische Eigenschaften solcher Lösungsmengen mit Hilfe der algebraischen Gleichungen zu beschreiben und besser zu verstehen.

Eine Eigenschaft der Parabel, die man mit Hilfe der Gleichung beschreiben kann, ist zum Beispiel, wie stark die Kurve gekrümmt ist. Dies wird durch den Grad des Polynoms bestimmt. Das Polynom $y - x^2$ hat den Grad zwei. Betrachten wir eine sogenannte Kubik – zum Beispiel die Kurve, die durch das Polynom $y - x^3 + x$ gegeben ist (also durch ein Polynom vom Grad drei) – so sehen wir, dass sie mehr gekrümmt ist als die Parabel (Abbildung 15.2).

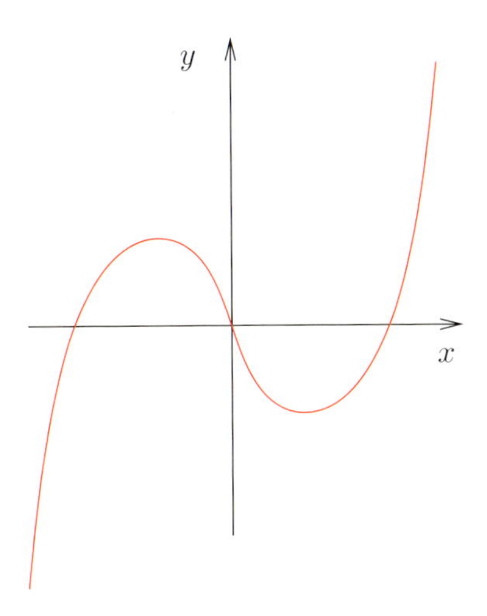

Abbildung 15.2: Die Kubik $y - x^3 + x = 0$.

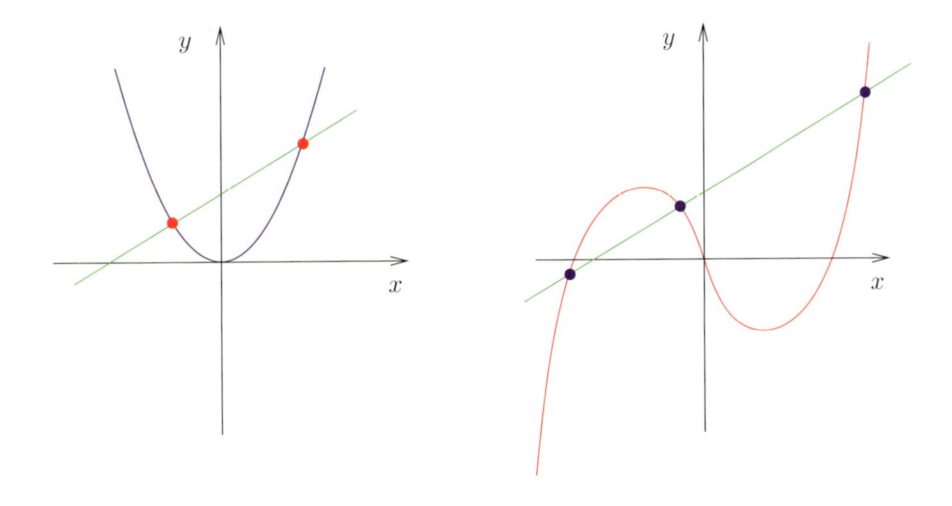

Abbildung 15.3: Die maximale Anzahl von Schnittpunkten einer Parabel beziehungsweise einer Kubik mit einer Geraden.

Die Polynome helfen uns auch, die maximale Anzahl möglicher Schnittpunkte der beiden Kurven mit einer Geraden vorherzusagen: Diese ist gleich dem Grad des Polynoms, also zwei für die Parabel beziehungsweise drei für die Kubik (Abbildung 15.3).

Abbildung 15.4: Eine Gerade durch zwei Punkte.

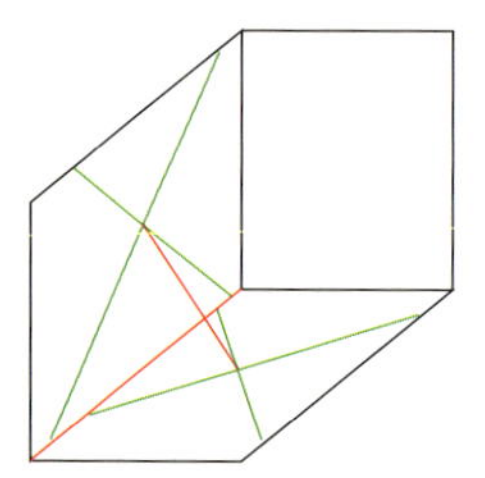

Abbildung 15.5: Zwei Geraden schneiden vier vorgegebene Geraden.

Neben solchen ebenen Kurven werden auch höherdimensionale Objekte in höherdimensionalen Räumen untersucht, wie etwa zweidimensionale Objekte, sogenannte algebraische Flächen, im sechsdimensionalen Raum. Solche höherdimensionalen Nullstellengebilde spielen beispielsweise eine Rolle, wenn man die Bewegung mehrerer voneinander abhängiger Objekte im Raum beschreiben will, zum Beispiel sehr komplizierte Roboter mit vielen beweglichen Teilen.

15.1.1 Enumerative Geometrie

Enumerative Geometrie ist ein Teilgebiet der algebraischen Geometrie, in dem man bestimmte geometrische Objekte zählt. Zum Beispiel gibt es genau eine Gerade durch zwei verschiedene vorgegebene Punkte (siehe Abbildung 15.4). Ein weiteres Beispiel für ein enumeratives Problem ist die Frage, wie viele Geraden im Raum vier vorgegebene Geraden treffen. Stellt man sich zwei der vier vorgegebenen Geraden gekreuzt auf dem Fußboden vor und die übrigen zwei gekreuzt an der Wand, so sieht man, dass genau zwei Geraden alle vier vorgegebenen treffen: die Gerade, welche die beiden Schnittpunkte der Kreuze verbindet, und die Fußleiste (siehe Abbildung 15.5). Enumerative Fragestellungen sind sehr alt. Trotzdem sind viele solcher Fragen bis heute unbeantwortet. Eine Renaissance erlebte die enumerative Geometrie Ende der neunziger Jahre, nachdem Physiker mehrere enumerative Zahlen mit Hilfe der Stringtheorie vorausgesagt hatten. Motiviert durch die Physik entwickelte sich eine ganze mathematische Theorie, die Gromov-Witten-Theorie. Mit Hilfe der Gromov-Witten-Theorie konnten einige sehr alte enumerative Probleme gelöst werden. Die tropische Geometrie bietet heute ein neues Werkzeug zum Studium der enumerativen Geometrie.

15.2 Tropische Geometrie

In der tropischen Geometrie betrachtet man eine Art „Schatten“ algebraischer Kurven. Diese Schatten sind stückweise lineare, kombinatorische Objekte (siehe Abbildung 15.7). Sie werden tropische Kurven genannt. Aufgrund ihrer stückweise linearen Struktur kann man sie mit einfacheren Methoden untersuchen als algebraische Kurven, und da sie Schatten algebraischer Kurven sind, lassen sich manche Eigenschaften der algebraischen Kurve an der entsprechenden tropischen Kurve immer noch ablesen. Die Idee der tropischen Geometrie ist es, neue und einfachere Methoden zum Studium von algebraischen Kurven bereitzustellen.

15.2.1 Schatten algebraischer Kurven

Im Folgenden wird als Beispiel der „Schatten“ einer Geraden, eine sogenannte tropische Gerade, betrachtet. Dazu müssen wir zunächst den Begriff der Lösungsmenge einer Geradengleichung wie zum Beispiel $x+y+1=0$ genauer beleuchten. In Kapitel 15.1 haben wir Lösungen (x,y) von solchen Gleichungen betrachtet, wobei x und y reelle Zahlen sind. Diese Lösungen sind den algebraischen Geometern aber eigentlich gar nicht genug. Die reellen Zahlen reichen nicht aus, um für jedes Polynom überhaupt Nullstellen zu finden. So hat beispielsweise das Polynom x^2+1 keine reelle Nullstelle, denn es gibt keine reelle

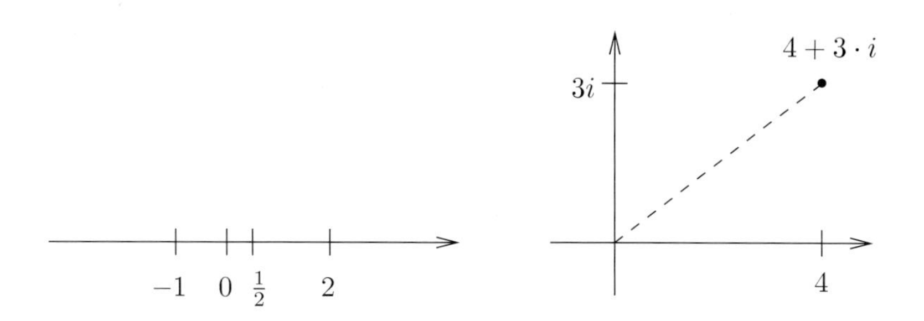

Abbildung 15.6: Der reelle Zahlenstrahl und die komplexe Zahlenebene.

Zahl, deren Quadrat gleich -1 ist. Man sagt, die reellen Zahlen sind nicht algebraisch abgeschlossen. Daher erlauben wir auch komplexe Zahlen als Lösungen: Wir fügen die Zahl i hinzu, die $i^2 = -1$ erfüllt, und mit ihr alle Summen der Form $a+b \cdot i$, wobei a und b reelle Zahlen sind. Während wir die reellen Zahlen als einen eindimensionalen Zahlenstrahl visualisieren können, lassen sich die komplexen Zahlen als eine Ebene darstellen, wobei der Punkt der Ebene mit Koordinaten (a,b) der komplexen Zahl $a+b \cdot i$ entspricht (Abbildung 15.6).

Man kann zeigen, dass die komplexen Zahlen algebraisch abgeschlossen sind, also dass jedes nicht-konstante Polynom eine komplexe Zahl als Nullstelle hat. Mathematikstudenten lernen diese Tatsache im Laufe ihres Studiums. Wir definieren den Betrag $|a+b \cdot i|$ einer komplexen Zahl $a+b \cdot i$ als die Länge der Verbindungsstrecke von 0 nach $a+b \cdot i$ in der komplexen Zahlenebene, also $\sqrt{a^2+b^2}$. In Abbildung 15.6 ist die Verbindungsstrecke für $4+3 \cdot i$ gestrichelt eingezeichnet, ihre Länge ist $\sqrt{4^2+3^2} = 5$. Es gilt also $|4+3 \cdot i| = 5$.

Zurück zur Lösungsmenge der Geradengleichung $x+y+1=0$. Wir betrachten als Lösungsmenge alle Punkte (x,y), die $x+y+1=0$ erfüllen, wobei x und y komplexe Zahlen sind, und nennen diese Lösungsmenge die Gerade G. Die Gerade G ist zweidimensional, genau wie die komplexe Zahlenebene als Vektorraum über $\mathbb{R}$. Um den Schatten von G zu definieren, betrachten wir zunächst die sogenannte Amöbe von G, das ist die Menge

$$\{(\log(|x|), \log(|y|)) \mid (x,y) \text{ auf der Geraden } G\}.$$

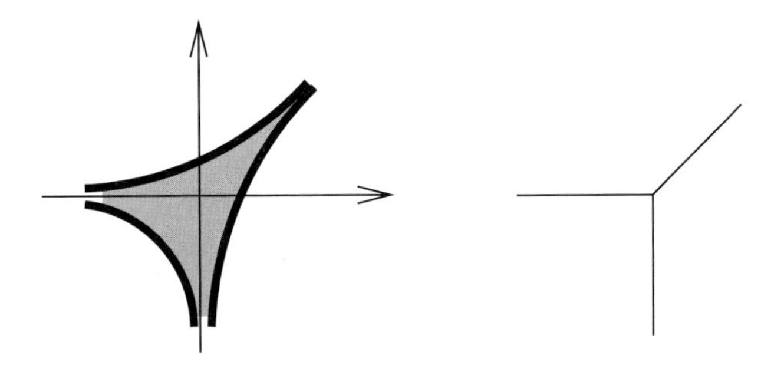

Abbildung 15.7: Die Amöbe der Geraden $x+y+1=0$ und die tropische Gerade.

Dabei ist der Betrag $|x|$ einer komplexen Zahl eine reelle Zahl, und auch ihr Logarithmus ist eine reelle Zahl. Es handelt sich daher bei der Amöbe um eine Menge von reellen Koordinatenpaaren, also um eine Menge von Punkten in der (normalen) Ebene. Da G reell zweidimensional ist, ist auch die Amöbe ein zweidimensionales Gebilde in der Ebene. Um die Form der Amöbe zu verstehen, untersuchen wir die Lage einzelner besonderer Punkte $(\log(|x|), \log(|y|))$. Die Gerade G hat einen Schnittpunkt mit der x-Achse, den Punkt $(-1,0)$. Auf diesen Punkt können wir die komponentenweise log-Abbildung nicht anwenden, da $\log(0)$ nicht definiert ist. Wenn wir uns jedoch diesem Punkt annähern, so geht das Bild wegen $\lim_{x\to -1}\log(|x|)=0$ und $\lim_{x\to 0}\log(|x|)=-\infty$ gegen $(0,-\infty)$. Genauso können wir uns dem Schnittpunkt $(0,-1)$ mit der y-Achse annähern, und wir stellen fest, dass das Bild gegen $(-\infty,0)$ geht. Zuletzt betrachten wir Punkte $(x,-x-1)$ auf der Geraden, für die $|x|$ immer größer wird. Je größer $|x|$, desto ähnlicher wird der Betrag von x dem Betrag von $-x-1$, denn das Abziehen der 1 fällt nicht mehr ins Gewicht. Daher erhalten wir für diese Punkte Bilder $(\log(|x|), \log(|-x-1|))$, die weit rechts auf der Diagonalen der Ebene liegen.

Aus dieser Diskussion ergibt sich, dass die Amöbe der Geraden aussieht, wie in Abbildung 15.7 links gezeigt ist: ein zweidimensionales Gebilde in der Ebene mit drei „Tentakel“. Die tropische Gerade ist nun das „Skelett“ der Amöbe: Sie sieht aus wie die Amöbe von sehr, sehr weit weg betrachtet. Sie ist rechts in

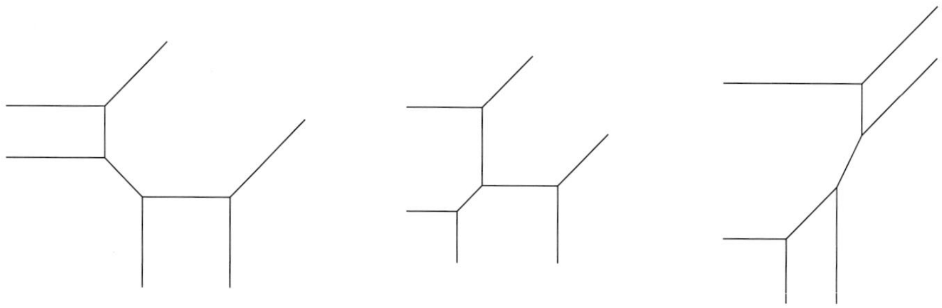

Abbildung 15.8: Tropische Parabeln.

Abbildung 15.7 dargestellt. Sie besteht aus drei Halbgeraden, die sich in einem Punkt treffen.

Genauso können wir tropische Parabeln als Skelette von Amöben von „normalen" Parabeln definieren. Wählen wir eine allgemeine Parabel, so schneidet sie die x-Achse in zwei Punkten, und daher wird es auch zwei Tentakel nach unten geben. Genauso gibt es auch zwei Tentakel nach links und zwei nach schräg oben. Im Innern können sich die Bilder aber je nach Parabel unterscheiden. Abbildung 15.8 zeigt verschiedene tropische Parabeln.

15.2.2 Tropische Kurven

In Kapitel 15.2.1 haben wir tropische Kurven als Schatten algebraischer Kurven definiert und beobachtet, dass es sich bei diesen Schatten um stückweise lineare Objekte in der Ebene handelt. Wir können tropische Kurven aber auch viel direkter definieren, in einer Art, aus der sofort hervorgeht, dass es sich um stückweise lineare Objekte handelt. Es ist einer der grundlegenden Sätze der tropischen Geometrie, dass beide Definitionen äquivalent sind. In diesem Abschnitt wollen wir nun die zweite Definition vorstellen und zumindest an Beispielen beobachten, dass sie tatsächlich dieselben tropischen Kurven liefert wie die erste Definition.

Dazu definieren wir zunächst neue, sogenannte tropische, Rechenoperationen auf den reellen Zahlen. Statt der Operation Plus verwenden wir das tropische Plus: $\oplus$. Dieses Zeichen steht für die Operation Maximum, $a \oplus b$ ist also die größere der beiden Zahlen a und b. Das heißt zum Beispiel, dass $2 \oplus 3 = 3$ ist. Statt Mal verwendet man im Tropischen $\odot$, das für Plus steht. Also ist $5 \odot 2 = 7$. Das Distributivgesetz ($a \cdot (b+c) = a \cdot b + a \cdot c$) gilt tropisch immer noch:

$$a \odot (b \oplus c) = a + \max\{b,c\} = \max\{a+b, a+c\} = a \odot b \oplus a \odot c.$$

Andere Formeln gelten aber nicht mehr oder nur in abgewandelter Weise. So wird die binomische Formel $(a+b) \cdot (a+b) = a \cdot a + 2a \cdot b + b \cdot b$ in der tropischen Welt viel einfacher, denn tropisch gilt:

$$(a \oplus b) \odot (a \oplus b) = 2 \cdot \max\{a,b\} = \max\{2a, 2b\} = a \odot a \oplus b \odot b.$$

In der algebraischen Geometrie ist eine Gerade durch eine lineare Gleichung gegeben. Wählen wir zum Beispiel die Gerade $x+y+1=0$. Wenn wir das Polynom $x+y+1$ nun „tropikalisieren" (also + durch $\oplus$ und $\cdot$ durch $\odot$ ersetzen), so erhalten wir das tropische Polynom $\max\{x,y,1\}$. Tropisch ergibt das Gleich-null-Setzen keinen wirklichen Sinn, da unsere übliche Null tropisch nicht die Eigenschaft erfüllt, die sie erfüllen soll: Wenn wir null zu einer Zahl addieren, so sollte die Zahl unverändert bleiben. (Tropisch gesehen ist aber zum Beispiel $-3 \oplus 0 = \max\{-3,0\} = 0 \neq -3$, so dass diese Eigenschaft nicht mehr gegeben ist.) Anstatt das Polynom gleich null zu setzen betrachten wir alle die Punkte (x,y) der Ebene, für die das Maximum $\max\{x,y,1\}$ nicht eindeutig ist, also von mindestens zwei Termen angenommen wird. (Eine Erklärung für die Wahl dieser Alternative zum Gleich-null-Setzen ergibt sich, wenn man tropische Kurven als Schatten algebraischer Kurven auffasst.) Dies erfüllen zum Beispiel alle Punkte (x,y), für die $x = y \geq 1$ gilt, also alle Punkte der im Punkt $(1,1)$ beginnenden und nach rechts oben verlaufenden ersten Winkelhalbierenden. Außerdem erfüllen dies alle Punkte, für die $x = 1 \geq y$ oder $y = 1 \geq x$ gilt. Dies sind zwei Halbgeraden, die parallel zu den Achsen sind und sich im Punkt

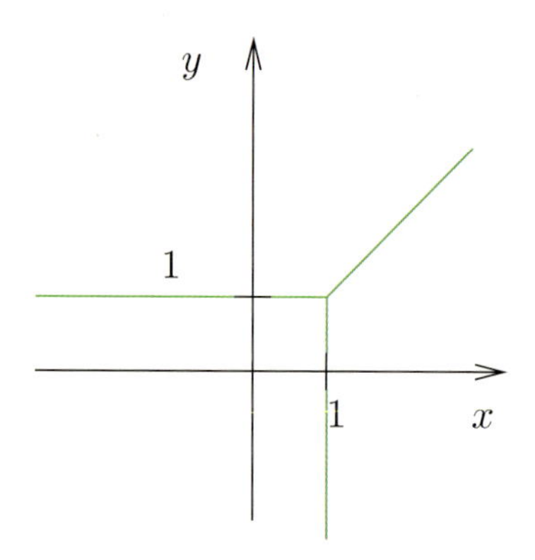

Abbildung 15.9: Die tropische Gerade $x \oplus y \oplus 1$.

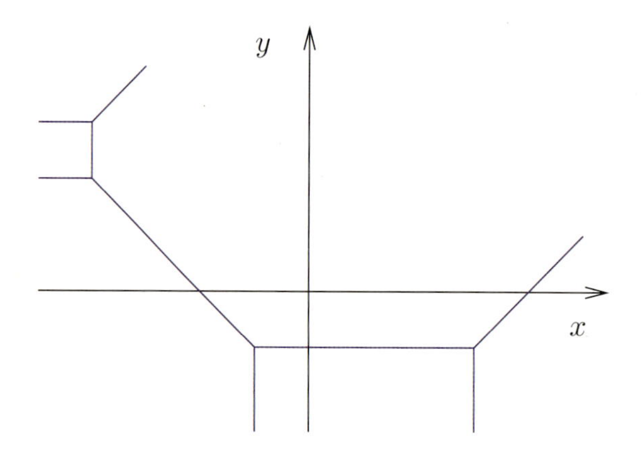

Abbildung 15.10: Die tropische Parabel $3 \oplus 4 \odot x \oplus 1 \odot x \odot x \oplus 1 \odot y \oplus 5 \odot x \odot y \oplus -2 \odot y \odot y$.

$(1,1)$ treffen. Die tropische Gerade (bestehend aus drei Halbgeraden), die zu $x \oplus y \oplus 1 = \max\{x, y, 1\}$ gehört, sieht aus wie in Abbildung 15.9 gezeigt.

Sie sieht also in der Tat aus wie das Skelett der Amöbe einer Geraden.

Wiederholt man das Spiel mit einer Gleichung vom Grad zwei oder vom Grad drei, so erhält man Bilder wie in den Abbildungen 15.10 und 15.11.

Ebenso wie in der algebraischen Geometrie gibt es in der tropischen Geometrie nicht nur Kurven in der Ebene, sondern auch höherdimensionale Objekte.

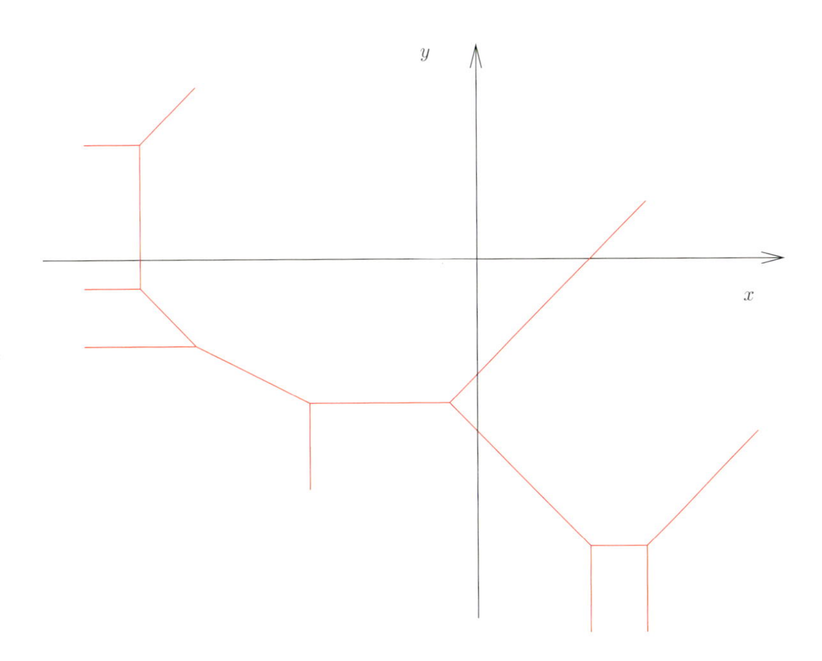

Abbildung 15.11: Die tropische Kubik $1 \oplus 5/2 \odot y \oplus 3 \odot y \odot y \oplus 1 \odot y \odot y \odot y \oplus 4 \odot x \oplus -2 \odot x \odot y \oplus 9 \odot y \odot y \odot x \oplus 2 \odot x \odot x \oplus 7 \odot y \odot x \odot x \oplus -1 \odot x \odot x \odot x$.

Abbildung 15.12: Die tropische Ebene $x \oplus y \oplus z \oplus 1$.

Abbildung 15.12 zeigt zum Beispiel eine tropische Ebene im Raum.

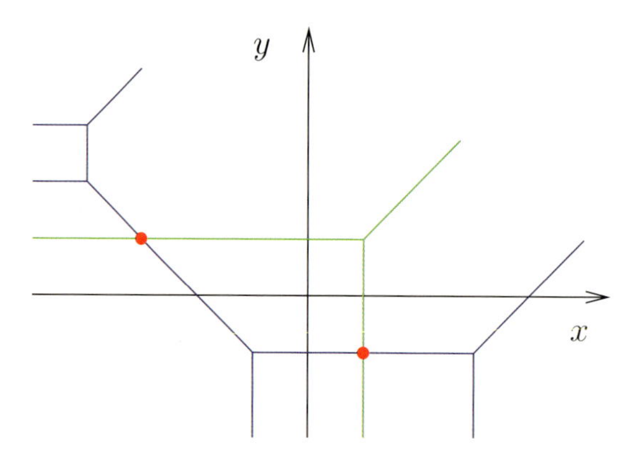

Abbildung 15.13: Eine tropische Gerade schneidet eine tropische Parabel in zwei Punkten.

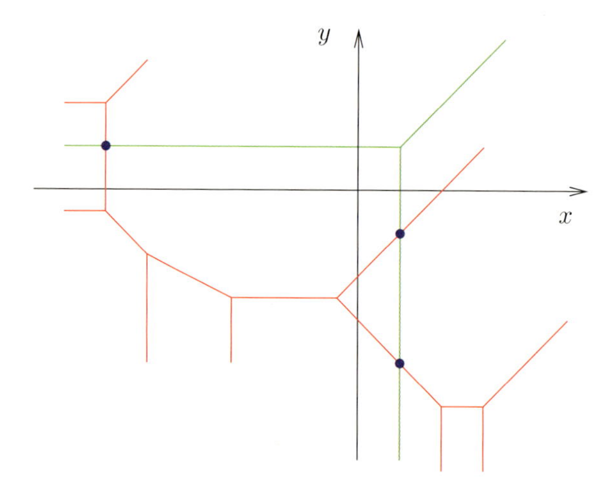

Abbildung 15.14: Eine tropische Gerade schneidet eine tropische Kubik in drei Punkten.

Wie erwähnt sind tropische Kurven aufgrund ihrer stückweise linearen Natur einfacher zu handhaben als algebraische Kurven, und dennoch besitzen sie viele Eigenschaften, die algebraische Kurven besitzen. So können wir zum Beispiel sehen, dass sich auch eine tropische Gerade und eine tropische Parabel in zwei Punkten schneiden (Abbildung 15.13), eine tropische Gerade und eine tropische Kubik in drei Punkten (Abbildung 15.14).

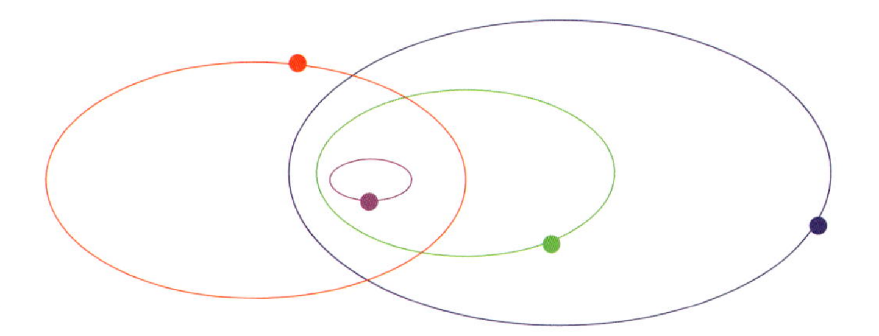

Abbildung 15.15: Eine Gleichgewichtsposition von vier Punktmassen.

Tropische Geometrie ist aber nicht nur für algebraische Geometer von Interesse, sondern hat auch Anwendungen in anderen Bereichen. So wurde tropische Geometrie zum Beispiel verwendet, um Gleichgewichtspositionen im Schwerkraftfeld von vier Körpern zu finden ([2]). Eine solche Gleichgewichtsposition ist eine Konfiguration von vier Punktmassen, die so umeinander rotieren, dass sich die Fliehkraft und die Schwerkraft gegenseitig aufheben (siehe Abbildung 15.15). Dass die Bewegung von Körpern in ihren Gravitationsfeldern im Allgemeinen sehr schwierig zu beschreiben ist, zeigt der Beitrag von Marlis Hochbruck, in dem unter anderem die mathematische Modellierung solcher Mehrkörperprobleme vorgestellt wird.

15.2.3 Enumerative tropische Geometrie

Viele enumerative Fragen lassen sich in der tropischen Geometrie beantworten, zum Beispiel die Frage, wie viele tropische Geraden durch zwei verschiedene vorgegebene Punkte gehen. Abbildung 15.16 zeigt, dass es wie erwartet genau eine tropische Gerade ist.

Auch kompliziertere enumerative Fragen können mit Hilfe der tropischen Geometrie beantwortet werden. Abbildung 15.17 zeigt zum Beispiel, dass es zwölf tropische Kubiken durch acht vorgegebene Punkte gibt, die zudem noch eine Zusatzbedingung erfüllen, die man Rationalität nennt. Dabei muss die Kurve unten

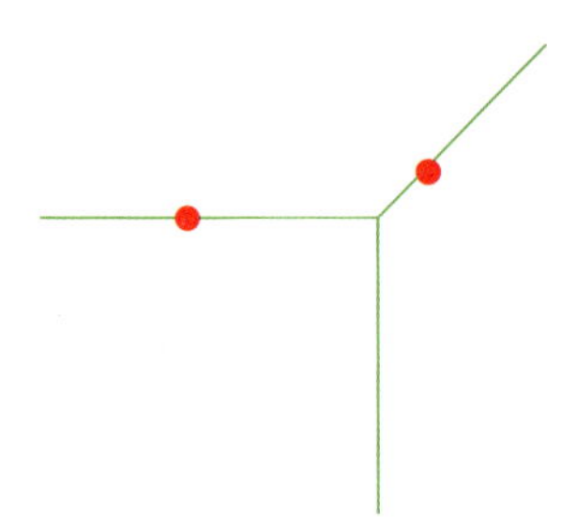

Abbildung 15.16: Eine tropische Gerade durch zwei Punkte.

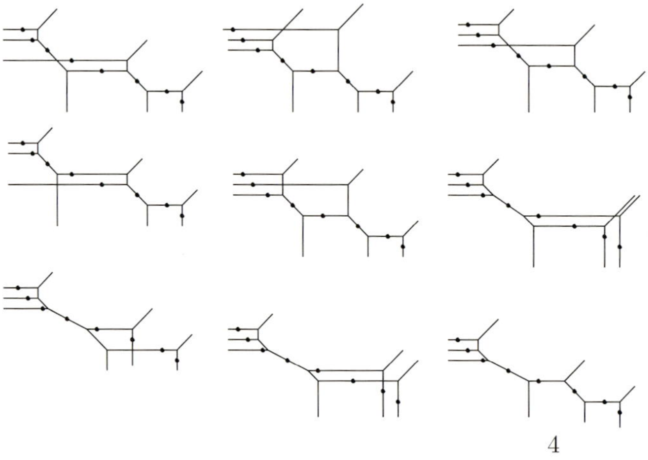

4

Abbildung 15.17: Zwölf Kubiken durch acht Punkte.

rechts vierfach gezählt werden, was daran liegt, dass vier algebraische Kubiken die tropische Kurve rechts unten als Schatten haben.

Mit Hilfe der tropischen Geometrie konnten verschiedene enumerative Probleme gelöst werden. Besonders die Berechnung der sogenannten Welschinger-Invarianten hat für großes Aufsehen gesorgt ([3]). Es gibt aber auch noch viele offene Fragen in diesem Bereich. So ist zum Beispiel die Frage, wie viele tropische Geraden auf einer tropischen Fläche im Raum zu finden sind, nur teilweise beantwortet.

Wer mehr über tropische Geometrie lernen möchte, dem seien die Übersichtsartikel [4] und [1] empfohlen, [1] geht besonders auf enumerative tropische Geometrie ein. Um diese Artikel gut zu verstehen, ist allerdings mathematisches Vorwissen nötig.

Literatur

[1] GATHMANN, A.: Tropical algebraic geometry. Jahresbericht der DMV **108(1)**, 3–32 (2006)

[2] HAMPTON, M., MOECKEL, R.: Finiteness of relative equilibria of the four-body problem. Inv. Math. **163**, 289–312 (2006)

[3] MIKHALKIN, G.: Enumerative tropical geometry in $\mathbb{R}^2$. J. Amer. Math. Soc. **18**, 313–377 (2005)

[4] RICHTER-GEBERT, J., STURMFELS, B., THEOBALD, T.: First steps in tropical geometry. Idempotent Mathematics and Mathematical Physics, Proceedings Vienna, 2003

Die Autorin:

Prof. Dr. Hannah Markwig
Universität des Saarlandes
Fachrichtung Mathematik
Postfach 151150
66041 Saarbrücken
markwig@math.uni-sb.de

16 Dichte Kugelpackungen

Gabriele Nebe

16.1 Die Kepler-Packungen

Die Bestimmung dichter Kugelpackungen ist ein sehr altes Problem. Berühmt wurde es durch die *Kepler-Vermutung*, für die Sie zum Beispiel bei Wikipedia unter „Kepler-Vermutung" eine historische Einführung finden. Stellen Sie sich das „alltägliche" Problem vor, einen großen Flugzeughangar mit Tischtennisbällen zu füllen. Wie müssen Sie die Bälle anordnen, um dort möglichst viele Bälle hineinzubekommen? Eine (optimale) Lösung werden Sie sicher schnell finden: Man legt die erste Schicht der Bälle so wie die Murmeln in Abbildung 16.1(a).

(a) (b)

Abbildung 16.1: Murmeln in dichter Packung

Die zweite Schicht ordnet man so an, dass die Mittelpunkte der Kugeln genau über den Löchern der ersten Schicht liegen, und macht dann immer so weiter. Die Kugeln in der Kepler-Packung füllen ca. 74% des Raums aus, die *Dichte* der Packung ist somit 0,74.

Was fällt Ihnen auf? Nur über jedem zweiten Loch der ersten Schicht liegt eine Kugel in der zweiten Schicht. Das geht nicht anders, denn es gibt mehr Löcher als Kugeln in jeder Schicht: Um jedes Loch liegen drei Kugeln, um jede Kugel aber sechs Löcher. In der zweiten (dunklen) Schicht in Abbildung 16.1(b) gibt es also weiße Löcher (die über hellen Kugeln liegen) und schwarze Löcher (die über Löchern der ersten Schicht liegen). Für die dritte Schicht hat man somit zwei verschiedene Möglichkeiten: Die Kugeln der dritten Schicht liegen über den schwarzen oder den weißen Löchern der zweiten Schicht. Ebenso hat man für die vierte, fünfte und jede weitere Schicht jeweils zwei verschiedene Möglichkeiten, so dass sich bei unendlich vielen Schichten auch unendlich viele verschiedene gleich dichte Kugelpackungen ergeben. Die Kepler-Vermutung sagt nun aus, dass es keine dichteren Kugelpackungen im 3-dimensionalen Raum gibt. Sie wurde erst 1998 von Thomas C. Hales bewiesen. Auch dazu finden Sie viele Details im Internet, zum Beispiel auf der Homepage von Hales.

16.2 Was ist eine Kugel?

Um Kugelpackungen so weit zu verstehen, dass man sie auf andere Situationen übertragen und verallgemeinern kann, muss man die wesentlichen Eigenschaften einer Kugel erfassen und in eine mathematische Sprache, eine *Definition*, übersetzen.

Definition 16.1
Eine *Kugel* $K = K(M,r)$ ist die Menge aller Punkte des Raums, die von einem festen Punkt M höchstens Abstand r haben.

In unserem Fall betrachten wir den 3-dimensionalen Raum; seine Punkte P sind meist gegeben durch 3 reelle Koordinaten $P = (p_1, p_2, p_3)$, und der *Abstand* zwischen P und M, den wir mit $d(P,M)$ bezeichnen, ist die Länge der Verbindungsstrecke zwischen P und M. Nach dem Satz von Pythagoras berechnet sich diese Länge als

$$d(P,M) = \sqrt{(p_1 - m_1)^2 + (p_2 - m_2)^2 + (p_3 - m_3)^2}.$$

Um von einer Kugel sprechen zu können, benötigt man also einen Raum, auf dem ein Abstand definiert ist. Dies führt uns wieder auf eine neue Frage. Was ist ein *Abstand*? Also analysieren wir wieder, welche Eigenschaften wir von einem Abstand erwarten.

Definition 16.2
Es sei d eine Funktion, die jedem Paar von Punkten P,M in einem Raum $\mathscr{E}$ eine reelle Zahl $d(P,M)$ zuordnet. Eine solche Funktion d heißt *Abstand* auf $\mathscr{E}$, falls sie die folgenden 3 Eigenschaften hat:

- $d(P,M) \geq 0$ für alle $P,M \in \mathscr{E}$, wobei $d(P,M) = 0$ nur für $P = M$ gilt.
- $d(P,M) = d(M,P)$ für alle $P,M \in \mathscr{E}$.
- $d(P,M) + d(M,Q) \geq d(P,Q)$ für alle $P,M,Q \in \mathscr{E}$.

Die erste Bedingung sagt aus, dass zwei verschiedene Punkte immer einen positiven Abstand haben, nur gleiche Punkte haben Abstand 0. Die zweite Bedingung ist die Symmetrie des Abstands: Der Abstand von P zu M ist gleich dem Abstand von M zu P. Die dritte Bedingung ist die *Dreiecksungleichung*: Der Umweg über M kann nicht kürzer sein als der direkte Weg zwischen P und Q. Sie können diese ganz natürlichen Forderungen an einen Abstand für die oben angegebene Funktion d direkt nachrechnen.

Ausgestattet mit diesen Einsichten können wir jetzt den Begriff einer Kugel allgemein definieren.

Definition 16.3
Es sei $\mathscr{E}$ ein Raum mit einem Abstand d. Es sei $M \in \mathscr{E}$ ein Punkt dieses Raums und r eine positive reelle Zahl. Dann ist

$$K = K(M,r) := \{P \in \mathscr{E} \mid d(P,M) \leq r\}$$

die Kugel um M mit Radius r. Die Kugel K ist also die Menge aller Punkte von $\mathscr{E}$, die von M höchstens Abstand r haben. Der Punkt M heißt *Mittelpunkt* der Kugel K.

Eine Kugelpackung ist eine Menge gleich großer Kugeln in $\mathscr{E}$, die sich berühren dürfen, aber nicht durchdringen. Mathematisch ist es einfacher zu sagen, dass jeder Punkt des Raums $\mathscr{E}$ in höchstens einer dieser Kugeln liegt, es sei denn, er hat genau Abstand r vom Mittelpunkt der Kugel (liegt also auf dem Rand der Kugel), dann kann er auch auf dem Rand mehrerer Kugeln liegen.

Definition 16.4
Eine Kugelpackung in $\mathscr{E}$ ist gegeben durch einen gemeinsamen Radius r und eine Menge von Mittelpunkten $\mathscr{M} = \{M_1, M_2, \ldots\} \subset \mathscr{E}$. Man nennt

$$\mathscr{K}(\mathscr{M}, r) = \bigcup_{i=1}^{\infty} K(M_i, r)$$

eine *Kugelpackung* in $\mathscr{E}$, falls sich zwei verschiedene Kugeln höchstens berühren. Gibt es also für einen Punkt $P \in \mathscr{E}$ zwei verschiedene Mittelpunkte $M_1, M_2 \in \mathscr{M}$ mit $d(P,M_1) \leq r$ und $d(P,M_2) \leq r$, so gilt $d(P,M_1) = d(P,M_2) = r$.

Die *Dichte* einer unendlichen Kugelpackung kann man über immer größer werdende endliche Teilpackungen definieren. Die Dichte einer endlichen Kugelpackung (also zum Beispiel Tischtennisbälle in einem Hangar) ist das Volumen des von den Kugeln ausgefüllten Raums geteilt durch das Volumen des Gesamtraums (also des Hangars), also der Anteil des von den Kugeln eingenommenen Raums. Für unendliche Kugelpackungen benötigen Sie für eine mathematisch korrekte Definition den *Grenzwert*begriff. Darauf wollen wir hier verzichten, es genügt uns der intuitive Begriff von Dichte.

16.3 Euklidische Räume

Das in Abschnitt 16.2 vorgestellte Modell unseres Raums, in welchem jeder Punkt durch 3 reelle Koordinaten gegeben ist, lässt sich leicht auf beliebige Dimensionen (also eine beliebige Anzahl von Koordinaten) verallgemeinern. Wieder müssen wir die wesentlichen Eigenschaften analysieren. In unserer realen Welt können wir Streckenlängen und Winkel messen, zum Beispiel rechte Winkel definieren und von Würfeln sprechen. Für Kugelpackungen ist es das Wichtigste, Abstände zwischen zwei Punkten messen zu können. In der folgenden Definition wollen wir dies auf Punkte verallgemeinern, die durch n reelle Koordinaten gegeben sind, und so ein Modell für den n-dimensionalen Euklidischen Raum geben.

Definition 16.5
Es sei n eine natürliche Zahl. Die Punkte P des n-dimensionalen *Euklidischen Raums* $\mathscr{E}_n$ sind gegeben durch n reelle Koordinaten $(p_1,\ldots,p_n)$. Der *Abstand* zwischen $P=(p_1,\ldots,p_n)$ und $M=(m_1,\ldots,m_n)$ ist

$$d(P,M)=\sqrt{(p_1-m_1)^2+(p_2-m_2)^2+\ldots+(p_n-m_n)^2}.$$

Die Funktion d erfüllt die drei Bedingungen eines Abstands aus Definition 16.2.

Auch Mathematiker können sich keinen 4-dimensionalen Euklidischen Raum vorstellen, aber wir können mit Hilfe des Modells in ihm rechnen. Da zwei Punkte immer in einer Ebene liegen, kann man den Abstand wieder mit Pythagoras als die Länge der Verbindungsstrecke interpretieren. So gilt zum Beispiel

$$d((1,0,1,1),(0,1,1,1))=d((1,0,0,0),(0,1,0,0))=d((1,0),(0,1))=\sqrt{2}.$$

Die 16 Punkte

$$(\pm\tfrac{1}{2},\pm\tfrac{1}{2},\pm\tfrac{1}{2},\pm\tfrac{1}{2})$$

mit beliebigen Vorzeichenkombinationen bilden zum Beispiel die Ecken des 4-dimensionalen Würfels mit Kantenlänge 1, dessen Mittelpunkt der Nullpunkt $(0,0,0,0)$ ist. Die Diagonale hat die Länge

$$d((\frac{1}{2},\frac{1}{2},\frac{1}{2},\frac{1}{2}),(-\frac{1}{2},-\frac{1}{2},-\frac{1}{2},-\frac{1}{2}))=2.$$

Zum Vergleich: Im Zweidimensionalen hat die Diagonale Länge $\sqrt{2}$. Wie viele Ecken hat ein 5-dimensionaler Würfel? Wie lang ist seine Diagonale?

Aber fangen wir langsam an, bei Dimension 1. Jeder Punkt im eindimensionalen Euklidischen Raum ist gegeben durch eine einzige reelle Zahl. Die Kugeln sind Intervalle, zum Beispiel ist

$$K((0),1)=[-1,1]=\{(x)\in\mathscr{E}_1 \mid -1\leq x\leq 1\}.$$

Der Raum $\mathscr{E}_1$ lässt sich durch Kugeln vollständig füllen, die folgende Kugelpackung, die man wegen der Eindimensionalität auch als Linienpackung bezeichnet, hat Dichte 1:

Abbildung 16.2: Linienpackung

Als Mittelpunkte kann man zum Beispiel alle geraden Zahlen wählen und als gemeinsamen Radius 1, $\mathscr{M}=\{0,2,-2,4,-4,\ldots\}$, $r=1$.

In Dimension 2 sind die Kugeln genau die Kreise. Schon im 18. Jahrhundert zeigte Lagrange, dass die *hexagonale Kreispackung* (vergleiche Abbildung 16.3) die dichteste Packung in der Ebene ist. Die Kreise nehmen mehr als 90% der Ebene ein.

Ebenso wie man die Kepler-Packungen durch Aufeinanderschichten hexagonaler Kreispackungen erhält, entsteht die hexagonale Kreispackung aus Schichten der Linienpackung. Sie erkennen sicherlich die Zeilen im Abbildung 16.3 als Kreise, die entlang der Linienpackung aufgereiht sind. Man schichtet solche

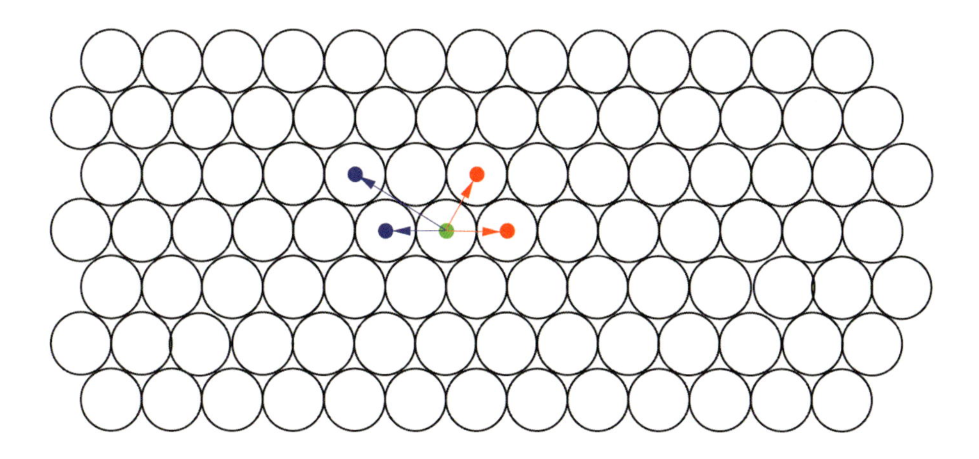

Abbildung 16.3: Hexagonale Kreispackung

Zeilen versetzt übereinander. Hier hat man, im Gegensatz zur Kepler-Packung, jedoch keine verschiedenen Wahlmöglichkeiten bei jeder Schicht.

Wie verhält sich die Dichte bei wachsender Dimension? In Dimension 1 kann man 100% des Raums mit Kugeln füllen, in Dimension 2 mehr als 90%. Bei den oben konstruierten Kepler-Packungen im 3-dimensionalen Raum sind nur ca. 74% des Raums von Kugeln eingenommen, Kugelpackungen scheinen also in größeren Dimensionen immer weniger dicht zu werden. Das kann man mathematisch beweisen. Es liegt aber im Wesentlichen daran, dass das Volumen der Kugel mit Durchmesser 1 (also Radius 1/2) mit steigender Dimension immer kleiner wird. Beachten Sie, die Kugel mit Durchmesser 1 ist die größte Kugel, die in den Einheitswürfel passt. Der Einheitswürfel hat Kantenlänge 1, Volumen 1, und man kann den ganzen Raum mit Einheitswürfeln ausfüllen. Die folgende Tabelle 16.1 gibt das gerundete Volumen v_n der Kugel mit Durchmesser 1 im n-dimensionalen Euklidischen Raum an.

Tabelle 16.1: Volumen der Kugel mit Durchmesser 1 im n-dimensionalen Raum

n	1	2	3	4	5	6	7	8	9
v_n	1	0,785	0,524	0,308	0,164	0,081	0,037	0,016	0,006

Nimmt die größte Kugel, die in den Einheitswürfel passt, in Dimension 3 noch mehr als die Hälfte des Würfels ein, so sind es in Dimension 9 gerade mal $0,6\%$, also weniger als ein Hundertstel. Füllt man den Raum also mit Einheitswürfeln und steckt in jeden dieser Würfel eine Kugel mit Durchmesser 1, so hat die daraus sich ergebende Kugelpackung Dichte v_n. Diese n-dimensionale Kugelpackung bezeichne ich als die n-dimensionale *Würfelpackung*.

16.4 Ein Intermezzo: Der Hamming-Raum

Seit Einführung der digitalen Datenverarbeitung spielen in den Anwendungen neben den reellen Zahlen auch Binärzahlen, üblicherweise mit 0 und 1 bezeichnet, eine wichtige Rolle, da man dort mit zwei möglichen Zuständen arbeitet, 0 wie „Schalter aus", 1 wie „Schalter ein". Mathematisch stellt man einen digitalen Baustein mit n Schaltern durch den *Hamming-Raum* $\mathscr{H}_n$ dar; das ist der Raum aller $0/1$-Folgen der Länge n. Zum Beispiel ist

$$\mathscr{H}_3 = \{(000),(100),(010),(110),(001),(101),(011),(111)\}.$$

$\mathscr{H}_n$ besteht also genau aus 2^n Folgen, die man auch manchmal als Wörter der digitalen Sprache bezeichnet. Der *Hamming-Abstand* zwischen zwei solchen Folgen ist die Anzahl der Positionen, an denen sich die Folgen unterscheiden:

$$d((a_1a_2\cdots a_n),(b_1b_2\cdots b_n)) = \#\{i \in \{1,\ldots,n\} \mid a_i \neq b_i\}.$$

Man kann wieder nachrechnen, dass der Hamming-Abstand die drei Bedingungen an einen Abstand aus Definition 16.2 erfüllt. Bezüglich des Hamming-Abstands erhält man folgende Kugeln

$$\begin{aligned} K((000),1) &= \{(000),(100),(010),(001)\} \quad \text{und} \\ K((111),1) &= \{(111),(011),(101),(110)\}. \end{aligned}$$

Die Kugelpackung, die aus diesen beiden Kugeln besteht, ist der ganze Raum $\mathscr{H}_3$. Ein noch schöneres Beispiel einer solchen Kugelpackung mit Dichte 1 erhält man für $\mathscr{H}_7$: Wählt man zum Beispiel als Menge der Mittelpunkte

$$\mathscr{M} := \left\{ \begin{array}{llll} M_1 = (0000000), & M_2 = (1000110), & M_3 = (1100101), & M_4 = (0100011), \\ M_5 = (0110100), & M_6 = (1110010), & M_7 = (1010001), & M_8 = (0010111), \\ M_9 = (0011010), & M_{10} = (1011100), & M_{11} = (1111111), & M_{12} = (0111001), \\ M_{13} = (0101110), & M_{14} = (1101000), & M_{15} = (1001011), & M_{16} = (0001101) \end{array} \right\},$$

so liefern die Kugeln mit Radius 1 um diese 16 Mittelpunkte eine Kugelpackung, die den gesamten Raum ausfüllt. Man bezeichnet $\mathscr{M}$ daher als *perfekten Code*.

Kugelpackungen im Hamming-Raum werden benutzt, um fehlerfrei Informationen über einen digitalen Kanal zu übertragen. Verwendet man zum Beispiel obigen perfekten Code $\mathscr{M}$ zur Nachrichtenübertragung, so hat die Sprache genau 16 Wörter, die Elemente von $\mathscr{M}$. Der Sender schickt ein solches Wort über einen Kanal zum Empfänger, dabei schleichen sich immer kleinere Fehler ein: Obwohl 0 gesendet wurde, wird manchmal 1 empfangen und umgekehrt. Nimmt man jedoch an, dass pro Wort höchstens ein Fehler aufgetreten ist, das empfangene Wort also höchstens Hamming-Abstand 1 von dem gesendeten Wort hat, so liegt es in genau einer der 16 Kugeln, und der Empfänger findet schnell das Wort in $\mathscr{M}$, das sich von dem empfangenen in höchstens einem Buchstaben unterscheidet. Hört der Empfänger zum Beispiel (1110000), so gibt das Wort keinen Sinn, da es ja nicht zu der Sprache $\mathscr{M}$ gehört. Das eindeutig bestimmte Wort in $\mathscr{M}$, das dem empfangenen am nächsten liegt, ist (1110010). Der Empfänger weiß also, dass der vorletzte Buchstabe fehlerhaft übertragen worden ist, und versteht (dekodiert) das richtige Wort (1110010).[1]

[1] Mit Hilfe des *Golay-Codes*, einem perfekten Code mit Wortlänge 23, der eng mit der unten beschriebenen *Leech-Packung* verwandt ist, konnte die Voyager-Sonde 1979-1980 mit nur 30 Watt Übertragungsleistung scharfe Farbbilder von Saturn und Jupiter zur Erde senden (siehe auch Wikipedia).

Die Menge $\mathscr{M}$ der Mittelpunkte der Kugelpackung hat hier eine zusätzliche Struktur: Eine Addition auf der Menge $\{0,1\}$ ist definiert durch

$$0+0=0,\ 0+1=1+0=1 \text{ und } 1+1=0.$$

Folgen addiert man nun gliedweise, also zum Beispiel $(1011)+(0110)=(1+0,0+1,1+1,1+0)=(1101)$. Wendet man diese Addition auf die Elemente von $\mathscr{M}$ an, so findet man, dass die Summe von 2 Punkten aus $\mathscr{M}$ wieder in $\mathscr{M}$ liegt. Zum Beispiel ist $M_{10}+M_{15}=M_8$. Anstatt alle 16 Wörter der Sprache anzugeben, genügen hier 4 sorgfältig ausgewählte Wörter, zum Beispiel M_2, M_4, M_8 und M_{16}. Dann besteht $\mathscr{M}$ aus allen $2^4=16$ Summen, die man aus diesen 4 Elementen bilden kann. Diese Strategie werden wir auch für die Kugelpackungen im Euklidischen Raum ausnutzen.

16.5 Regelmäßige Kugelpackungen

Kommen wir also zurück zum Euklidischen Raum. Wenn das Kugelpackungsproblem in Dimension 3 schon so schwierig ist, wieso betrachtet man dann höhere Dimensionen? Es gibt mathematische Fragestellungen, die in höheren Dimensionen einfacher zu beantworten sind als in Dimension 3 (oder 4). Das Kugelpackungsproblem gehört zwar nicht dazu, ist jedoch wegen seiner Anwendungen auch in sehr hohen Dimensionen ein wichtiges Problem.

16.5.1 Fehlerkorrektur analoger Signale

Ein analoges Signal f besteht aus einer Überlagerung von Wellen unterschiedlicher Frequenzen. Lässt man nur endlich viele Frequenzen zu, so kann man das Signal aus endlich vielen Werten $(f(x_1),\ldots,f(x_n))$ rekonstruieren[2]. Das Auswerten des Signals nennt man auch Abtasten, und daher ist dieser Satz in der

[2] Ein analoges Phänomen kennen Sie vielleicht für Polynomfunktionen. Zwei reelle Polynome vom Grad n stimmen überein, wenn ihre Werte an $n+1$ verschiedenen Punkten gleich sind.

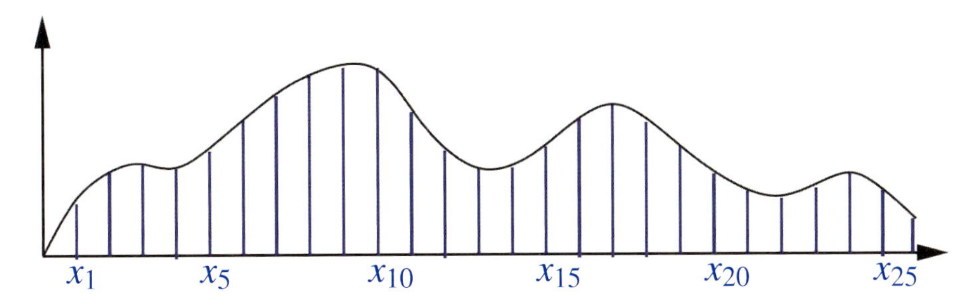

Abbildung 16.4: Zum Abtasttheorem

Elektrotechnik als das *Abtasttheorem* bekannt. Die Anzahl der Werte, die zur Rekonstruktion des Signals benötigt werden, hängt von den zugelassenen Frequenzen und der Dauer des Signals ab (vergleiche Abbildung 16.4). Sie ist aber in allen praxisrelevanten Fällen sehr viel größer als 3.

Sendet man ein Signal, so wird es auf dem Übertragungsweg in der Regel verfälscht, es schleichen sich Fehler ein, so dass niemals das gesendete Signal auch fehlerfrei empfangen wird. Die Kunst ist es jetzt, ein System zu entwickeln, in dem der Empfänger fehlerhafte Signale korrigieren kann, jedenfalls, solange der Fehler eine gewisse Größe nicht überschreitet. Daher werden nicht alle möglichen Signale als Wörter der Sprache zugelassen, sondern nur solche, die genau den Mittelpunkten einer Kugelpackung entsprechen. Empfängt man nun ein Signal, das innerhalb einer dieser Kugeln liegt, so weiß man, dass der Sender eigentlich den Mittelpunkt gemeint hat, zumindest, wenn der aufgetretene Fehler nicht zu groß ist. Die Größe des zu korrigierenden Fehlers und damit der Radius der Kugeln ist dabei meist fest vorgegeben. Je dichter die Kugelpackung gewählt wird, desto mehr Kugeln liegen in einem beschränkten Gebiet und desto mehr Information kann man mit der gleichen Energie pro Zeiteinheit übertragen.

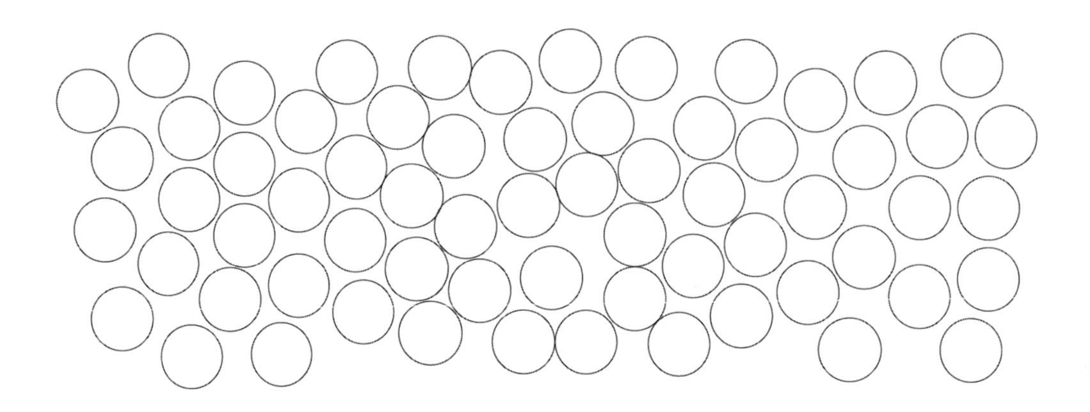

Abbildung 16.5: Unregelmäßige Kreispackung

16.5.2 Regelmäßige Kugelpackungen

Für diese Anwendungen ist es wesentlich, dass die Kugelpackung durch möglichst wenige Daten gegeben ist. Bei beliebigen Kugelpackungen (Abbildung 16.5) muss man neben dem Radius r alle (also unendlich viele) Mittelpunkte der Kugeln kennen.

Bei regelmäßigen Kugelpackungen im n-dimensionalen Euklidischen Raum genügt, wie unten erläutert wird, die Kenntnis von n geeigneten Mittelpunkten, um die Packung eindeutig zu bestimmen. Die Linienpackung und auch die hexagonale Kreispackung sind regelmäßig, ebenso wie eine der unendlich vielen Kepler-Packungen.

Definition 16.6
Eine Kugelpackung $\mathscr{K}(\mathscr{M}, r)$ heißt *regelmäßig*, falls

$$(m_1 - p_1, \dots, m_n - p_n) \in \mathscr{M} \text{ für je zwei } (m_1, \dots, m_n), (p_1, \dots, p_n) \in \mathscr{M}.$$

Das heißt, die Differenz von zwei Mittelpunkten ist wieder ein Mittelpunkt.

Die Menge $\mathscr{M}$ der Mittelpunkte einer regelmäßigen Kugelpackung enthält immer den Nullpunkt: Für beliebiges $(m_1, \dots, m_n) \in \mathscr{M}$ gilt nämlich $(0, \dots, 0) = (m_1 - m_1, \dots, m_n - m_n)$.

Man kann zeigen, dass es immer n Mittelpunkte $M_1, \ldots, M_n \in \mathscr{M}$ gibt, so dass $\mathscr{M}$ aus den Summen und Differenzen dieser Punkte besteht. Man kommt also vom Nullpunkt $(0, \ldots, 0)$ zu jedem beliebigen Punkt M von $\mathscr{M}$, indem man eine gewisse Anzahl von Schritten in Richtung M_1 oder $-M_1$ geht, dann in Richtung M_2 oder $-M_2$ und so weiter. Die Anzahl n der Richtungen, in die man gehen muss, stimmt mit der Anzahl der Koordinaten jedes Punktes überein.

Zum Beispiel sind die Mittelpunkte der Würfelpackung alle Punkte $(m_1, \ldots, m_n)$, deren sämtliche Koordinaten ganze Zahlen sind. Bezeichnen

$$M_1 = (1, 0, \ldots, 0),\ M_2 = (0, 1, 0, \ldots, 0), \ldots,\ M_n = (0, \ldots, 0, 1),$$

so kommt man vom Nullpunkt $(0, \ldots, 0)$ zu jedem anderen Mittelpunkt $(m_1, \ldots, m_n)$ der Würfelpackung, indem man m_1 Schritte in Richtung M_1 geht, m_2 Schritte in Richtung M_2, ... und m_n Schritte in Richtung M_n. Bei negativen Koordinaten (zum Beispiel $m_1 = -2$) muss man entsprechend in die umgekehrte Richtung (also 2 Schritte in Richtung $-M_1$) gehen. Anstatt gleich die gesamte Kugelpackung durch alle unendlich vielen Mittelpunkte anzugeben, haben wir nun ein Verfahren, um systematisch alle Mittelpunkte aufzulisten, das mit sehr wenig Information (nämlich nur den n Punkten $M_1, \ldots, M_n$) auskommt.

Dies kann man auch nochmals in Abbildung 16.3 sehen. Bezeichnet der grüne Punkt den Nullpunkt, so kann man für M_1 und M_2 die beiden roten Punkte wählen (mit Koordinaten $(1, 0)$ und $(\frac{1}{2}, \frac{\sqrt{3}}{2})$). Man kommt vom Nullpunkt zu jedem anderen Mittelpunkt, indem man eine gewisse Anzahl von Schritten in Richtung der roten Pfeile (und ihrer Umkehrungen) geht. Die gewählten Punkte zur Festlegung der Richtungen sind nicht eindeutig, man kann ebenso gut auch die beiden blauen Punkte (mit Koordinaten $(-1, 0)$ und $(\frac{-3}{2}, \frac{\sqrt{3}}{2})$) wählen.

Die dichtesten regelmäßigen Kugelpackungen in Dimension ≤ 8 sind schon seit 1930 bekannt. Ihre Dichte ist in Tabelle 16.2 angegeben.

Tabelle 16.2: Dichteste regelmäßige Kugelpackung im Vergleich mit der Würfelpackung

Dimension	1	2	3	4	5	6	7	8
Dichte	1	0,907	0,740	0,617	0,465	0,373	0,295	0,254
Dichte / v_n	1	1,155	1,414	2	2,828	4,619	8	16

Die dichteste Kugelpackung in Dimension 8 ist also 16-mal so dicht wie die Würfelpackung.

In höheren Dimensionen ist die Frage nach der dichtesten regelmäßigen Kugelpackung noch offen, mit einer einzigen sensationellen Ausnahme: Dimension 24. Dort gibt es eine sehr dichte Kugelpackung, die *Leech-Packung*, deren Dichte 16 777 216-mal so groß ist wie die der Würfelpackung. Sie wurde 1940 von Ernst Witt entdeckt, der seine Entdeckung nicht veröffentlichte, und dann 1965 von John Leech wiedergefunden. Erst 2004 konnten Henry Cohn und Abhinav Kumar beweisen, dass die Leech-Packung die dichteste regelmäßige Kugelpackung in Dimension 24 ist. Die Leech-Packung erhält man genauso wie die Kepler-Packungen durch sukzessives Schichten von Packungen kleinerer Dimension. Formalisiert man also den Prozess, mit dem wir die Kepler-Packung aus der hexagonalen Kreispackung konstruiert haben, so kann man durch Schichten regelmäßiger Kepler-Packungen die dichteste regelmäßige Packung in Dimension 4 konstruieren. Zeichnerisch ist dies natürlich nicht mehr möglich. Hier hilft uns die Mathematik, Eigenschaften so zu formalisieren, dass sie auch auf Situationen übertragen werden können, in denen die reine Vorstellungskraft versagt. So erhält man alle dichtesten regelmäßigen Kugelpackungen in Dimensionen 2 bis 8 durch sukzessives Schichten aus der Linienpackung. Führt man den Prozess fort, so findet man schließlich in Dimension 24 die Leech-Packung. Für Dimension 9 bis 23 ist es ein offenes Problem, die dichteste regelmäßige Kugelpackung zu bestimmen. In Dimension 11,12,13 kennt man sogar dichtere Kugelpackungen als die geschichteten, und erst in Dimension 24 kann man, wegen der außerordentlichen Eigenschaften der Leech-Packung, wieder beweisen, dass dies die dichteste regelmäßige Kugelpackung ist.

16.5.3 Die Leech-Packung und sporadische Gruppen

Dichte Kugelpackungen und insbesondere die Leech-Packung haben Beziehungen zu verschiedenen Gebieten der Mathematik und Physik. Ich möchte hier nur auf eine einzige eingehen, den Bezug zur *Gruppentheorie*, der über die Symmetrien der Kugelpackungen hergestellt wird. In dem Artikel von Rebecca Waldecker in diesem Buch erfährt man mehr über dieses Thema.

Betrachten wir die hexagonale Kreispackung, so fällt ihre sechseckige Struktur auf. Die Kreispackung bleibt unverändert, wenn man sie um 60° um den Mittelpunkt eines der Kreise dreht. Neben den offensichtlichen Verschiebungen lässt die hexagonale Kreispackung auch noch Spiegelungen als Symmetrien zu. Diese Abbildungen kann man rückgängig machen und beliebig kombinieren und erhält wieder eine Symmetrie der Kugelpackung. Mathematisch ausgedrückt bilden die Symmetrien einer Kugelpackung eine *Gruppe*.

Gruppen sind eine allgegenwärtige mathematische Struktur; sie treten oft als Symmetriegruppen auf. Ihr Studium ist daher ein zentrales Forschungsgebiet innerhalb der Mathematik. Sie sind nach festen Regeln aus Elementarbausteinen aufgebaut, den sogenannten *einfachen Gruppen*. Die Klassifikation der endlichen einfachen Gruppen ist eines der bedeutendsten Projekte der Gruppentheorie des letzten Jahrhunderts und vergleichbar mit dem Humangenomprojekt in der Medizin. Eine Gruppe von Mathematikern hat auf über 15 000 gedruckten Seiten die Elementarbausteine aller endlichen Gruppen bestimmt. Diese fallen in 18 unendliche Serien bis auf 26 Ausnahmen, die 26 *sporadisch einfachen* Gruppen. Eine dieser sporadisch einfachen Gruppen, die Conwaygruppe, erhält man aus den Symmetrien der Leech-Packung. Lässt man keine Verschiebungen zu (fixiert man also einen Mittelpunkt der Packung), so hat die Leech-Packung 8 315 553 613 086 720 000 Symmetrien (im Vergleich dazu hat die hexagonale Kreispackung nur 12 Symmetrien).

Die Klassifikation aller Elementarbausteine ist erst der Anfang der Bestrebungen, alle endlichen Gruppen zu verstehen. Die Elementarbausteine, insbesondere die sporadisch einfachen Gruppen, für deren Existenz man noch keine einheitliche Erklärung hat, müssen noch sehr viel besser untersucht werden. Eine Methode ist es, sie als Symmetriegruppen gewisser Objekte zu realisieren. Die Leech-Packung ist mit mehreren dieser sporadisch einfachen Gruppen verbunden, man untersucht mit ihrer Hilfe sogar die größte sporadische Gruppe, die *Monster*gruppe. Diese hat mehr Elemente als die Anzahl der Atome der Erde.

16.5.4 Einige Rekorde

Selbst wenn man in den meisten Dimensionen die dichteste Kugelpackung nicht bestimmen kann, so kennt man doch einige sehr dichte Packungen. Bei der Übertragung eines analogen Signals f benötigt man nach dem Abtasttheorem nur eine gewisse Anzahl, sagen wir der Einfachheit halber 144, Funktionswerte $W(f) := (f(x_1),\ldots,f(x_{144}))$. Diese Folge $W(f)$ aus 144 reellen Zahlen kann man nun als einen Punkt im 144-dimensionalen Raum auffassen, aber auch als eine Folge von 6 Punkten

$$P_1 = (f(x_1),\ldots,f(x_{24})), \qquad P_2 = (f(x_{25}),\ldots,f(x_{48})), \\ \ldots, \qquad P_6 = (f(x_{121}),\ldots,f(x_{144}))$$

im 24-dimensionalen Raum oder als eine Folge von 48 Punkten im 3-dimensionalen Raum. Überträgt man solche Signale f, indem man je 24 Funktionswerte zu den Koordinaten von Mittelpunkten $P_1,\ldots,P_6$ der Leech-Packung zusammenfasst, so kann man bei gleicher Fehlerkorrektur und aufzuwendender Energie ungefähr eine Million mal so viel Information übertragen wie beim Kodieren der 48 Punkte im 3-dimensionalen Raum mit Hilfe der Kepler-Packung. Fasst man je 48 Werte zusammen, überträgt man also 3 Punkte mit je 48 Koordinaten, so kann man Leech noch einmal um ungefähr den Faktor 17 000 schlagen. Erst im August 2010 habe ich eine neue Rekordpackung gefunden, nach der verschiedene Mathematiker schon seit 30 Jahren suchen. Sie lebt in Dimension 72, mit ihr kann man mehr als 68 Milliarden mal so viel Information übertragen wie mit der Leech-Packung.

Interessant sind die Packungen auch wegen ihrer großen *Kusszahlen*. Darunter versteht man die Anzahl der Kugeln, die eine gegebene Kugel berühren. In einer regelmäßigen Kugelpackung ist diese Anzahl konstant. Bei der hexagonalen Kreispackung ist diese Kusszahl gleich 6, in den Kepler-Packungen 12 (sechs Kugeln berühren die ausgewählte Kugel in derselben Schicht und je drei in der darüber und darunter liegenden Schicht). Bei der Leech-Packung berühren 196 560 Kugeln eine feste Kugel der Packung, bei der oben erwähnten 48-dimensionalen Packung sind es 52 416 000 und bei der Rekordpackung in Dimension 72 sogar 6 218 175 600. Diese Anzahlen bestimmt man nicht mehr durch direkte Computerrechnungen – dazu würde ein Computer zu lange brauchen – sondern durch theoretische Überlegungen. Und das ist gerade das Spannende an diesem Gebiet: Man muss Theorie aus verschiedenen Bereichen der Mathematik mit konkreten Rechnungen kombinieren, um Ergebnisse zu erzielen. Neben dieser innermathematischen Interdisziplinarität, die beim Arbeiten mit dichten Kugelpackungen eingeht, sind die Packungen selbst recht explizite Objekte. Die Qualität der gefundenen Kugelpackungen lässt sich mit Hilfe eines Maßes messen, das durch Anwendungen motiviert ist, so dass die aufgestellten Rekorde weltweit Beachtung finden.

16.5.5 Praxisrelevanz dieser Rekordpackungen

Wenn die oben erwähnte 72-dimensionale Packung so extrem viel besser ist als die Kepler-Packung, wieso wird sie in der Praxis nicht eingesetzt? Zum einen weil sie noch zu neu ist. Es dauert meist einige Zeit, bis sich die neuen Erkenntnisse der Mathematik in den Anwendungen durchsetzen. Wichtiger ist aber die Schwierigkeit des Dekodierens. Wie bestimmt man denjenigen Mittelpunkt der Kugel, in dem das empfangene Signal liegt? Also den Mittelpunkt, der dem empfangenen Signal am nächsten liegt? Die Zeit, die man dazu benötigt, verdoppelt sich in etwa mit jeder Dimension. Verwendet man die Kepler-Packung, so kann man jede der Dreiergruppen einzeln dekodieren, im Gegensatz zur Leech-

Packung, wo man direkt im 24-dimensionalen Raum arbeiten muss. Damit eine dichte Kugelpackung also praxistauglich ist, muss sie eine zusätzliche Struktur tragen, die man ausnutzen kann, um die Dekodierung wesentlich zu beschleunigen. So beschäftigen sich einige Arbeiten eigens mit speziellen Dekodierverfahren für die Leech-Packung. Die neue 72-dimensionale Packung hat eine recht ähnliche Konstruktion wie die Leech-Packung, so dass man hoffen kann, dass auch sie durch einen eigens entwickelten Dekodieralgorithmus irgendwann einmal praxistauglich wird.

16.6 Weiterführende Literatur

Dieser Abschnitt gibt eine sehr subjektive Auswahl über weiterführende Literatur. Da immer wieder neue Rekorde aufgestellt werden, ist das Internet das Medium der Wahl, um Tabellen der aktuell besten Kugelpackungen und Codes zu unterhalten. Wikipedia ist auch für mathematische Themen eine sehr gute, wenn auch vorsichtig zu verwendende Quelle.

Codierungstheorie. Das Büchlein „Codierungstheorie und Kryptographie" von Wolfgang Willems gibt eine gut lesbare kurze Einführung in die Codierungstheorie. Das historisch erste und immer noch umfassende Lehrbuch der mathematischen Codierungstheorie ist „The theory of error correcting codes" von Jessie MacWilliams und Neil Sloane. Tabellen bester Codes findet man zum Beispiel im Internet unter „http://www.codetables.de/".

Dichte Kugelpackungen. Die „Bibel" der Theorie der Kugelpackungen ist das Werk „Sphere-packings, lattices, and groups" von John Conway und Neil Sloane. Es gibt eine Einführung in die grundlegenden Eigenschaften der wichtigsten bekannten regelmäßigen Kugelpackungen und enthält auch eine Sammlung fundamentaler Originalaufsätze. Die Menge der Mittelpunkte regelmäßiger Kugelpackungen bildet eine mathematische Struktur, die man als „Gitter" (auf

Englisch „lattice") bezeichnet. Eine Datenbank wichtiger Gitter pflege ich (gemeinsam mit Neil Sloane) im Internet. Geometrische Aspekte der Theorie regelmäßiger Kugelpackung werden in dem Lehrbuch „Perfect lattices in Euclidean spaces" von Jacques Martinet (oder seinem französischen Original „Les réseaux parfaits des espaces euclidiens") behandelt. Die Beziehungen zwischen Kugelpackungen, Codes und einem weiteren Gebiet der Mathematik, der Theorie der Modulformen, sind in dem kleinen Büchlein von Wolfgang Ebeling, „Lattices and codes" dargestellt. Einen Übersichtsartikel „Gitter und Modulformen" (DMV Jahresbericht 2002) zu dem Thema können Sie über meine Homepage erhalten. Einen eher populärwissenschaftlichen Artikel hat Noam Elkies in den Notices der AMS veröffentlicht: „Lattices, Linear Codes, and Invariants". Den Text erhalten Sie zum Beispiel über die Homepage von Noam Elkies.

Die Autorin:

Prof. Dr. Gabriele Nebe
Lehrstuhl D für Mathematik
RWTH Aachen
52056 Aachen
gabriele.nebe@math.rwth-aachen.de

17 Angewandte Analysis

Angela Stevens

17.1 Einleitung

Analysis ist eine mathematische Fachrichtung, die auf vielfältige Weise mit anderen mathematischen Disziplinen verzahnt ist, so zum Beispiel mit der Differentialgeometrie, der numerischen Mathematik, der Stochastik und Wahrscheinlichkeitstheorie, der Topologie und der Zahlentheorie, um nur einige Beispiele zu nennen. Damit ist Analysis auch eines der Bindeglieder zwischen sogenannter Reiner und Angewandter Mathematik, eine sprachliche Trennung, an die wir uns im Laufe der Zeit gewöhnt haben, die wissenschaftlich jedoch nicht immer angebracht ist. Aus konkreten Anwendungsfragestellungen ergibt sich nämlich oft der Bedarf nach neuen mathematischen Methoden und Theorien. Umgekehrt haben neue mathematische Theorien häufig überraschende und wesentliche Anwendungen in den Naturwissenschaften, manchmal erst Jahrzehnte nach ihrer Entwicklung.

Die sogenannte Angewandte Analysis beschäftigt sich unter anderem mit Differentialgleichungen und Integralgleichungen. Dabei geht es sowohl um die Wohlgestelltheit mathematischer Modelle, das heißt um Fragen nach der Existenz von Lösungen für das jeweilige mathematische Modellproblem und deren Eindeutigkeit, wie um deren qualitatives Verhalten und damit um die Aussagekraft der Modelle für die naturwissenschaftliche Ausgangsfragestellung.

Idealerweise beschreiben mathematische Modelle ein naturwissenschaftliches Phänomen nicht nur korrekt, sondern erlauben zudem durch ihre Analyse einen Erkenntnisgewinn und Hypothesenbildungen über die bis dato gegebenen experimentellen Erkenntnisse hinaus. Zwischen Physik und Mathematik ist dieses Zusammenspiel seit langem sehr erfolgreich. Mit manchen anderen naturwissenschaftlichen Disziplinen bildet sich dieser zusätzliche Aspekt – der Erkenntnisgewinn aus einem mathematischen Modell über die mathematische Beschreibung eines Experimentes hinaus – erst langsam heraus, wie zum Beispiel in Biologie und Medizin.

Um in diesem Abschnitt so verständlich wie möglich zu sein, wenden wir uns hier zwei spezifischen Beispielen zu, die mit analytischen Methoden behandelt werden.

17.2 Die Brachistochrone oder die „schnellste“ Skateboardbahn

Viele kennen die Skateboardbahnen sehr gut, die ein schwungvolles und schnelles Skaten erlauben. Wenn wir eine solche Bahn selbst bauen müssen und möglichst schnell sein wollen, suchen wir den optimalen Weg, den hier ein – idealerweise – reibungsfreier Körper braucht, um von Punkt $A = (a_1, a_2)$ nach Punkt $B = (b_1, b_2)$ zu rollen. Wir betrachten unsere zu konstruierende Skateboardbahn also nur von der Seite und beschränken uns damit auf einen zweidimensionalen Schnitt der Bahn, vergleiche Abbildung 17.1.

Wie wird die schnellste Skateboardbahn wohl aussehen? Hier ein intuitives Argument:

Erst steht man ruhig am Anfang der Bahn und kann daher nur mittels Gravitation beschleunigen. Also ist es sinnvoll, zuerst sehr steil hinabzurollen, um Geschwindigkeit aufzunehmen. Wenn man dann schon sehr schnell geworden

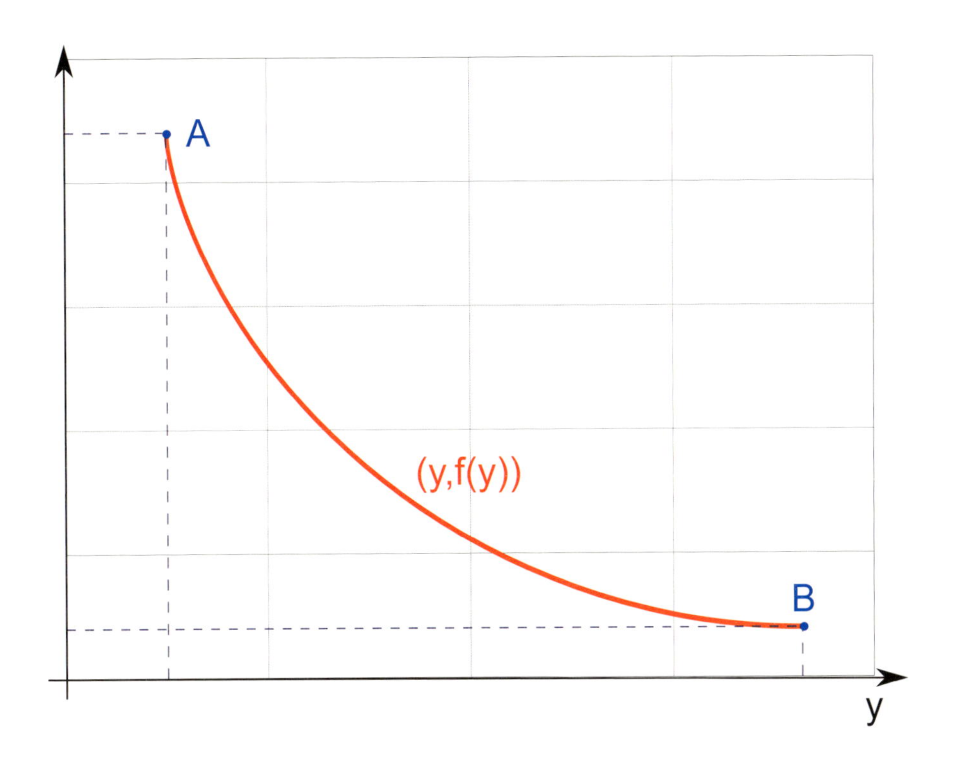

Abbildung 17.1: Zweidimensionaler Graph einer möglichen Skateboardbahn mit Startpunkt $A = (a_1, a_2)$ und Endpunkt $B = (b_1, b_2)$.

ist, kann der Rest der Bahn durchaus flach sein, und man bleibt trotzdem sehr schnell, falls wir Reibung vernachlässigen, was wir im Folgenden tun werden.

Mit dieser Intuition könnte man auf die Idee kommen, dass es am geschicktesten wäre, zuerst (falls man schwindelfrei ist) senkrecht auf nahezu (a_1, b_2) herunterzufallen – zeichnen Sie den Punkt in die Abbildung ein – und dann mit einer möglichst scharfen Kurve in waagerechtes Gleiten überzuwechseln. Unsere nun folgende mathematische Analyse zeigt jedoch, dass dies keine gute Idee ist. Die zurückgelegte Strecke wird dadurch zu lang. Man ist zwar sehr schnell, aber man verliert durch den längeren Weg Zeit. Die Weglänge und die Geschwindigkeit sind hier miteinander konkurrierende Effekte. Die optimale, das heißt schnellste Bahn liegt irgendwo zwischen der intuitiv vermuteten Strecke für Schwindelfreie und der kürzesten Wegstrecke, das heißt der Geraden zwischen dem vorgegebenen Anfangspunkt A und dem Endpunkt B der Bahn.

Wir wollen daher nun zuerst die räumlich zweidimensionale Bewegung $x(t) = (x_1(t), x_2(t))$ und die Rollzeit eines Skaters auf einer vorgegebenen Bahn beschreiben und versuchen, dann die Rollzeit zu minimieren, das heißt die Form der Bahn bezüglich der Rollzeit zu optimieren.

Wir betrachten ein abgeschlossenes Zeitintervall $[0,T]$, das heißt alle Zeiten t, für die gilt, dass $0 \leq t \leq T$ ist. Die Bewegung des Skaters, $x : [0,T] \to \mathbb{R}^2$, startet in $x(0) = A = (a_1, a_2)$, und wir verfolgen diese bis zum Zeitpunkt T, wenn $x(T)$ den Punkt $B = (b_1, b_2)$ erreicht haben soll. Nach Konstruktion unseres Problems ist $x(t)$ ein Punkt des Graphen einer Funktion f, das heißt $x(t) = (x_1(t), x_2(t)) = (x_1(t), f(x_1(t)))$. Dabei ist $f : [a_1, b_1] \to \mathbb{R}$ mit $f(y) < a_2$ für alle $a_1 < y \leq b_1$. Um nicht so viele Indizes schreiben zu müssen, definieren wir im Folgenden $\xi(t) := x_1(t)$. Dabei ist ξ streng monoton wachsend und $x(t) = (\xi(t), f(\xi(t)))$. Streng monoton wachsend heißt hierbei Folgendes: Für jedes t_1, t_2 aus dem Intervall $[0,T]$ und mit $t_1 < t_2$ gilt, dass $\xi(t_1) < \xi(t_2)$. Dies ist der Fall, da der Skater sich in unserem zweidimensionalen Modell von der Skateboardbahn mit der Zeit von links nach rechts bewegt.

Nun müssen wir das sogenannte Wirkungsintegral minimieren:

$$S(x) = \int_0^T \left(\frac{m}{2} \left| \frac{d}{dt} x \right|^2 - m \cdot g \cdot x_2(t) \right) dt \; .$$

Der erste Term unter dem Integral beschreibt die kinetische Energie des Massepunktes, wo der Betrag der Zeitableitung von x zum Quadrat betrachtet wird. Der zweite Term, nach dem Minuszeichen, beschreibt die potentielle Energie des Massepunktes. Hierbei ist m die Masse unseres Skaters und g die Gravitationskonstante.

Physikalische Systeme verhalten sich oft so, dass sie eine spezifische Größe optimieren. Im Fall von mechanischen Systemen ist dies die sogenannte Wirkung, also das Integral über die Gesamtenergie $\int_0^T E_{tot}(x(t))\, dt$. Hierbei hängt

$E_{tot}(x(t))$ vom Zustand $x(t)$ des Systems zum Zeitpunkt t ab. Die Anfangs- und Endwerte $x(0)$ und $x(T)$ sind üblicherweise bekannt oder werden vorgegeben.

Wir betrachten also

$$S(\xi, f(\xi)) = m \int_0^T \left[\frac{1}{2} \left(\frac{d}{dt} \xi \right)^2 (1 + (f'(\xi))^2) - g f(\xi) \right] dt \,, \tag{17.1}$$

wobei $\frac{d}{dt}x = (\frac{d}{dt}\xi, f'(\xi)\frac{d}{dt}\xi)$ gilt und der Betrag dieses Vektors $\sqrt{\left(\frac{d}{dt}\xi\right)^2 + (f'(\xi))^2 \left(\frac{d}{dt}\xi\right)^2}$ ist.

Es sei nun $\xi_\varepsilon := \xi + \varepsilon\varphi$ mit $\varepsilon > 0$ eine kleine Störung unserer Variablen ξ, ohne dass wir Start- und Endpunkt unserer Bahn verändern. Das heißt, wir fordern $\varphi : [0, T] \to \mathbb{R}$, mit $\varphi(0) = \varphi(T) = 0$. Ansonsten darf φ beliebig sein. Falls ξ tatsächlich ein lokales Minimum von $S(x)$ ist, dann gilt, dass $S(\xi_\varepsilon) > S(\xi)$ für alle $\varepsilon > 0$. $S(\xi_\varepsilon)$ sollte also ein Minimum an der Stelle $\varepsilon = 0$ haben. Eine **notwendige** Bedingung dafür ist

$$\begin{aligned} 0 &= \frac{d}{d\varepsilon} S(\xi_\varepsilon, f(\xi_\varepsilon))|_{\varepsilon=0} \\ \Leftrightarrow 0 &= \frac{d}{d\varepsilon} \int_0^T \left[\frac{1}{2} \left(\frac{d}{dt}\xi + \varepsilon \frac{d}{dt}\varphi \right)^2 \left(1 + (f'(\xi + \varepsilon\varphi))^2 \right) \right. \\ &\qquad \left. - g f(\xi + \varepsilon\varphi) \right] dt \Bigg|_{\varepsilon=0} . \end{aligned}$$

Hierbei bedeutet der senkrechte Strich mit der Notation $\varepsilon = 0$, dass wir den vor diesem Ausdruck stehenden Term, der von ε abhängig ist, an der Stelle $\varepsilon = 0$ auswerten wollen. Nun vertauschen wir die Integration bezüglich t und die Ableitung nach ε. Unter welchen Voraussetzungen und warum man das hier machen darf, ist ebenfalls ein Satz der Analysis, den wir jedoch an dieser Stelle nicht weiter erörtern. Dann erhalten wir mit der Kettenregel, dass

$$
\begin{aligned}
0 &= \int_0^T \left[\left(\frac{d}{dt}\xi + \varepsilon \frac{d}{dt}\varphi \right) \frac{d}{dt}\varphi \left(1 + (f'(\xi + \varepsilon\varphi))^2 \right) \right. \\
&\qquad + \left(\frac{d}{dt}\xi + \varepsilon \frac{d}{dt}\varphi \right)^2 \cdot f'(\xi + \varepsilon\varphi) \cdot (f''(\xi + \varepsilon\varphi) \cdot \varphi) \\
&\qquad \left. \left. - g f'(\xi + \varepsilon\varphi)\varphi \right] \right|_{\varepsilon = 0} dt \\
&= \int_0^T \left[\left(\frac{d}{dt}\xi \right) \left(\frac{d}{dt}\varphi \right) (1 + (f'(\xi))^2) \right. \\
&\qquad \left. + \left(\frac{d}{dt}\xi \right)^2 f'(\xi) f''(\xi)\varphi - g f'(\xi)\varphi \right] dt \, .
\end{aligned}
$$

Mit partieller Integration und wegen $\varphi(0) = \varphi(T) = 0$ folgt, dass

$$
\begin{aligned}
0 &= \int_0^T \varphi \cdot \left[- \left(\frac{d^2}{dt^2}\xi \right) (1 + (f'(\xi))^2) + \left(\frac{d}{dt}\xi \right)^2 f'(\xi) f''(\xi) \right. \\
&\qquad \left. - 2 \left(\frac{d}{dt}\xi \right)^2 f'(\xi) f''(\xi) - g f'(\xi) \right] dt \, .
\end{aligned}
$$

Aufgepasst: Hier bedeutet $\frac{d^2}{dt^2}\xi$, dass ξ zweimal nach t abgeleitet wird, im Gegensatz zu $\left(\frac{d}{dt}\xi\right)^2$, was bedeutet, dass die Zeitableitung von ξ zum Quadrat genommen wird.

Da unsere Gleichung für alle φ, welche die Randbedingungen erfüllen, gelten soll, muss nach dem sogenannten Fundamental-Lemma der Variationsrechnung der Faktor in den eckigen Klammern gleich null sein, das heißt

$$
0 = \left(\frac{d^2}{dt^2}\xi \right) \left(1 + (f'(\xi))^2 \right) + \left(\frac{d}{dt}\xi \right)^2 f'(\xi) f''(\xi) + g f'(\xi) \, .
$$

Dies ist die sogenannte Euler-Lagrange-Gleichung zu unserem Minimierungsproblem. Multiplikation dieser Gleichung mit $\frac{d}{dt}\xi$ ergibt, dass

$$\begin{aligned} 0 &= \left[\left(\frac{d^2}{dt^2}\xi\right)(1+(f'(\xi))^2) + \left(\frac{d}{dt}\xi\right)^2 f'(\xi)f''(\xi) + gf'(\xi)\right]\frac{d}{dt}\xi \\ &= \frac{d}{dt}\left(\frac{1}{2}\left(\frac{d}{dt}\xi\right)^2 (1+(f'(\xi))^2) + gf\right) . \end{aligned}$$

Hier finden wir die kinetische und die potentielle Energie wieder, die wir schon in Formel (17.1) kennengelernt haben, aber mit einem anderen Vorzeichen. Wenn wir also mit der Masse m multiplizieren und unbestimmt integieren, erhalten wir, dass

$$\begin{aligned} \text{kinetische Energie} + \text{potentielle Energie} &= \text{konstant} \\ &= m \cdot g \cdot x_2(0) = m \cdot g \cdot a_2 , \quad (17.2) \end{aligned}$$

weil $\frac{d}{dt}\xi(0) = 0$ ist.

Solche physikalischen Erhaltungssätze als Resultat mathematischer Überlegungen tauchen immer wieder in der Forschung auf. Das berühmte erste Noether-Theorem der deutschen Mathematikerin Emmy Noether zeigt, dass zu jeder kontinuierlichen Symmetrie eines physikalischen Systems eine Erhaltungsgröße gehört [1], [2]. Dieses Theorem spielt eine fundamentale Rolle in der Variationsrechnung und der theoretischen Physik.

Aus (17.2) folgt, dass

$$\begin{aligned} \frac{m\left|\frac{d}{dt}x\right|^2}{2} &= mg(a_2 - f(x_1)) \\ \text{beziehungsweise} \quad \left|\frac{d}{dt}x\right|^2 &= 2g(a_2 - f(x_1)) \\ \text{beziehungsweise} \quad (1+(f'(\xi))^2)\left(\frac{d}{dt}\xi\right)^2 &= 2g(a_2 - f(\xi)) . \end{aligned}$$

Damit erhalten wir, dass

$$\frac{d}{dt}\xi = \sqrt{\frac{2g(a_2 - f(\xi))}{1+(f'(\xi))^2}} .$$

Der Term unter der Wurzel ist 0 an der Stelle $t = 0$ und ansonsten positiv, da $f(\xi) < a_2$ für alle $a_1 < \xi \leq b_1$. Da ξ streng monoton wachsend ist, also die Ableitung positiv, ist hier die positive Wurzel zu ziehen. Wir schreiben nun die letzte Gleichung für $0 < t \leq T$ um, als

$$\sqrt{\frac{1+(f'(\xi))^2}{2g(a_2 - f(\xi))}} \frac{d}{dt}\xi = 1 ,$$

und integieren beide Seiten dieser Gleichung über t, von 0 bis T. Dass wir diesen Ausdruck ab $t = 0$ integrieren dürfen, muss man sich genau überlegen. Auch dies führen wir hier nicht weiter aus. Da $\xi(0) = a_1$ und $\xi(T) = b_1$, erhalten wir mit der Substitutionsregel die Rollzeit als

$$\int_{a_1}^{b_1} \sqrt{\frac{1+(f'(z))^2}{2g(a_2 - f(z))}}\, dz = T = T(f) .$$

Diese Rollzeit $T(f)$ soll nun minimiert werden, das heißt, wir wollen das optimale f bestimmen. Diesen Teil wollen wir hier nicht mehr im Detail ausführen, sondern nur kurz das Ergebnis schildern. Wer Lust hat und die längeren fehlenden Rechungen einfügen will, kann dies gerne ausprobieren. Wir geben hier nur einige Zwischenergebnisse an, die zum Ziel führen.

Wir schreiben im Folgenden wieder ξ statt z. Mit einem ähnlichen Störungsargument wie oben, indem $f(\xi)$ durch $f(\xi) + \varepsilon\varphi$ ersetzt wird, kann man anhand der gegebenen Integralgleichung nach längeren Rechnungen nachweisen, dass für die Bahnkurve mit minimaler Rollzeit gelten muss, dass

$$1 + (f')^2 = \frac{c}{a_2 - f} ,$$

wobei c eine noch zu bestimmende positive Konstante ist. Also muss eine spezifische Differentialgleichung für f gelten, in Analogie zur Euler-Lagrange-Gleichung zuvor, als wir eine Formel für die minimale Rollzeit gesucht haben.

Um obige Differentialgleichung zu lösen, betrachten wir die Koordinatentransformation $\tilde{f} = a_2 - f > 0$, woraus sich ergibt, dass

$$1 + (\tilde{f}')^2 = \frac{c}{\tilde{f}} \quad \text{beziehungsweise} \quad \left(\tilde{f}'\right)^2 \tilde{f} = c - \tilde{f} \, .$$

Nun machen wir den Ansatz $\tilde{f}(\xi) = c\sin^2(\phi(\xi))$, wodurch $0 < \phi < \pi$ definiert wird. Dann erhalten wir nach Einsetzen in unsere Gleichung für $\tilde{f}$, dass

$$2c\sin^2(\phi(\xi)) \cdot \phi'(\xi) = 1 \, .$$

Nun können wir ξ und $f(\xi)$ berechnen und erhalten mit dem Additionstheorem unsere schnelle Skateboardbahn:

$$(\xi, f(\xi)) = \left(\frac{c}{2}(\tilde{\phi}(\xi) - \sin\tilde{\phi}(\xi)) + a_1, -\frac{c}{2}(1 - \cos\tilde{\phi}(\xi)) + a_2\right), \tag{17.3}$$

wobei $\tilde{\phi} = 2\phi$. (17.3) gilt sogar für $\tilde{\phi} \in [0, 2\pi]$. Etwas ungewöhnlich bei dieser Gleichung ist, dass ξ selbst durch eine Formel in Abhängigkeit von ξ beschrieben wird und nicht nur $f(\xi)$. Dies liegt daran, dass ξ die x-Achse nicht gleichmäßig/linear durchläuft, sondern manchmal schneller, manchmal langsamer, je nachdem, wie schnell der Skater auf der Bahn rollt. Dies ist eine sehr praktische Beschreibung.

Wie gefordert, ergibt sich, dass $(\xi(0), f(\xi(0))) = (a_1, a_2)$. An der Stelle $\xi = b_1$ erhalten wir die beiden folgenden Gleichungen:

$$b_1 = \frac{c}{2}(\tilde{\phi}(b_1) - \sin\tilde{\phi}(b_1)) + a_1 \, , \tag{17.4}$$

$$b_2 = -\frac{c}{2}(1 - \cos\tilde{\phi}(b_1)) + a_2 \, . \tag{17.5}$$

Damit erhalten wir aus (17.5), dass

$$c = \frac{2(a_2 - b_2)}{1 - \cos\tilde{\phi}(b_1)} \, .$$

Eingesetzt in (17.4) ergibt sich

$$b_1 = \frac{a_2 - b_2}{1 - \cos\tilde{\phi}(b_1)}(\tilde{\phi}(b_1) - \sin\tilde{\phi}(b_1)) + a_1 \, . \tag{17.6}$$

Diese Gleichung hat immer eine Lösung $\tilde{\phi}(b_1)$. Dazu benötigen wir die Regel von de l'Hospital, die erlaubt, den Grenzwert eines Bruches von Funktionen $\lim_{x\to x_0}\frac{F(x)}{G(x)}$ auch dann zu berechnen, wenn $\lim_{x\to x_0}F(x)=0=\lim_{x\to x_0}G(x)$ ist, der Bruch also ein unbestimmter Ausdruck ist. Die Regel von de l'Hospital besagt, dass $\lim_{x\to x_0}\frac{F(x)}{G(x)}=\lim_{x\to x_0}\frac{F'(x)}{G'(x)}$ gilt, falls der Grenzwert auf der rechten Seite dieser Gleichung existiert. Diese Regel kann auch mehrfach angewendet werden. Also gilt in unserem Fall, dass

$$\begin{aligned}\lim_{\tilde{\phi}\to 0}\frac{\tilde{\phi}-\sin\tilde{\phi}}{1-\cos\tilde{\phi}}=\lim_{\tilde{\phi}\to 0}\frac{1-\cos\tilde{\phi}}{\sin\tilde{\phi}}=\lim_{\tilde{\phi}\to 0}\frac{\sin\tilde{\phi}}{\cos\tilde{\phi}} &= 0\,,\\ \lim_{\tilde{\phi}\to 2\pi}\frac{\tilde{\phi}-\sin\tilde{\phi}}{1-\cos\tilde{\phi}} &= \infty\,.\end{aligned}$$

Daher nimmt unsere Funktion auf der rechten Seite von (17.6) nach dem Zwischenwertsatz für $\tilde{\phi}\in[0,2\pi]$ alle positiven Werte an, die größer oder gleich a_1 sind, und somit auch den Wert b_1.

Denn der Zwischenwertsatz besagt:

> *Es sei $F:[a,b]\to\mathbb{R}$ eine stetige reelle Funktion, die auf einem Intervall definiert ist. Dann existiert zu jedem $u\in[F(a),F(b)]$, falls $F(a)\leq F(b)$, beziehungsweise zu jedem $u\in[F(b),F(a)]$, falls $F(b)\leq F(a)$, ein $\gamma\in[a,b]$ mit $F(\gamma)=u$.*

Also existiert eine Lösung unserer Gleichung (17.6).

Mit diesen Angaben lässt sich nun die Skateboardbahn bauen.

Betrachten wir dazu noch mal unsere Abbildung 17.1. Dies ist tatsächlich schon eine sogenannte Brachistochrone, für deren Berechnung mit dem Computer wir genau unsere Formel (17.3) verwendet haben, mit $A=(0,2)$, $B=(\pi,0)$ und $c=2$. Für die bessere graphische Darstellung wurden A und B in der Abbildung um $(0.5,0.2)$ optisch verschoben.

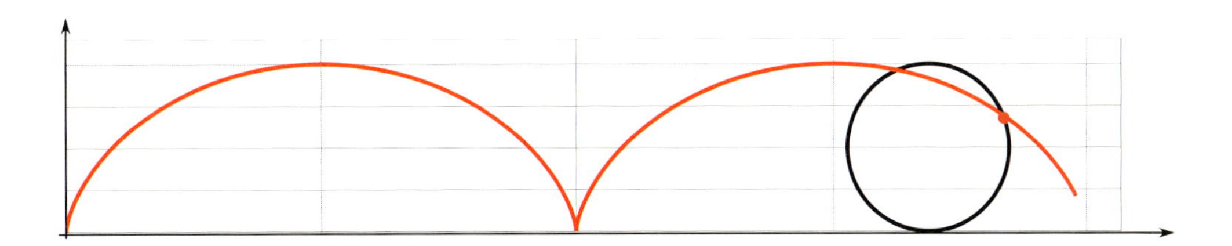

Abbildung 17.2: Zykloide (in Rot): $(y, g(y)) = (\tilde{\phi} - \sin\tilde{\phi}, 1 - \cos\tilde{\phi})$. Über eine Bogenlänge läuft $\tilde{\phi}$ von 0 bis 2π.

Wie kann man diese Kurve mit Bleistift und Papier erhalten?

Die Brachistochrone (Abbildung 17.1) ist Teil einer horizontal gespiegelten sogenannten Zykloide. Die Zykloide ergibt sich als Bahnkurve eines Kreispunktes beim Abrollen eines Kreises mit Radius $\frac{c}{2}$ auf einer Geraden, vergleiche Abbildung 17.2, wo wir $c = 1$ gewählt haben. Hierbei handelt es sich um denjenigen Kreispunkt, der im Ursprung Berührpunkt war. Zum Beispiel bewegt sich das Ventil auf dem Fahrradreifen auf der Bahn einer Zykloide.

17.3 Historisches zur Brachistochrone

Damals dachte noch keiner an Skateboardbahnen, aber in der in Leipzig erschienenen Zeitschrift *Acta Eruditorum* lud Johann Bernoulli 1696 dazu ein, das Brachistochrone-Problem zu lösen, welches zu diesem Zeitpunkt noch nicht unter diesem Namen bekannt war. Dabei ging es nicht um einen Skater, sondern um einen beweglichen Massepunkt. Gottfried Wilhelm Leibniz löste das Problem innerhalb einer Woche. Und später, als die Frage allgemein bekannter wurde, gab es auch weitere Lösungen. Das Brachistochrone-Problem hängt eng mit dem Huygens'schen Brechungsproblem zusammen, das in dem 1690 erschienenen Buch *Traité de la Lumière* von Christian Huygens beschrieben wird.

17.4 Turing-Muster

In diesem Abschnitt wollen wir die Analyse eines mathematischen Modells zu einer biologischen Fragestellung vorstellen, dem berühmten Vorschlag von Alan Turing zum Aktivator-Inhibitor-Mechanismus in entwicklungsbiologischen Systemen. Es lohnt sich, die Originalarbeit von Turing dazu zu lesen, [3]. Sie ist ein früher und sehr einflussreicher Beitrag zur Hypothesenbildung in der Biologie aufgrund eines mathematischen Modells.

Turings Hauptidee war, dass Kombinationsmuster verschiedener Zellentypen aus chemischen Konzentrationsmustern entstehen können. Das heißt, wo ein bestimmter chemischer Signalstoff in höherer Konzentration vorliegt, wachsen andere Zellen als dort, wo er in niedrigerer Konzentration vorliegt, beziehungsweise die höhere Signalstoffkonzentration erlaubt Zelldifferenzierung zu einem anderen Zelltyp als die niedrigere Signalkonzentration.

Turing betrachtete zwei chemische Signalstoffe (Morphogene), die unterschiedlich schnell diffundieren, das heißt, dass sich die Signalmoleküle durch ihre thermische Eigenbewegung jeweils verschieden stark ausbreiten. Bei der Diffusion eines einzelnen Signalstoffes bewegen sich bei einer ungleichmäßigen Anfangsverteilung statistisch mehr Teilchen aus Bereichen hoher Konzentration in Bereiche geringer Konzentration als umgekehrt. Dies bewirkt netto einen makroskopischen Signalstofftransport. Unter Diffusion versteht man in der Regel diesen Netto-Transport.

Für die chemischen Signalstoffe stellte Alan Turing sogenannte Reaktions-Diffusiongleichungen auf. Der Einfachheit halber betrachten wir hier die räumlich eindimensionale Situation. Alan Turing selbst hat das Problem auch für die biologisch relevanteren räumlich zwei- und dreidimensionalen Situationen betrachtet.

Zuerst schreiben wir zwei allgemeine Reaktions-Diffusionsgleichungen für die orts- und zeitabhängigen Signalstoffkonzentrationen $C_1(t,x)$ und $C_2(t,x)$ auf:

$$\begin{aligned}\frac{\partial C_1}{\partial t} &= D_1 \frac{\partial^2 C_1}{\partial x^2} + R_1(C_1, C_2) , \\ \frac{\partial_t C_2}{\partial t} &= D_2 \frac{\partial^2 C_2}{\partial x^2} + R_2(C_1, C_2) .\end{aligned}$$

D_1 und D_2 sind die jeweiligen Diffusionskoeffizienten, $\frac{\partial}{\partial t}$ beschreibt die Ableitung nach der Zeit, $\frac{\partial^2}{\partial x^2}$ die zweimalige Ableitung nach dem Ort. Sobald man nach mehr als einer Variablen ableiten kann, also sogenannt partiell ableiten kann, ist es üblich, ∂ statt d für die jeweiligen Ableitungen zu schreiben.

Die Reaktionsterme R_1 und R_2, die von beiden chemischen Signalstoffkonzentrationen abhängen, sind an dieser Stelle noch unbekannt gehalten. Wir wollen möglichst viele Typen von Reaktionstermen finden, die Musterbildung erlauben.

Für konstante Lösungen $\bar{C}_1, \bar{C}_2$ dieser Gleichungen, deren Zeit- und Ortsableitung daher 0 sind, erhalten wir

$$R_1(\bar{C}_1, \bar{C}_2) = 0 = R_2(\bar{C}_1, \bar{C}_2).$$

Diese Konstanten wollen wir jetzt durch kleine heterogene, also zeit- und ortsabhängige Funktionen stören und sehen, ob diese kleinen Störungen wachsen oder nicht. Sollten sie nicht wachsen, bleibt es auch unter Störung bei den konstanten Lösungen, also bei Lösungen, die keine Muster haben. Sollten die kleinen Störungen wachsen, so besteht die Chance auf Musterbildung.

Wir betrachten also Störungen

$$\hat{C}_1(t,x) = C_1(t,x) - \bar{C}_1 \quad \text{und} \quad \hat{C}_2(t,x) = C_2(t,x) - \bar{C}_2 ,$$

die beide klein sind.

Wir können folgende Gleichungen für diese Störungen aus den Gleichungen für $C_1, C_2, \bar{C}_1, \bar{C}_2$ herleiten:

$$\begin{aligned}
\frac{\partial \hat{C}_1}{\partial t} &= D_1 \frac{\partial^2 \hat{C}_1}{\partial x^2} + R_1(C_1, C_2) - R_1(\bar{C}_1, \bar{C}_2) , \\
\frac{\partial \hat{C}_2}{\partial t} &= D_2 \frac{\partial^2 \hat{C}_2}{\partial x^2} + R_2(C_1, C_2) - R_2(\bar{C}_1, \bar{C}_2)
\end{aligned}$$

beziehungsweise

$$\begin{aligned}
\frac{\partial \hat{C}_1}{\partial t} &= D_1 \frac{\partial^2 \hat{C}_1}{\partial x^2} + R_1(\bar{C}_1 + \hat{C}_1, \bar{C}_2 + \hat{C}_2) - R_1(\bar{C}_1, \bar{C}_2) , \\
\frac{\partial \hat{C}_2}{\partial t} &= D_2 \frac{\partial^2 \hat{C}_2}{\partial x^2} + R_2(\bar{C}_1 + \hat{C}_1, \bar{C}_2 + \hat{C}_1) - R_2(\bar{C}_1, \bar{C}_2) .
\end{aligned}$$

Da $\hat{C}_1$ und $\hat{C}_2$ kleine Störungen sind, können wir die Reaktionsterme durch eine mehrdimensionale Taylorentwicklung um $(\bar{C}_1, \bar{C}_2)$ approximieren. Im einfachsten Fall lautet diese – ohne hier alle genauen Voraussetzungen dafür zu nennen

$$\begin{aligned}
R(C_1, C_2) &= R(\bar{C}_1 + \hat{C}_1, \bar{C}_2 + \hat{C}_2) \\
&= R(\bar{C}_1, \bar{C}_2) + (\bar{C}_1 + \hat{C}_1 - \bar{C}_1) \frac{\partial}{\partial C_1} R(\bar{C}_1, \bar{C}_2) \\
&\quad + (\bar{C}_2 + \hat{C}_2 - \bar{C}_2) \frac{\partial}{\partial C_2} R(\bar{C}_1, \bar{C}_2) \\
&\quad + \textit{gemischte und höhere Ableitungen} \\
&= R(\bar{C}_1, \bar{C}_2) + \hat{C}_1 \frac{\partial}{\partial C_1} R(\bar{C}_1, \bar{C}_2) + \hat{C}_2 \frac{\partial}{\partial C_2} R(\bar{C}_1, \bar{C}_2) \\
&\quad + \textit{gemischte und höhere Ableitungen} .
\end{aligned}$$

Die Terme mit gemischten und höhreren Ableitungen werden unter geeigneten Voraussetzungen klein. Mit dieser Entwicklung erhalten wir daher in unserem Fall – durch Wegfallenlassen der Terme mit gemischten und höheren Ableitungen – die Approximation

$$\frac{\partial \hat{C}_1}{\partial t} = D_1 \frac{\partial^2 \hat{C}_1}{\partial x^2} + a_{11} \hat{C}_1 + a_{12} \hat{C}_2 , \tag{17.7}$$

$$\frac{\partial \hat{C}_2}{\partial t} = D_2 \frac{\partial^2 \hat{C}_2}{\partial x^2} + a_{21} \hat{C}_1 + a_{22} \hat{C}_2 , \tag{17.8}$$

wobei

$$a_{ij} = \frac{\partial R_i}{\partial C_j}(\bar{C}_1, \bar{C}_2)$$

die partiellen Ableitungen der Reaktionsterme nach der ersten beziehungsweise der zweiten Komponente, ausgewertet an der Stelle $(\bar{C}_1, \bar{C}_2)$ sind. Wir betrachten den Lösungsansatz

$$\hat{C}_1 = \alpha_1 \cos(qx) \exp(\sigma t)\,,\ \hat{C}_2 = \alpha_2 \cos(qx) \exp(\sigma t)\,.$$

Alle hinreichend gutartigen Funktionen lassen sich durch Summen solcher sogenannter Fouriermoden approximieren, ein Thema, das den Rahmen dieses Kapitels sprengen würde. Wir können also festhalten, dass dieser Ansatz nicht so speziell ist, wie er zunächst aussieht.

Wenn wir dies in unsere Gleichungen einsetzen, erhalten wir

$$\begin{aligned} \alpha_1 \sigma &= -D_1 q^2 \alpha_1 + a_{11} \alpha_1 + a_{12} \alpha_2\,, \\ \alpha_2 \sigma &= -D_2 q^2 \alpha_2 + a_{21} \alpha_1 + a_{22} \alpha_2\,. \end{aligned}$$

Dies ist ein lineares Gleichungssystem für α_1 und α_2, das auch als $M\alpha = 0$ geschrieben werden kann, wobei M eine (2×2)-Matrix ist,

$$\begin{pmatrix} m_{11} & m_{12} \\ m_{21} & m_{22} \end{pmatrix} = \begin{pmatrix} \sigma + D_1 q^2 - a_{11} & a_{12} \\ a_{21} & \sigma + D_2 q^2 - a_{22} \end{pmatrix},$$

und α der Vektor mit den Komponenten α_1 und α_2 ist. Eindeutige Lösungen existieren, falls die Determinante dieser Matrix, das heißt $m_{11}m_{22} - m_{12}m_{21}$, gleich 0 ist, also falls

$$\begin{aligned} &\sigma^2 + \sigma(-a_{22} + D_2 q^2 - a_{11} + D_1 q^2) \\ &\qquad + [(a_{11} - D_1 q^2)(a_{22} - D_2 q^2) - a_{12} a_{21}] = 0\,. \end{aligned} \tag{17.9}$$

Für $D_1 = D_2 = 0$ erhalten wir

$$\sigma^2 + \sigma(-a_{22} - a_{11}) + [a_{11} a_{22} - a_{12} a_{21}] = 0 \tag{17.10}$$

und damit Lösungen $\sigma_{1,2} = \frac{a_{11}+a_{22}}{2} \pm \sqrt{\frac{(a_{11}+a_{22})^2}{4} - a_{11}a_{22} + a_{12}a_{21}}$. Diese Gleichung kann immer gelöst werden, wenn wir mit komplexen Zahlen arbeiten. Falls der Ausdruck unter der Wurzel negativ ist, können wir keine reellen Lösungen finden. Mit den komplexen Zahlen erweitert man die reellen Zahlen um eine neue imaginäre Einheit i so, dass die Gleichung $y^2 + 1 = 0$ lösbar wird, also so, dass $i^2 = -1$ gilt. Damit kann man negative Wurzeln ziehen. Eine komplexe Zahl c hat die Form $c = a + i \cdot b$, wobei der sogenannte Realteil a und der sogenannte Imaginärteil b reelle Zahlen sind. Mehr zu komplexen Zahlen kann man in dem Beitrag von Julia Hartmann finden.

Wenn also nun im Folgenden „Realteil von σ“ für eine möglicherweise komplexe Zahl σ geschrieben wird, dann nehmen diejenigen, die keine komplexen Zahlen kennen, hier der Einfachheit halber an, dass σ reell ist.

Falls der Realteil von σ negativ ist, dann gilt für positive Zeiten t_1, t_2 mit $t_1 < t_2$, dass

$$|\exp(\sigma t_2)| < |\exp(\sigma t_1)| \; .$$

Daher sind mit dem Lösungsansatz für unsere Störungen $\hat{C}_1, \hat{C}_2$ die konstanten Lösungen $\bar{C}_1, \bar{C}_2$ stabil, weil die Störungen für wachsendes t wieder abfallen. Der Realteil von σ ist negativ, wenn

$$a_{11} + a_{22} < 0 \; , \tag{17.11}$$

$$a_{11}a_{22} - a_{12}a_{21} > 0 \; . \tag{17.12}$$

Betrachten wir nun im Vergleich den Fall $D_1, D_2 \neq 0$. Wir wollen sehen, ob und gegebenenfalls wie Diffusion das System destabilisieren kann. Das heißt, wir wollen in diesem Fall Bedingungen finden, so dass der Realteil von σ positiv ist, damit die Störungen mit der Zeit wachsen. Die Bedingungen für Stabilität (das heißt für negativen Realteil von σ) lauten in diesem Fall

$$\begin{aligned} a_{11} + a_{22} - D_2 q^2 - D_1 q^2 &< 0 \; , \\ (a_{11} - D_1 q^2)(a_{22} - D_2 q^2) - a_{12}a_{21} &> 0 \; . \end{aligned} \tag{17.13}$$

Falls mindestens eine der beiden Bedingungen NICHT erfüllt ist, treibt Diffusion das System zu Instabilitäten, und damit besteht die Möglichkeit zur Musterbildung. Wir wollen voraussetzen, dass (17.11) und (17.12) dabei immer noch gelten, um nur den Effekt von Diffusion zu untersuchen.

Da wir in diesem Fall $D_1, D_2 > 0$ vorausgesetzt haben, kann nur die zweite der beiden Ungleichung verletzt werden. Für $z = q^2$ können wir die linke Seite von (17.13) wie folgt umschreiben:

$$H(z) = D_1 D_2 z^2 - (D_1 a_{22} + D_2 a_{11}) z + (a_{11} a_{22} - a_{12} a_{21}) \;,$$

wobei $H(z)$ eine Parabel mit Minimum in

$$z_{min} = \frac{1}{2}\left(\frac{a_{22}}{D_2} + \frac{a_{11}}{D_1}\right) \geq 0$$

ist. Eine minimale Bedingung für eine Instabilität ist

$$H(z_{min}) < 0 \quad \text{oder}$$

$$a_{11} D_1 + a_{22} D_2 > 2\sqrt{D_1 D_2}\sqrt{a_{11} a_{22} - a_{12} a_{21}} > 0 \;. \tag{17.14}$$

Für Wellenlängen q nahe q_{min} ist die Wachstumsrate σ der Störungen positiv. Daher erhalten wir, falls (17.14) gilt, eine wirklich nur durch Diffusion getriebene Instabilität. Wir hatten vorausgesetzt, dass die Stabilitätsbedingungen für die gewöhnlichen Differentialgleichungen weiterhin erfüllt sein sollen. Damit kann die Instabilität nicht durch die Reaktionsterme getrieben werden. Außerdem folgt, dass entweder

$$a_{12} < 0 \;,\; a_{21} > 0 \quad \text{oder} \quad a_{12} > 0 \;,\; a_{21} < 0 \;.$$

Betrachte den ersten Fall: $a_{12} < 0, a_{21} > 0$. Dies sind die Bedingungen für einen sogenannten Aktivator (C_1) und einen Inhibitor (C_2) als chemisches Signal. Aus dieser Bedingung können wir folgern, dass

$$a_{11} > 0,\; a_{22} > 0,\; D_2 > D_1 .$$

Warum gilt das?

Betrachten wir nun noch einmal unsere Gleichungen (17.7), (17.8) und nehmen der Einfachheit halber an, dass unsere ursprünglichen Gleichungen für C_1 und C_2 auch schon mit $R_1(C_1, C_2) = a_{11}C_1 + a_{12}C_2$ und $R_2(C_1, C_2) = a_{21}R_1 + a_{22}R_2$ vorgeben worden wären. Dann sehen wir an den obigen Vorzeichen, dass der Aktivator proportional zu seiner eigenen Konzentration erzeugt wird, während der Inhibitor die Produktion des Aktivators inhibiert. Wie wir oben gefolgert haben, diffundiert der Inhibitor schneller als der Aktivator, das heißt, er verhindert, dass der Aktivator überall gleichmäßig anwächst. Damit können durch Diffusion im Prinzip chemische Muster erzeugt werden, ein damals sehr überraschendes Ergebnis. Ad hoc würde man denken, dass Diffusion immer einen eher glättenden Effekt hat und Musterbildung eher verhindert. Das Resultat von Turing hat eine tiefergehende mathematische Analyse von Reaktions-Diffusionssystemen ausgelöst, für die viele neue Techniken zum Nachweis konkreter Muster entwickelt worden sind.

Danksagung

Ich danke meinem Kollegen, Prof. Dr. Matthias Röger, der mich auf die Idee brachte, das Brachistochrone-Problem in dieses Buch aufzunehmen, und Herrn Jan Fuhrmann für die Bereitstellung der Abbildungen und seine konstruktiven Vorschläge zur besseren Lesbarkeit der vorletzten Version dieses Kapitels. Teile davon wurden ausgearbeitet, als ich an der Universität Heidelberg tätig war.

Literatur

[1] NOETHER, E.: Invarianten beliebiger Differentialausdrücke. Göttinger Nachrichten 1918, 37–44 (1918)

[2] NOETHER, E.: Invariante Variationsprobleme. Göttinger Nachrichten 1918, 235–257 (1918)

[3] TURING, A.: The Chemical Basis of Morophogenesis. Philosophical Transactions of the Royal Society London **B 237**, 37–72 (1952)

Die Autorin:

Prof. Dr. Angela Stevens
Institut für Numerische und Angewandte Mathematik
Fachbereich Mathematik und Informatik
Universität Münster
Einsteinstr. 62
48149 Münster
stevens@mis.mpg.de

18 Stochastische Modelle in der Populationsgenetik

Anja Sturm

18.1 Hintergrund und erste Modelle

18.1.1 Einführung

Stochastische Modelle bilden eine der wichtigsten Grundlagen für die Datenanalyse in der Populationsgenetik sowie in der Genetik im Allgemeinen. In der Populationsgenetik geht es darum, die Vorgeschichte von Populationen über möglicherweise sehr lange Zeiträume (Tausende von Jahren bis Jahrmillionen) anhand der in der Gegenwart zu beobachtenden genetischen Vielfalt herzuleiten. Dazu werden mathematische Modelle benötigt, welche die zu erwartende genetische Vielfalt unter bestimmten Grundannahmen wie beispielsweise einer wachsenden Population berechnen lassen. Da das Element des Zufalls bei der Weitergabe von Genen eine entscheidende Rolle spielt, handelt es sich zumeist um stochastische Modelle, in denen allen möglichen Ereignissen gewisse Wahrscheinlichkeiten zugeordnet sind. Durch Vergleich mit den Beobachtungen lässt sich dann feststellen, welche Szenarien für die vergangene Entwicklung der betrachteten Population mehr oder weniger wahrscheinlich sind.

Unter anderem ist es von besonderem Interesse festzustellen, ob sich die Populationsgröße in der Vergangenheit verändert hat, ob also eine Vergrößerung oder auch eine Verkleinerung der Population auf wenige Individuen mit anschließender Erholung stattgefunden hat (ein sogenannter Flaschenhals, durch den die Population hindurch musste). Letzteres könnte auf Katastrophen (wie etwa die Verbreitung einer schwerwiegenden Infektionskrankheit) oder drastisch veränderte Lebensbedingungen (verursacht beispielsweise durch eine Eis- oder Warmzeit) hindeuten, die nur schwer zu bewältigen waren. Interessant ist auch, ob eine räumliche Struktur in der Population bestanden hat, ob also die Population über längere Zeiträume in verschiedene Gruppen aufgeteilt gewesen ist, die nur selten Kontakte hatten. Des Weiteren ist es wichtig zu erkennen, welche Eigenschaften (genannt Phänotypen) beziehungsweise welche diesen Eigenschaften zugrunde liegenden genetischen Informationen einen selektiven Vorteil oder Nachteil für die Individuen einer Population mit sich gebracht haben. Denn hat man genetische Informationen auf dem Genom gefunden, die einen selektiven Vorteil bieten, so ist es von besonderem Interesse, die Funktionsweise dieses Gens zu erforschen, da sie offensichtlich entscheidend ist für den Lebens- und Reproduktionserfolg eines Individuums. Findet man hingegen Gene, die mit einem selektiven Nachteil verbunden sind, so haben diese möglicherweise einen Einfluss auf vererbbare Krankheiten, deren Mechanismen man ebenfalls ergründen und verstehen möchte.

Stochastische Modelle für Populationen leisten schon seit mehr als einem halben Jahrhundert einen wichtigen Beitrag zur Forschung in der Biologie und darüber hinaus. Umgekehrt hat dieses Anwendungsfeld die Entwicklung der Wahrscheinlichkeitstheorie vorangetrieben, insbesondere die Theorie der stochastischen Prozesse. Letztere sind zufällige Funktionen, also eine Klasse von Funktionen, denen gewisse Wahrscheinlichkeiten zugewiesen sind. Beispielsweise kann man damit die Häufigkeit eines bestimmten Gens in einer gegebenen Population als Funktion der Zeit beschreiben, wenn die Reproduktionsereignisse zufällig ablaufen. In diesem Beitrag wollen wir einige solche Modelle näher betrachten sowie die für ihre Analysis verwendeten stochastischen Prozesse kennenlernen. Für einführende Literatur und mehr Details zu den meisten hier vorgestellten Resultaten sei auf [3, 8] verwiesen, etwas mehr mathematische Vorkenntnisse erfordert die ebenfalls empfehlenswerte Quelle [2]. In den folgenden Abschnitten werden wir außerdem noch einige klassische und aktuelle Forschungsartikel erwähnen.

18.1.2 Neutrale Modelle

Wir wollen zunächst einige der einfachsten stochastischen Modelle betrachten, sogenannte *neutrale* Modelle, in denen keine der eben erwähnten besonderen Faktoren wie eine schwankende Populationsgröße, Populationsstruktur oder Selektion vorkommen. Daraufhin werden wir diese Basismodelle nach und nach verallgemeinern, um einige dieser Faktoren zu berücksichtigen. Ziel ist es, die verschiedenen Vorhersagen für die genetische Vielfalt der Populationen vergleichen zu können. Viele der komplizierteren Modelle sind auch heute noch nicht vollständig analysiert und somit Gegenstand der aktuellen Forschung.

Die Modelle, mit denen wir uns beschäftigen werden, beschreiben die Abstammungs- und Verwandtschaftsverhältnisse auf der Ebene von Genen. Wir beschränken uns hier auf Modelle für ein einzelnes Gen, das aus einer Gensequenz einer bestimmten Länge besteht. Im Wesentlichen handelt es sich um ein „Wort“, geschrieben mit den Buchstaben A, G, T und C, das in verschiedenen Varianten (*Typen* oder *Allelen*) vorliegen kann. Das Allel eines Gens wird dabei von dem Allel seines Elterngens kopiert, wobei es allerdings auch zu Fehlern (*Mutationen*) bei den einzelnen „Buchstaben“ kommen kann, so dass ein Gen zwar meistens, aber nicht immer vom gleichen Typ ist wie sein Elterngen. Mathematisch lässt sich dies nun durch folgendes stochastisches Modell fassen, für dessen Beschreibung wir noch einige Begriffe aus der Wahrscheinlichkeitstheorie erläutern: Eine *Zufallsvariable,* oft bezeichnet mit X, ist eine zufällige Größe. Für jeden Wert von X ist die Wahrscheinlichkeit, mit der X diesen Wert annimmt, vorgegeben. Dies nennt man die *Wahrscheinlichkeitsverteilung* von X. Bei einem Würfelwurf könnte X beispielsweise die Augenzahl angeben. Dann ist die Wahrscheinlichkeit für die Zahlen von eins bis sechs jeweils ein Sechstel. Wir schreiben $\mathbb{P}(X = 1) = \cdots = \mathbb{P}(X = 6) = \frac{1}{6}$ ($\mathbb{P}$ steht für das englische „probability").

Definition 18.1 (Cannings-Modell)

- Die Population besteht in jeder Generation aus N Genen, nummeriert mit $i = 1, \ldots, N$.
- Die Population der nächsten Generation setzt sich aus ν_i Nachkommen des i-ten Elterngens aus der vorigen Generation zusammen.
- ν_i sind Zufallsvariablen mit Werten in $\{0, \ldots, N\}$, wobei wieder $\nu_1 + \nu_2 + \cdots + \nu_N = N$ gilt.
- $\nu := (\nu_1, \ldots, \nu_N)$ hat eine austauschbare Wahrscheinlichkeitsverteilung: Für jede andere Anordnung $(\sigma(1), \ldots, \sigma(N))$ der Zahlen $(1, \ldots, N)$ ist $(\nu_{\sigma(1)}, \ldots, \nu_{\sigma(N)})$ genauso wahrscheinlich wie $(\nu_1, \ldots, \nu_N)$.
- Die Nachkommensverteilungen sind in jeder Generation unabhängig voneinander, werden also immer wieder neu ausgewürfelt: Die Ereignisse in einer Generation beeinflussen die Wahrscheinlichkeiten für die Ereignisse in einer anderen Generation nicht.

Dieser Prozess wiederholt sich nun über viele Generationen hinweg. Dies ist in Abbildung 18.1 dargestellt: Die Individuen in jeder Generation werden durch einen Punkt repräsentiert (hier ist $N = 8$). Die acht Nachkommen in der folgenden Generation befinden sich jeweils in der nächsten Zeile, wobei die Abstammungsverhältnisse durch Linien angegeben sind. Zum Beispiel ist also für die siebte Generation die Nachkommensverteilung gegeben durch $\nu_1 = 0$, $\nu_2 = 1$, $\nu_3 = 3$, $\nu_4 = 1$, $\nu_5 = 1$, $\nu_6 = 0$, $\nu_7 = 0$, $\nu_8 = 2$ beziehungsweise $\nu = (0, 1, 3, 1, 1, 0, 0, 2)$. Individuen sind dabei in jeder Generation in einer beliebigen Weise durchnummeriert. Wegen der Austauschbarkeit der Nachkommensverteilungen ergeben sich die gleichen Wahrscheinlichkeiten, wenn die Reihenfolge der Individuen vertauscht wird. Denn dies entspricht einem Vertauschen der Linien. Wird etwa in der siebten Generation die Elterngeneration vertauscht,

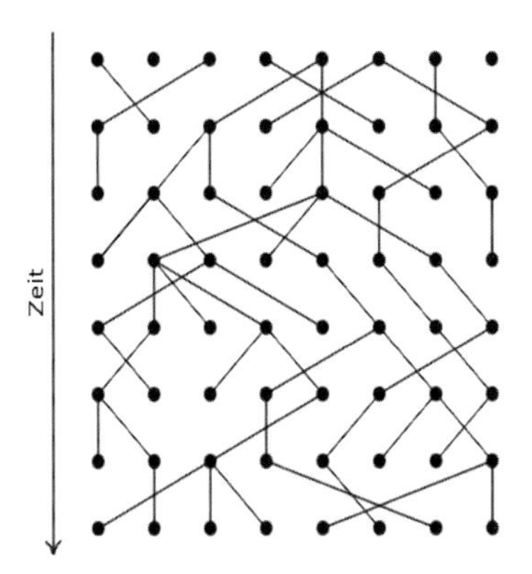

Abbildung 18.1: Acht Generationen im Cannings-Modell für $N = 8$.

so wäre die Nachkommensverteilung möglicherweise $\nu = (0,0,0,1,1,1,2,3)$, mit der gleichen Wahrscheinlichkeit wie zuvor.

Dass wir die Populationsgröße N in der Zeit konstant gewählt haben, ist hierbei eine mathematische Vereinfachung, die biologische Gegebenheiten eines Lebensraums widerspiegeln soll, der nur für eine bestimmte Anzahl von Individuen Platz und Nahrung bietet. In diesem Zusammenhang sei erwähnt, dass bei vielen Lebewesen jedes Individuum eine Kopie eines jeden Gens trägt (haploid), viele Individuen aber auch mehrere Kopien tragen. Der Mensch etwa ist diploid und trägt zwei Kopien. In diesem Fall repräsentiert die aus N Genen bestehende Population $\frac{N}{2}$ tatsächliche Lebewesen. Die Austauschbarkeit der Nachkommensverteilung modelliert dic Neutralität der Gene (keine Selektion). Denn sie garantiert, dass jedes Elterngen im Mittel den gleichen Reproduktionserfolg hat. Insbesondere ist die Nachkommensverteilung von allen Elterngenen gleich: $\mathbb{P}(\nu_1 = k) = \cdots = \mathbb{P}(\nu_N = k)$ für k in $\{0,\ldots,N\}$.

Wir veranschaulichen das Cannings-Modell nun an einigen häufig betrachteten Beispielen. Hierfür führen wir zunächst die Notation $N! = N \cdot (N-1) \cdots 2 \cdot 1$ für $N \in \mathbb{N}$ ein (man setzt $0! = 1$). Die Zahl $N!$ gibt die Anzahl der Möglichkeiten an, N verschiedene Objekte in einer Reihe anzuordnen. Das macht man sich folgendermaßen klar: Will man die N Objekte in einer Reihe anordnen, dann hat man N Möglichkeiten zur Auswahl des ersten Objektes. Für das zweite Reihenglied gibt es dann nur noch $N-1$ Möglichkeiten und so weiter. Die Zahl $\binom{N}{k} = \frac{N!}{k!(N-k)!}$ für $k, N \in \mathbb{N}$ mit $0 \leq k \leq N$ gibt nun die Anzahl der Möglichkeiten an, k Objekte aus N Objekten auszuwählen, ohne sie dabei anzuordnen. Um k Objekte auszuwählen, kann man nämlich zum Beispiel die N Objekte in einer Reihe anordnen und dann die ersten k Objekte auswählen. Dafür gibt es, wie wir uns gerade überlegt haben, $N!$ Möglichkeiten. Allerdings können wir sowohl unsere k ausgewählten Objekte als auch die $N-k$ nicht ausgewählten Objekte beliebig umordnen, ohne die Auswahl zu verändern. Es gibt also genau $\frac{N!}{k!(N-k)!}$ verschiedene Wahlmöglichkeiten. Als Übungsbeispiel können Sie überprüfen, dass es $3! = 6$ Möglichkeiten gibt, wie drei Personen eine Schlange bilden können, und $\binom{3}{2} = 3$ Möglichkeiten, zwei dieser Personen auszuwählen.

Beispiel 18.1

- *Wright-Fisher-Modell:*
  Jedes Nachkommengen „wählt" sein Elterngen zufällig und unabhängig von anderen Nachkommengenen aus: Das bedeutet, dass jedes Gen der Elterngeneration mit gleicher Wahrscheinlichkeit $\frac{1}{N}$ der direkte Vorfahr eines bestimmten Nachkommengens ist. Es ergibt sich für ν eine *symmetrische Multinomialverteilung* und für ν_i eine *Binomialverteilung*: Für $\sum_{i=1}^{N} k_i = k_1 + \cdots + k_N = N$,

$$\mathbb{P}(\nu_1 = k_1, \ldots, \nu_N = k_N) = N! \prod_{i=1}^{N} \frac{\left(\frac{1}{N}\right)^{k_i}}{k_i!} = \left(\frac{1}{N}\right)^{N} \frac{N!}{k_1! \cdots k_N!}, \quad (18.1)$$

$$\mathbb{P}(\nu_i = k_i) = \binom{N}{k_i} \left(\frac{1}{N}\right)^{k_i} \left(1 - \frac{1}{N}\right)^{N-k_i}. \quad (18.2)$$

Die Formel in (18.1) ergibt sich dabei, da die Wahrscheinlichkeit, dass eine bestimmte Auswahl von k_i Nachkommen gerade Elterngen Nummer i als ihren Vorfahren wählt, $(\frac{1}{N})^{k_i}$ beträgt. Hier spielt die Unabhängigkeit der Wahl eine Rolle, die auch dazu führt, dass diese Wahrscheinlichkeiten für $i = 1, \ldots, N$ multipliziert werden müssen. Gene in einer Untergruppe haben dann jeweils das gleiche Elterngen. Der Faktor $\frac{N!}{k_1! \cdots k_N!}$ gibt die Anzahl der Möglichkeiten an, wie sich N

Untergruppen der Größen k_1 bis k_N aus den Nachkommengenen auswählen lassen. Dies als Verallgemeinerung unserer obigen Überlegung zur Interpretation von $\binom{N}{k} = \frac{N!}{k!(N-k)!}$ zu überprüfen, ist eine gute Übung. Formel (18.2) ergibt sich in ähnlicher Weise: Die Wahrscheinlichkeit, Elterngen Nummer i auszuwählen, ist $\frac{1}{N}$, die Wahrscheinlichkeit, Elterngen Nummer *i nicht* auszuwählen, dementsprechend $1 - \frac{1}{N}$. Der Faktor $\binom{N}{k_i}$ gibt die Anzahl der Möglichkeiten an, k_i aus N Genen auszuwählen, die gerade von Elterngen Nummer i abstammen.

- *Moran-Modell:*
  Es wird jeweils ein Paar von Elterngenen zufällig ausgewählt. Eines davon, zufällig aus den beiden ausgewählt (also mit Wahrscheinlichkeit $\frac{1}{2}$), hat zwei Nachkommen, das andere keinen. Alle anderen Elterngene haben genau einen Nachkommen. Es ergibt sich in diesem Fall, da es bei N Individuen $\binom{N}{2}$ verschiedene Paare gibt:

$$\mathbb{P}(\nu_i = 2, \nu_j = 0, \nu_k = 1, k \notin \{i,j\}) = \frac{1}{2}\binom{N}{2}^{-1} = \frac{1}{N(N-1)} \quad \text{für } i \neq j \in \{1,\dots,N\}, \tag{18.3}$$

$$\mathbb{P}(\nu_i = 2) = \mathbb{P}(\nu_i = 0) = \frac{1}{N}, \qquad \mathbb{P}(\nu_i = 1) = 1 - \frac{2}{N}. \tag{18.4}$$

Das Wright-Fisher-Modell ist vielleicht eines der natürlichsten Cannings-Modelle, das Moran-Modell möglicherweise das einfachste unter ihnen. Ausgehend von den Verwandtschaftsverhältnissen zwischen den Generationen werden wir nun die Vererbung der Typen und damit die genetische Vielfalt der Population festlegen: Jedes Nachkommengen erbt den Typ seines Elterngens. Mit einer kleinen Wahrscheinlichkeit μ kommt es jedoch unabhängig von anderen Individuen zu einer Mutation. Wir werden dabei zunächst das *Modell der unendlich vielen Allele* betrachten, in dem jede Mutation einen neuen, vorher noch nie dagewesenen Typ (Allel) produziert. Da jedes Gen aus einer längeren DNA-Sequenz besteht, die an vielen Stellen inkorrekt vererbt werden kann, ist diese aus mathematischer Sicht geschickte Vereinfachung auch aus biologischer Sicht vertretbar.

18.2 Approximationen für große Populationen

Wir interessieren uns nun für die Typenverteilung einer kleinen zufälligen Auswahl von n Genen aus der Gesamtpopulation der Größe N in der Gegenwart. Betrachten wir dazu zunächst das Moran-Modell. Die Wahrscheinlichkeit, dass in der vorigen Generation zwei der betrachteten Gene ein gemeinsames Elterngen hatten, beträgt dabei $\binom{n}{2}/\binom{N}{2} = \frac{n(n-1)}{N(N-1)}$, weil es $\binom{N}{2}$ Paare von Genen gibt, die alle mit gleicher Wahrscheinlichkeit einen gemeinsamen Vorfahren haben, $\binom{n}{2}$ von diesen Paaren sind beide Teil der Auswahl, so dass auch tatsächlich ein Verschmelzen der Ahnenlinien beobachtet wird. Tritt dieser Fall ein, so findet wegen der Austauschbarkeit jedes der $\binom{n}{2}$ Genpaare in der Stichprobe mit gleicher Wahrscheinlichkeit $1/\binom{n}{2}$ einen gemeinsamen Vorfahren. Die Genealogie unserer Auswahl ist somit durch einen sogenannten *binären Baum* gegeben, in dem an jedem Verschmelzungsereignis jeweils *genau zwei* Ahnenlinien zu einer neuen Ahnenlinie verschmelzen können. Mutationen können unabhängig voneinander an jedem Knotenpunkt dieses Baumes stattfinden.

Es stellt sich nun heraus, dass für große Populationen, also bei großem N, die Struktur der Genealogie für alle Cannings-Modelle aus Abschnitt 18.1.2 durch binäre Bäume approximiert werden kann, in denen an jedem Verschmelzungspunkt jeweils gerade zwei Ahnenlinien zusammenkommen, vorausgesetzt die Varianz $\mathrm{Var}(\nu_i)$ ist nicht zu groß. Die Varianz ist hierbei ein Maß dafür, wie sehr die Werte einer Zufallsvariablen schwanken und von einem mittleren Wert, dem *Erwartungswert* $\mathbb{E}(\nu_i)$, abweichen können. Der Erwartungswert selbst ist das Mittel der von einer Zufallsvariablen angenommenen Werte, wenn diese gerade mit der Wahrscheinlichkeit, mit der die Werte angenommen werden, gewichtet werden, also $\mathbb{E}(\nu_i) = \sum_{k=0}^{N} k \cdot \mathbb{P}(\nu_i = k)$.

Wir betrachten nun also das Verhalten der Prozesse, welche die Genealogien beschreiben, für immer größer werdendes N. Um einen sinnvollen Grenzwert zu erhalten, müssen wir dazu auch die Zeitskala mit N reskalieren. Dies bedeutet, dass wir den Prozess als Funktion einer neuen Zeitvariablen $t^{(N)}$ betrachten, die

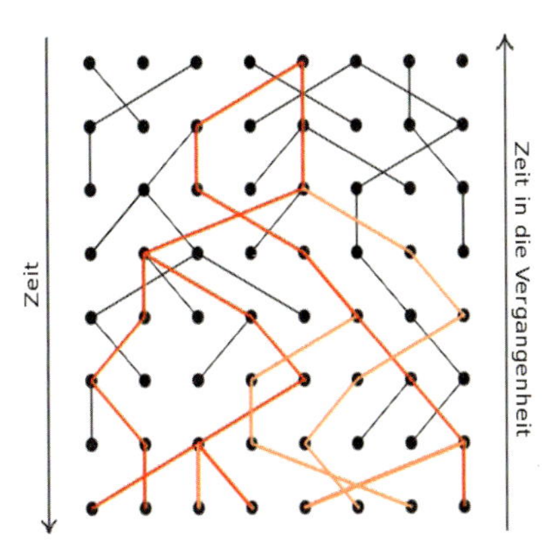

Abbildung 18.2: Die Abbildung zeigt die Genealogie einer Auswahl von Individuen in der achten Generation in einer möglichen Realisierung des Cannings-Modell wie in Abbildung 18.1. Die Genealogie einer Auswahl von $n = 4$ Individuen ist in Rot eingezeichnet, die der Gesamtpopulation der Größe $N = 8$ in Rot/Orange.
Die Wahrscheinlichkeit, dass mehr als zwei Ahnen in der gleichen Generation einen gemeinsamen Vorfahren haben, konvergiert für $N \to \infty$ gegen null. Die Struktur der Genealogie ist dann durch einen binären Baum gegeben. Dies ergibt sich dadurch, dass bei sehr großen Populationen n viel kleiner ist als N. Die Wahrscheinlichkeit, dass drei der aus der Gesamtpopulation zufällig ausgewählten n Individuen, die wir in der Stichprobe betrachten, zur gleichen Zeit einen gemeinsamen Vorfahren haben, ist dann vernachlässigbar klein gegenüber der Wahrscheinlichkeit, dass zwei einen gemeinsamen Vorfahren haben.

von N abhängt. Im Fall des Moran-Modells nehmen wir $t^{(N)} = \binom{N}{2}t = \frac{N(N-1)}{2}t$, wobei $t^{(N)}$ die Zeit als Anzahl der Generationen rückwärts in die Vergangenheit misst. Da dies für alle $t \in \mathbb{R}_+ = \{t \in \mathbb{R} | t \geq 0\}$ definiert werden soll, während $t^{(N)}$ ganzzahlig sein muss, setzt man oft $t^{(N)} = \left\lfloor \binom{N}{2}t \right\rfloor$, die größte natürliche Zahl kleiner oder gleich $\binom{N}{2}t$. Der binäre Baum, der den Grenzwert charakterisiert, ist nun ein sogenannter stochastischer Prozess in stetiger Zeit (mit $t \in \mathbb{R}_+$), den man Kingman-Koaleszenzprozess nennt (siehe auch Abbildung 18.3). Das Wort Koaleszenz bezieht sich auf das Verschmelzen der Ahnenlinien. Um diesen Prozess definieren zu können, führen wir eine exponentiell verteilte Zufallsvariable T mit Parameter $\lambda > 0$ (kurz $T \sim \exp(\lambda)$) ein. Eine solche wird beschrieben durch ihre Verteilung

$$\mathbb{P}(T > t) = \int_t^\infty \lambda \exp(-\lambda r) dr = \exp(-\lambda t), \qquad t \geq 0. \tag{18.5}$$

Hierbei bezeichnet $\exp(\cdot)$ in der letzten Gleichung die gewöhnliche Exponentialfunktion.

Definition 18.2 (Kingman-Koaleszenzprozess)
Es sei $D(t)$ die Anzahl der bis zur Zeit t zurückverfolgten Ahnenlinien. Dann ist $(D(t))_{t\geq 0}$ ein stochastischer Prozess, also eine zufällige Funktion auf $\mathbb{R}_+$. Ist $D(t) = n$, so tritt nach einer exponentiell mit Parameter $\binom{n}{2}$ verteilten Zeit T_n eine Änderung ein, und zwar $D(t+T_n) = n-1$. Dies entspricht dem Verschmelzen zweier zufällig ausgewählter Ahnenlinien im binären Baum der Genealogien, wodurch die Zahl der Ahnenlinien um eins abnimmt.

Diese Beschreibung des Kingman-Koaleszenzprozesses legt insbesondere fest, dass die Wartezeit bis zur nächsten Änderung (bezeichnet mit T_n, falls die Zahl der Ahnenlinien gerade n ist) exponentiell verteilt sein muss. Aus (18.5) folgt nämlich die sogenannte *Gedächtnislosigkeit* der Exponentialverteilung, die aber eben nur für diese Verteilung gilt: Für $s,t \geq 0$ gilt

$$\begin{aligned} \mathbb{P}(T > t+s | T > s) &= \frac{\mathbb{P}(T > t+s \text{ und } T > s)}{\mathbb{P}(T > s)} = \frac{\mathbb{P}(T > t+s)}{\mathbb{P}(T > s)} \\ &= \exp(-\lambda t) = \mathbb{P}(T > t). \end{aligned} \tag{18.6}$$

Hierbei gibt $\mathbb{P}(A|B)$ die sogenannte *bedingte* Wahrscheinlichkeit an, dass das Ereignis A eintritt, wenn schon bekannt ist, dass das Ereignis B eingetreten ist. In (18.6) ist A das Ereignis $T > t+s$ und B das Ereignis $T > s$. Die bedingte Wahrscheinlichkeit $\mathbb{P}(A|B)$ berechnet sich als Quotient der Wahrscheinlichkeiten $\mathbb{P}(A \text{ und } B)$ und $\mathbb{P}(B)$. Sind A und B unabhängig voneinander, so gilt $\mathbb{P}(A|B) = \mathbb{P}(A)$. In (18.6) ergibt sich eine Vereinfachung, da aus $T > t+s$ schon $T > s$ folgt, so dass das Ereignis $T > t+s$ *und* $T > s$ gleichbedeutend ist mit dem Ereignis $T > t+s$.

In Worten bedeutet die Gedächtnislosigkeit, dass sich die Verteilung der nach einer Zeit s noch verbleibenden Wartezeit nicht verändert, solange noch kein Ereignis bis zur Zeit s stattgefunden hat (dies ist das Ereignis $T > s$). Damit hängt die zukünftige Entwicklung des Prozesses nur von seinem gegenwärtigen, nicht aber von seinem vergangenen Zustand ab. Der stochastische Prozess $(D(t))_{t\geq 0}$ ist ein sogenannter *Markov-Prozess*.

Im Falle des Moran-Modells lässt sich mittels relativ einfacher Rechnungen nachprüfen, dass für große N die Genealogie tatsächlich durch den Kingman-Koaleszenzprozess beschrieben wird: Wir haben bereits zu Beginn dieses Abschnitts festgestellt, dass bei einer Stichprobengröße n die Wahrscheinlichkeit, in der vorigen Generation einen gemeinsamen Vorfahren zu finden, $\frac{n(n-1)}{N(N-1)}$ beträgt. Damit für $T_n^{(N)}$, die Zeit bis zum ersten Verschmelzungsereignis (gemessen in Generationen), $T_n^{(N)} = k$ für $k = 1, 2, \ldots$ gilt, muss genau $(k-1)$-mal kein Verschmelzen der Ahnenlinien stattfinden (kein gemeinsamer Vorfahr), bevor dieses Ereignis dann tatsächlich eintritt. Da die Ereignisse in jeder Generation unabhängig von denen in anderen Generationen sind, folgt, dass $T_n^{(N)}$ geometrisch verteilt ist mit Parameter $p = \frac{n(n-1)}{N(N-1)}$. Das bedeutet, dass

$$\mathbb{P}\left(T_n^{(N)} = k\right) = \frac{n(n-1)}{N(N-1)}\left(1 - \frac{n(n-1)}{N(N-1)}\right)^{k-1} \quad \text{sowie} \tag{18.7}$$

$$\mathbb{P}\left(T_n^{(N)} > k\right) = \sum_{k'=k+1}^{\infty} \mathbb{P}\left(T_n^{(N)} = k'\right) = \left(1 - \frac{n(n-1)}{N(N-1)}\right)^{k}. \tag{18.8}$$

Die zweite Gleichung in (18.8) erhält man unter Verwendung der sogenannten geometrischen Reihe $\sum_{i=0}^{\infty} q^i = \frac{1}{1-q}$ (was man durch Multiplikation mit $1-q$ auf beiden Seiten überprüfen kann) für $q = 1 - \frac{n(n-1)}{N(N-1)}$. Es ist nämlich

$$\begin{aligned} \sum_{k'=k+1}^{\infty} (1-q)q^{k'-1} &= \sum_{k'=k}^{\infty} (1-q)q^{k'} = \sum_{i=0}^{\infty} (1-q)q^{k+i} \\ &= q^k(1-q)\sum_{i=0}^{\infty} q^i = q^k. \end{aligned} \tag{18.9}$$

Für den reskalierten Prozess bedeutet dies, dass die Wahrscheinlichkeit

$$\mathbb{P}\left(T_n^{(N)} \geq t^{(N)}\right) = \mathbb{P}\left(T_n^{(N)} \geq \left[\binom{N}{2}t\right]\right) = \left(1 - \frac{\binom{n}{2}}{\binom{N}{2}}\right)^{\left[\binom{N}{2}t\right]} \tag{18.10}$$

für $N \to \infty$ gegen $\exp(-\binom{n}{2}t) = \mathbb{P}(T_n > t)$ konvergiert. Die erste Verschmelzungszeit T_n des Grenzprozesses ist also, wie im Kingman-Koaleszenzprozess vorgegeben, exponentiell verteilt mit Parameter $\binom{n}{2}$. Da die Wahrscheinlichkeitsverteilung von $T_n^{(N)}$ gegen die von T_n konvergiert, spricht man hierbei auch von einer Konvergenz in Verteilung, bezeichnet durch $T_n^{(N)} \Rightarrow T_n$. Ebenso ergibt sich die Konvergenz gegen $T_{n-1}, T_{n-2}, \ldots$. Wie auch in der Genealogie der approximierenden Moran-Modelle sind diese Zeiten unabhängig voneinander.

Für allgemeine Cannings-Modelle wählen wir nun $t^{(N)} = \left[\frac{t}{c_N}\right]$, wobei c_N die Wahrscheinlichkeit angibt, dass zwei bestimmte Individuen in der vorigen Generation einen gemeinsamen Vorfahren haben. Für das Moran-Modell hatten wir schon festgestellt, dass $c_N = 1/\binom{N}{2}$. Für das Wright-Fisher-Modell ergibt sich $c_N = \frac{1}{N}$. Es lässt sich nun der folgende Satz beweisen:

Satz 18.1

Es sei $\left(D^{(N)}(k)\right)_{k\in\mathbb{N}}$ mit $D^{(N)}(0) = n \in \mathbb{N}$ die Anzahl der Ahnenlinien einer Stichprobe der Größe n im Cannings-Modell mit Populationsgröße N und Nachkommensverteilung $\nu^{(N)} = \left(\nu_1^{(N)}, \ldots, \nu_N^{(N)}\right)$. Wir nehmen an, dass $\lim_{N\to\infty} c_N = 0$ sowie

$$\lim_{N\to\infty} \frac{1}{N^2 c_N} \mathbb{E}\left(\left(\nu_1^{(N)}\right)^3\right) = 0. \tag{18.11}$$

Dann ergibt sich Konvergenz in Verteilung der reskalierten Prozesse gegen den Kingman-Koaleszenzprozess:

$$\left(D^{(N)}\left(\left[\frac{t}{c_N}\right]\right)\right)_{t\geq 0} \Rightarrow (D(t))_{t\geq 0} \text{ für } N \to \infty. \tag{18.12}$$

Die Aussage in (18.12) bedeutet dabei, dass die Konvergenz in Verteilung nicht nur für ein festes $t \in \mathbb{R}_+$, also $D^{(N)}\left(\left[\frac{t}{c_N}\right]\right) \Rightarrow D(t)$, sondern für die stochastischen Prozesse stattfindet. Genauer gesagt konvergiert

$$f\left(\left(D^{(N)}\left(\left[\frac{t}{c_N}\right]\right)\right)_{t\geq 0}\right) \Rightarrow f\left((D(t))_{t\geq 0}\right) \text{ für } N \to \infty \tag{18.13}$$

für eine Klasse von Funktionen f, die von dem gesamten Pfad der Prozesse, also den Werten zu allen Zeitpunkten $t \in \mathbb{R}_+$, in bestimmter Weise abhängen können. Insbesondere gilt in unserem Fall, dass die sogenannten endlich-dimensionalen Verteilungen konvergieren: Für $0 \leq t_1 < \cdots < t_k$ $(k \in \mathbb{N})$ gilt

$$\left(D^{(N)}\left(\left[\frac{t_1}{c_N}\right]\right), \ldots, D^{(N)}\left(\left[\frac{t_k}{c_N}\right]\right)\right) \Rightarrow (D(t_1), \ldots, D(t_k)). \tag{18.14}$$

Bemerkenswert ist also, dass sich der gleiche recht einfache Grenzprozess für eine große Vielzahl von Populationsmodellen ergibt, dessen Interpretation sich nur um die unterschiedliche Zeitskalierung mit Faktor c_N unterscheidet, gegeben zumindest, dass die ohne tiefere Mathematik schwer nachvollziehbare Bedingung (18.11) erfüllt ist. Hinreichend für Letzteres ist die intuitiv etwas leichter zu interpretierende Bedingung

$$\lim_{N\to\infty} \operatorname{Var}\left(v_1^{(N)}\right) = \sigma, \qquad \mathbb{E}\left(\left(v_1^{(N)}\right)^m\right) \leq M_m \tag{18.15}$$

für endliche Konstanten σ und M_m $(m \in \mathbb{N})$. Da wir nicht mit Sicherheit sagen können, welches Modell die Realität am besten widerspiegelt, und keines der Modelle der Realität exakt entspricht, ist es ein großer Gewinn zu erkennen, dass die Struktur der Genealogie für große N nicht von den Details eines gewählten Modells abhängt. Zuletzt sei noch erwähnt, dass sich Mutationen für den Grenzprozess als sogenannter *Poissonprozess* mit Rate θ entlang der Äste des genealogischen Baumes ereignen, wobei die *Mutationsrate* θ gegeben ist durch $\theta = \lim_{N\to\infty} \mu^{(N)}/c_N$ und $\mu^{(N)}$ die Mutationswahrscheinlichkeit im Cannings-Modell mit Populationsgröße N ist: Das heißt, dass die Zeiten zwischen Mutationen (Länge der vertikalen Aststücke zwischen zwei Kreuzen in Abbildung 18.3) unabhängig und exponentiell verteilt sind mit Parameter θ. Die Anzahl der Mutationen auf einem Aststück der Länge t ist dann gegeben durch

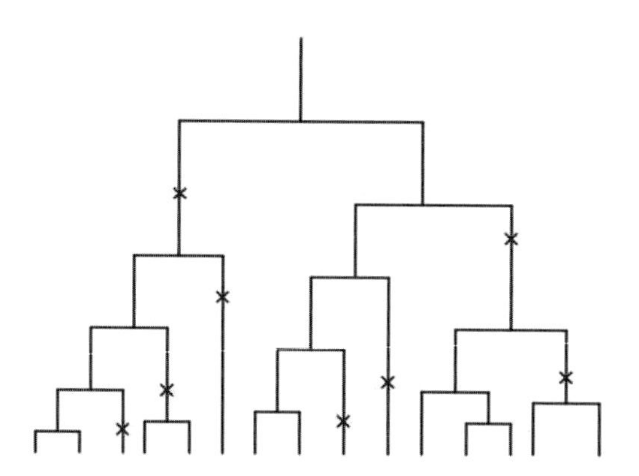

Abbildung 18.3: Kingman-Koaleszenzprozess mit Mutation (blaue Kreuze) für eine Stichprobe der Größe $n = 15$.

$N(t)$, das eine Poissonverteilung hat, das heißt $\mathbb{P}(N(t) = k) = \exp(-\theta t)\frac{(\theta t)^k}{k!}$. Da im approximierenden Baum die Zeiten zwischen Mutationen geometrisch verteilt sind mit $p = \mu^{(N)}$, folgt dies mit einer Rechnung wie in (18.10). Für mehr mathematische Details zu diesen Resultaten siehe etwa die Forschungsartikel [4, 5, 7].

18.3 Genetische Variabilität – die Stichprobenformel von Ewens

In einer Stichprobe der Größe n, deren Genealogie durch den Kingman-Koaleszenzprozess mit Mutationsrate θ beschrieben wird, sei nun a_i die Anzahl der Allele, die i-mal in dieser Stichprobe vorkommen, so dass $a_1 + 2a_2 + \cdots + na_n = n$.

Beispiel 18.2

In Abbildung 18.3 ist $n = 15$ und $a_1 = a_2 = 4, a_3 = 1, a_4 = \cdots = a_{15} = 0$. Bei der geringsten genetischen Vielfalt (auch *Variabilität*) wären alle Gene der Stichprobe vom gleichen Typ, also $a_{15} = 1$ mit allen anderen $a_i = 0$ (dies ergäbe sich, wenn sich bis zum gemeinsamen Vorfahren keine Mutation ereignet hätte). Maximale Variabilität läge im Fall $a_1 = 15$ mit allen anderen $a_i = 0$ vor. Alle Typen kommen also nur einmal vor und sind sogenannte Singletons.

Wir wollen nun die Verteilung der durch $a = (a_1, \ldots, a_n)$ beschriebenen genetischen Variabilität in der Stichprobe betrachten.

Satz 18.2 (Stichprobenformel von Ewens)
In einer Stichprobe der Größe n beträgt die Wahrscheinlichkeit $\mathrm{q}_n(a)$ für die Gruppierung $a = (a_1, \ldots, a_n)$

$$\mathrm{q}_n(a) = \frac{n!}{(2\theta)_{(n)}} \prod_{j=1}^{n} \frac{(2\theta/j)^{a_j}}{a_j!}, \tag{18.16}$$

wobei $x_{(n)} = x(x+1)\cdot\dots\cdot(x+n-1), x \in \mathbb{R}$.

Die Stichprobenverteilung (18.16) ergibt sich als Lösung der folgenden Rekursionsformel (18.17), die wir gleich aus dem Kingman-Koaleszenzprozess herleiten werden. Dass es sich um eine Lösung handelt, lässt sich durch Nachrechnen prüfen. Das erstmalige Finden der Lösung durch Ewens erforderte jedoch, wie in der Mathematik oft der Fall, viel cleveres Probieren! Für die Rekursionsformel setzen wir $\mathrm{q}_1((1)) = 1$ und $\mathrm{q}_n(a) = 0$, falls a einen negativen Eintrag hat, und wir behaupten, dass ansonsten

$$\begin{aligned} \mathrm{q}_n(a) \quad = \quad & \frac{2\theta}{2\theta+n-1}\left(\frac{a_1}{n}\mathrm{q}_n(a) + \sum_{j=2}^{n} \frac{j(a_j+1)}{n}\mathrm{q}_n(a-e_1-e_{j-1}+e_j)\right) \\ & + \frac{n-1}{2\theta+n-1}\left(\sum_{j=1}^{n-1} \frac{j(a_j+1)}{n-1}\mathrm{q}_{n-1}(a+e_j-e_{j+1})\right) \end{aligned} \tag{18.17}$$

gilt. Hierbei bezeichnet e_i den i-ten Einheitsvektor $e_i = (0, ..., 1, ..., 0)$ mit n Einträgen, der an der Stelle i den Eintrag eins hat und ansonsten nur die Einträge null. Auf der linken Seite steht die Wahrscheinlichkeit $\mathrm{q}_n(a)$ der Gruppierung a, auf der rechten Seite stehen die Wahrscheinlichkeiten all der Gruppierungen, aus der a durch Mutation (erste Zeile) oder Koaleszenz (zweite Zeile) hervorgehen kann. Diese werden jeweils mit der Wahrscheinlichkeit multipliziert, dass die dazu nötigen Ereignisse im Kingman-Koaleszenzprozess stattgefunden haben, und aufsummiert. Letztere Wahrscheinlichkeiten müssen wir noch genauer betrachten, bevor wir die Rekursion (18.17) vollständig erläutern können:

Bei einer Stichprobe der Größe n findet auf dem genealogischen Stammbaum (rückwärts in der Zeit betrachtet) eine Mutation entlang einer der n Ahnenlinien nach einer exponentiellen Zeit mit Parameter $n\theta$ statt, ein Koaleszenzereignis nach einer exponentiellen Zeit mit Parameter $\binom{n}{2}$. Diese beiden Zeiten sind unabhängig voneinander. Ein Ergebnis aus der Wahrscheinlichkeitstheorie besagt aber, dass für zwei unabhängige Zufallsvariablen $T_1 \sim \exp(\lambda_1)$ und $T_2 \sim \exp(\lambda_2)$ gilt, dass $\mathbb{P}(T_1 < T_2) = \frac{\lambda_1}{\lambda_1+\lambda_2}$. Also ist die Wahrscheinlichkeit, dass zuerst eine Mutation statt einer Koaleszenz stattfindet, gegeben durch

$$\frac{n\theta}{n\theta + \binom{n}{2}} = \frac{2\theta}{2\theta + n - 1}. \tag{18.18}$$

Dies erklärt die Vorfaktoren $\frac{2\theta}{2\theta+n-1}$ und $1 - \frac{2\theta}{2\theta+n-1} = \frac{n-1}{2\theta+n-1}$ in den beiden Zeilen der rechten Seite von (18.17). Im Falle einer Mutation ändert sich die Stichprobengröße nicht. Es lag vor dem Mutationsereignis die gleiche Konfiguration a vor, falls die Mutation einen nur einmal auftretenden Typ trifft (mit Wahrscheinlichkeit $\frac{a_1}{n}$). Ansonsten wurde eine größere Gruppe von j gleichen Allelen in eine Gruppe von $j-1$ gleichen Allelen und einen Singleton gespalten. Das heißt, die Gruppierung $a - e_1 - e_{j-1} + e_j$ mutierte zur Gruppierung a. In diesem Fall gab es zur Zeit der Mutation $j(a_j+1)$ Individuen, deren Alleltyp jeweils j-mal vertreten war, so dass die Wahrscheinlichkeit für dieses Ereignis $\frac{j(a_j+1)}{n}$ beträgt. Damit ist die erste Zeile von (18.17) bewiesen. Der Vorfaktor $\frac{n-1}{2\theta+n-1}$ der zweiten Zeile von (18.17), welche die Koaleszenzereignisse berücksichtigt, wurde oben bereits erklärt. Die Anzahl der Ahnenlinien beträgt (zeitlich gesehen) vor dem letzten Koaleszenzereignis $n-1$. Bei diesem Ereignis geht eine Gruppierung $a + e_j - e_{j+1}$ in die Gruppierung a über, wenn das Koaleszenzereignis einen Alleltyp trifft, der j-mal vertreten war. Der Faktor $\frac{j(a_j+1)}{n-1}$ ist die Wahrscheinlichkeit dafür, dass dies geschieht.

Diese Stichprobenverteilung, die unter der Annahme der Neutralität hergeleitet wurde, sowie die Verteilungen für abgeleitete Statistiken wie etwa $K_n := a_1 + \cdots + a_n$, die Anzahl der verschiedenen Allele in der Stichprobe, lässt sich nun mit der tatsächlich beobachteten genetischen Variabilität vergleichen. Stellt man keine gute Übereinstimmung fest, so möchte man gerne mit Vorhersagen von anderen Modellen vergleichen, die von der Neutralitätsannahme abweichen.

18.4 Entwicklung des Vorwärtsprozesses

Bevor wir das neutrale Modell erweitern, beschäftigen wir uns noch kurz mit der Entwicklung der Typenverteilung in der Gesamtpopulation. Dieser Abschnitt benutzt einige schwierigere mathematische Begriffe, kann aber beim ersten Lesen übersprungen werden.

Für die Typenverteilung ist bereits sehr viel mathematische Theorie entwickelt worden, die unter anderem genutzt werden kann, um die genealogischen Prozesse zu analysieren, die wir in Abschnitt 18.2 eingeführt haben. Es sei im Cannings-Modell aus Abschnitt 18.1.2 der Anteil der Individuen eines bestimmten Typs in Generation $k \in \mathbb{N}$ gegeben durch $p^{(N)}(k)$. Gibt es keine Mutation, so beschreibt $N \cdot p^{(N)}$ die zukünftige Entwicklung der Anzahl der Nachkommen eines Individuums. Bei Modellen mit Mutation gibt $p^{(N)}$ mit Werten im Intervall $[0,1]$ die Genfrequenz für einen bestimmten Typ an. Der Markov-Prozess $\left(p^{(N)}(k)\right)_{k \in \mathbb{N}}$ kann für allgemeine Cannings-Modelle nicht immer in einfacher Form beschrieben werden. Im Falle des Moran-Modells (ohne Mutation) ergibt sich allerdings wieder ein sehr einfacher Prozess, eine einfache *Irrfahrt* auf $\{0, \frac{1}{N}, \frac{2}{N}, \ldots, 1\}$: Ist $p^{(N)}(k) = p$, so ist $p^{(N)}(k+1) = p + \frac{1}{N}$ und $p^{(N)}(k+1) = p - \frac{1}{N}$ jeweils mit Wahrscheinlichkeit $\frac{1}{2}p(1-p)$. Mit Wahrscheinlichkeit $1 - p(1-p)$ ändert sich die Genfrequenz nicht. Die erwartete Änderung ist also jeweils null, die Varianz ist gegeben durch $\frac{1}{N^2}p(1-p)$. Wieder interessieren wir uns nun für große Populationen und approximieren diese durch den gleichen Grenzwert für $N \to \infty$ wie in Abschnitt 18.2:

Satz 18.3
Für Cannings-Modelle ohne Mutation, deren Nachkommensverteilung ν die Gleichung (18.11) erfüllt, konvergiert die Genfrequenz als Prozess für $N \to \infty$,

$$\left(p^{(N)}\left(\left[\frac{t}{c_N}\right]\right)\right)_{t\geq 0} \Rightarrow (p(t))_{t\geq 0}, \tag{18.19}$$

wobei der Grenzprozess eine *Wright-Fisher-Diffusion* ist, welche die folgende stochastische Differentialgleichung erfüllt:

$$dp(t) = \sqrt{p(t)(1-p(t))}dB(t) \quad \Leftrightarrow \quad p(t) = p(0) + \int_0^t \sqrt{p(s)(1-p(s))}dB(s). \tag{18.20}$$

Der Prozess $B(t)$ ist hierbei eine übliche *Brown'sche Bewegung*. Diese ist einer der wichtigsten stochastischen Prozesse und lässt sich dadurch charakterisieren, dass die Inkremente $(B(t) - B(s))$ für $0 \leq s \leq t$ normalverteilt sind mit Erwartungswert 0 und Varianz $t - s$, das heißt

$$\mathbb{P}((B(t) - B(s)) \leq x) = \int_{-\infty}^{x} \frac{1}{\sqrt{2\pi(t-s)}} \exp\left(-\frac{x'^2}{2(t-s)}\right) dx'. \tag{18.21}$$

Inkremente über disjunkte Zeitintervalle müssen außerdem unabhängig und die Pfade $t \to B(t)$ mit Wahrscheinlichkeit 1 stetig sein. Das stochastische Integral in (18.20) ist dabei in gewisser Weise ein stochastischer Grenzwert der approximierenden Summen

$$\sum_{i=1}^{M} \sqrt{p\left(\frac{i}{M}t\right)\left(1-p\left(\frac{i}{M}t\right)\right)}\left(B\left(\frac{i+1}{M}\right) - B\left(\frac{i}{M}\right)\right) \text{ für } M \to \infty. \tag{18.22}$$

Zwischen der Wright-Fisher-Diffusion p und dem Kingman-Koaleszenzprozess D gibt es eine sehr tiefe mathematische Verbindung. Man spricht von *dualen* Prozessen, da unter anderem gilt

$$\mathbb{E}\left(p(t)^{D(0)}\right) = \mathbb{E}\left(p(0)^{D(t)}\right), \quad t \geq 0, \tag{18.23}$$

wobei p und D voneinander unabhängig sein müssen. Der Prozess p zur Zeit t lässt sich also mit Hilfe von D zur Zeit t beschreiben und umgekehrt.

Satz 18.3 gilt nicht nur für Cannings-Modelle ohne Mutation. Betrachten wir beispielsweise ein Modell, in dem es zwei Typen gibt mit Mutationsparameter θ_1 von Typ 1 zu Typ 2 und Mutationsparameter θ_2 für die umgekehrte Mutation, so ergibt sich anstelle von (18.20) für die Genfrequenz von Typ 1 die Gleichung

$$dp(t) = (-\theta_1 p(t) + \theta_2(1 - p(t)))dt + \sqrt{p(t)(1 - p(t))}dB(t). \tag{18.24}$$

Auch die Dualität aus (18.23) kann entsprechend verallgemeinert werden, D ist dann ein Koaleszenzprozess mit räumlicher Struktur. Wir beobachten, dass die Genfrequenz p im Mittel beschrieben wird durch die Differentialgleichung $p'(t) = (-\theta_1 p(t) + \theta_2(1 - p(t)))$, deren Lösung gegen die Konstante $\theta_2/(\theta_1 + \theta_2)$ konvergiert, die wir erhalten, indem wir $p' = 0$ setzen. Für mehr mathematische Details zur Konvergenz von Populationsprozessen siehe etwa [6].

18.5 Populationswachstum und räumliche Struktur

Wir wollen nun von der Neutralitätsannahme abweichen, die wir in Abschnitt 18.1.2 gemacht haben. In diesem Abschnitt beschäftigen wir uns mit der Frage, was passiert, wenn die Größe der Population über die Zeit nicht konstant bleibt oder aber eine räumliche Struktur der Population gegeben ist. Beispielsweise ist die menschliche Population über lange Zeiträume hinweg angewachsen. Außerdem gab es viele getrennt lebende Populationen, die sich nur selten ausgetauscht haben, beziehungsweise Untergruppen, die sich abgespalten und dann wieder mit anderen vermischt haben.

Um zu verstehen, welchen Einfluss diese Faktoren auf die Genealogie und damit auf die genetische Variabilität einer Stichprobe haben, betrachten wir eine einfache Verallgemeinerung des Wright-Fisher-Modells mit vorgegebener fluktuierender Populationsgröße $N_k = x_k \cdot N$ in Generation k vor der Gegenwart. Ist $x_k > 1$, so bedeutet dies, dass es in Generation k, möglicherweise wegen günstiger Lebensbedingungen, eine überdurchschnittlich große Population $N_k > N$ gab. Umgekehrt verhält es sich für $x_k < 1$. Die Verwandtschaftsverhältnisse zwischen den Generationen werden wiederum dadurch festgelegt, dass jedes Nachkommengen sein Elterngen zufällig aus der vorigen Generation auswählt. Dann ist die Wahrscheinlichkeit, dass zwei Gene vom gleichen Elterngen abstammen, in Generation k gegeben durch $c_{N,k} = \frac{1}{N_k} = \frac{1}{x_k} c_N$, wobei $c_N = \frac{1}{N}$ ist, also die analoge Wahrscheinlichkeit wie im Wright-Fisher-Modell mit konstanter Populationsgröße. Ist $x_k = x$ konstant, so ergibt sich aus Satz 18.1, dass nun bei gleicher Reskalierung mit c_N wie zuvor

$$\left(D^{(N)}\left(\left[\frac{t}{c_N}\right]\right)\right)_{t\geq 0} = \left(D^{(N)}\left(\left[\frac{t/x}{c_N/x}\right]\right)\right)_{t\geq 0} \Rightarrow \left(D\left(\frac{t}{x}\right)\right)_{t\geq 0} \text{ für } N \to \infty. \tag{18.25}$$

Die erste Verschmelzungszeit einer Auswahl von n Genen ist also nun im Grenzwert exponentiell verteilt mit Paramter $\frac{1}{x}\binom{n}{2}$, also

$$\mathbb{P}(T_n > t) = \exp\left(-\frac{t}{x} \cdot \binom{n}{2}\right). \tag{18.26}$$

Ergibt sich für die Fluktuationen x_k unter der gewöhnlichen Zeitreskalierung ein Grenzprozess, also $x(t) = \lim_{N\to\infty} x_{\left[\frac{t}{c_N}\right]}$, so lässt sich außerdem im Allgemeinen zeigen, dass die Verschmelzungsrate zum Zeitpunkt t bis zur ersten Verschmelzungszeit T_n gegeben ist durch

$$\frac{1}{x(t)}\binom{n}{2}. \tag{18.27}$$

Das bedeutet, dass analog zu (18.26) nun gilt

$$\mathbb{P}(T_n > t) = \exp\left(-\int_0^t \frac{1}{x(s)} ds \cdot \binom{n}{2}\right). \tag{18.28}$$

Der Genealogieprozess konvergiert gegen den Kingman-Koaleszenzprozess, der auf einer neuen Zeitskala $\Lambda(t) = \int_0^t \frac{1}{x(s)} ds$ abläuft. Ist die Population zu einem

Zeitpunkt t ungewöhnlich klein ($x(t) < 1$), so werden schneller gemeinsame Vorfahren gefunden, bei großen Populationen geht dies entsprechend langsamer. Dies ist intuitiv so zu verstehen, dass in einer kleinen Population zufällig ausgewählte Individuen natürlich näher verwandt sind als in einer großen Population.

Wir nehmen nun an, dass es K Untergruppen der Population gibt, sogenannte *Kolonien*, bezeichnet mit $i = 1, \ldots, K$, die jeweils die (konstanten) Größen $x_i \cdot N$ haben. In jeder Untergruppe läuft die Reproduktion nach einem Cannings-Modell ab, etwa dem Wright-Fisher-Modell, das wir soeben nochmals verwendet haben. In jeder Generation migriert außerdem jeweils ein kleiner Teil der Individuen in Kolonie i zu anderen Kolonien. Dies modellieren wir, indem wir annehmen, dass $n_{ij} \in \mathbb{N}$ Individuen in Kolonie i zufällig ausgewählt werden und zu Kolonie j abwandern. Um die konstanten Koloniegrößen zu erhalten, nehmen wir hierbei an, dass für alle i gilt

$$n_{i1} + n_{i2} + \cdots + n_{iK} = n_{1i} + n_{2i} + \cdots + n_{Ki}. \tag{18.29}$$

Dies besagt, dass die Anzahl der Individuen, die aus Kolonie i abwandern, der Anzahl der Individuen entspricht, die aus den anderen Kolonien zuwandern. Reskaliert man nun die Migrationszahlen $n_{ij}^{(N)}$ so, dass ein Grenzwert

$$m_{ji} = \lim_{N \to \infty} \frac{n_{ij}^{(N)}}{x_j \, N \, c_N} \tag{18.30}$$

existiert, so wird im Grenzwert (analog zu Satz 18.1) die Genealogie beschrieben durch einen räumlich strukturierten Kingman-Koaleszenzprozess:

Definition 18.3 (Räumlich strukturierter Kingman-Koaleszenzprozess)
Es sei $D_i(t)$ für $i \in \{1, \ldots, K\}$ die Anzahl der Ahnenlinien in Kolonie i zum Zeitpunkt t. Ist $D_i(t) = n$, dann nimmt D_i nach einer exponentiell verteilten Zeit mit Parameter $\frac{1}{x_i}\binom{n}{2}$ um eins ab. Unabhängig davon migriert jede Ahnenlinie aus Kolonie i zu Kolonie $j \in \{1, \ldots, K\}$ nach einer exponentiell verteilten Zeit mit Parameter m_{ij}. Dies führt dazu, dass die Zahl der Ahnenlinien D_i in Kolonie i um eins abnimmt, die der Ahnenlinien D_j in Kolonie j um eins zunimmt.

Dass die Indizes in der Definition (18.30) der Migrationsrate der Ahnenlinien m_{ji} gegenüber den Migrationszahlen $n_{ij}^{(N)}$ vertauscht sind, erklärt sich daraus, dass für die Migration der Ahnenlinien die Zeit rückwärts, für die Migration der Population aber vorwärts betrachtet wird. Wandern also im Populationsmodell viele Individuen von Kolonie i zu Kolonie j ($n_{ij}^{(N)}$ groß), so werden rückwärts betrachtet Ahnenlinien mit relativ großer Wahrscheinlichkeit von Kolonie j nach Kolonie i wandern (m_{ji} groß), denn dort lebten viele ihrer Vorfahren. Der Faktor $1/x_j$ in Definition (18.30) kommt dadurch zustande, dass es wahrscheinlicher ist, dass Individuen, deren Ahnenlinien wir verfolgen, zu den an einer Migration beteiligten Individuen gehören, wenn es sich um eine relativ kleine Population in Kolonie j handelt (x_j klein). Dies ist analog zu dem Faktor $1/x$ in (18.26).

Der eben beschriebene stochastische Prozess $\big((D_i(t))_{i\in\{1,\dots,K\}}\big)_{t\geq 0}$ ist wiederum ein Markov-Prozess, den man auch als ein *System verschmelzender Irrfahrten* bezeichnen kann, welches auch in vielen anderen Anwendungsgebieten von Bedeutung ist.

Die genetische Variabilität einer Stichprobe hängt nun natürlich davon ab, aus welchen Kolonien die ausgewählten Individuen stammen. Insbesondere sind Individuen aus der gleichen Kolonie oder aus nahe aneinander liegenden Kolonien im Schnitt näher verwandt. Sie haben also einen gemeinsamen Vorfahren in der jüngeren Vergangenheit als Individuen aus weit entfernten Kolonien.

Geschlossene Formeln wie etwa die Stichprobenformel von Ewens aus Satz 18.2 lassen sich im Allgemeinen dafür nicht angeben (wie auch schon für die oben besprochenen Populationen mit fluktuierender Größe). Es gibt in diesem aktuellen Forschungsgebiet aber eine Vielzahl von analytischen Resultaten. Als Beispiel sei erwähnt, dass die Genealogie einer Stichprobe, deren einzelne Individuen von weit voneinander entfernten Kolonien stammen, wieder approximativ durch den Kingman-Koaleszenzprozess beschrieben werden kann, wenn auch auf einer langsameren Zeitskala. Dies passiert dann, wenn sich die Ahnenlinien durch die Migration zwischen zwei Verschmelzungsereignissen immer wieder zufällig im Raum verteilen, so dass an jedem Verschmelzungsereignis wieder jedes Paar von Ahnenlinien mit gleicher Wahrscheinlichkeit teilhat. In der Praxis werden die beschriebenen Koaleszenzmodelle auch oft zur Simulation genutzt, durch welche die Stichprobenverteilungen ebenfalls (wenngleich nur approximativ) ermittelt werden können.

Abschließend sei erwähnt, dass Selektion einen ähnlichen Einfluss auf die Genealogie und Stichprobenverteilung haben kann wie auch bestimmte Arten von Populationsstruktur und Fluktuation der Populationsgröße. Denn hierbei können sich ganz ähnliche Modelle ergeben, wobei die Struktur der Population dann durch die Zugehörigkeit zu Untergruppen eines bestimmten Typs gegeben ist und die Migration als Mutation von einem Typ zu einem anderen interpretiert wird. Für Details zu einem solchen Modell sei etwa der Forschungsartikel [1] empfohlen.

Literatur

[1] BARTON, N. H., ETHERIDGE, A. M., STURM, A. K.: Coalescence in a random background. Annals Appl. Probab. **14(2)**, 754–785 (2004)

[2] DURRETT, R.: Probability models for DNA sequence evolution. In: Probability and its Applications. Springer, 2002

[3] HEIN, J., SCHIERUP, M. H., WIUF, C.: Gene genealogies, variation and evolution: a primer in coalescent theory. Oxford University Press, 2005

[4] KINGMAN, J. F.: The coalescent. Stochastic Processes and their applications **13**, 249–261 (1982)

[5] KINGMAN, J. F.: On the genealogy of large populations. Special volume of Journal of Applied Probability, **19A** (1982)

[6] KURTZ, T. G.: Approximation of Population Processes. CBMS-NSF Regional Conference Series in Applied Mathematics. SIAM, 1981

[7] MÖHLE, M., SAGITOV, S.: A classification of coalescent processes for haploid exchangeable population models. Ann. Probab., **29**, 1547–1562 (2001)

[8] WAKELEY, J.: Coalescent Theory: An Introduction. Roberts & Company, 2009

Die Autorin:

Prof. Anja Sturm, PhD
Institute for Mathematical Stochastics
Georg-August-Universität Göttingen
Goldschmidtstr. 7
37077 Göttingen
asturm@math.uni-goettingen.de

19 Wo Symmetrie ist ...

... da ist eine Gruppe nicht weit

Rebecca Waldecker

Bereits in der Schule begegnet uns der Begriff der Symmetrie. Wenn wir unsere Aufmerksamkeit darauf lenken, fallen uns im Alltag an vielen Stellen symmetrische Formen auf – in der Natur etwa, bei der Form von Blättern und Blüten, in der Architektur und auch beim Design von Gebrauchsgegenständen. Studieren wir Verzierungen oder Mosaike, so sehen wir neben dem Stilelement der Wiederholung häufig auch Dreh- und Spiegelsymmetrien der Muster. In der Physik und Chemie spielt Symmetrie zum Beispiel dort eine Rolle, wo sich Atome zu Molekülen verbinden und diese sich dann zu einem Molekülkristall. Wie symmetrisch ein solcher Kristall aufgebaut ist, kann Rückschlüsse auf die einzelnen Bestandteile zulassen, etwa auf Energieniveaus von Elektronen. Auch in diesem Buch tauchen Symmetrien noch an anderer Stelle auf, zum Beispiel in Gabriele Nebes Beitrag über dichte Kugelpackungen.

Von einem mathematischen Standpunkt aus müssen wir zunächst klären, was wir hier unter einer Symmetrie verstehen. Gegeben sei dazu ein „Muster", das aus Punkten und Linien besteht. Dann ist eine **Symmetrie** dieses Musters eine bijektive Abbildung α, die jeden Punkt wieder auf einen Punkt abbildet und die dabei die Verbindungen durch Linien erhält, und zwar so, dass das Muster seine Form nicht ändert. Dabei bedeutet **bijektiv**, dass einerseits verschiedene Punkte auch auf verschiedene Punkte geworfen werden und dass andererseits jeder Punkt des Musters von α „getroffen“ wird, dass also jeder Punkt als ein Bildpunkt unter α vorkommt. Dass α Verbindungen erhält, bedeutet Folgendes: Sind P_1 und P_2 Punkte, so sind P_1 und P_2 genau dann durch eine Linie verbunden, wenn auch die Bildpunkte $\alpha(P_1)$ und $\alpha(P_2)$ durch eine Linie verbunden sind.

Anschaulich gesprochen bewegt eine Symmetrie die Punkte und Linien unseres Musters so, dass hinterher alles wieder genau so aussieht wie vorher, nur dass vielleicht einige oder alle Punkte ihren Platz verändert haben. Vergessen wir die Namen der Punkte, so soll unser Muster nicht von seinem Bild unter der Symmetrie unterscheidbar sein.

Als erstes Beispiel betrachten wir eine Linie, die genau zwei verschiedene Punkte P_1 und P_2 verbindet:

Die einfachste Symmetrie, die man sich hier vorstellen kann, tut überhaupt nichts. Gibt es andere Möglichkeiten? Ist α eine Symmetrie des Musters, die nicht beide Punkte festlässt, so muss ein Punkt bewegt werden. Es sei also $\alpha(P_1) \neq P_1$. Der einzige andere Punkt ist P_2, also muss $\alpha(P_1) = P_2$ sein. Da die Abbildung bijektiv ist, werden verschiedene Punkte von α auf verschiedene Punkte geworfen – das bedeutet, dass $\alpha(P_1) \neq \alpha(P_2)$ ist. Also folgt $\alpha(P_2) \neq P_2$. Der einzige andere Punkt ist aber P_1, daher ist nun $\alpha(P_2) = P_1$. In anderen Worten: Die Abbildung α vertauscht die beiden Punkte des Musters. Die Linie verändert dabei ihre Lage nicht, sie wird nur gespiegelt. Fazit: Die Symmetrie α ist anschaulich gesprochen nichts Anderes als die Spiegelung unseres Musters am Mittelpunkt der Linie zwischen P_1 und P_2. Man kann α aber auch, wieder anschaulich gesprochen, als Drehung um 180° um den Mittelpunkt interpretieren. Nun haben wir schon zwei wichtige Arten von Symmetrien erwähnt, die wir bereits aus der Schule kennen: die **Spiegelungen** und die **Drehungen**.

Machen wir es etwas interessanter, mit einem gleichseitigen Dreieck. Hier gibt es also drei Punkte P_1, P_2 und P_3 und drei Linien.

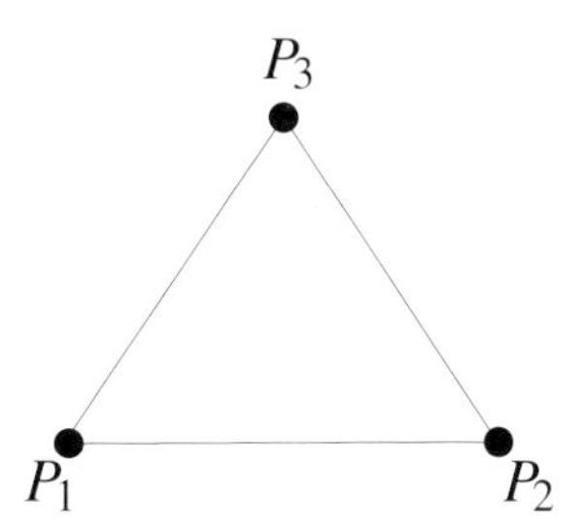

Wieder haben wir die Möglichkeit, einfach gar nichts zu tun. Diese etwas langweilige Symmetrie nennen wir von nun an die **identische Symmetrie** und kürzen sie mit „id" ab. Aus der Schule wissen wir, dass wir unser Dreieck auf drei verschiedene Weisen an Seitenhalbierenden spiegeln können, wobei jeweils ein Punkt festbleibt und die anderen beiden vertauscht werden. Weiterhin können wir das Dreieck um 120° beziehungsweise 240° um seinen Schwerpunkt drehen und bewegen dabei jeden Punkt. (Die Drehwinkel ergeben sich, indem wir uns eine Kreislinie durch die drei (Eck-)Punkte des Dreiecks denken. Soll jeder Punkt gegen den Uhrzeigersinn um einen Platz weiterrücken, so muss jeder Punkt ein Drittel der gesamten Kreislinie entlanglaufen – das entspricht einem Drehwinkel von $\frac{360}{3}^\circ$, also 120°. Bei der Drehung um 240° wird um je zwei Plätze weitergerückt.)

In allen genannten Fällen werden bijektive Abbildungen angewandt, welche die Verbindungen zwischen Punkten respektieren und damit Symmetrien sind. Nun stellen sich zwei Fragen:

1. Sind diese Symmetrien alle verschieden?
2. Gibt es noch weitere?

Dazu gehen wir systematisch vor und starten, genau wie oben, mit einer beliebigen Symmetrie α, die nicht jeden Punkt festhält, also $\alpha \neq \mathrm{id}$. Beginnen wir mit dem Fall, dass der Punkt P_1 bewegt wird. Dann ist $\alpha(P_1) \neq P_1$, wir haben für das Bild also nur die beiden Möglichkeiten P_2 und P_3. Ist $\alpha(P_1) = P_2$, so muss das Bild $\alpha(P_2)$ von P_2 verschieden sein.

1. Fall: $\alpha(P_2) = P_1$.

Dann werden also P_1 und P_2 vertauscht. Für P_3 ist dann kein Bild mehr übrig außer P_3 selbst, denn α ist nach Voraussetzung bijektiv. Wir bezeichnen die so erhaltene Abbildung als s_3, also als diejenige Spiegelung, welche P_3 festhält und P_1 und P_2 vertauscht.

2. Fall: $\alpha(P_2) = P_3$.

Als Bild für P_3 kommt dann, wieder wegen der Bijektivität, nur noch P_1 in Frage. Die Abbildung α vertauscht also alle drei Punkte kreisförmig – anschaulich gesprochen drehen wir um den Mittelpunkt des Dreiecks gegen den Uhrzeigersinn um 120°. Wir bezeichnen diese Drehung mit d_1, denn jeder Punkt rückt *einen* Platz weiter.

Schauen wir nun ganz analog den Fall an, dass $\alpha(P_1) = P_3$ ist, so sehen wir wieder zwei Möglichkeiten:

1. Fall: $\alpha(P_3) = P_1$, das heißt α vertauscht P_1 und P_3 und lässt P_2 fest. Diese Spiegelung nennen wir s_2.

2. Fall: $\alpha(P_3) = P_2$. Dann werden die drei Punkte wieder kreisförmig vertauscht, aber diesmal in die andere Richtung beziehungsweise gegen den Uhrzeigersinn um 240°. Diese Symmetrie nennen wir d_2, da alle Punkte gegen den Uhrzeigersinn um *zwei* Plätze weiterrücken.

Nun haben wir bereits vier verschiedene Symmetrien gefunden; zusammen mit der Identität macht das schon fünf Symmetrien unseres Dreiecks. Das war aber erst der Fall, in dem der Punkt P_1 bewegt wird. Nehmen wir nun an, dass α den Punkt P_1 fixiert. Wegen $\alpha \neq$id muss dann ein anderer Punkt bewegt werden. Da es aber nur noch zwei weitere Punkte gibt und $\alpha(P_1) = P_1$ ist, müssen nun P_2 und P_3 vertauscht werden. Das wird die nächste Spiegelung, bezeichnet mit s_1. Weitere Möglichkeiten sehen wir nicht, so dass es nahe liegt, den folgenden Satz zu formulieren:

Satz
Das gleichseitige Dreieck hat genau sechs verschiedene Symmetrien, und zwar drei Spiegelungen und drei Drehungen.

Beweis
Zuerst stellen wir fest, dass es drei verschiedene Spiegelungen und drei verschiedene Drehungen des gleichseitigen Dreiecks gibt (mit der identischen Symmetrie aufgefasst als Drehung um $0°$). Um den Satz zu beweisen, genügt es also, zu zeigen, dass keine weiteren Symmetrien existieren. Dazu bezeichnen wir die Punkte wieder mit P_1, P_2 und P_3 und beziehen uns auf die obigen Überlegungen. Ist α eine beliebige Symmetrie, die nicht die identische Symmetrie ist, so gibt es offenbar zwei Möglichkeiten: P_1 wird von α bewegt oder nicht.

Falls P_1 bewegt wird, ist α eine der Abbildungen s_2, s_3, d_1 oder d_2. Falls aber P_1 nicht bewegt wird, so muss $\alpha = s_1$ sein. Jede Symmetrie des gleichseitigen Dreiecks ist also eine der drei Drehungen (inklusive Identität) oder eine Spiegelung, wie behauptet. □

Man überlege sich, wie die Situation beim Quadrat ist! Hier haben wir verschiedene Spiegelungen, als Spiegelachsen kommen nämlich sowohl Seitenhalbierende in Frage als auch Diagonalen. (Es sollten acht verschiedene Symmetrien herauskommen.)

Bevor wir uns ansehen, welche allgemeinen Gesetzmäßigkeiten hinter unseren bisherigen Überlegungen stecken, gehen wir zurück zur Definition einer Symmetrie. Ursprünglich war das doch eine Abbildung eines Musters mit Punkten und Linien auf sich selbst mit gewissen Eigenschaften. Da das Muster nach Anwendung einer Symmetrie wieder so aussieht wie vorher, hält uns doch nichts davon ab, gleich eine weitere Symmetrie anzuwenden! Mathematisch ist das eine **Hintereinanderausführung** von Abbildungen und soll hier mit $\circ$ bezeichnet werden. Sind α und β Symmetrien, so ist mit $\alpha \circ \beta$ also gemeint, dass zuerst β und dann α ausgeführt wird. Wir halten fest:

> Bei der Hintereinanderausführung von Symmetrien erhalten wir stets wieder eine Symmetrie.

Dabei ist entscheidend, sich zu überlegen, warum die Hintereinanderausführung zweier bijektiver Abbildungen wieder eine bijektive Abbildung ergibt.

In unserem ersten Beispiel mit den zwei Punkten ist die einzige nicht-identische Symmetrie die Spiegelung s, welche die beiden Punkte vertauscht. Wenden wir s zweimal hintereinander an, so haben wir die Spiegelung sozusagen rückgängig gemacht. Insbesondere ist die Abbildung $s \circ s$, also die zweimalige Ausführung von s, wieder eine Symmetrie, nämlich die identische Symmetrie. Im zweiten Beispiel, beim gleichseitigen Dreieck, lernen wir etwas mehr. Wenden wir etwa zuerst s_1 an und dann s_2, so sehen wir:

- P_1 geht zuerst (mit s_1) auf P_1 selbst und dann (mit s_2) auf P_3, also $P_1 \mapsto P_3$.
- P_2 geht mit s_1 auf P_3 und dann mit s_2 auf P_1, also $P_2 \mapsto P_1$.
- P_3 geht zuerst auf P_2 und bleibt von dort aus bei P_2. Also $P_3 \mapsto P_2$.

Diese Abbildung kennen wir schon, es ist d_2. Kehren wir die Reihenfolge um, so erhalten wir bei Anwendung von s_2 und dann s_1 Folgendes:

- P_1 geht zuerst (mit s_2) auf P_3 und dann (mit s_1) auf P_2, also $P_1 \mapsto P_2$.
- P_2 geht mit s_2 auf P_2 selbst und dann mit s_1 auf P_3, also $P_2 \mapsto P_3$.
- P_3 geht zuerst auf P_1 und bleibt von dort aus bei P_1. Also $P_3 \mapsto P_1$.

Diese Abbildung kennen wir auch schon, es handelt sich um d_1. Insbesondere ist $s_1 \circ s_2 \neq s_2 \circ s_1$. Wir sehen, dass bei der Hintereinanderausführung zweier Spiegelungen eine Drehung herauskommt – das stimmt nicht nur beim Dreieck, sondern ganz allgemein in jedem regelmäßigen n-Eck mit positivem ganzzahligem n. Dabei bedeutet **„regelmäßig“**, dass, wie bereits beim gleichseitigen Dreieck, alle Innenwinkel des n-Ecks gleich groß und alle Kanten gleich lang sein sollen.

- Bei der Hintereinanderausführung von Symmetrien kommt es auf die Reihenfolge an.
- Bei der Hintereinanderausführung zweier Spiegelungen kommt eine Drehung heraus.

Schauen wir uns weitere typische Beispiele an.

Führen wir s_1 zweimal aus, so bleibt P_3 fest, und P_1 und P_2 werden zuerst vertauscht und dann wieder zurückvertauscht. Also ist $s_1 \circ s_1 = \text{id}$. Wir sagen dazu, dass s_1 zu sich selbst **invers** ist, sich also bei zweimaliger Anwendung selbst aufhebt. Jede Spiegelung ist zu sich selbst invers.

Führen wir dagegen d_1 zweimal aus, so drehen wir zweimal um 120°, also insgesamt um 240°. Daher ist $d_1 \circ d_1 = d_2$. Erst wenn wir d_1 dreimal nacheinander anwenden, erhalten wir die identische Symmetrie. Das bedeutet auch, dass $d_1 \circ d_2 = \text{id}$ ist und genauso $d_2 \circ d_1 = \text{id}$. Hier sind also d_1 und d_2 zueinander invers, ihre Wirkungen heben sich gegenseitig auf.

Außerdem gilt: Wenn wir irgendeine Symmetrie α vor oder nach der identischen Symmetrie ausführen, so wenden wir einfach nur α an. Es ist also stets $\alpha \circ \mathrm{id} = \alpha$ und auch $\mathrm{id} \circ \alpha = \alpha$.

- Spiegelungen sind zu sich selbst invers, Drehungen sind zu ihrer „entgegengesetzten“ Drehung invers.
- Die identische Symmetrie verhält sich bei Hintereinanderausführung neutral.

Zum Schluss berechnen wir noch, was bei der Hintereinanderausführung einer Drehung und einer Spiegelung herauskommt. Als Beispiel nehmen wir $d_1 \circ s_2$:

P_1 geht zuerst auf P_3 und dann zurück auf P_1, P_2 bleibt zuerst fest und geht dann auf P_3, und P_3 geht auf P_1 und von dort auf P_2. Es kommt also die Spiegelung s_1 heraus.

Vergleichen wir s_2 und s_1, so sehen wir, dass sich die Spiegelachse gedreht hat – zuerst verlief sie durch P_2, nun durch P_1. Das können wir uns so vorstellen, als hätten wir die Spiegelachse durch P_2 fest eingezeichnet und dann die Punkte mit der Drehung d_2 (dem Inversen von d_1) bewegt. Bleibt die Achse fest, so verläuft sie nach der Drehung durch P_1 anstelle von P_2.

Da die Reihenfolge eine Rolle spielt, schauen wir uns zum Vergleich $s_2 \circ d_1$ an:

P_1 geht auf P_2 und bleibt dort, P_2 geht auf P_3 und von dort auf P_1, und P_3 geht auf P_1 und von dort zurück auf P_3.

Diesmal kommt also die Spiegelung s_3 heraus – die Spiegelachse hat sich gedreht und läuft nun durch P_3. Anschaulich gesprochen halten wir, wie oben, die Achse durch P_2 fest und wenden diesmal die Drehung d_1 an – danach verläuft die Achse durch P_3.

Formulieren wir das allgemeiner!

> Führen wir eine Spiegelung und eine Drehung nacheinander aus, so dreht sich die Spiegelachse: Falls die Drehung zuerst ausgeführt wird, dreht die Achse sich im Sinne dieser Drehung, falls aber die Spiegelung zuerst ausgeführt wird, dann entsteht die neue Spiegelachse, indem die entgegengesetzte (inverse) Drehung angewandt wird.

Es gibt in diesem Beispiel insgesamt 36 Möglichkeiten, zwei Symmetrien nacheinander auszuführen – stets kommt wieder eine Symmetrie heraus. Nun können wir das fortsetzen und drei, vier, ... Symmetrien nacheinander ausführen, etwa ist $(s_1 \circ s_2) \circ d_1 = d_1 \circ d_1 = d_2$ und $s_1 \circ (s_2 \circ d_1) = s_1 \circ s_3 = d_2$, wie sich nachrechnen lässt. Auch wenn die Rechnungen komplizierter werden, können wir all diese Überlegungen für die Symmetrien beliebiger regelmäßiger n-Ecke anstellen.

Fassen wir die wichtigsten Punkte zusammen:

> In der Menge aller Symmetrien des regelmäßigen n-Ecks, die wir mit $S(n\text{-Eck})$ bezeichnen, können wir Symmetrien durch Hintereinanderausführung verknüpfen und erhalten stets wieder eine Symmetrie. Es gibt ein Element in $S(n\text{-Eck})$, nämlich id, das sich bei der Verknüpfung $\circ$ neutral verhält. Zu jeder Drehung gibt es eine entgegengesetzte (inverse) Drehung, und jede Spiegelung ist zu sich selbst invers.

Für $S(\text{Dreieck})$ bedeutet das schon, dass jedes Element ein Inverses besitzt, da jedes Element eine Spiegelung oder eine Drehung ist. Im allgemeinen Fall, also für beliebige regelmäßige n-Ecke, müssen wir uns das noch überlegen! Dass es bei Hintereinanderausführung von drei oder mehr Symmetrien nicht auf die Klammerung ankommt, lässt sich nachrechnen und wird als **Assoziativität** bezeichnet.

Damit sind wir bei einem wichtigen Begriff angelangt – dem Begriff einer **Gruppe**.

Definition

Es sei G eine Menge mit einer Verknüpfung $\cdot$ (das heißt für je zwei Elemente $g,h \in G$ gebe es immer genau ein Element $g \cdot h \in G$). Das Paar $(G,\cdot)$ heißt **Gruppe**, falls gilt:

- Es gibt ein Element $1 \in G$ mit der Eigenschaft $1 \cdot g = g \cdot 1 = g$ für alle $g \in G$. Insbesondere ist G eine nicht-leere Menge.
- Für jedes $g \in G$ existiert ein $h \in G$ so, dass $g \cdot h = h \cdot g = 1$ ist.
- Die Verknüpfung $\cdot$ ist assoziativ, das heißt für alle $a,b,c \in G$ ist $(a \cdot b) \cdot c = a \cdot (b \cdot c)$.

Wenn die Verknüpfung aus dem Zusammenhang klar ist, lassen wir diese häufig weg und sagen kurz, dass G eine Gruppe ist. Das im ersten Punkt mit 1 bezeichnete Element heißt **neutrales Element** der Gruppe. Im zweiten Punkt sagen wir, falls $g \cdot h = 1$ ist, dass g und h **zueinander invers** sind beziehungsweise dass h **das Inverse** von g ist und g das von h.

Wir haben uns oben überlegt, dass $(S(\text{Dreieck}),\circ)$ eine Gruppe ist. Streng genommen hätten wir wirklich alle möglichen Hintereinanderausführungen von zwei und drei Symmetrien ausrechnen müssen, um diese Regeln zu verifizieren! Weiterhin haben wir in der Definition von *dem* neutralen Element und *dem* Inversen gesprochen. Es ist eine Übungsaufgabe, sich zu überlegen, warum das sprachlich angemessen ist, warum es also wirklich nur *ein* neutrales Element gibt und zu jedem Gruppenelement auch nur *ein* Inverses.

Ein weiteres Beispiel für eine Gruppe, diesmal mit unendlich vielen Elementen, kennen wir aus der Schule. Mit unserem Vorwissen über ganze Zahlen können wir zeigen:

Satz

$(\mathbb{Z},+)$ ist eine Gruppe. (Dabei bezeichnet $\mathbb{Z}$ die Menge $\{\ldots,-2,-1,0,1,2,\ldots\}$ aller ganzen Zahlen.)

Beweis
Da die Summe zweier ganzer Zahlen wieder eine ganze Zahl ist, ist $+$ tatsächlich eine Verknüpfung auf $\mathbb{Z}$. Nun überprüfen wir die einzelnen Punkte:

Die Zahl 0 ist bei der Addition das neutrale Element.

Ist z eine ganze Zahl, so auch $-z$. Wegen $z+(-z)=0=(-z)+z$ sind dann z und $-z$ zueinander invers. (Etwa ist -2 das Inverse von 2.)

Die Klammerung spielt bei der Addition dreier ganzer Zahlen keine Rolle. Also gilt das Assoziativgesetz.

Damit ist alles begründet! □

Ein klarer Unterschied zwischen den beiden bisherigen Beispielen für Gruppen ist der, dass S(Dreieck) **endlich** ist, genau gesagt aus sechs Elementen besteht, während $\mathbb{Z}$ unendlich ist. Tatsächlich ist das bereits eine wichtige erste Unterteilung – in die **endlichen Gruppen** und die **unendlichen Gruppen**.

Aber wir beobachten noch mehr: Bei der Verknüpfung in S(Dreieck) mit $\circ$ kommt es auf die Reihenfolge an, während diese bei der Addition ganzer Zahlen keine Rolle spielt. Gruppen, in denen bei der Verknüpfung die Reihenfolge gleichgültig ist, heißen **kommutativ** oder **abelsch** (nach dem Mathematiker Niels Henrik Abel, 1802–1829). Wir haben nun je ein Beispiel für eine abelsche und eine nicht-abelsche Gruppe gesehen.

Über ganz konkrete Beispiele sind wir auf einen Begriff gestoßen, von dem auf den ersten Blick vielleicht nicht klar ist, ob er überhaupt bemerkenswert ist. Warum sollten Gruppen besonders interessant sein, warum sollte man sie abstrakt studieren? Unsere Herangehensweise über Symmetrien, die wir später wieder aufgreifen werden, hat gezeigt, dass Gruppen auf natürliche Weise auftreten. *Wo Symmetrien sind, da ist sofort eine Gruppe.* Sie scheinen also überall dort aufzutauchen, wo Symmetrie eine Rolle spielt – Beispiele dafür haben wir bereits am Anfang gesehen. Andererseits treten in der Mathematik häufig

Mengen auf, mit einer auf natürliche Weise definierten Verknüpfung (etwa Abbildungen mit Hintereinanderausführung, Vektoren in Vektorräumen bezüglich ihrer Addition, ganzzahlige Polynome bezüglich ihrer Addition), so dass die Voraussetzungen erfüllt sind, die wir von einer Gruppe verlangen. So stellt sich heraus, dass mathematische Objekte häufig selbst eine Gruppenstruktur tragen oder Symmetrie-Eigenschaften haben, die eine Gruppe „von außen" ins Spiel bringen. Im Mathematikstudium, besonders im Bereich der Algebra, kommt man deshalb um diesen Begriff nicht herum!

Nun könnte man natürlich argumentieren, Gruppen sollten nur dort, wo sie auftreten, konkret untersucht werden. In der Gruppentheorie geht es aber darum, sich mit Gruppen *an sich* und um ihrer selbst willen näher zu befassen, um sie systematisch zu verstehen. Auch wenn die Anwendbarkeit der Resultate in den Augen vieler Mathematikerinnen und Mathematiker nicht der Hauptzweck der Theorie ist, möchte ich hier erwähnen, dass die Ergebnisse häufig in anderen Teilen der Mathematik und sogar außerhalb von Bedeutung sind.

Auf den verbleibenden Seiten werden wir am Beispiel der Symmetriegruppen regelmäßiger n-Ecke sehen, wie man systematisch an die Untersuchung einer zunächst unbekannten Gruppe herangehen kann. Dabei werden wir feststellen, dass wir bereits mit ziemlich viel Startinformation anfangen und daher die Gruppen genau bestimmen und verstehen können. Ganz am Ende möchte ich kurz auf die Probleme eingehen, die man bei völlig abstrakten Gruppen bekommt.

Einen Begriff brauchen wir noch, bevor wir beginnen:

Definition

Ist $(G, \cdot)$ eine Gruppe und U eine Teilmenge von G, so heißt U eine **Untergruppe** von G, falls gilt:

Die Verknüpfung $\cdot$ kann auf U eingeschränkt werden, das heißt für alle $u, v \in U$ ist auch $u \cdot v \in U$, und mit dieser Einschränkung ist dann $(U, \cdot)$ selbst wieder eine Gruppe.

Insbesondere ist eine Untergruppe immer eine nicht-leere Teilmenge, da sie ja ein neutrales Element enthalten muss. Dieses ist dann das gleiche wie in der großen Gruppe, wie man nachprüfen kann. Ist $(G,\cdot)$ eine Gruppe mit neutralem Element 1, so sehen wir auch schon eine sehr kleine Untergruppe von G, nämlich $(\{1\},\cdot)$.

Ein weiteres Beispiel: In der Symmetriegruppe $(S(\text{Dreieck}),\circ)$ des Dreiecks betrachten wir die Teilmenge D, die aus allen Drehungen besteht. Diese Teilmenge enthält also id, d_1 und d_2. Wenn wir aber Drehungen hintereinander ausführen, erhalten wir stets wieder eine Drehung, also ist D unter $\circ$ abgeschlossen. Weiter ist id in D enthalten und bleibt dort das neutrale Element, und da d_1 und d_2 bezüglich $\circ$ zueinander invers sind, hat jedes Element in D ein Inverses. Das Assoziativgesetzt gilt in D, weil es ja in ganz S(Dreieck) gilt. Also ist D eine Untergruppe.

Schauen wir uns die Menge $S(\text{Fünfeck})$ der Symmetrien des regelmäßigen Fünfecks mit Punkten P_1,..., P_5 an, so sehen wir darin fünf verschiedene Drehungen, bei denen nämlich jeweils jeder Punkt um einen, zwei, ..., fünf Plätze gegen den Uhrzeigersinn weiterrückt. Die Drehwinkel sind dann $72°(=\frac{360°}{5})$, $144°, \ldots,$ $360°$, im letzten Fall haben wir die identische Symmetrie. Das können wir auf beliebige regelmäßige n-Ecke mit positivem ganzzahligem n verallgemeinern: Wir haben stets die Drehungen um $\frac{360}{n}°$, $(2\cdot\frac{360}{n})°$, $\ldots$ und um $360°$, also die Identität, als Symmetrien.

Andererseits haben wir stets Spiegelungen, und zwar je eine für jede mögliche Spiegelachse. Beim Fünfeck sehen wir fünf verschiedene Achsen, und es werden dabei je vier Punkte bewegt und einer festgehalten.

Gehen wir zum regelmäßigen Sechseck über, so sehen wir bei den Spiegelungen einen Unterschied – sie halten nicht genau einen Punkt fest, sondern entweder *zwei* oder *keinen*! Bei genauem Hinsehen finden wir drei verschiedene Spiegelungen, die jeden Eckpunkt bewegen, und drei weitere, die je zwei Punkte festlassen – je nachdem, ob die Spiegelachse durch zwei gegenüberliegende Punkte geht oder durch zwei gegenüberliegende Seitenmittelpunkte.

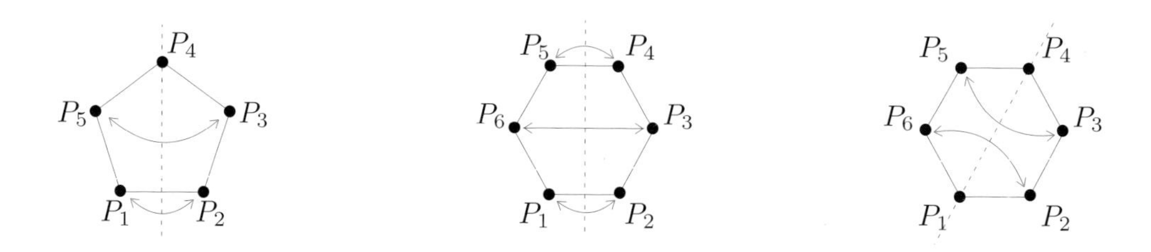

Bei den Drehungen stellen wir fest, dass es im Falle des Sechsecks eine Drehung um 180° gibt, beim Fünfeck aber nicht. Woran das liegt, können wir nachrechnen:

Beim Sechseck gibt es eine Drehung, bei der jeder der sechs Punkte um drei Plätze gegen den Uhrzeigersinn weiterrückt. Offenbar ist der Drehwinkel 180°, und das liegt daran, dass eben jeder Punkt durch die Abbildung sich genau um einen Halbkreis weiterbewegt. Das geht, da 6 eine gerade Zahl ist. Beim Fünfeck funktioniert das nicht, weil beim Weiterrücken um zwei Plätze erst um 144° gedreht wird, bei drei Plätzen aber bereits um 216°. Die Zahl 5 ist ungerade, daher ist es nicht möglich, dass die Punkte bei einer Drehung einen Halbkreis zurücklegen.

Anschaulich sieht man den Unterschied aber auch anders. Ein Sechseck können wir auf eine Seitenlinie oder auf einen Punkt „stellen“ – wenn wir es dann auf den Kopf stellen, sieht es noch genau so aus. Beim Fünfeck vertauschen wir dann aber eine Seitenlinie mit einem Punkt.

Mit all unseren Vorüberlegungen können wir zeigen:

Satz

Seien $n \geq 2$ eine natürliche Zahl und S die Menge aller Symmetrien des regelmäßigen n-Ecks. Dann ist S eine Gruppe mit $2 \cdot n$ Elementen, und die Drehungen bilden eine abelsche Untergruppe mit n Elementen. Es gibt in S eine Drehung d^* um 180° genau dann, wenn n gerade ist. In diesem Fall hat die Drehung d^* die Eigenschaft, dass sie mit jeder Symmetrie vertauschbar ist. (Das bedeutet, dass bei Verknüpfung mit d^* die Reihenfolge keine Rolle spielt.)

Beweis
Wir bezeichnen die Punkte des n-Ecks mit P_1, P_2, ... bis P_n, wie vorher. Da wir bereits wissen, dass jede Spiegelung und jede Drehung eine Symmetrie ist, müssen wir uns zunächst nur vergewissern, dass es keine weiteren Symmetrien gibt. Eine kurze Vorüberlegung: Für je zwei Punkte P und Q in unserem n-Eck finden wir immer eine Drehung, die P in Q überführt. Falls die Punkte nämlich verschieden sind, müssen wir einfach nur beginnend bei P die Basisdrehung um $\frac{360^\circ}{n}$ so oft hintereinander ausführen, bis wir bei Q landen. Da die Hintereinanderausführung von Drehungen wieder eine Drehung ist, finden wir so das gesuchte Element. Die Idee ist nun, für ein beliebiges Element von S zu zeigen, dass es eine Drehung oder Spiegelung ist. Dabei verwenden wir einerseits, dass wir wissen (siehe oben), was bei der Hintereinanderausführung von Drehungen und Spiegelungen jeweils herauskommt, und andererseits, dass jede Spiegelung und jede Drehung ein Inverses in S besitzt.

Es sei jetzt $\alpha \in S$ eine beliebige Symmetrie, und es sei $k \in \{1,...,n\}$ so, dass P_1 von α auf P_k geworfen wird. Dann gibt es eine Drehung $d \in S$, die P_k auf P_1 abbildet – das haben wir uns gerade überlegt. Mit d^{-1} bezeichnen wir die zu d inverse (also entgegengesetzte) Drehung. Sowohl $d \circ \alpha$ als auch $\alpha \circ d$ halten nun den Punkt P_1 fest. Falls wir zeigen, dass $d \circ \alpha$ eine Drehung ist, dann ist auch $d^{-1} \circ (d \circ \alpha)$ (was dasselbe ist wie $(d^{-1} \circ d) \circ \alpha$) eine Drehung. Dann ist also α eine Drehung. Falls sich herausstellt, dass $d \circ \alpha$ eine Spiegelung ist, dann können wir auch wieder mit d^{-1} verknüpfen und verwenden, dass das Produkt einer Drehung mit einer Spiegelung wieder eine Spiegelung ist. In diesem Fall ergibt sich also, dass α eine Spiegelung ist.

Diese Überlegungen zeigen, dass es genügt, sich $d \circ \alpha$ näher anzuschauen. Wir bezeichnen $d \circ \alpha$ im Folgenden mit β.

Jetzt betrachten wir einen Punkt neben P_1, etwa P_2. Da P_1 und P_2 durch eine Linie verbunden sind, müssen auch $\beta(P_1)$ und $\beta(P_2)$ durch eine Linie verbunden sein, denn β ist eine Symmetrie. Der Punkt $\beta(P_2)$ ist also zu P_1 $(= \beta(P_1))$ benachbart. Aber P_1 hat nur zwei Nachbarn, nämlich P_2 selbst und P_n.

1. Fall: $\beta(P_2) = P_2$. Dann tun wir erst einmal nichts weiter.

2. Fall: $\beta(P_2) = P_n$. Dann nehmen wir uns die Spiegelung her, deren Spiegelachse durch P_1 geht – nennen wir sie s_1. Eine solche Spiegelung gibt es in S, und sie ist zu sich selbst invers. Außerdem vertauscht s_1 die beiden Nachbarn von P_1, und daher wird P_2 von $\beta \circ s_1$ festgehalten. Ist $\beta \circ s_1$ eine Spiegelung oder Drehung, so führen wir noch einmal s_1 aus und sehen, dass

$$\beta = \beta \circ (s_1 \circ s_1) = (\beta \circ s_1) \circ s_1$$

selbst eine Spiegelung oder Drehung ist.

Es genügt also in Fall 2, wenn wir sehen, dass $\beta \circ s_1$ eine Drehung oder Spiegelung ist. Wir bezeichnen daher $\beta \circ s_1$ mit γ. Das Argument aus dem letzten Abschnitt können wir auf γ und den Nachbarn P_3 von P_2 anwenden. Dieser muss von γ auf einen Nachbarn von P_2 abgebildet werden, und dafür gibt es nur zwei Kandidaten: P_3 selbst und P_1. Da aber P_1 von γ nicht bewegt wird, muss nun $\gamma(P_3) = P_3$ sein. Das setzt sich fort zum Nachbarn P_4 von P_3, mit dem gleichen Argument, und so sehen wir nacheinander, dass alle Punkte des n-Ecks von γ festgehalten werden. Es folgt, dass $\gamma = \mathrm{id}$ ist.

Was bedeutet das? In Fall 2 sehen wir, dass $\mathrm{id} = \gamma = \beta \circ s_1$ ist, also sind β und s_1 zueinander invers. Da das Inverse eindeutig ist, folgt $\beta = s_1$. Weiter ist $d \circ \alpha = \beta = s_1$ nun eine Spiegelung. Daraus folgt, dass umgekehrt $\alpha = d^{-1} \circ \beta$ als Hintereinanderausführung einer Spiegelung und einer Drehung selbst eine Spiegelung ist.

In Fall 1 können wir die gleiche Idee anwenden wie in Fall 2, allerdings auf β selbst. Es kommt dann heraus, dass β jeden Punkt festhält, also die identische Symmetrie ist. Dann ist $d \circ \alpha = \mathrm{id}$ und damit α eine Drehung, nämlich die zu d inverse Drehung.

Jede Symmetrie ist also eine Drehung (n Möglichkeiten) oder eine Spiegelung (noch einmal n Möglichkeiten). So kommen wir auf die richtige Anzahl $2n$ und sehen auch, dass es stets Inverse gibt, dass das Assoziativgesetz gilt und so weiter, denn das haben wir uns weiter oben schon überlegt.

Bei der Hintereinanderausführung von Drehungen kommt eine Drehung heraus, und die Reihenfolge spielt keine Rolle. Da die identische Symmetrie eine Drehung (um $0°$) ist und das Inverse einer Drehung einfach die entgegengesetzte Drehung ist, bildet die Menge der Drehungen eine abelsche Untergruppe von S.

Wir haben bereits am Beispiel des Fünfecks gesehen, dass es für ungerade n keine Drehung um 180° gibt, betrachten nun also den Fall, dass n gerade ist. Sei dann m eine natürliche Zahl mit $n = 2m$. Die Drehung um 180° wird dann erreicht, indem wir m-mal nacheinander um $\frac{360}{n}^\circ$ drehen, denn Drehwinkel addieren sich bei Hintereinanderausführung.

Es sei d^* die Drehung um 180°. Dann ist d^* mit jeder Drehung bei Hintereinanderausführung vertauschbar. Bei Spiegelungen erinnern wir uns, dass die Hintereinanderausführung mit einer Drehung bedeutet, dass die Spiegelachse entsprechend gedreht wird. Aber bei d^* heißt das einfach, dass die Spiegelachse „auf den Kopf gestellt" wird – an der Spiegelung selbst ändert sich dadurch überhaupt nichts! So sehen wir, ohne zu rechnen, dass d^* mit jeder Symmetrie vertauschbar ist. □

Damit haben wir die Symmetriegruppen regelmäßiger n-Ecke bereits gut im Griff. Zwei Bemerkungen zum Schluss: Eine Besonderheit ist, dass die Untergruppe aller Drehungen bereits festgelegt ist, wenn man den „Basisdrehwinkel" $\frac{360}{n}^\circ$ kennt. Jede Drehung entsteht nämlich durch ausreichend häufiges Hintereinanderausführen dieser Basisdrehung. Weiterhin gilt für jede Spiegelung s und jede Drehung d, dass $s \circ d \circ s = d^{-1}$, also die zu d inverse Drehung ist. Wir sagen dann, dass d von s **invertiert** wird.

Fazit: Ausgehend von den ersten Überlegungen haben wir uns den Symmetriegruppen regelmäßiger n-Ecke systematisch genähert und ihre innere Struktur verstanden.

Genau genommen haben wir damit aber nur eine Serie von Beispielen analysiert. Wir könnten jetzt zu anderen Mustern übergehen und deren Symmetriegruppen bestimmen, wir könnten auch stattdessen die Gruppen betrachten, deren Elemente Permutationen (also bijektive Abbildungen) auf einer Menge gegebener Größe bewirken, die sogenannten **Symmetrischen Gruppen**, und diese näher anschauen, aber stets wäre das Ergebnis, dass wir eine weitere Serie von *Beispielen* verstehen.

Wenn wir Gruppen *an sich* untersuchen wollen, ist die Ausgangslage eine andere: Gegeben sei eine endliche, nicht-leere Menge G mit einer Verknüpfung $\cdot$ derart, dass $(G, \cdot)$ eine Gruppe ist. Ansonsten haben wir keine Informationen! G könnte abelsch sein oder nicht, die Anzahl der Elemente könnte klein oder groß sein, wir wissen nichts über die Untergruppenstruktur, ...

Ein möglicher Ausgangpunkt ist jetzt zum Beispiel die Anzahl der Elemente von G. Diese Zahl wird **Ordnung** von G genannt und mit $|G|$ bezeichnet. Die Ordnung von G ist also eine natürliche Zahl. Ein Resultat, das zum Beispiel in einer Vorlesung oder einem Buch über endliche Gruppen recht früh bewiesen wird, ist der **Satz von Lagrange**. Für uns ist hier davon nur die Aussage von Interesse, dass die Ordnung einer jeden Untergruppe von G ein Teiler von $|G|$ ist. Umgekehrt stellt sich die Frage, ob es auch zu jedem Teiler t von $|G|$ eine Untergruppe U von G gibt mit $|U| = t$. Im Allgemeinen ist das nicht der Fall, aber für bestimmte Teiler der Gruppenordnung finden wir Untergruppen wie folgt:

Da $|G|$ eine natürliche Zahl ist, gibt es bekanntermaßen dazu eine Zerlegung in Primfaktoren. Wenn G nicht nur aus einem Element besteht, dann ist $|G| \geq 2$, und wir finden eine Primzahl p, die $|G|$ teilt. Nun folgt aus dem sogenannten **Satz von Sylow**, dass es für jede Potenz von p, die $|G|$ teilt, eine Untergruppe von G mit dieser Ordnung gibt.

Wollen wir also das Innenleben von G verstehen, zum Beispiel Untergruppen finden und untersuchen, so sind es die Primteiler von $|G|$, die uns interessieren. Die Primzahl 2 spielt dabei eine besondere Rolle, und noch spezieller Elemente in der Gruppe, die sich wie eine Spiegelung verhalten, also zu sich selbst invers sind. Das liegt an einer Eigenschaft von Gruppen ungerader Ordnung, die mit **auflösbar** bezeichnet wird – sehr vereinfacht gesagt ist eine auflösbare Gruppe aufgebaut aus lauter abelschen Stückchen. Dass Gruppen ungerader Ordnung diese Eigenschaft haben, wurde bereits vor mehr als 100 Jahren vermutet und in den 1960er Jahren in einer langen und sehr schwierigen Arbeit bewiesen. Man wusste dann also, dass nicht-auflösbare Gruppen gerade Ordnung haben und daher eine „Spiegelung“ enthalten. Von Interesse war das deshalb, weil die Perspektive, Gruppen anhand ihres Aufbaus aus „kleineren Gruppen“ zu verstehen, zu der Frage führte, wie denn unter diesem Gesichtspunkt möglichst „kleine“, nicht weiter „zerlegbare“ Gruppen aussehen.

Ähnlich wie die Primzahlen für große Faszination sorgen, weil sich jede natürliche Zahl (außer 1) als Produkt von Primzahlen schreiben lässt, so sind in der Gruppentheorie nun diese in gewisser Weise möglichst kleinen Gruppen von besonderem Interesse.

Die Situation ist allerdings wesentlich komplizierter als in der Welt der Zahlen! Kennen wir die Primfaktoren einer natürlichen Zahl n, so lässt sich aus den Primfaktoren und dem Wissen, wie oft sie vorkommen, n wieder ausrechnen – wir müssen ja nur die Primzahlen, jeweils in der richtigen Anzahl, miteinander multiplizieren. Ist aber eine endliche Gruppe gegeben, so können wir ihr zwar eine Menge von „Elementarbausteinen“, ähnlich den Primfaktoren einer Zahl, zuordnen und wissen dann, welche Elementarbausteine wie oft vorkommen, aber wir können umgekehrt aus den Elementarbausteinen *nicht* in eindeutiger Weise eine Gruppe zurückgewinnen. Anders als bei der Multiplikation natürlicher Zahlen gibt es nämlich im Allgemeinen viele verschiedene Gruppen, die aus den gleichen Elementarbausteinen zusammengesetzt sind. Die „Bauvorschrift“ ist dann für jede dieser Gruppen unterschiedlich. Das bedeutet, dass es zwar immer noch von großem Interesse ist, herauszufinden, welche Gruppen als Elementarbausteine vorkommen können, aber dass umgekehrt damit längst nicht alle endlichen Gruppen verstanden sind.

Immerhin war nun bekannt, dass solche „Elementarbaustein-Gruppen“ abelsch sind (sogar, dass ihre Ordnung eine Primzahl sein muss) oder nicht-auflösbar sind und eine durch 2 teilbare Ordnung haben. Ziel war dann, herauszufinden, welche Gruppen im zweiten Fall auftauchen können. Dies war ein sehr schwieriges Unterfangen, und es bedurfte vieler Ideen, mehrerer Jahrzehnte und der Zusammenarbeit zahlreicher Mathematiker und Mathematikerinnen, um es zum Erfolg zu führen. Das Resultat ist eine Liste (die einige Teillisten mit unendlich vielen Einträgen enthält) aller Gruppen, die als Elementarbausteine vorkommen können. In der Gruppentheorie selbst und auch bei den Anwendungen in anderen Bereichen ist dieses Wissen von unschätzbarem Wert, aber wie bereits oben angedeutet wurde, heißt das nicht, dass wir damit schon alles über die endlichen Gruppen wissen.

So landen wir mit den einfachen Fragen, die wir uns gestellt haben, sehr schnell bei einer äußerst komplexen, weitverzweigten und in meinen Augen wunderschönen Theorie, die sich in den letzten Jahrzehnten rasant entwickelt hat und immer noch ständig neue Überraschungen bereithält.

Zum Weiterlesen: Besonders gut gefällt mir das Buch *Theorie der endlichen Gruppen. Eine Einführung* von Hans Kurzweil und Bernd Stellmacher (Springer-Verlag).

Die Autorin:

Prof. Dr. Rebecca Waldecker
Martin-Luther-Universität Halle-Wittenberg
Institut für Mathematik
Theodor-Lieser-Straße 5
06120 Halle (Saale)
rebecca.waldecker@mathematik.uni-halle.de

20 Wie fliegt ein Flugzeug besser? Moderne Fragestellungen der nichtlinearen Optimierung

Andrea Walther

20.1 Herausforderungen der nichtlinearen Optimierung

Viele Aufgabenstellungen aus dem täglichen Leben, wie etwa die Bestimmung eines kürzesten Weges mithilfe eines Navigationsgerätes, lassen sich sehr gut durch lineare Zusammenhänge beschreiben. Ein solcher linearer Zusammenhang liegt vor, wenn die Veränderung einer Größe sich proportional auf eine andere Größe auswirkt. Ein lineares Verhalten findet man auch in weiten Bereichen in der Industrie, wenn es beispielsweise um die Minimierung von Transportkosten oder die Maximierung des Gewinns in der Produktion geht. Um entsprechende Optimierungsprobleme mit mathematischen Methoden zu lösen, muss man sie in einem ersten Schritt formalisieren. So werden die zu variierenden Größen im Allgemeinen mit $x = (x_1, \dots, x_n) \in \mathbb{R}^n$ bezeichnet. Bei den oben genannten Anwendungen gibt x_i zum Beispiel an, ob die Strecke i zum kürzesten Weg gehört oder nicht. Das heißt, gilt $x_i = 1$, so ist die Strecke i Bestandteil des kürzesten Weges. Ist $x_i = 0$, so gehört die Strecke i nicht dazu. Damit muss man bestimmen, welche x_i den Wert 1 annehmen und welche den Wert 0. Für die Minimierung der Transportkosten bestimmt x_i, wie viele Einheiten vom Gut i auf einer bestimmten Strecke transportiert werden sollen, um insgesamt die Kosten zu minimieren. Bei der Produktionsplanung gibt x_i an, wie viele Einheiten von dem Produkt i produziert werden sollen, um insgesamt den Gewinn zu maximieren. Dabei fallen im Allgemeinen „Kosten" an, beispielsweise die Kilometer, welche auf der Strecke i zurückgelegt werden müssen, oder wie viel der Transport einer Einheit des Gutes i kostet beziehungsweise wie viel Gewinn eine Einheit des Gutes i liefert. Diese Größen werden durch einen Vektor $c = (c_1, \ldots, c_n) \in \mathbb{R}^n$ beschrieben, so dass insgesamt die Funktion

$$c_1 \cdot x_1 + c_2 \cdot x_2 + \cdots + c_n \cdot x_n$$

minimiert beziehungsweise maximiert werden soll. Da diese Funktion die Zielstellung beschreibt, wird die zu minimierende beziehungsweise zu maximierende Funktion auch Zielfunktion genannt. Zusätzlich zur Optimierung der Zielfunktion sind jedoch oftmals Beschränkungen zu beachten. Zum Beispiel müssen die Wegstücke, die einen kürzesten Weg bilden, die richtigen Anfangs- und Endpunkte haben, damit sich überhaupt ein Weg ergibt. Bei dem Transport von Gütern sind Lade- und/oder Bedarfsgrenzen zu beachten. In der Produktion müssen zum Beispiel Wartungszeiten eingehalten oder Kapazitätsgrenzen beachtet werden. Man kann sich dann überlegen, dass diese Beschränkungen durch Ungleichungen beschrieben werden können, das heißt, aus mathematischer Sicht erhält man Nebenbedingungen der Form

$$a_{j,1} \cdot x_1 + a_{j,2} \cdot x_2 + \cdots + a_{j,n} \cdot x_n \leq b_j, \qquad j = 1, 2, \ldots, m. \tag{20.1}$$

In Abbildung 20.1 ist die Aufgabenstellung für zwei Variablen, das heißt für $n = 2$, und verschiedene Formen von Beschränkungen (20.1) graphisch dargestellt. In diesen Skizzen ist die zulässige Menge, das heißt die Menge aller Kombinationen (x_1, x_2), welche die Nebenbedingungen (20.1) erfüllen, grau dargestellt. Auf der linken Seite der Abbildung ist die zulässige Menge beschränkt. In diesem Fall lässt sich beweisen, dass ein Maximum beziehungsweise ein Minimum in den Ecken des zulässigen Gebietes angenommen werden kann. Diese

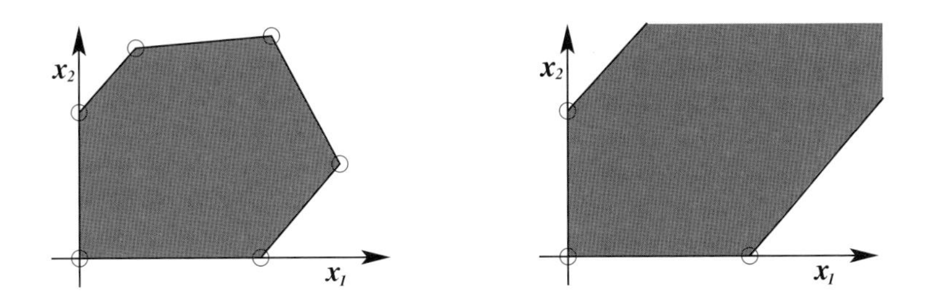

Abbildung 20.1: Mögliche Optimalpunkte in der linearen Optimierung

Stellen sind in der Graphik mit Kreisen markiert. Auf der rechten Seite von Abbildung 20.1 ist die zulässige Menge unbeschränkt. Das heißt, im schlimmsten Fall wächst beziehungsweise fällt auch die Zielfunktion bis ins Unendliche. Auch hier kann man jedoch beweisen: Falls es ein Optimum gibt, dann wird es auch hier in einer Ecke angenommen. Die Ecken sind wiederum mit Kreisen markiert. Damit ist im linearen Fall klar, wo nach optimalen Lösungen gesucht werden muss. Trotzdem gestaltet sich diese Suche immer noch schwierig, da es viele Ecken geben kann oder auch zum Beispiel Ganzzahligkeitsanforderungen an die x_i berücksichtigt werden müssen. Ein Anwendungsbeispiel zu diesem Themengebiet findet sich im Beitrag von Sigrid Knust, der in diesem Band enthalten ist.

Zwar können zahlreiche Anwendungen sehr zufriedenstellend durch lineares Verhalten beschrieben werden, es treten aber doch auch häufig Situationen auf, in denen nichtlineare Effekte berücksichtigt werden müssen. Dies kann durch Modellverfeinerungen begründet sein, zum Beispiel in einem Produktionsmodell nahe an der Produktionsgrenze oder der Belastungsgrenze einer Maschine. Dort steigen die Produktionskosten zum Beispiel überproportional. Es kann aber auch einfach ein nichtlineares Modell zugrundeliegen, wie beispielsweise bei bestimmten Prozessen der chemischen Verfahrenstechnik, etwa bei der Produktion von Medikamenten, wo oft exponentielles Verhalten auftritt. Bei Optimierungsproblemen, die auf nichtlinearen Modellen basieren, gilt nicht mehr, dass der optimale Wert in einer Ecke angenommen wird. Es muss nicht einmal eine Ecke geben. Damit stellt sich aus mathematischer Sicht die Frage, wie eine optimale Lösung charakterisiert werden kann. Daraus lassen sich dann, analog zur Suche nach der optimalen Ecke in der linearen Optimierung, Lösungsstrategien herleiten.

Häufig macht der Mathematiker beziehungsweise die Mathematikerin gewisse Annahmen, um überhaupt Aussagen zum Beispiel hinsichtlich der Lösbarkeit eines Problems oder der Anwendbarkeit eines Algorithmus treffen zu können. Im Fall der nichtlinearen Optimierung ist eine solche weit verbreitete Annahme, dass alle auftretenden Funktionen glatt sind, das heißt, sie haben keine „Knicke". Solche Knicke, auch Unglätten genannt, treten in der Realität natürlich auf, wenn zum Beispiel ab einer bestimmten Temperatur auf ein anderes Verfahren ausgewichen werden muss oder eine zusätzliche Kühlung vorgenommen wird. Solche Übergänge führen dann üblicherweise zu einem nichtglatten Verhalten, dessen Berücksichtigung auch ein aktuelles, sehr aktives Forschungsgebiet der nichtlinearen Optimierung darstellt.

Da solche Unglätten die Analyse jedoch erheblich komplizierter gestalten, wird im Weiteren angenommen, dass Unglattheiten nicht auftreten. Man geht wiederum davon aus, dass es n änderbare reelle Größen $x_1, \ldots, x_n$ gibt. Diese beschreiben beispielsweise den Anteil der n verfügbaren Maschinen am Produktionsprozess, den Anteil von verschiedenen Materialien am Endprodukt oder bestimmte Parameter wie Temperatur und Druck. Auf der Basis eines zugrundeliegenden Modells kann dann eine Zielfunktion

$$f : \mathbb{R}^n \to \mathbb{R}, \qquad y = f(x_1, \ldots, x_n)$$

konstruiert werden. Der Wert y der Zielfunktion gibt zum Beispiel den Energieverbrauch eines Produktionsprozesses, die Festigkeit eines Materials oder den Reinheitsgehalt eines Gases an und soll optimiert werden. Sind die betrachteten Prozesse glatt, dann kann man überall Sensitivitäten definieren, also die Veränderung der Zielfunktion bei einer kleinen Veränderung der Eingangsgrößen bestimmen. Diese Information bildet den wesentlichen Baustein für eine sensitivitätenbasierte Optimierung. Der insgesamt daraus resultierende Prozess ist

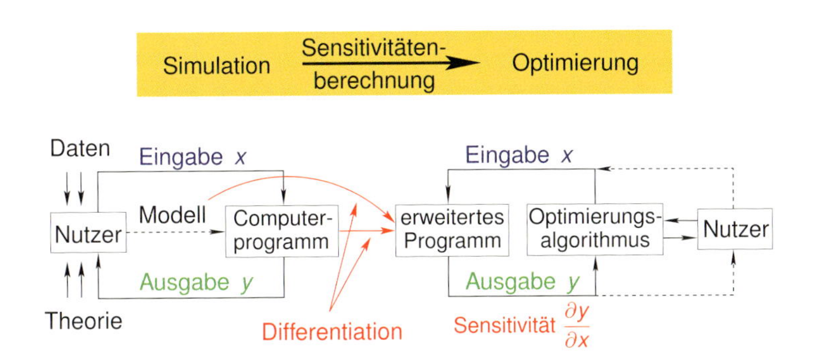

Abbildung 20.2: Schematische Darstellung des Optimierungsprozesses

in Abbildung 20.2 dargestellt. Das heißt, basierend auf der verfügbaren Theorie und den vorhandenen Daten wird ein mathematisches Modell aufgestellt. Im Allgemeinen muss für dessen Lösung ein Computerprogramm geschrieben werden. Dieses bekommt als Eingangsgrößen die Werte von x und berechnet den Wert der Zielfunktion y. Durch die Differentiation erhält man dann Sensitivitäten, die in geeigneter Weise von einem Optimierungsalgorithmus genutzt werden. Idealerweise liefert diese Optimierung ohne weiteres Eingreifen eine optimale Lösung. In der Realität muss aber noch häufig der Nutzer interaktiv auf den Optimierungsprozess Einfluss nehmen. Aus mathematischer Sicht ist nun die Wahl beziehungsweise die Entwicklung eines geeigneten Optimierungsalgorithmus sowie die Bereitstellung der Sensitivitäten von besonderem Interesse und auch immer noch Gegenstand intensiver Forschung. Für die Entwicklung der Optimierungsalgorithmen stellt sich dabei, wie bereits erwähnt, die Frage, wie man einen optimalen Punkt charakterisieren kann.

Zum Themenkomplex der nichtlinearen Optimierung gibt es eine Reihe von Monographien. Ein Standardwerk ist hierbei das allerdings englische Lehrbuch [5]. Es beinhaltet eine sehr gute Einführung und Übersicht über das Thema. Im deutschsprachigen Bereich finden die Lehrbücher [3] und [1] umfangreichen Einsatz, wobei das erste eher theoretisch, das zweite eher anwendungsorientiert ist. In den genannten Quellen kann man die hier dargestellten Sachverhalte detailliert nachlesen. Eine sehr gute Informationsquelle sowohl zur Literatur als

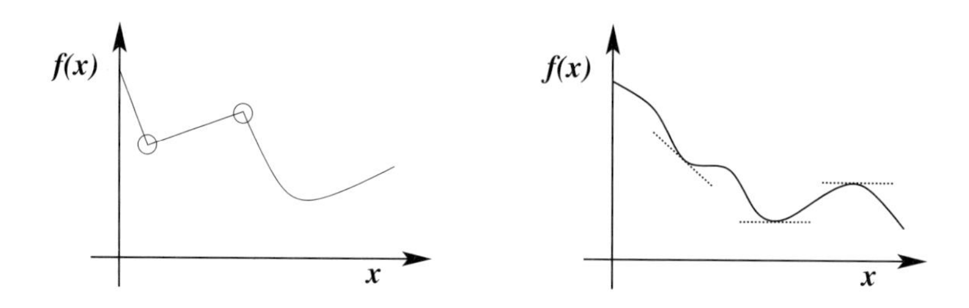

Abbildung 20.3: Nichtglatte und glatte Funktionen im Eindimensionalen

auch zu entsprechenden Softwarepaketen wird im Internet von Hans Mittelmann auf der Internetseite http://plato.asu.edu/guide.html zur Verfügung gestellt und laufend aktualisiert.

20.2 Optimalitätsbedingungen

Mathematisch lassen sich Sensitivitäten durch Ableitungen beschreiben, welche auch als Grundlage für die Formulierung von Optimalitätsbedingungen dienen. Abbildung 20.3 zeigt auf der linken Seite eine nichtglatte Funktion. Hier sind die nichtglatten Stellen mit Kreisen gekennzeichnet. Für solche Funktionen ist der Ableitungsbegriff im klassischen Sinne, das heißt, so wie man ihn unter Umständen auch in der Schule kennengelernt hat, nicht überall definiert. Auf der rechten Seite von Abbildung 20.3 ist eine glatte Funktion $f(x)$ gezeigt sowie an verschiedenen Stellen die Ableitung $f'(x)$ eingezeichnet. Die Ableitung an einem Punkt kann hierbei als Steigung einer Geraden, welche die Funktion in diesem Punkt berührt, interpretiert werden. Die entsprechende Gerade heißt deshalb auch Tangente. Weiterhin sieht man, dass an den Extrempunkten, also an den Stellen, an denen die Funktion ein Maximum oder Minimum annimmt, die Steigung der Tangente und damit die Ableitung null ist.

Dieses Konzept lässt sich auf das Mehrdimensionale übertragen, indem man auch hier Tangenten betrachtet. Allerdings ist eine graphische Darstellung nur

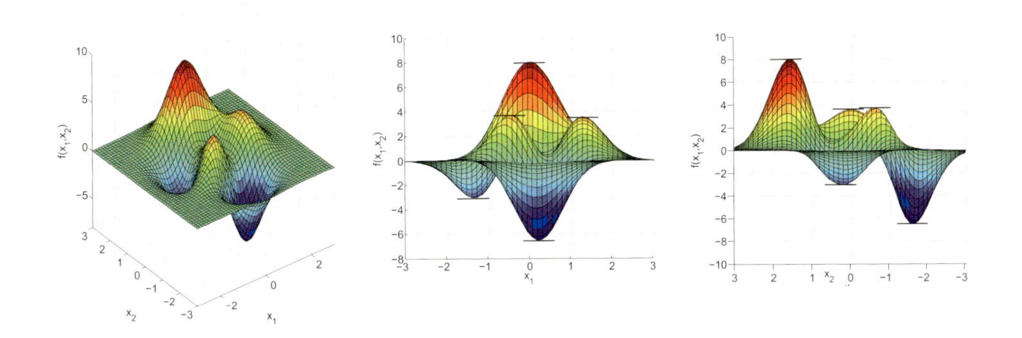

Abbildung 20.4: Ableitungen im Zweidimensionalen

noch im Zweidimensionalen möglich. In Abbildung 20.4 ist die Funktion

$$\begin{aligned} f(x_1,x_2) = &\, 3(1-x_1)^2 \exp\left(-(x_1^2)-(x_2+1)^2\right) \\ &- 10\left(x_1/5 - x_1^3 - x_2^5\right)\exp\left(-x_1^2-x_2^2\right) \\ &- \exp\left(-(x_1+1)^2 - x_2^2\right)/3 \end{aligned} \tag{20.2}$$

aus verschiedenen Perspektiven dargestellt. Man sieht wieder, dass sich Tangenten an die Funktion anlegen lassen, welche jetzt allerdings keine Geraden mehr sind, sondern Ebenen im Dreidimensionalen. Weiterhin beobachtet man, dass die an den Extrempunkten angelegten Ebenen die Steigung null haben, das heißt parallel zu den Koordinatenachsen liegen. Für glatte Funktionen

$$f : \mathbb{R}^n \to \mathbb{R}, \quad y = f(x_1, x_2, \ldots, x_n)$$

wird die Ableitung an einer Stelle $x \in \mathbb{R}^n$ durch

$$\nabla f : \mathbb{R}^n \to \mathbb{R}^n, \quad \nabla f(x) = \left(\frac{\partial f}{\partial x_1}(x), \ldots, \frac{\partial f}{\partial x_n}(x)\right)$$

definiert und Gradient von f genannt. Hierbei gibt $\partial f / \partial x_i(x)$ die Ableitung der Funktion $f(x)$ nach der Variablen x_i für $i = 1, \ldots, n$ an. Um sie auszurechnen, betrachtet man die anderen Variablen als Konstanten. Konkrete Beispiele für die Bestimmung von Gradienten werden weiter unten angegeben.

Es lässt sich zeigen, dass der Gradient der Richtung des steilsten Anstiegs entspricht. Die Länge des Gradienten gibt dabei Auskunft über das konkrete Ausmaß der Steigung. Man kann analog zum eindimensionalen Fall beweisen, dass an einem Extrempunkt der Gradient gleich null, das heißt $\nabla f(x) = 0$ sein muss. Damit hat man im Mehrdimensionalen ebenfalls eine Optimalitätsbedingung im nichtlinearen Fall hergeleitet.

An Abbildung 20.4 erkennt man auch eine Schwierigkeit, die es in der linearen Optimierung nicht gibt, nämlich die Existenz mehrerer Maxima beziehungsweise Minima. Die gezeigte Funktion besitzt zum Beispiel drei Maxima, von denen nur eines das globale Maximum ist. Die beiden anderen sind lokale Extrempunkte. Des Weiteren besitzt die Funktion zwei Minima, von denen wiederum auch nur eines ein globales Minimum ist. Im Gegensatz dazu kann es in der linearen Optimierung nur einen maximalen beziehungsweise minimalen Wert geben. Lokale Extrempunkte, die nicht auch globale Extrempunkte sind, existieren in der linearen Optimierung nicht.

Im Fall der nichtlinearen Optimierung kann je nach Anwendungshintergrund schon ein lokaler Extrempunkt von Interesse sein. Es gibt allerdings auch Fragestellungen, bei denen wirklich die globalen Extrempunkte bestimmt werden müssen. Dies führt dann auf die Methoden der globalen Optimierung, die wiederum Gegenstand von aktuellen Forschungsprojekten sind.

Wie auch in der linearen Optimierung kann es bei der nichtlinearen Optimierung Beschränkungen geben, das heißt, die Eingangsgrößen sind nicht frei wählbar, sondern auf einen zulässigen Bereich beschränkt. So können zum Beispiel Stoffkonzentrationen nicht negativ sein oder bestimmte Maschinen nicht gleichzeitig eingesetzt werden. Diese Einschränkungen an die Wahl der Eingangsgrößen können dazu führen, dass im zulässigen Gebiet kein Extrempunkt der unbeschränkten Zielfunktion liegt. Das heißt, es existiert kein zulässiges $x \in \mathbb{R}^n$ mit $\nabla f(x) = 0$. Dann lässt sich beweisen: Sofern Extremwerte existieren, liegen diese auf dem Rand des zulässigen Gebietes. Auch für solche Fälle können Optimalitätsbedingungen hergeleitet werden, das heißt Kriterien, die von einem

Optimalpunkt erfüllt werden müssen. Hier treten sogenannte Komplementaritätsbedingungen auf, wie sie zum Beispiel auch im Beitrag von Corinna Hager und Barbara I. Wohlmuth in diesem Band diskutiert werden. Da diese Komplementaritätsbedingungen jedoch sehr komplex sind, sollen sie hier nicht weiter im Detail erläutert werden. Wichtig ist nur, dass man analog zum unbeschränkten Fall auch eine Funktion F aufstellen kann, die wiederum am Optimalpunkt den Wert null annimmt, das heißt, es gilt für einen Optimalpunkt $F(x_*) = 0$. Die Funktion F ist hierbei durch Ableitungen der Zielfunktion und der Beschränkungen definiert.

Damit ist in der idealen Welt die Charakterisierung von Extrempunkten geklärt. Leider weicht die Realität oftmals von diesem Idealbild ab. So können zum Beispiel Messfehler die zugrundeliegende Funktion stören oder auch die Simulationen die Realität nicht mit der erforderlichen Genauigkeit abbilden. Dies hat zur Folge, dass man in der Optimierung gar nicht die gewünschte Funktion betrachtet, sondern nur eine in irgendeiner Art und Weise gestörte Variante.

Die Abbildung 20.5 zeigt dies exemplarisch an einer für die Optimierung eigentlich sehr schönen Funktion, bei der aber durch die Störungen zahlreiche lokale Minima auftreten, die dann statt des globalen Optimums von der Optimierung bestimmt werden. Da diese Effekte in der Realität häufig auftreten, bildet die sogenannte robuste Optimierung, bei der die Optimierungsresultate möglichst unempfindlich gegen bestimmte Arten von Störungen sind, ebenfalls einen aktuellen und attraktiven Forschungsgegenstand.

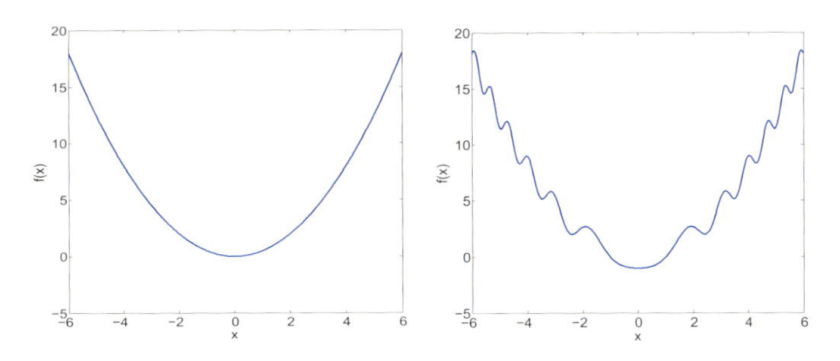

Abbildung 20.5: Ursprünglicher und gestörter Funktionsverlauf

20.3 Die Grundidee von Lösungsverfahren

Die im letzten Abschnitt hergeleiteten Optimalitätsbedingungen, das heißt

$$\nabla f(x_*) = 0 \qquad \text{beziehungsweise} \qquad F(x_*) = 0 \tag{20.3}$$

für einen Extrempunkt x_*, sind sogenannte notwendige Bedingungen. Ein Extrempunkt x_* muss also diese Gleichungen erfüllen. Allerdings kann es auch noch weitere Punkte geben, für die zwar (20.3) gilt, aber an denen die Zielfunktion trotzdem kein Extremum annimmt. In Abbildung 20.6 sind für die ein- und zweidimensionalen Beispiele aus dem letzten Abschnitt solche Stellen gekennzeichnet, die aufgrund der auftretenden Geometrie Sattelpunkte heißen.

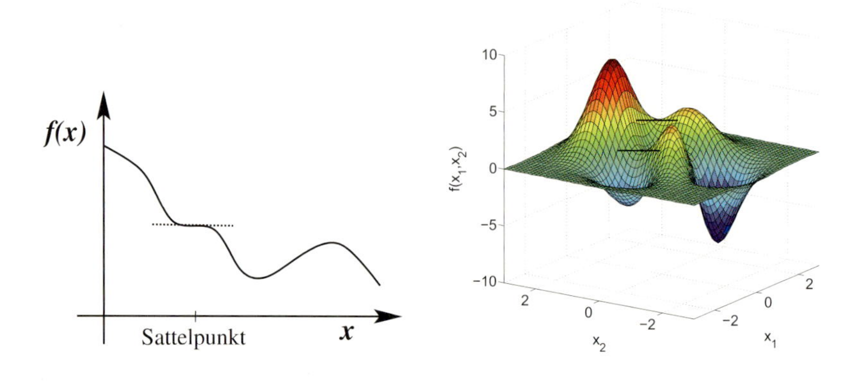

Abbildung 20.6: Sattelpunkte im Ein- und Zweidimensionalen

Um das Vorliegen eines Sattelpunktes auszuschließen, wurden sogenannte hinreichende Optimalitätsbedingungen hergeleitet. Wenn diese an einem Punkt x_* erfüllt sind, liegt in x_* ein Extrempunkt vor. Die Berücksichtigung von hinreichenden Bedingungen führt häufig zu schnellerer Konvergenz und liefert damit aus der Sicht des Anwenders attraktive Optimierungsmethoden. Deshalb wird auch die geeignete Verwendung von hinreichenden Bedingungen erforscht. Allerdings erfordern diese hinreichenden Bedingungen vergleichsweise umfangreiche Eigenschaften der zugrundeliegenden Problemstellung beziehungsweise deren mathematischer Formulierung. Aus diesem Grunde bestimmen viele der verfügbaren ableitungsbasierten Optimierungsalgorithmen sogenannte stationäre Punkte, das heißt Punkte, welche die Bedingungen (20.3) erfüllen, ohne hinreichende Optimalitätsbedingungen zu nutzen und/oder zu verifizieren. Dafür kann durch das Ausnutzen von zusätzlichen Informationen, wie zum Beispiel der Verwendung von Abstiegsrichtungen, sichergestellt werden, dass tatsächlich ein Minimum vorliegt.

Vernachlässigt man die oben beschriebenen Feinheiten und identifiziert die Kernidee der meisten ableitungsbasierten Optimierungsansätze, so trifft man auf eine der wichtigsten Lösungsmethoden in der Mathematik: das Newtonverfahren, benannt nach Sir Isaac Newton (1642–1726), zur Bestimmung einer Nullstelle x_* einer nichtlinearen Funktion $g(x)$ mit $g(x_*) = 0$. Möchte man Lösungen von (20.3) bestimmen, so setzt man $g(x) = \nabla f(x)$ oder $g(x) = F(x)$. Die grundlegende Idee beim Newtonverfahren ist es, die nichtlineare Funktion in einem Punkt zu linearisieren. Dies entspricht der Bestimmung der Tangente, also wiederum der Ableitung. Die Nullstelle der Tangente wird als verbesserte Näherung der Nullstelle der Funktion verwendet. Diese Näherung dient dann als Ausgangspunkt für einen weiteren Verbesserungsschritt. Das heißt, man berechnet ausgehend von einer Startnäherung x^0 weitere, hoffentlich bessere Nährungen durch

$$x^{i+1} = x^i - \frac{g(x^i)}{g'(x^i)}$$

als Nullstelle der Tangente $t(x) = g(x^i) + g'(x^i)(x - x^i)$ von $g(x)$ am Punkt x^i. Abbildung 20.7 illustriert diese Iterationsvorschrift.

Man kann beweisen, dass das Newtonverfahren lokal konvergiert. Das heißt, wenn der Startpunkt x^0 nahe genug an der Nullstelle x_* liegt, dann nähern sich die Werte x^i für große i der Nullstelle an. Im Allgemeinen ist aber nicht bekannt,

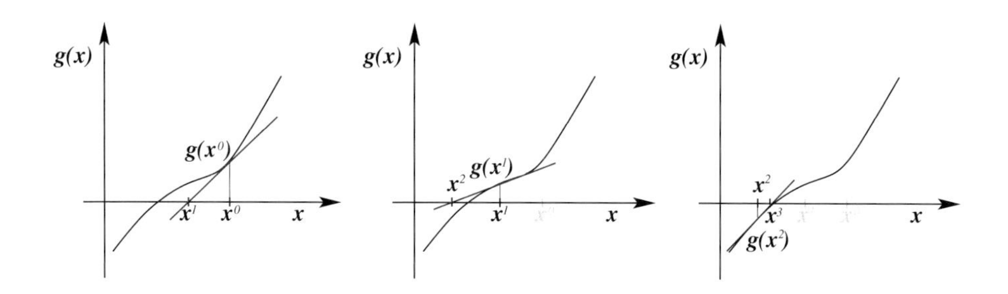

Abbildung 20.7: Prinzipielles Vorgehen bei Newtonverfahren

was „nahe genug" bedeutet. Deswegen verfolgen die unterschiedlichen Optimierungsansätze verschiedene Strategien, um das Newtonverfahren zu „globalisieren" und damit den Bereich, in dem Konvergenz gegen die gewünschte Lösung x_* vorliegt, zu vergrößern. Eine weitere Anwendung des Newtonverfahrens findet man im Beitrag von Corinna Hager und Barbara I. Wohlmuth, der in diesem Band enthalten ist.

Fasst man nun die bisher genannten Aspekte zusammen, so ergeben sich insgesamt zahlreiche Möglichkeiten, Optimierungsalgorithmen für nichtlineare Aufgabenstellungen zu konstruieren und analysieren. Dies erklärt, warum sich auch heute noch viele Mathematikerinnen und Mathematiker mit der Entwicklung von Optimierungsalgorithmen beschäftigen. Fest steht dabei allerdings auch, dass es nicht den Optimierungsalgorithmus geben wird, der für alle möglichen nichtlinearen Problemstellungen immer sehr gut funktioniert. Damit bildet die Strukturausnutzung einen wichtigen Schwerpunkt der Forschungstätigkeit. Es werden also für bestimmte Klassen von Optimierungsaufgaben angepasste Optimierungsmethoden entwickelt.

Ein weiterer wichtiger Aspekt der ableitungsbasierten Optimierung ist die Bereitstellung der benötigten Ableitungsinformationen. Für viele einfache Fälle können diese Ableitungen per Hand oder auch mit der Unterstützung von Computerprogrammen, den sogenannten Computeralgebrawerkzeugen, berechnet werden. Für Funktionen in einer Variablen lernt man diese Ableitungsberechnung in der Schule kennen:

$$\begin{aligned} f(x) &= x^2 &\Rightarrow f'(x) &= 2 \cdot x, & f(x) &= \sin(x) &\Rightarrow f'(x) = \cos(x), \\ f(x) &= e^x + x &\Rightarrow f'(x) &= e^x + 1, & & \dots \end{aligned}$$

Wie sieht dies jedoch für Funktionen in mehreren Variablen aus? Als einfaches Beispiel betrachten wir zunächst

$$f : \mathbb{R}^5 \to \mathbb{R}, \quad y = x_1 + x_2^2 + x_3 + x_3 \cdot x_4 + e^{x_5}.$$

Nach den oben beschriebenen Regeln zur Gradientenberechnung gilt nun

$$\nabla f(x) = \left(\frac{\partial f}{\partial x_1}(x), \dots, \frac{\partial f}{\partial x_5}(x) \right) = \left(1,\ 2 \cdot x_2,\ 1 + x_4,\ x_3,\ e^{x_5}\right).$$

Für die Funktion in Gleichung (20.2) erhält man beispielsweise mithilfe des Programms Maple den Gradienten

$$\begin{aligned} \nabla f(x_1, x_2) = \Big(&(-6(1-x_1)(1-x_1-x_1^2)\exp\left(-x_1{}^2 - (x_2+1)^2\right) \\ &- \Big((2-30x_1^2) - 2(2x_1 - 10x_1^3 - 10x_2^5)\Big)\exp\left(-x_1{}^2 - x_2{}^2\right) \\ &- (-2x_1 - 2)\exp\left((x_1+1)^2 - x_2{}^2\right)/3, \\ &3(1-x_1)^2(-2x_2 - 2)\exp\left(-x_1{}^2 - (x_2+1)^2\right) \\ &+ \Big(50x_2{}^4 + 2(2x_1 - 10x_1{}^3 - 10x_2{}^5)x_2\Big)\exp\left(-x_1{}^2 - x_2{}^2\right) \\ &+ 2x_2\exp\left(-(x_1+1)^2 - x_2{}^2\right)/3\Big) \end{aligned}$$

und damit sicherlich etwas, was man nicht mit Bleistift und Papier ausrechnen möchte. Eine Nullstelle x_* des Gradienten $\nabla f(x_1, x_2)$ erfüllt dann die notwendigen Optimalitätsbedingungen (20.3) und ist damit ein potenzieller Kandidat für einen Extrempunkt. Um x_* mit dem Newtonverfahren zu berechnen, muss man $g(x) = \nabla f(x)$ noch einmal ableiten. Man braucht also zweite Ableitungen. Dies verkompliziert die Sache deutlich. Deshalb gibt es verschiedenste Strategien, diese Ableitungen zu approximieren, zum Beispiel über Quasi-Newtonverfahren oder inexakte Newtonverfahren. Diesbezüglich existiert mittlerweile ein ganzer Fundus an Ergebnissen und Konvergenztheorien, die auch in der hier angegebenen Literatur zu finden sind.

Da viele Simulationen auf einem Computer durchgeführt werden, gibt es aber auch umfangreiche Forschungsaktivitäten, deren Ziel es ist, für Simulationsprogramme, basierend auf den grundlegenden Ableitungsregeln, die erforderlichen Gradienten und zweiten Ableitungen zur Verfügung zu stellen. Diese Technik wird als algorithmisches Differenzieren bezeichnet und ist mittlerweile auch für größere Simulationspakete anwendbar. Umfangreiche Informationen hierzu finden sich auf der Internetseite www.autodiff.org sowie in [4].

20.4 Ein Anwendungsbeispiel: Optimierung von Tragflächen

Die Entwicklung und Analyse von Optimierungalgorithmen für nichtlineare Problemstellungen ist schon für sich genommen ein sehr interessantes Tätigkeitsfeld. Noch einmal spannender wird es dann, wenn man diese Techniken auf Anwendungen übertragen möchte. Hier trifft man, wie schon in den ersten Abschnitten angedeutet, auf extrem vielfältige Problemstellungen, von denen dieser Artikel mit der Optimierung von Tragflächen nur eine einzige vorstellt.

Trotz jahrzehntelanger Fortschritte in der Flugzeugtechnik gibt es auch heutzutage noch Verbesserungspotenzial. Dies hängt auch mit neuen Entwicklungen zusammen. Zum Beispiel wird aktuell an der Entwicklung von völlig neuartigen Materialien geforscht, die bei Flugzeugbauteilen das herkömmliche Aluminium ersetzen sollen, um das Gewicht des Flugzeugs zu reduzieren und damit Treibstoff zu sparen. Eine wichtige Rolle spielen hierbei sogenannte Kompositmaterialien, bei denen Kohlenstofffasern, meist in mehreren Lagen, als Verstärkung

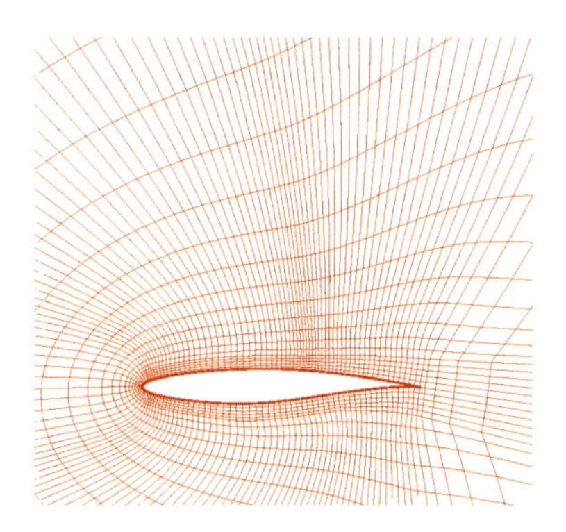

Abbildung 20.8: Ein reales Flugzeug und ein mathematisches Modell eines Tragflächenquerschnitts

in eine Kunststoffmatrix eingebettet werden. Die Festigkeit und Steifigkeit eines solchen Kompositmaterials ist in Faserrichtung wesentlich höher als quer zur Faserrichtung. Deshalb werden einzelne Faserlagen in verschiedenen Richtungen verlegt. Es stellt sich nun die Frage, welche Faserrichtungen bei den einzelnen Bauteilen verwendet werden sollen, um die für das jeweilige Bauteil erforderliche Festigkeit und Steifigkeit zu erreichen. Auch diese Problemstellung lässt sich als ein nichtlineares Optimierungsproblem mit relativ vielen variablen Eingangsgrößen formulieren, an dessen Lösung zur Zeit gearbeitet wird. Schwerpunkt ist dabei aber nicht das eigentliche Lösen des Optimierungsproblems, sondern die Erarbeitung eines aussagekräftigen mathematischen Modells, welches die Realität und damit die Eigenschaften des betrachteten Bauteils möglichst gut abbildet. Neben der Entwicklung und der Anwendung von Optimierungsalgorithmen stellt diese mathematische Modellbildung und damit auch die Formulierung von geeigneten Zielfunktionen immer wieder eine große Herausforderung dar.

Ein weiterer wichtiger Anwendungsbereich ist die Verbesserung von Flugeigenschaften. Dabei sind insbesondere die aerodynamischen Eigenschaften des Flugzeugs beziehungsweise einzelner Flugzeugteile von Interesse. Da es viel zu teuer und zeitaufwändig ist, ein Flugzeug oder auch nur ein Flugzeugmodell zu bauen, im Windkanal zu testen, anhand der Beobachtungen die Kon-

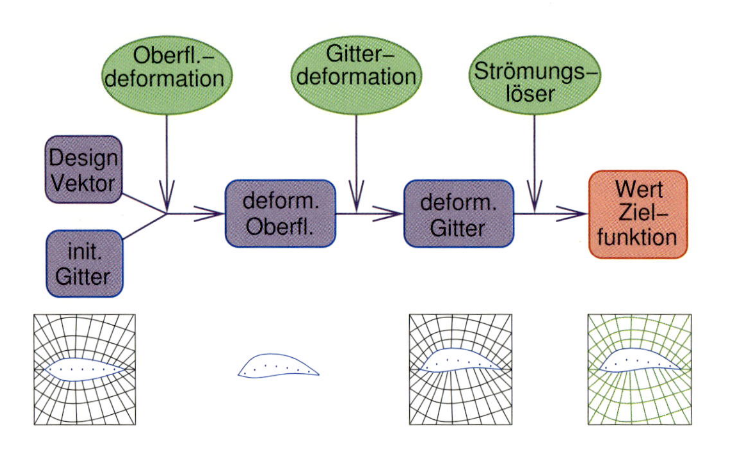

Abbildung 20.9: Schritte zur Auswertung der Zielfunktion

struktion zu verändern, erneut zu testen und so weiter, existieren mittlerweile eine Reihe von Softwareprogrammen, welche die Umströmung eines ganzen Flugzeugs beziehungsweise einzelner Flugzeugbauteile simulieren. Dabei stellt eine volle dreidimensionale Simulation eines kompletten Flugzeugs mit allen Details, wie zum Beispiel auf der linken Seite von Abbildung 20.8 dargestellt, auch für die heutige Rechentechnik immer noch eine Herausforderung dar. Aus diesem Grund konzentriert man sich sowohl bei der Analyse als auch bei der Entwicklung zum Beispiel von angepassten Optimierungsverfahren häufig auf einzelne Bauteile. Im Bereich der Tragflächen kann es sogar sinnvoll sein, sich nur auf einen Querschnitt der Tragfläche zu konzentrieren. Um Simulations- oder auch Optimierungsmethoden zu testen, haben sich hierfür eine Reihe von Testproblemen etabliert. Eine dieser optimierten Standardkonfigurationen eines Tragflächenquerschnitts ist auf der rechten Seite von Abbildung 20.8 zu sehen. Die Minimierung des Widerstandes, um zum Beispiel den Treibstoffverbrauch zu senken, bildete die Zielfunktion. Diese Zielfunktion bestand wiederum aus einer ganzen Reihe von einzelnen Funktionen, die miteinander kombiniert wurden, wie schematisch in Abbildung 20.9 gezeigt.

Man startet hier auf der linken Seite mit einer Ausgangskonfiguration, welche die Tragfläche definiert, und einem initialen Gitter, welches die Tragfläche um-

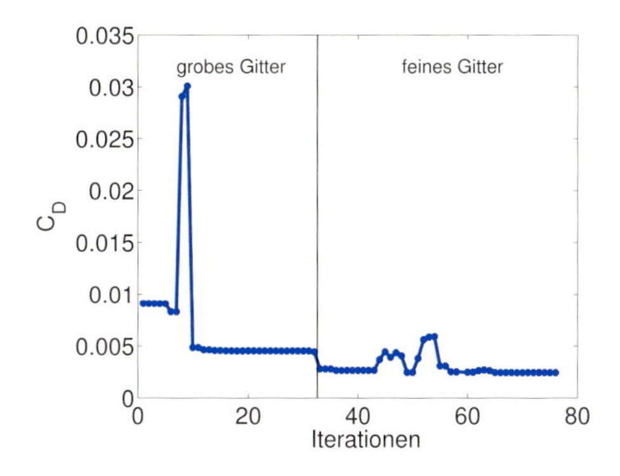

Abbildung 20.10: Entwicklung von Widerstand (C_D) und Auftrieb (C_L) während der Optimierung

gibt. Nur auf den Knoten des Gitters wird später die Umströmung der Tragfläche tatsächlich berechnet. Mit einem sogenannten Designvektor kann die Ausgangskonfiguration modifiziert werden. Dies liefert durch eine Oberflächendeformation die deformierte Oberfläche des Tragflächenquerschnitts. Um nun wiederum die Strömung um die Tragfläche berechnen zu können, muss in einem zweiten Schritt das umgebende Gitter angepasst, das heißt deformiert werden. Auf diesem deformierten Gitter kann dann ein angepasster Strömungslöser genutzt werden, um die Umströmung der Tragfläche zu berechnen. Aus dieser Strömung wird wiederum der Widerstand und damit der Wert der Zielfunktion ermittelt.

Formuliert man dieses Optimierungsproblem ohne Nebenbedingungen, so liefert der Optimierungsalgorithmus als optimale Lösung einfach nur eine Platte zurück. Diese hat natürlich den kleinsten Widerstand, allerdings auch keinerlei Auftriebskräfte. Damit würde das Flugzeug nicht fliegen. Deshalb sichert man über eine entsprechende Nebenbedingung, dass der Auftrieb der urspünglichen Tragfläche erhalten bleibt. Die oben gezeigte optimierte Standardkonfiguration wurde mithilfe des algorithmischen Differenzierens und einem aktuellen Softwarepaket zur nichtlinearen Optimierung erzielt [2]. Der Verlauf des Zielfunktionswertes, also des Widerstands C_D, sowie der Wert der Nebenbedingung, das heißt des Auftriebs C_L, sind in Abbildung 20.10 gezeigt. Um den Aufwand der Optimierung zu reduzieren, wurde hierbei zunächst auf einem gröberen Gitter voroptimiert und dann auf einem feineren Gitter die Optimierung beendet. Die Untersuchung solcher Multilevel-Ansätze zur Aufwandsreduktion bilden ebenfalls ein aktives Forschungsgebiet.

So gibt es im Bereich der nichtlinearen Optimierung noch viele Verfahren zu entwickeln und zu erforschen.

Literatur

[1] ALT, W.: Nichtlineare Optimierung. Eine Einführung in Theorie, Verfahren und Anwendungen. Vieweg, 2002

[2] GAUGER, N., WALTHER, A., ÖZKAYA, E., MOLDENHAUER, C.: Efficient Aerodynamic Shape Optimization by Structure Exploitation. Technischer Bericht SPP 1255-15-05 TU Dresden, 2008

[3] JARRE, F., STOER, J.: Optimierung. Springer, 2004

[4] GRIEWANK, A., WALTHER, A.: Evaluating derivatives. Principles and techniques of algorithmic differentiation. SIAM, 2008

[5] NOCEDAL, J., WRIGHT, S.: Numerical optimization. Springer, 2. Aufl. 2006

Die Autorin:

Prof. Dr. Andrea Walther
Lehrstuhl für Mathematik und ihre Anwendungen
Institut für Mathematik
Universität Paderborn
Warburger Str. 100
33098 Paderborn
andrea.walther@uni-paderborn.de

21 ADE oder die Allgegenwart der Platonischen Körper

Katrin Wendland

In diesem Beitrag geht es um sogenannte *ADE-Klassifikationen* und damit um ein Thema, das mich fasziniert, seit ich zum ersten Mal in einem Proseminar von einer ADE-Klassifikation gehört habe, und das bis zum heutigen Tag in meiner Forschung eine Rolle spielt.

Ich finde, das Thema passt sehr gut in dieses Buch, denn die Forschung in der Mathematik beschäftigt sich häufig mit sogenannten *Klassifikationsproblemen*: Eine wichtige Aufgabe der Mathematik ist die Entwicklung einer geeigneten Sprache, um grundlegende mathematische Strukturen zu beschreiben, das heißt Eigenschaften oder Phänomene, die unabhängig vom konkreten Beispiel dargestellt und untersucht werden sollen. Zuerst geht es in der Mathematik also um die Festlegung geeigneter *Definitionen*. Die nächsten Fragen, die man in der Mathematik gerne stellt, betreffen dann „Existenz und Eindeutigkeit": Wie viele unterschiedliche Beispiele gibt es für die gerade definierte Struktur? Wann genau sind zwei Beispiele unterschiedlich? Können wir eine vollständige Liste mit allen unterschiedlichen Beispiele angeben?

Natürlich möchte ich solche Fragestellungen nicht abstrakt diskutieren, sondern konkret anhand von klassischen Klassifikationsresultaten: In Kapitel 21.1 erkläre ich, wie reguläre n-Ecke und reguläre Körper definiert werden und wie man ihre Symmetrien klassifiziert. Hier begegnen wir den Platonischen Körpern und ihren Symmetriegruppen sowie unter Einschränkung auf Drehsymmetrien unserer ersten ADE-Klassifikation. In Kapitel 21.2 wende ich mich den endlichen Spiegelungsgruppen zu. Ich erkläre, wie man diese Gruppen definiert und klassifiziert, und die Einschränkung auf die irreduziblen kristallographischen endlichen Spiegelungsgruppen führt uns auf eine zweite ADE-Klassifikation. Was die beiden Klassifikationen miteinander zu tun haben und in welcher Vielfalt ADE-Klassifikationen in der Mathematik vorkommen, erkläre ich in Kapitel 21.3.

Ich habe für diesen Beitrag das Thema „ADE-Klassifikationen“ gewählt, weil es mich selbst so fasziniert, aber auch, weil es eine riesige Bandbreite mathematischer Erkenntnisse verbindet, zum Beispiel ganz elementare Symmetriebetrachtungen und sehr komplizierte Eigenschaften von sogenannten Singularitäten. Die letzten Seiten dieses Beitrages sind sicher etwas schwieriger zu verstehen, weil ich der Versuchung nicht widerstehen konnte, einige der komplexeren Zusammenhänge wenigstens zu erwähnen. Vor allem Kapitel 21.3 ist als Ausblick gedacht, der absichtlich weit über den üblichen Schulstoff in der Mathematik hinausgeht. Ein sehr enger Bezug besteht zu dem Beitrag von Rebecca Waldecker über Symmetrien und Gruppen, aber auch zu dem Beitrag von Gabriele Nebe über Kugelpackungen. Ganz sicher hilft es beim Verständnis, diese beiden Beiträge zuerst zu lesen.

21.1 Die Klassifikation der Platonischen Symmetriegruppen

In diesem Kapitel werden sogenannte reguläre Körper diskutiert und insbesondere deren Symmetrien bestimmt. Dazu muss natürlich zuerst geklärt werden, was *Regularität* bedeutet. Die Festlegung der geeigneten Begriffe ist tatsächlich ein wichtiger und häufig schwieriger erster Schritt in jeder mathematischen Untersuchung. Die Entwicklung des Regularitätsbegriffes für Polyeder geht auf die philosophische Schule Platons zurück, nämlich auf Theaitetos (ca. 415 - 363 v. Chr.).

Zum Aufwärmen untersuchen wir zuerst den *Regularitätsbegriff für Flächen*, also in zwei Raumdimensionen. Hier beschränken wir uns auf Vielecke, auch *Polygone* genannt: Das sind beschränkte ebene Gebiete, begrenzt von einem geschlossenen Streckenzug ohne Selbstüberschneidungen, der aus endlich vielen Strecken endlicher Länge besteht. Außerdem wollen wir Konvexität annehmen, das heißt, unser Streckenzug begrenzt ein Gebiet F, so dass für je zwei Punkte in F auch die Verbindungsstrecke zwischen den beiden Punkten ganz in F enthalten ist. Man überlegt sich, dass solch eine konvexe Fläche ebenso viele Ecken wie Kanten besitzt. Von einem *regulären n-Eck* spricht man, wenn F genau n Ecken und n Kanten besitzt, die Größen der Innenwinkel an allen Ecken übereinstimmen und die Kantenlängen alle übereinstimmen.

Reguläre n-Ecke und deren Symmetriegruppen wurden bereits im Beitrag von Rebecca Waldecker besprochen: Man nehme ein reguläres n-Eck, das aus dem

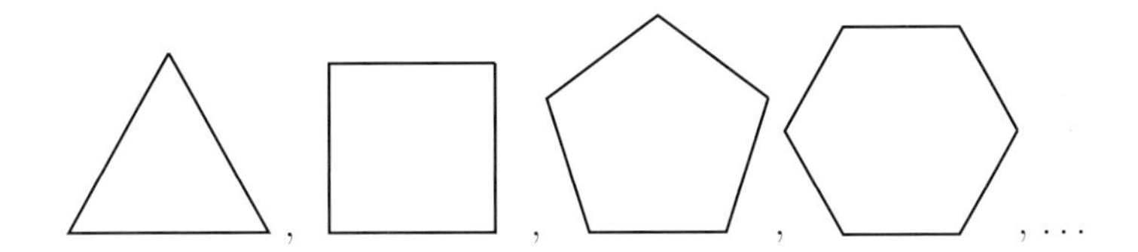

Abbildung 21.1: Ein reguläres Dreieck, Viereck, Fünfeck, Sechseck, ...

Innern eines Papierbogens ausgeschnitten wurde (am besten ohne irgendwelche anderen Schnitte zu machen), wobei das umgebende Papier als „Schablone" um das n-Eck herum liegend aufbewahrt werden soll. Eine *Symmetrie* ist eine Bewegung der ausgeschnittenen Figur (man sagt auch „starre" Bewegung), die sie wieder passend in die Schablone zurückbefördert. Wir wissen aus dem Beitrag von Rebecca Waldecker schon, dass die Drehungen um den Mittelpunkt des regulären n-Ecks um $0°$, $\frac{1}{n} \cdot 360°$, $\frac{2}{n} \cdot 360°$, $\ldots$, $\frac{n-1}{n} \cdot 360°$ eine *endliche Gruppe* bilden, die ich hier etwas unkonventionell mit dem Buchstaben $\mathscr{A}_{n-1}$ bezeichnen möchte. Diese Symmetriegruppe ist „groß genug", so dass es für je zwei Eckpunkte P_i und P_j des n-Ecks eine Drehung in $\mathscr{A}_{n-1}$ gibt, die P_i auf P_j bewegt. Diese Beobachtung hängt natürlich mit der Regularität unseres n-Eckes zusammen: Man sagt, die Symmetriegruppe *operiert transitiv* auf der Menge der Eckpunkte. Da man auch jede Kante durch eine geeignete Drehung auf jede andere Kante bewegen kann, sagt man ebenso, dass die Symmetriegruppe auf der Menge der Kanten transitiv operiert. Man kann diese Eigenschaft als Charakterisierung des Regularitätsbegriffes verwenden. Auf diese Idee werden wir weiter unten bei der Besprechung der regulären Polyeder zurückkommen.

Unser n-Eck hat aber auch „Spiegelsymmetrien", nämlich in jeder Achse durch den Mittelpunkt des n-Eckes und mindestens einen Eckpunkt oder einen Kantenmittelpunkt. Diese Spiegelungen in der Ebene möchte ich allerdings lieber als $180°$-Drehungen um die genannten Achsen im Raum ansehen: Erinnern wir uns an die Veranschaulichung der Symmetrien als Bewegungen eines ausgeschnittenen n-Eckes zurück in seine Schablone, dann ist diese Sichtweise sehr natürlich. Nach der $180°$-Drehung um eine der genannten Achsen passt unser n-Eck in der Tat wieder in seine Schablone, wobei jetzt die Rückseite des Papiers nach oben zeigt. Wir ergänzen $\mathscr{A}_{n-1}$ nun um alle solche $180°$-Drehungen, die Ober- und Unterseite unserer Papierfigur vertauschen. Die so konstruierte Gruppe bezeichne ich – wiederum etwas unkonventionell – mit $\mathscr{D}_{n+2}$.

Nach dieser Vorbereitung können wir uns jetzt den regulären Körpern, genauer den regulären Polyedern zuwenden. Ein *Polyeder* ist ein beschränkter Bereich im dreidimensionalen Raum, begrenzt von einer geschlossenen Fläche ohne Selbstdurchdringungen, dem *Rand* des Polyeders. Der Rand setzt sich aus endlich vielen Polygonen zusammen, wobei sich je zwei Polygone entweder in einer Kante oder in einem Eckpunkt oder überhaupt nicht treffen. Wie für die Polygone beschränken wir uns auf den konvexen Fall, das heißt mit je zwei Punkten soll auch die gesamte Verbindungsstrecke zwischen diesen Punkten in unserem Polyeder enthalten sein.

Was ist nun ein *reguläres Polyeder*? Die eleganteste Charakterisierung benutzt Symmetriegruppen: Mit der praktischen Umsetzung des Gedankenexperimentes wird es diesmal zwar schwieriger, aber nach dem Vorbild unserer Papierschablone für ein Polygon können wir uns ein Polyeder zum Beispiel aus Gips gegossen vorstellen, zusammen mit seiner Form. Nun sind Symmetrien gerade diejenigen starren Bewegungen des Polyeders, die es wieder passend in seine Form zurückbefördern. Ein Polyeder heißt regulär, falls es für je zwei Ecken P_i und P_j des Polyeders eine Symmetrie gibt, die P_i in P_j überführt, und Entsprechendes für Paare von Kanten und für Paare von Seitenflächen gilt.

Man überlegt sich sofort, dass für jedes reguläre Polyeder gilt: Alle K Kanten sind gleich lang, und es gibt ganze Zahlen p und q, so dass jede der F Seitenflächen ein reguläres p-Eck ist und so dass sich in jeder der E Ecken genau q Kanten treffen. Umgekehrt sind alle konvexen Polyeder mit dieser Eigenschaft regulär – das folgt aus Satz 21.2 weiter unten. Weil diese Beobachtungen später nützlich sein werden, notieren wir gleich das Folgende: Die Anzahl K der Kanten unseres Polyeders kann auf zwei Arten gezählt werden – sie beträgt $F \cdot p/2$, denn jede der F Flächen besitzt p Kanten, aber in jeder Kante treffen sich zwei Flächen. Andererseits treffen sich in jeder der E Ecken genau q Kanten, und jede Kante verbindet zwei Ecken, so dass auch $E \cdot q/2$ die Anzahl der Kanten angibt:

$$F \cdot p = 2 \cdot K = E \cdot q. \tag{21.1}$$

Wir wollen nun herausfinden, wie viele Arten von regulären Polyedern es gibt, wobei wir uns wie bei den Polygonen nicht um die Größe unserer Modelle kümmern wollen: Während die Innenwinkel eines regulären n-Ecks feststehen (warum?), ist die Seitenlänge nicht festgelegt. Für diese Diskussion bedarf es ein wenig Vorarbeit, und zwar benötigen wir folgenden Satz, der auch unabhängig von unserer Fragestellung schön und wichtig ist:

Satz 21.1

Euler'scher Polyedersatz: Jedes Polyeder mit E Ecken, K Kanten und F Flächen erfüllt $E - K + F = 2$.

Die Größe $E - K + F$ wird *Eulercharakteristik* genannt, zu Ehren von Leonhard Euler, der 1751 einen Beweis des Euler'schen Polyedersatzes veröffentlichte. René Descartes hatte die Formel allerdings bereits 1639 gefunden, ohne sie zu veröffentlichen.

Beweis
Zum Beweis stellt man sich am besten vor, dass das Polyeder aus sehr gut dehnbaren Drahtkanten konstruiert ist, die jeweils an den Ecken zusammengelötet sind. Wir suchen uns jetzt unsere Lieblingsseitenfläche aus und dehnen die berandenden Kanten so sehr nach außen, dass das gesamte Gebilde flach auf den Tisch gelegt werden kann, aber so, dass sich dabei keine zwei Kanten überschneiden. Das Resultat ist ein Streckenzug in der Ebene (unbedingt zur Übung für ein Beispiel aufzeichnen!), wobei sich in jeder der E Ecken jeweils mindestens drei der K Kanten treffen und alle F Flächen noch durch die Umrandung durch ihre Kanten erkennbar sind. Die Lieblingsfläche, mit der wir angefangen haben, ist zwar auf den ersten Blick verloren gegangen, wir zählen sie jedoch mit, indem wir das gesamte Gebiet außerhalb des Streckenzuges als weitere Fläche interpretieren. Je zwei Ecken sind durch eine Kombination von Kanten im Streckenzug miteinander verbunden.

Wir verändern unseren Streckenzug nun sukzessive, indem wir Schritt für Schritt zunächst Kanten hinzufügen und dann wieder demontieren. Dabei sorgen wir dafür, dass sich die Eulercharakteristik $E - K + F$ während der gesamten Prozedur niemals ändert.

Zunächst nehmen wir uns alle diejenigen Flächen vor, die mehr als drei Kanten haben. Durch Einmontieren zusätzlicher Kanten teilen wir jede dieser Flächen in Dreiecksflächen auf. Mit jeder neuen Kante erhöht sich dabei der Wert von K um 1, aber gleichzeitig wird eine Fläche in zwei neue Flächen unterteilt, so dass sich auch F um 1 erhöht, während die Anzahl E der Ecken unverändert bleibt. Insgesamt bleibt also die Eulercharakteristik $E - K + F$ unverändert, und nach endlich vielen Schritten haben wir einen Streckenzug in der Ebene produziert, der mehrere Dreiecksflächen berandet.

Nun demontieren wir Schritt für Schritt diejenigen Dreiecksflächen, die mindestens eine Kante auf dem äußeren Rand des Streckenzuges besitzen, durch Herausnehmen der jeweiligen Kanten auf dem äußeren Rand. Die Flächen wählen wir jeweils so aus, dass nach der Demontage immer noch jede verbleibende Ecke mit jeder anderen Ecke durch den Streckenzug verbunden ist. Dabei verringert sich die Anzahl F von Flächen jeweils um 1. Falls nur eine Kante demontiert werden muss, verringert sich auch die Anzahl K der Kanten um 1, während die Anzahl E der Ecken unverändert bleibt: Die Eulercharakteristik $E-K+F$ bleibt insgesamt unverändert. Werden zwei (oder drei) Kanten demontiert, das heißt K verringert sich um 2 (oder 3), dann werden auch die Ecken demontiert, in denen sich die demontierten Kanten treffen, so dass die Anzahl E der Ecken sich um 1 (oder 2) verringert. Insgesamt bleibt $E-K+F$ bei jeder Dreiecksdemontage unverändert.

So können wir Schritt für Schritt alle Dreiecksflächen demontieren, bis nur noch ein einziges Dreieck übrig bleibt, ohne die Eulercharakteristik $E-K+F$ zu verändern. Der resultierende Streckenzug besitzt $\widetilde{E}=3$ Ecken und $\widetilde{K}=3$ Kanten, und die Anzahl der Flächen beträgt $\widetilde{F}=2$, denn wir müssen ja neben der einzigen verbliebenen Dreiecksfläche auch noch das Gebiet außerhalb unseres Streckenzuges mitzählen. Es ergibt sich also $E-K+F=\widetilde{E}-\widetilde{K}+\widetilde{F}=3-3+2=2$, wie behauptet. □

Mit Hilfe des Euler'schen Polyedersatzes 21.1 können wir nun die regulären konvexen Polyeder klassifizieren:

Satz 21.2
Es gibt genau fünf reguläre konvexe Polyeder, nämlich das Tetraeder, den Würfel, das Oktaeder, das Ikosaeder und das Dodekaeder, die in Abbildung 21.2 dargestellt sind.

Die regulären konvexen Polyeder heißen auch die *Platonischen Körper*, da sie wie eingangs erwähnt in der Athener Akademie von Schülern Platons systematisch und insbesondere mit Blick auf den Regularitätsbegriff studiert wurden.

Beweis
Wir verwenden die Bezeichnungen, die bereits vor Satz 21.1 eingeführt wurden, um ein gegebenes konvexes reguläres Polyeder zu charakterisieren: Es besitzt E Ecken, K Kanten und F Flächen, wobei jede Fläche ein reguläres p-Eck ist und sich in jeder Ecke genau q Kanten treffen. Dabei gilt

$$p \geq 3, \quad q \geq 3, \tag{21.2}$$

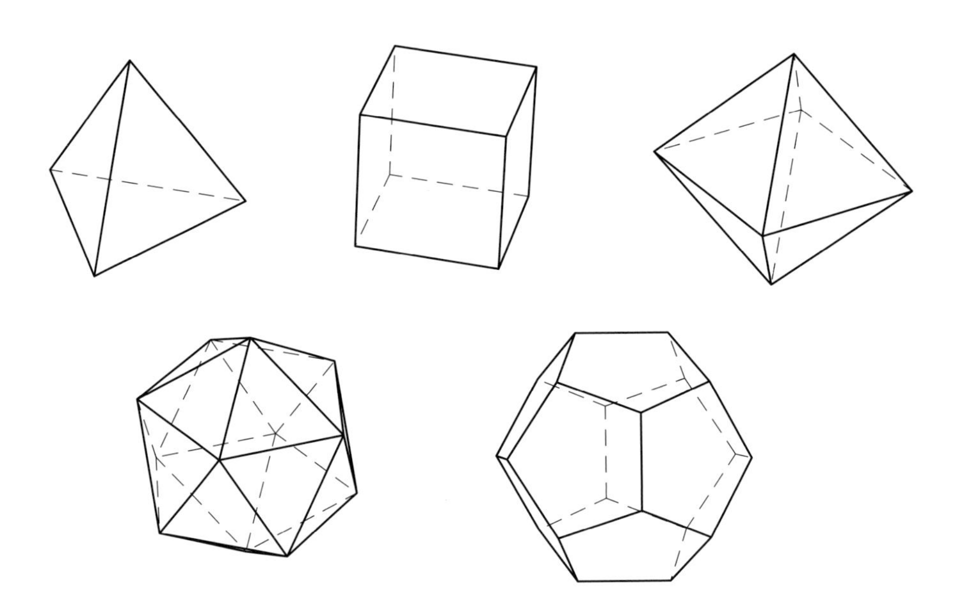

Abbildung 21.2: Die Platonischen Körper: Tetraeder, Würfel, Oktaeder, Ikosaeder, Dodekaeder.

damit die Seitenflächen nicht zu Strecken schrumpfen und keine zwei Seitenflächen aufeinanderliegen. Der Euler'sche Polyedersatz 21.1 besagt $E-K+F=2$, wobei wegen Gleichung (21.1) auch $E=2K/q$ und $F=2K/p$ eingesetzt werden darf. Wir erhalten also

$$K\cdot\left(\frac{2}{q}-1+\frac{2}{p}\right)=2 \quad\Longleftrightarrow\quad \frac{1}{q}-\frac{1}{2}+\frac{1}{p}=\frac{1}{K}. \tag{21.3}$$

Jetzt nutzen wir die Ungleichungen (21.2): Gilt sowohl $p\geq 4$ als auch $q\geq 4$, dann beträgt die linke Seite der gerade hergeleiteten Gleichung höchstens $1/4-1/2+1/4=0$, ein Widerspruch, da sicher $1/K>0$ gilt.

Also ist $p=3$ oder $q=3$ oder $p=q=3$. Einsetzen von $p=3$ in die Gleichung (21.3) liefert

$$\frac{1}{q}-\frac{1}{6}=\frac{1}{K},$$

was für $q\geq 6$ wieder zu einem Widerspruch führt, da dann $1/q-1/6\leq 0$ gilt. Genauso liefert $q=3$ für $p\geq 6$ einen Widerspruch, so dass nur die folgenden Werte für das Paar (p,q) erlaubt sind: $(3,3)$, $(4,3)$, $(3,4)$, $(3,5)$, $(5,3)$. Jetzt können die Gleichungen

Tabelle 21.1: Die platonischen Körper

(p,q)	E	K	F	Name	Drehsymmetrien
$(3,3)$	4	6	4	Tetraeder	12
$(4,3)$	8	12	6	Würfel	24
$(3,4)$	6	12	8	Oktaeder	24
$(3,5)$	12	30	20	Ikosaeder	60
$(5,3)$	20	30	12	Dodekaeder	60

(21.3) und (21.1) für diese fünf Werte von (p,q) nach K, E und F aufgelöst werden, und wir erhalten die Anzahl der Kanten, Ecken und Flächen des Tetraeders, des Würfels, des Oktaeders, des Ikosaeders und des Dodekaeders, wie sie in Abbildung 21.2 dargestellt sind.

Die so berechneten Daten sind in Tabelle 21.1 zusammengefasst, wobei auf die letzte Spalte noch eingegangen werden muss.

Was ist noch zu beweisen? Wir haben gezeigt, dass die einzigen erlaubten Werte für p, q, E, K, F diejenigen in obiger Tabelle sind. Es muss also noch bewiesen werden, dass es zu diesen Daten (bis auf Größenunterschiede) jeweils genau ein reguläres Polyeder gibt. Der Existenzbeweis geschieht „konstruktiv“: Man gibt zunächst konkrete Konstruktionsanweisungen für die Figuren in Abbildung 21.2, was zum Teil recht aufwändig ist – auf Details muss ich hier aus Platzgründen verzichten. Jetzt muss für jeden der fünf Platonischen Körper die Regularität überprüft werden: Für jedes Eckenpaar muss eine Drehung gefunden werden, welche die erste Ecke in die zweite Ecke überführt, und ebenso für jedes Kantenpaar und für jedes Flächenpaar. Die Diskussion ist mühsam, ähnelt aber der Diskussion der Drehgruppen in Rebecca Waldeckers Beitrag. Darum soll sie hier nur angedeutet werden: In der letzten Spalte der obigen Tabelle habe ich die Anzahl der Drehsymmetrien für jeden der Platonischen Körper angegeben. Für das Tetraeder zum Beispiel findet man vier verschiedene Drehachsen jeweils durch einen Eckpunkt und den gegenüberliegenden Flächenmittelpunkt. Drehungen um 60° und um 120° um diese Achsen sind Symmetrien, von denen es also $4 \cdot 2 = 8$ gibt. Hinzu kommen 3 Drehungen um 180° um Achsen, die gegenüberliegende Kantenmittelpunkte verbinden, sowie die Identität. Insgesamt sind es also $8+3+1=12$ Drehsymmetrien, wie in der Tabelle angegeben, mit denen man unsere Regularitätsbedingung für das Tetraeder direkt überprüft. Entsprechend, aber mit deutlich mehr Aufwand, erhält man die Drehsymmetrien der übrigen Platonischen Körper und beweist für sie die Regularität.

Schließlich bleibt noch die Frage, ob es tatsächlich nur ein reguläres Polyeder für jede erlaubte Wahl von Daten p, q, E, K, F gibt. Falls $q=3$, falls sich also in jeder Ecke genau 3 Kanten und damit auch genau 3 Flächen treffen, kann man sich (zum Beispiel mit Hilfe eines Pappmodelles) davon überzeugen, dass das Zusammentreffen der Flächen nur auf genau eine Weise realisiert werden kann – alle Innenwinkel an den Eckpunkten stehen von vorneherein fest. Damit lässt sich die Eindeutigkeit von Tetraeder, Würfel und Dodekaeder beweisen. Für die verbleibenden Oktaeder und Ikosaeder ist der Beweis deutlich schwieriger – der sogenannte Starrheitssatz wird benötigt, der auch in diesen Fällen zeigt, dass die Innenwinkel an allen Eckpunkten schon durch die Daten p, q, E, K, F festgelegt sind. Die detaillierte Diskussion würde allerdings den Rahmen dieses Beitrages sprengen. □

Zum Abschluss dieses Kapitels benenne ich nun alle Symmetriegruppen, die wir bisher kennen gelernt haben: Für die regulären n-Ecke sind es die Drehgruppen, die ich mit $\mathscr{A}_{n-1}$ bezeichnet habe, sowie die Gruppen $\mathscr{D}_{n+2}$, die durch Hinzunahme der 180°-Drehungen um Achsen im Raum entstehen, wenn das n-Eck als Papiermodell im dreidimensionalen Raum angesehen wird. Auch um die Gruppen $\mathscr{A}_{n-1}$ zu realisieren, ist diese Sichtweise erlaubt – dann wird das Polygon um eine Achse gedreht, die senkrecht auf der Polygonebene steht. Die Gruppe der Drehsymmetrien des regulären Tetraeders bezeichne ich – wieder etwas unkonventionell – mit $\mathscr{E}_6$, die des Oktaeders mit $\mathscr{E}_7$ und die des Ikosaeders mit $\mathscr{E}_8$. Für die Gruppen der Drehsymmetrien des Würfels und des Dodekaeders führe ich allerdings keine neuen Bezeichnungen mehr ein: Sie stimmen nämlich mit $\mathscr{E}_7$ und $\mathscr{E}_8$ überein. Dass Würfel und Oktaeder einerseits sowie Dodekaeder und Ikosaeder andererseits gleich viele Drehsymmetrien besitzen, haben wir schon im Beweis von Satz 21.2 festgestellt. Dass die jeweiligen Symmetriegruppen tatsächlich übereinstimmen, überprüft man am besten konstruktiv: Verbindet man alle Flächenmittelpunkte benachbarter Flächen eines Würfels miteinander, dann bilden die so konstruierten Strecken die Kanten eines regulären Oktaeders. Jede Drehachse des Würfels durch gegenüberliegende Flächenmittelpunkte ist also gleichzeitig eine Drehachse des einbeschriebenen Oktaeders durch gegenüberliegende Ecken, und man überprüft, dass auch alle anderen Drehachsen und Drehsymmetrien der beiden Polyeder übereinstimmen. Genauso kann man einem Dodekaeder ein Ikosaeder einbeschreiben, indem man alle Flächenmittelpunkte benachbarter Flächen miteinander verbindet, und dann einsehen, dass die jeweiligen Drehsymmetrien übereinstimmen.

21.2 Die ADE-Klassifikation der endlichen Spiegelungsgruppen

Während im vorigen Kapitel ausschließlich Symmetrien untersucht wurden, die als Drehungen um Achsen im Raum realisiert werden können, soll es in diesem Kapitel um *endliche Spiegelungsgruppen* gehen. Das sind endliche Gruppen, in denen jedes Element als Hintereinanderausführung von Spiegelungen aus der Gruppe geschrieben werden kann. In der Ebene wurden solche Gruppen schon in Rebecca Waldeckers Beitrag eingeführt. Um die dort präsentierten Ideen auf beliebige Dimensionen verallgemeinern zu können, beschreibe ich zuerst noch einmal die Spiegelungen in der Ebene. Eine solche *Spiegelung* ist vollständig durch ihre Spiegelachse l bestimmt. Dabei ist l eine Gerade, deren Punkte unter der Spiegelung nicht bewegt werden. Die Bewegung jedes Punktes P in der Ebene lässt sich folgendermaßen beschreiben: Man fällt das Lot von P auf l und verlängert die so erhaltene Strecke über die Spiegelachse hinaus auf die doppelte Länge, um den Bildpunkt von P zu konstruieren. Um mit den üblichen Koordinaten (x_1, x_2) zu arbeiten, können wir immer die zweite Koordinatenachse entlang der Spiegelachse l wählen, so dass l durch die Punkte $(0, x_2)$ mit $x_2 \in \mathbb{R}$ beschrieben wird. Die Spiegelung bildet dann einen beliebigen Punkt in der Ebene mit Koordinaten (x_1,x_2) auf $(-x_1,x_2)$ ab. Damit haben die Punkte auf der Geraden l', die durch die Punkte $(x_1,0)$ mit $x_1 \in \mathbb{R}$ beschrieben wird, eine besondere Eigenschaft: Unter der Spiegelung werden alle ihre Koordinaten auf ihr Negatives abgebildet, wobei l und l' sich im sogenannten *Ursprung* $O = (0,0)$ des Koordinatensystems schneiden. Die Gerade l' wird als *Normale* zur Spiegelachse bezeichnet, und ihre Eigenschaften sind es, die sich direkt auf den höherdimensionalen Fall verallgemeinern lassen.

Wir arbeiten jetzt also im $\mathbb{R}^n$, dessen Punkte durch n reelle Koordinaten $(x_1,\ldots,x_n)$ beschrieben werden, wie im Beitrag von Gabriele Nebe erklärt.[1] Jede Spiegelung im $\mathbb{R}^n$ ist eindeutig durch ihre *Spiegelnormale* definiert, also durch eine Gerade l', und durch einen *Ursprung* O, das heißt durch einen Punkt O auf der Geraden l', der unter der Spiegelung unbewegt bleibt. Die Koordinaten können immer so gewählt werden, dass $O = (0,\ldots,0)$, und dann werden die Koordinaten jedes Punktes auf l' unter der Spiegelung auf ihr Negatives abgebildet. Wählt man außerdem die Koordinatenachsen so, dass die Spiegelnormale l' durch die erste Koordinatenachse gegeben ist, das heißt durch die Punkte $(x_1,0,\ldots,0)$ mit $x_1 \in \mathbb{R}$, dann lautet die Koordinatenform der Spiegelung

$$(x_1,x_2,\ldots,x_n) \mapsto (-x_1,x_2,\ldots,x_n).$$

Die Spiegelachse einer ebenen Spiegelung findet also ihre Verallgemeinerung in der sogenannten *Spiegelebene* E, die durch alle Punkte mit Koordinaten $(0,x_2,\ldots,x_n)$ mit $x_i \in \mathbb{R}$ gegeben ist: Alle Punkte in E bleiben von der Spiegelung unbewegt.[2] Wie in der Ebene bestimmt man für einen allgemeinen Punkt im $\mathbb{R}^n$ das Bild unter der Spiegelung, indem man das Lot (parallel zur Normalen l') auf die Spiegelebene E fällt und die so erhaltene Strecke über E hinaus auf die doppelte Länge verlängert. Der Ursprung O ist der Schnittpunkt zwischen E und l'.

[1] Zur Veranschaulichung sollte man sich immer den $\mathbb{R}^3$ vorstellen, mit den üblichen drei Raumkoordinaten (x_1,x_2,x_3).

[2] Im Allgemeinen, nämlich falls $n \neq 3$, ist die Spiegelebene E trotz ihres Namens keine Ebene, sondern durch einen $\mathbb{R}^{n-1}$ gegeben, mit Koordinaten $(x_2,\ldots,x_n)$.

Die obige Diskussion erlaubt eine sehr elegante Charakterisierung von Spiegelungen: Die Normale l' zusammen mit dem Schnittpunkt O von l' mit der Spiegelebene E legt unsere Spiegelung schon eindeutig fest. Diese Normale wiederum kann durch die Angabe von O sowie eines einzigen Vektors festgelegt werden, der die Richtung von l' angibt, zum Beispiel $\vec{a} = (1, 0, \ldots, 0)$ in den oben gewählten Koordinaten. Solch ein Vektor heißt *Normalenvektor* an die Spiegelebene oder einfach *Normale* der Spiegelung.

Um die endlichen Spiegelungsgruppen zu klassifizieren, erinnern wir uns wieder als Erstes an die ebenen Spiegelungen: Wir betrachten zwei Spiegelungen s_1, s_2 in der Ebene an Spiegelachsen l_1, l_2. Falls l_1 und l_2 sich in genau einem Punkt O schneiden, ist die Hintereinanderausführung $d := s_2 \circ s_1$ dieser Spiegelungen eine Drehung um den Punkt O um den Winkel 2ϑ, wobei ϑ den kleineren der beiden Winkel zwischen den Geraden l_1 und l_2 bezeichnet. Das überlegt man sich zum Beispiel folgendermaßen: Die Gerade l_1 bewegt sich unter s_1 überhaupt nicht und wird unter s_2 auf eine Gerade durch O abgebildet, die mit l_1 den Winkel 2ϑ einschließt. Die Gerade l_1 wird also in der Tat um O um den Winkel 2ϑ gedreht, und mit ihr die gesamte Ebene. Da die M-fache Hintereinanderausführung von d eine Drehung um O um den Winkel $M \cdot \vartheta$ ist, gibt es nur dann eine endliche Gruppe, die s_1 und s_2 und damit d enthält, wenn $M \cdot \vartheta$ für irgendeine ganze Zahl M ein Vielfaches von $360°$ ist. Das heißt $\vartheta = \frac{m}{M} \cdot 360°$ mit ganzen Zahlen m und M. Der Winkel zwischen l_1 und l_2 muss also ein *rationales Vielfaches* von $360°$ sein: Um ϑ zu gewinnen, multipliziert man $360°$ mit der rationalen Zahl $\frac{m}{M}$.

Endliche Spiegelungsgruppen sind wie oben erwähnt endliche Gruppen mit der Eigenschaft, dass jedes ihrer Elemente als Hintereinanderausführung von Spiegelungen aus der Gruppe geschrieben werden kann. Weil solch eine Gruppe nur endlich viele Symmetrien enthält, gibt es in ihr auch nur endlich viele Spiegelungen, und man kann einige „Fundamentalspiegelungen“ $s_1, \ldots, s_d$ auswählen, so dass jedes Element der Gruppe als Hintereinanderausführung verschiedener s_i geschrieben werden kann. Die Spiegelungen s_i heißen *Erzeugende* der Spiegelungsgruppe. Tatsächlich kann man zeigen, dass die Gruppe nur dann endlich sein kann, wenn sich alle zugehörigen Spiegelebenen in mindestens einem Punkt O schneiden, der als Schnittpunkt der Spiegelebenen mit ihren jeweiligen Normalen gewählt werden kann. Aus der obigen Diskussion wissen wir, dass dann jede der Spiegelungen s_i durch einen einzigen Vektor $\vec{a}_i$ festgelegt ist, nämlich einen Normalenvektor an die Spiegelebene von s_i. Die Normalenvektoren $\vec{a}_1, \ldots, \vec{a}_d$ legen die endliche Spiegelungsgruppe also eindeutig fest.

Für zwei Spiegelungen in der Ebene haben wir uns oben bereits überlegt, dass sie nur dann beide in der gleichen endlichen Spiegelungsgruppe enthalten sein können, wenn der Winkel zwischen ihren Spiegelachsen ein rationales Vielfaches von 360° ist. Für je zwei unserer Spiegelungen s_i und s_j können wir daraus schon schließen, dass der Winkel ϑ zwischen $\vec{a}_i$ und $\vec{a}_j$ ein rationales Vielfaches von 360° sein muss: Man kann zum Beispiel die Wirkung von s_i und s_j auf der Ebene H untersuchen, welche den Ursprung O und die Vektoren $\vec{a}_i$ und $\vec{a}_j$ enthält – nämlich durch Spiegelungen in dieser Ebene H an Achsen, die orthogonal auf $\vec{a}_i$ bzw. $\vec{a}_j$ stehen. Denn diese Achsen sind die Schnittgeraden zwischen der Ebene H und den Spiegelebenen von s_i und s_j. Der Winkel zwischen den Spiegelachsen ist der kleinere der beiden Winkel ϑ und $180^\circ - \vartheta$, und er muss ein rationales Vielfaches von 360° sein, was somit auch für ϑ gelten muss.

Jetzt haben wir die Grundlagen erarbeitet, um die *Klassifikation endlicher Spiegelungsgruppen* zu diskutieren. Die Beweise würden den Rahmen dieses Beitrages zwar deutlich sprengen. Das grundsätzliche Ergebnis, das ich persönlich besonders schön finde, kann ich aber mit den bisher vorgestellten Begriffen zusammenfassen. Es geht auf Arbeiten von H.S.M. Coxeter [3] aus dem Jahre 1934 zurück.

Da man durch eine Art Produktbildung aus zwei endlichen Spiegelungsgruppen immer eine neue endliche Spiegelungsgruppe konstruieren kann, welche die beiden Ausgangsgruppen als „Faktoren" enthält, beschränkt sich die Klassifikation auf sogenannte *irreduzible* endliche Spiegelungsgruppen: Das sind endliche

Spiegelungsgruppen, die sich nur dann als Produkt aus zwei endlichen Spiegelungsgruppen schreiben lassen, wenn eine der beiden Faktorgruppen trivial ist, also nur die Identität enthält. Die oben beschriebene Idee, eine solche endliche Spiegelungsgruppe mit Hilfe der Normalenvektoren $\vec{a}_1, \ldots, \vec{a}_d$ zu Erzeugenden $s_1, \ldots, s_d$ zu beschreiben, kann nun weiter ausgebaut werden. Wir wissen schon, dass die Winkel zwischen je zwei Normalenvektoren $\vec{a}_i$ und $\vec{a}_j$ rationale Vielfache von 360° sein müssen. Die erste wichtige Beobachtung besagt, dass die erlaubten Winkel noch viel stärker eingeschränkt sind. Wir kennen zwar schon die endlichen Spiegelungsgruppen in der Ebene, die oft mit H_2^M bezeichnet werden, wobei M eine ganze Zahl ist, und zwar so, dass H_2^M von zwei Spiegelungen s_1 und s_2 mit Spiegelachsen l_1 und l_2 erzeugt wird, welche einen Winkel von $\frac{1}{M} \cdot 360^\circ$ einschließen. Je zwei Spiegelungen in der Gruppe H_2^M haben Normalenvektoren, die einen Winkel von $\frac{m}{M} \cdot 360^\circ$ einschließen, wobei auch m eine ganze Zahl ist. Das heißt, dass tatsächlich beliebige rationale Vielfache von 360° als Winkel zwischen zwei Spiegelnormalen auftreten können – allerdings, so kann man zeigen, wirklich nur in den Gruppen H_2^M. Für alle anderen endlichen Spiegelungsgruppen stellt sich heraus, dass alle Winkel zwischen Spiegelnormalen ganzzahlige Vielfache von 30°, 36° oder von 45° sind.

Allein durch die Untersuchung der erlaubten geometrischen Konstellationen der Normalenvektoren $\vec{a}_1, \ldots, \vec{a}_d$, für welche die zugehörigen Spiegelungen $s_1, \ldots, s_d$ Erzeugende einer endlichen Gruppe sind, kann man nun die irreduziblen endlichen Spiegelungsgruppen vollständig klassifizieren. Es gibt fünf unendliche Familien, die mit A_n $(n \geq 1)$, B_n $(n \geq 2)$, C_n $(n \geq 2)$, D_n $(n \geq 4)$ und H_2^M $(M \geq 3)$ bezeichnet werden, und sieben sogenannte *exzeptionelle Gruppen* mit den Bezeichnungen $E_6, E_7, E_8, F_4, G_2, I_3, I_4$. Der untere Index n in $A_n, \ldots, I_4$ gibt hier jeweils an, in welchem $\mathbb{R}^n$ die Gruppe am effizientesten realisiert werden kann: Für A_n ist es der $\mathbb{R}^n$, für I_4 ist es der $\mathbb{R}^4$, und für H_2^M ist es der $\mathbb{R}^2$: Wir könnten die ebenen Spiegelungsgruppen ja zum Beispiel auch als Spiegelungsgruppen im Raum $\mathbb{R}^3$ auffassen, indem wir die Spiegelachsen l_1 und l_2 in der (x_1,x_2)-Ebene zu Spiegelebenen fortsetzen, die beide senkrecht auf der (x_1,x_2)-Ebene stehen und so dass die erste Ebene die Gerade l_1 und die zweite die Gerade l_2 enthält. Das ist allerdings wenig effizient, weil dann alle Spiegelungen in H_2^M die dritte Koordinate x_3 von $\mathbb{R}^3$ unverändert lassen. Übrigens tauchen einige Gruppen in meiner obigen Liste mehrfach auf, denn es gilt $A_2 = H_2^3, B_2 = H_2^4, G_2 = H_2^6$ und $B_n = C_n$ für alle $n \geq 2$, was uns im Folgenden aber nicht weiter stören soll.

Die endlichen Spiegelungsgruppen wurden zuerst 1934 von Coxeter in seiner Arbeit [3] klassifiziert. Die (vielleicht nicht besonders einfallsreiche) Benennung der Gruppen nach den ersten neun Buchstaben des Alphabetes taucht zuerst bei Witt auf [10], allerdings sind dort die Buchstaben gegenüber den heute üblichen Standardbezeichnungen vertauscht, die so zum ersten Mal von Dynkin [5, 6] benutzt wurden. Heutzutage ist die Klassifikation allgemein als *ADE-Klassifikation der endlichen Spiegelungsgruppen* bekannt, denn die Gruppen mit den Bezeichnungen A_n $(n \geq 1)$, D_n $(n \geq 4)$ und E_n $(n = 6, 7$ oder $8)$ sind besonders interessant: Das sind diejenigen endlichen Spiegelungsgruppen, für die alle Winkel zwischen je zwei Normalenvektoren von Spiegelungen ganzzahlige Vielfache von $90°$ oder von $120°$ sind. Es sind die einzigen irreduziblen endlichen Spiegelungsgruppen, die der sogenannten *kristallographischen Bedingung* genügen: Sie bestehen aus Symmetrien von regelmäßigen Kugelpackungen im $\mathbb{R}^n$, wie sie in Gabriele Nebes Beitrag vorgestellt wurden.[3] Diese Gruppen möchte ich noch genauer beschreiben:

Für jede der Gruppen A_n, D_n und E_n kann man n sogenannte *Fundamentalspiegelungen* $s_1, \dots, s_n$ finden, welche die Gruppe erzeugen und deren Normalenvektoren $\vec{a}_1, \dots, \vec{a}_n$ die Eigenschaft haben, dass je zwei dieser Vektoren entweder orthogonal aufeinander oder aber in einem Winkel von $120°$ zueinander stehen. Dabei ist es wichtig, dass die Anzahl n der Fundamentalspiegelungen mit der Anzahl der Koordinaten des Raumes $\mathbb{R}^n$ übereinstimmt, in dem unsere Gruppe wie oben erwähnt am effizientesten realisiert wird. Um die Gruppe

[3] Die vollen Symmetriegruppen der Kugelpackungen sind jeweils unendliche Gruppen. Unsere ADE-Gruppen sind aber immerhin die größten endlichen Untergruppen dieser Symmetriegruppen.

unmissverständlich zu beschreiben, muss jetzt nur noch gesagt werden, welche der Normalenvektoren aufeinander senkrecht stehen. Am übersichtlichsten lässt sich das mit Hilfe der Diagramme in Abbildung 21.3 angeben: Die Nummerierung der Fundamentalspiegelungen kann so gewählt werden, dass der Punkt mit Markierung 1 dem Vektor $\vec{a}_1$ entspricht, der Punkt mit Markierung 2 dem Vektor $\vec{a}_2$ entspricht und so weiter. Zwischen den Punkten mit Markierungen i und j zeichnet man eine Linie, falls die zugehörigen Vektoren $\vec{a}_i$ und $\vec{a}_j$ im Winkel von 120° zueinander stehen. Sind die beiden Punkte mit Markierungen i und j nicht durch eine Linie miteinander verbunden, dann stehen $\vec{a}_i$ und $\vec{a}_j$ senkrecht aufeinander.

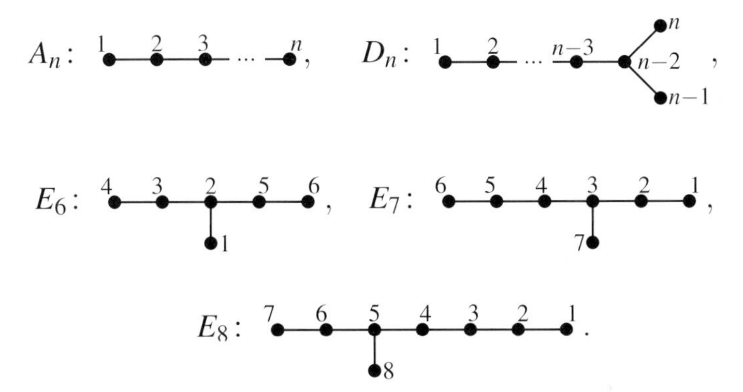

Abbildung 21.3: Die ADE-Coxeter-Diagramme.

Zur Übung sollte man sich die Konstellationen der Vektoren $\vec{a}_1, \ldots, \vec{a}_n$ für die Gruppen A_2 und A_3 veranschaulichen: Die Gruppe A_2 ist eine ebene Spiegelungsgruppe, die von zwei Spiegelungen s_1 und s_2 erzeugt wird. Die zugehörigen Spiegelnormalen stehen im Winkel von 120° aufeinander, denn die beiden Punkte im Diagramm zu A_2 aus Abbildung 21.3 sind ja durch eine Linie verbunden. Die Spiegelachsen von s_1 und s_2 schließen also einen Winkel von 60° ein, und die Gruppe enthält drei Spiegelungen an Achsen, die jeweils 60°-Winkel untereinander bilden. Außerdem enthält die Gruppe die Drehungen um den Schnittpunkt O der drei Spiegelachsen um 120° und um 240° und natürlich die Identität. Die Gruppe A_2 ist die volle Symmetriegruppe eines gleichseitigen Dreiecks, und somit ist sie eine Gruppe von Symmetrien der hexagonalen Kreispackung aus Gabriele Nebes Beitrag.

Für die Gruppe A_3 ist die Analyse schon etwas komplizierter, und ich möchte nur einige Hinweise geben: Die drei Normalenvektoren $\vec{a}_1, \vec{a}_2, \vec{a}_3$ der erzeugenden Spiegelungen lassen sich am besten anhand eines Würfels beschreiben. In einem Würfel wie in Abbildung 21.2 zeigt $\vec{a}_1$ vom Würfelmittelpunkt O zum Seitenmittelpunkt der vorderen Würfelseite. Der Normalenvektor $\vec{a}_2$ zeigt von O zum Mittelpunkt der rechten hinteren Kante, während $\vec{a}_3$ von O zum Mittelpunkt der linken oberen Kante zeigt. Man sollte sich zur Kontrolle überlegen, dass $\vec{a}_1$ senkrecht auf $\vec{a}_3$ steht, während $\vec{a}_2$ mit $\vec{a}_1$ und mit $\vec{a}_3$ jeweils einen Winkel von $120°$ einschließt. Genau so schreibt es das Diagramm aus Abbildung 21.3 vor, denn für A_3 haben wir ein Diagramm mit drei nebeneinander liegenden Punkten, von denen der mittlere mit seinen beiden Nachbarn verbunden ist, während zwischen rechtem und linkem Punkt keine Linie gezeichnet ist. Es folgt, dass A_3 die Symmetriegruppe eines Würfels ist und somit aus Symmetrien der dreidimensionalen Würfelpackung aus Gabriele Nebes Beitrag besteht.

Die Gruppe A_1 hat ein Diagramm, das nur aus einem einzigen Punkt besteht. Also wird A_1 durch eine einzige Spiegelung s_1 im $\mathbb{R}^1$ erzeugt, die durch $x \mapsto -x$ beschrieben werden kann. Die Gruppe hat nur zwei Elemente, nämlich s_1 und die Identität, und sie wurde am Anfang von Barbara Waldeckers Beitrag beschrieben. Die Spiegelnormale zu s_1 ist schon der ganze $\mathbb{R}^1$, was vielleicht ein wenig gewöhnungsbedürftig ist. A_1 besteht aus Symmetrien der Linienpackung, wie sie in Gabriele Nebes Beitrag beschrieben wurde.

Die Diagramme aus Abbildung 21.3 werden als *Coxeter-Diagramme* und manchmal auch als Coxeter-Dynkin-Diagramme bezeichnet. Tatsächlich hat sie schon Coxeter in seinem Klassifkationsbeweis aus dem Jahre 1934 verwendet [3].

21.3 Die Allgegenwart von ADE-Klassifikationen

Bisher habe ich zwei Klassifikationsresultate vorgestellt: Das erste Kapitel war den Gruppen der Drehsymmetrien regulärer Polygone und Polyeder gewidmet, also den Gruppen $\mathscr{A}_n$, $\mathscr{D}_n$, $\mathscr{E}_n$. Im zweiten Kapitel habe ich die Klassifikation der irreduziblen endlichen Spiegelungsgruppen behandelt, und diejenigen Gruppen, die außerdem der kristallographischen Bedingung genügen, also die Gruppen A_n, D_n, E_n, habe ich etwas genauer beschrieben. Die Bezeichnungen der Drehgruppen habe ich mit Absicht etwas unkonventionell gewählt, damit sie den Standardbezeichnungen der ADE-Spiegelungsgruppen oder vielmehr ihrer Coxeter-Diagramme in Abbildung 21.3 ähneln. Es besteht hier nämlich ein tiefer, wunderschöner Zusammenhang, den ich in diesem letzten Kapitel kurz erklären möchte.

Am besten kann ich diesen Zusammenhang für die Drehgruppen $\mathscr{A}_{n-1}$ mit $n > 0$ erklären, die wir ursprünglich als Symmetriegruppen der regulären n-Ecke aus Abbildung 21.1 gefunden haben. Um mit Koordinaten (x_1, x_2) arbeiten zu können, lege ich den Ursprung $O = (0,0)$ des Koordinatensystems so fest, dass er mit dem Drehmittelpunkt übereinstimmt. Außerdem führe ich den Drehwinkel $\vartheta_n := \frac{1}{n} \cdot 360°$ ein. Die Drehungen der Ebene $\mathbb{R}^2$ sind dann durch

$$(x_1, x_2) \mapsto (\cos(m\vartheta_n)x_1, \sin(m\vartheta_n)x_2), \quad m = 0, 1, 2, \ldots, n-1$$

gegeben. Diese Drehungen haben ganz unabhängig von unserem regulären n-Eck interessante Eigenschaften. Zum Beispiel kann man den *Quotienten* $\mathbb{R}^2/\mathscr{A}_{n-1}$ untersuchen. Das ist ein geometrisches Objekt, das entsteht, wenn zwischen einem Punkt (x_1, x_2) in der Ebene und allen seinen Bildern unter Drehungen aus der Gruppe $\mathscr{A}_{n-1}$ nicht mehr unterschieden wird. Ein Modell dieses Quotienten ist schnell gebastelt: Man nehme ein Blatt Papier und zeichne zunächst den Punkt O sowie den positiven Teil der ersten Koordinatenachse darauf, also den von O ausgehenden Strahl, der aus den Punkten $(x_1, 0)$ mit $x_1 \geq 0$ besteht. Als nächstes zeichnet man die Bilder dieses Strahles unter allen Drehungen aus der Gruppe $\mathscr{A}_{n-1}$ ein, die sternförmig um den Punkt O angeordnet sind. Nachdem man das Papier entlang des zuerst eingezeichneten Strahles aufgeschnitten hat, kann man für jeden Punkt auf dem Papier alle n Bildpunkte[4] unter Drehungen aus $\mathscr{A}_{n-1}$ übereinander schieben: Man formt einen Kegel mit Spitze O, der n-mal umwickelt wird. Die Spitze dieses Kegels ist offenbar ein besonderer Punkt des Quotienten $\mathbb{R}^2/\mathscr{A}_{n-1}$: In allen anderen Punkten sieht unser Modell glatt aus, aber weil O unter allen Drehungen in $\mathscr{A}_{n-1}$ unbewegt bleibt, ist $\mathbb{R}^2/\mathscr{A}_{n-1}$ in O nicht glatt. Man sagt, dass dort eine *Singularität* vorliegt.

Singularitäten haben viele interessante geometrische Eigenschaften, und mit ihrem Studium sind Mathematiker auch heutzutage noch beschäftigt. Um den Zusammenhang zu den Coxeter-Diagrammen zu beschreiben, müssen wir die Geometrie allerdings noch etwas komplizierter machen, indem wir im $\mathbb{R}^4$ anstelle vom $\mathbb{R}^2$ arbeiten. Dafür „verdoppeln" wir die Wirkung unserer Drehungen: Wir drehen die beiden Ebenen gleichzeitig, die von den ersten beiden Koordinaten einerseits und den letzten beiden Koordinaten andererseits erfasst werden, aber in entgegengesetzte Richtungen:

$$(x_1,x_2,x_3,x_4) \mapsto (\cos(m\vartheta_n)x_1, \sin(m\vartheta_n)x_2, \cos(m\vartheta_n)x_3, -\sin(m\vartheta_n)x_4),$$
$$m = 0, 1, 2, \ldots, n-1.$$

Den Quotienten $\mathbb{R}^4/\mathscr{A}_{n-1}$ kann man jetzt genauso bilden wie vorher den Quotienten $\mathbb{R}^2/\mathscr{A}_{n-1}$ – nur mit dem Modellbauen wird es natürlich schwieriger. Die Singularität in $(0,0,0,0)$ wird als *Singularität vom Typ* A_{n-1} bezeichnet. Um die mathematische Struktur dieser Singularität besser zu verstehen, deformiert man sie ein wenig – in unserem gerade gebastelten zweidimensionalen Kegelmodel nimmt man sozusagen etwas Schärfe aus der Kegelspitze. In $\mathbb{R}^4/\mathscr{A}_{n-1}$ kann man das so machen, dass anstelle der Singularität vom Typ A_{n-1} eine Kugel entsteht, die selber eine Singularität vom Typ A_{n-2} trägt. Deformiert man etwas weiter, dann kann man erreichen, dass anstelle der Singularität eine weitere Kugel entsteht, diesmal mit einer Singularität vom Typ A_{n-3}. Sukzessive erreicht man, dass nach $n-1$ Deformationschritten die Singularität geglättet ist und stattdes-

[4] bis auf die Punkte, die nicht auf das Blatt passen

sen $n-1$ Kugeln entstanden sind, die wie in einer Perlenkette aneinander gereiht sind. Genau diese Konstellation kann man auch anhand des zugehörigen Coxeter-Diagrammes aus Abbildung 21.3 ablesen: Jeder Punkt des Diagrammes symbolisiert eine Kugel, und je zwei der Kugeln stoßen aneinander, falls die zugehörigen Punkte im Diagramm durch eine Linie verbunden sind.

Durch Quotientenbildung aus dem $\mathbb{R}^4$ kann man auch Singularitäten vom Typ D_n $(n \geq 4)$, E_6, E_7 und E_8 bilden, bei deren Glättung Kugelkonstellationen entstehen, die nach der gerade angegebenen Vorschrift von den entsprechenden Coxeter-Diagrammen aus Abbildung 21.3 abgelesen werden können. Hierzu benutzt man natürlich die Drehgruppen $\mathscr{D}_n$, $\mathscr{E}_6$, $\mathscr{E}_7$ und $\mathscr{E}_8$, allerdings ist in diesen Fällen die Beschreibung der „verdoppelten" Wirkung[5] auf dem $\mathbb{R}^4$ komplizierter. Die Klassifikation der Drehgruppen der Platonischen Körper mündet so in die Klassifikation einer bestimmten Sorte von Singularitäten, nämlich der sogenannten *einfachen Singularitäten*, die genau durch die Quotientensingularitäten vom Typ A_n, D_n, E_6, E_7 und E_8 gegeben sind.

Ich habe für die Coxeter-Diagramme aus Abbildung 21.3 also den Zusammenhang mit drei Inkarnationen einer *ADE-Klassifikation* hergestellt: Einerseits sind die irreduziblen endlichen Spiegelungsgruppen mit kristallographischer Bedingung ADE-klassifiziert, und anhand der Coxeter-Diagramme liest man für jede dieser Gruppen die Konstellation der Normalenvektoren von erzeugenden Spiegelungen ab. Andererseits sind die einfachen Singularitäten ADE-klassifiziert, deren Deformationen durch die Diagramme beschrieben werden. Schließlich sind die einfachen Singularitäten genau diejenigen Singularitäten, die als Quotientensingularitäten mit Hilfe der Drehgruppen der regulären Polygone und Polyeder aus dem $\mathbb{R}^4$ gewonnen werden können, und diese Gruppen sind ihrerseits ADE-klassifiziert. Die Zusammenhänge zwischen den drei genannten ADE-Klassifikationen sind sehr viel tiefer, und es ist spannend, geometrische Phänomene in allen drei Inkarnationen zu vergleichen.

[5] diesmal ausgehend von den Wirkungen der Gruppen im $\mathbb{R}^3$!

Tatsächlich sind ADE-Klassifkationen in der Mathematik geradezu allgegenwärtig: Neben den Drehgruppen regulärer Körper, den einfachen Singularitäten und den irreduziblen kristallographischen Spiegelungsgruppen sind zum Beispiel auch die „einfachen und einfach geschnürten Liealgebren", die „irreduziblen Darstellungen" der Drehgruppen und die „unitären zweidimensionalen superkonformen Feldtheorien mit Raumzeitsupersymmetrie und zentraler Ladung $c < 3$" ADE-klassifiziert; die Coxeter-Diagramme beschreiben nicht nur Deformationen von Singularitäten, sondern auch deren „Auflösungsgraphen", um einige weitere ADE-Inkarnationen nur beim Namen zu nennen. In meiner eigenen Forschung spielen die einfachen Singularitäten einerseits und Quantenfeldtheorien mit ADE-Klassifikation andererseits eine große Rolle. Besonders faszinieren mich die bislang ungeklärten Zusammenhänge zwischen den geometrischen Strukturen und den Quantenfeldtheorien [9].

Literaturhinweise

Wer mehr über Polyeder lernen will, dem empfehle ich das Buch „Polyhedra" von Peter R. Cromwell [4], das nicht nur die mathematischen Zusammenhänge, sondern auch eine Fülle von historischem Hintergrundmaterial und von Anwendungen in einer Form präsentiert, die ohne mathematische Vorkenntnisse verständlich ist. Meine übrigen Lesehinweise setzen mehr mathematisches Wissen voraus. Zur Gruppentheorie empfehle ich die ersten Kapitel von Referenz [7], die Klassifikation endlicher Spiegelungsgruppen wird sehr schön in den Referenzen [1, 8] erklärt, und als Einstieg in die Singularitätentheorie gefällt mir [2] besonders gut.

Literatur

[1] BENSON, L. C.,GROVE, C. T.: Finite Reflection Groups. Graduate Texts in Mathematics **99**, Springer-Verlag, 1971

[2] BRIESKORN, E.: Singularitäten. Jber. Deutsch. Math-Verein. **78**, H.2, 93–112, (1976)

[3] COXETER, H. S. M.: Discrete groups generated by reflections. Annal. Math. **35**, 588–621 (1934)

[4] CROMWELL, P. R.: Polyhedra. Cambridge University Press, 1997

[5] DYNKIN, E. B.: Klassifikation der einfachen Liegruppen (Russisch). Rec. Math. [Mat. Sbornik] **18(60)**, 347–352 (1946)

[6] DYNKIN, E. B.: Die Struktur halbeinfacher Algebren (Russisch). Uspehi Matem. Nauk (2) **4(20)**, 59–127 (1947)

[7] HALL, M.: The Theory of Groups. Macmillan, 1959

[8] HUMPHREYS, J. E.: Reflection groups and Coxeter groups. Cambridge Studies in Advanced Mathematics **29**, (1990)

[9] WENDLAND, K.: On the geometry of singularities in quantum field theory. Proceedings of the International Congress of Mathematicians, Hyderabad, August 19-27, 2010, Hindustan Book Agency, 2144–2170 (2010)

[10] WITT, E.: Spiegelungsgruppen und Aufzählung halbeinfacher Liescher Ringe. Abhandl. Math. Sem. Univ. Hamburg **14**, 289–337 (1941)

Die Autorin:

Prof. Dr. Katrin Wendland
Albert-Ludwigs-Universität Freiburg
Mathematisches Institut
Eckerstraße 1
79104 Freiburg
katrin.wendland@math.uni-freiburg.de

22 Ein Ausflug in die p-adische Welt

Annette Werner

22.1 Abstände in der p-adischen Welt

Vermutlich hat jeder schon einmal mit einem Lineal oder einem Maßband Längen oder Abstände ausgemessen. Den Abstand, den diese Hilfmittel messen, kann man mathematisch als eine Funktion d auffassen, die zwei Punkten x und y des Raumes eine reelle Zahl $d(x,y)$ zuordnet, die folgenden Gesetzen genügt:

1) Es ist immer $d(x,y) \geq 0$, wobei $d(x,y) = 0$ nur gilt, wenn $x = y$ ist.
2) Es ist $d(x,y) = d(y,x)$ für alle Punkte x und y.
3) Sind x, y und z drei Punkte, dann gilt $d(x,z) \leq d(x,y) + d(y,z)$.

Dieser Abstandsbegriff wird in dem Beitrag von Gabriele Nebe über Kugelpackungen untersucht und verallgemeinert.

In der Mathematik interessiert man sich aber auch für andere Abstände, die durch ihre Anwendungen in der Zahlentheorie interessant sind. Dazu fixieren wir eine Primzahl p – dies ist das p, das in der Überschrift dieses Beitrags auftaucht. Dabei ist eine ganze Zahl p, die größer oder gleich 2 ist, eine Primzahl, falls sie nur die Teiler 1 und p hat. Beispielsweise sind

$$2,3,5,7,11,13,17,19,23,29,31,37,41$$

Primzahlen, aber 57 ist keine Primzahl, da sie außer durch 1 und 57 zum Beispiel auch noch durch 3 teilbar ist.

Primzahlen faszinieren Mathematikerinnen und Mathematiker schon seit der Antike. Sie spielen eine wichtige Rolle in vielen tiefen Vermutungen der modernen Mathematik, etwa in der Riemann'schen Vermutung oder in der Vermutung von Birch und Swinnerton-Dyer, die in dem Beitrag von Annette Huber erklärt wird. Gleichzeitig tauchen sie in modernen Computerprogrammen auf, etwa in Verschlüsselungsverfahren, wie sie in dem Beitrag von Priska Jahnke beschrieben werden.

Man kann jede ganze Zahl als Produkt von Primzahlen (eventuell mit einem Vorzeichen) schreiben. Daher sind die Primzahlen die Bausteine, aus denen die Welt der ganzen Zahlen zusammengesetzt ist. So ist etwa $1400 = 2 \cdot 2 \cdot 2 \cdot 5 \cdot 5 \cdot 7 = 2^3 \cdot 5^2 \cdot 7$.

Schon dem antiken Mathematiker Euklid war bekannt, dass es unendlich viele Primzahlen gibt. Um dies zu zeigen, nehmen wir an, es gebe nur endlich viele Primzahlen. Diese können wir dann durchnummerieren und $p_1, p_2, \ldots, p_n$ nennen. Dann betrachten wir die Zahl $N = p_1 \cdot p_2 \cdot \cdots \cdot p_n + 1$. Da N größer als eins ist, gibt es eine Primzahl, die ein Teiler von N ist. Diese Primzahl ist eine der Zahlen $p_1, p_2, \ldots, p_n$, nennen wir sie p_i. Da p_i sowohl N als auch das Produkt $p_1 \cdot p_2 \cdot \cdots \cdot p_n$ teilt, ist p_i auch ein Teiler der Differenz $1 = N - p_1 \cdot p_2 \cdot \cdots \cdot p_n$. Das kann aber nicht sein! Also gibt es unendlich viele Primzahlen.

Wir schreiben für eine beliebige ganze Zahl $m \neq 0$ die Primfaktorzerlegung als

$$m = \pm \prod_{p \text{ Primzahl}} p^{v_p(m)}.$$

Hier ist $v_p(m)$ die größte ganze Zahl, für die $p^{v_p(m)}$ ein Teiler von m ist. Das Produkt läuft hier formal über alle Primzahlen, aber natürlich ist jede Zahl m nur durch endlich viele Primzahlen p teilbar. Für alle bis auf endlich viele Primzahlen p gilt also $v_p(m) = 0$, denn $p^0 = 1$ ist ja auf jeden Fall ein Teiler von m. In unserem Beispiel $m = 1400$ ist etwa

$$v_2(1400) = 3, \;\; v_3(1400) = 0, \;\; v_5(1400) = 2, \;\; v_7(1400) = 1.$$

Es ist leicht nachzuprüfen, dass immer $v_p(mn) = v_p(m) + v_p(n)$ gilt.

Wir fixieren jetzt eine Primzahl p, die für den ganzen Rest dieses Artikel unverändert bleibt. Mit ihrer Hilfe definieren wir einen neuen Abstand zwischen zwei ganzen Zahlen m und n, den wir den ***p*-adischen Abstand** nennen:

Definition 22.1

i) Ist $m = n$, so setzen wir $d_p(m,n) = 0$.

ii) Ist $m \neq n$, so definieren wir $d_p(m,n) = \frac{1}{p^{v_p(m-n)}}$.

Falls $m - n$ nicht durch p teilbar ist, so gilt also $v_p(m-n) = 0$ und somit $d_p(m,n) = 1$. Wir können beispielsweise ausrechnen

$$d_2(1,9) = 1/8 \quad \text{und} \quad d_3(23,2) = 1/3.$$

Außerdem gilt $d_2(m,n) = 1$, wann immer m gerade und n ungerade ist (oder umgekehrt), denn in diesen Fällen ist die Differenz $m - n$ eine ungerade Zahl.

Wir sehen also, dass Zahlen, die bezüglich unseres gewöhnlichen Abstandsbegriffs sehr weit auseinanderliegen, bezüglich des p-adischen Abstandsbegriffs sehr nahe beieinander sein können und umgekehrt. Die folgende Abbildung zeigt den 3-adischen Abstand zur Null, also $d_3(m,0) = 1/3^{v_3(m)}$, aller Zahlen von eins bis dreißig.

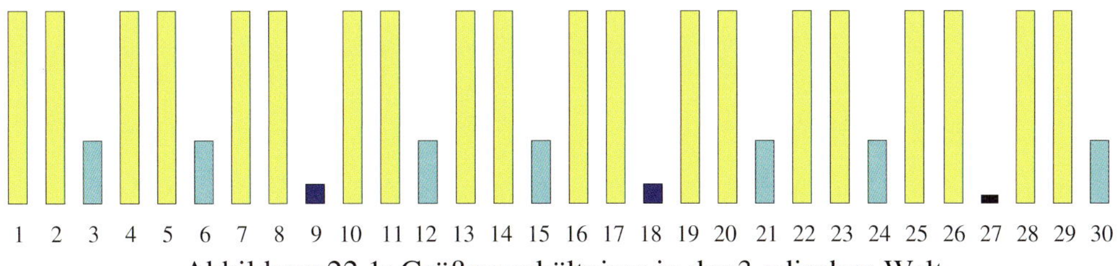

Abbildung 22.1: Größenverhältnisse in der 3-adischen Welt

Der p-adische Abstandsbegriff erfüllt ebenfalls die Bedingungen 1) bis 3), die wir zu Beginn erklärt haben. Er verdient es also in der Tat, als Abstand bezeichnet zu werden. Die ersten beiden Bedingungen sind sehr einfach nachzuprüfen.

Wir schauen uns die dritte Bedingung, die sogenannte Dreiecksungleichung, näher an. Dazu betrachten wir drei ganze Zahlen k, m und n. Es sei v die kleinere der beiden Zahlen $v_p(k-m)$ und $v_p(m-n)$. Dann teilt p^v sowohl $k-m$ als auch $m-n$. Daher ist p^v auch ein Teiler der Summe $(k-m)+(m-n) = k-n$. Demnach gilt $v \leq v_p(k-n)$. Nun drehen sich beim Übergang von v zu $1/p^v$ alle Ungleichungen um, daher ist $1/p^v$ die größere der beiden Zahlen $d_p(k,m) = 1/p^{v_p(k-m)}$ und $d_p(m,n) = 1/p^{v_p(m-n)}$. Das schreiben wir als $1/p^v = \max\{d_p(k,m), d_p(m,n)\}$. Aus $v \leq v_p(k-n)$ folgt nun

$$d_p(k,n) = 1/p^{v_p(k-n)} \leq 1/p^v = \max\{d_p(k,m), d_p(m,n)\}.$$

Wir erhalten also eine verschärfte Form der Dreiecksungleichung: Für drei ganze Zahlen k,m,n gilt

$$d_p(k,n) \leq \max\{d_p(k,m), d_p(m,n)\}.$$

Daraus folgt natürlich die gewohnte Dreiecksungleichung

$$d_p(k,n) \leq d_p(k,m) + d_p(m,n).$$

Unser Beweis der verschärften Dreiecksungleichung zeigt noch etwas mehr. Falls $d_p(k,m) \neq d_p(m,n)$ gilt, dann folgt sogar

$$d_p(k,n) = \max\{d_p(k,m), d_p(m,n)\}.$$

In diesem Fall kann nämlich keine größere p-Potenz als p^v die Summe $(k-m)+(m-n) = k-n$ teilen. (Überlegen Sie sich einmal, wieso das nicht möglich ist!)

Wir können nun den p-adischen Abstandsbegriff problemlos auf die rationalen Zahlen übertragen. Eine rationale Zahl ist ein Bruch m/n, wobei der Zähler m und der Nenner n ganze Zahlen sind und $n \neq 0$ gilt. Die Menge der rationalen Zahlen bezeichnet man mit $\mathbb{Q}$.

Wir definieren nun

$$v_p(m/n) = v_p(m) - v_p(n)$$

für jede rationale Zahl $m/n \neq 0$. Beispielsweise ist $v_2(1/2) = -1$. Jetzt definieren wir den Abstand von zwei rationalen Zahlen r und s wie oben als $d_p(r,s) = 0$, falls $r = s$, und als

$$d_p(r,s) = 1/p^{v_p(r-s)},$$

falls r ungleich s ist. Beispielsweise gilt $d_2(1/2,0) = 2$.

Nun betrachten wir alle rationalen Zahlen, die von 0 höchstens den Abstand 1 haben:

$$R = \{r \in \mathbb{Q} : d_p(r,0) \leq 1\} = \{r \in \mathbb{Q} : v_p(r) \geq 0\}.$$

Streng genommen müssten wir hier R_p statt R schreiben, denn diese Teilmenge hängt ja von unserer Ausgangsprimzahl p ab. Wir verzichten aber darauf, damit unsere Formeln nicht zu unübersichtlich werden. Die Teilmenge R der rationalen Zahlen ist ein p-adischer Verwandter der Menge aller rationalen Zahlen, die im Einheitsintervall liegen, also von $[-1,1] \cap \mathbb{Q} = \{r \in \mathbb{Q} : |r| \leq 1\}$. Multipliziert man zwei Zahlen dieses rationalen Einheitsintervalls, dann liegt das Ergebnis ebenfalls in $[-1,1]$. Addiert man allerdings zwei Zahlen des rationalen Einheitsintervalls, dann kann das Ergebnis auch außerhalb von $[-1,1]$ liegen.

Die starke Dreiecksungleichung in der p-adischen Welt sorgt dafür, dass die Teilmenge R der rationalen Zahlen sich besser verhält. Sind nämlich r und s zwei rationale Zahlen, die in R liegen, dann schreiben wir $r = k/l$ und $s = m/n$ mit ganzen Zahlen k,l,m und n, wobei die Nenner l und n natürlich nicht null sein dürfen. Wegen $d_p(r,0) \leq 1$ gilt $v_p(r) = v_p(k) - v_p(l) \geq 0$, also $v_p(k) \geq v_p(l)$. Analog ist $v_p(m) \geq v_p(n)$. Nun rechnen wir

$$r + s = \frac{k}{l} + \frac{m}{n} = \frac{kn + ml}{ln}.$$

Nach der verschärften Dreiecksungleichung ist $v_p(kn+ml)$ mindestens so groß wie der kleinere der Werte $v_p(kn)$ und $v_p(ml)$. Da $v_p(k) \geq v_p(l)$ und

$v_p(m) \geq v_p(n)$ ist, können wir diese Werte folgendermaßen abschätzen:

$$\begin{aligned} v_p(kn) &= v_p(k) + v_p(n) \geq v_p(l) + v_p(n) \text{ und} \\ v_p(ml) &= v_p(m) + v_p(l) \geq v_p(n) + v_p(l). \end{aligned}$$

Also gilt auf jeden Fall $v_p(kn+ml) \geq v_p(n) + v_p(l) = v_p(nl)$, woraus in der Tat folgt, dass $r+s$ in R liegt.

Es ist außerdem leicht einzusehen, dass mit zwei Zahlen r und s auch das Produkt rs in R liegt. Die Teilmenge R von $\mathbb{Q}$ enthält also 0 und 1 und mit je zwei Elementen außerdem auch deren Summe und Produkt.

22.2 p-adische Gitter in der Ebene

Nun betrachten wir sogenannte Vektoren über $\mathbb{Q}$. Genauer gesagt, interessiert uns hier die rationale Ebene

$$\mathbb{Q}^2 = \left\{ \begin{pmatrix} x \\ y \end{pmatrix} : x, y \in \mathbb{Q} \right\}.$$

Dies ist derjenige Teil der gewöhnlichen Koordinatenebene, der aus allen Punkten besteht, die nur rationale Koordinaten haben. Wir nennen die Elemente in $\mathbb{Q}^2$ auch Vektoren. Man kann jeden solchen Vektor $\begin{pmatrix} x \\ y \end{pmatrix}$ mit einer rationalen Zahl a multiplizieren. Das liefert den Vektor $\begin{pmatrix} ax \\ ay \end{pmatrix}$. Zeichnen wir diesen Vektor in die Ebene ein, so entsteht er aus dem ursprünglichen Vektor durch eine Streckung (wenn $a \geq 1$) oder eine Stauchung (wenn $0 \leq a < 1$) oder eine Streckung beziehungsweise Stauchung des um 180 Grad gedrehten Vektors (wenn $a < 0$).

Es seien v und w zwei Vektoren in $\mathbb{Q}^2$, die nicht auf einer gemeinsamen Geraden durch den Nullpunkt liegen. Dies bedeutet, dass weder v noch w der Nullpunkt ist und dass es keine Zahl $a \in \mathbb{Q}$ gibt mit $av = w$. Dann betrachten wir die Teilmenge

$$L = Rv + Rw = \{av + bw : a, b \in R\}.$$

Die Menge L besteht also aus allen sogenannten Linearkombinationen der Vektoren v und w, wobei aber nur Faktoren aus R, nicht aus ganz $\mathbb{Q}$, zugelassen sind. Wir sagen dann, dass L von den Vektoren v und w erzeugt ist. Jede Teilmenge von $\mathbb{Q}^2$ der Form $Rv + Rw$ für zwei Vektoren v und w, die nicht auf einer gemeinsamen Geraden durch den Nullpunkt liegen, nennen wir ein **Gitter** in $\mathbb{Q}^2$. Es gibt viele verschiedene Paare von Vektoren, die dasselbe Gitter erzeugen. So ist das Gitter $L = Rv + Rw$ zum Beispiel nicht nur von v und w, sondern etwa auch von v und $v + w$ erzeugt.

Jetzt betrachten wir quadratische Matrizen mit Einträgen in den rationalen Zahlen. Eine solche Matrix ist ein quadratisches Schema von vier Zahlen a, b, c, d in $\mathbb{Q}$:

$$A = \begin{pmatrix} a & b \\ c & d \end{pmatrix}.$$

Wir können jede solche Matrix A auf folgende Weise mit einem Vektor $v = \begin{pmatrix} x \\ y \end{pmatrix} \in \mathbb{Q}^2$ multiplizieren:

$$A \cdot v = \begin{pmatrix} a & b \\ c & d \end{pmatrix} \cdot \begin{pmatrix} x \\ y \end{pmatrix} = \begin{pmatrix} ax + by \\ cx + dy \end{pmatrix}.$$

Die Multiplikation mit der Matrix $\begin{pmatrix} a & 0 \\ 0 & a \end{pmatrix}$ bewirkt hierbei einfach die Multiplikation mit der Zahl a, also, wie wir oben gesehen haben, für positives a eine Streckung oder Stauchung des Vektors und für negatives a eine Streckung oder Stauchung des um 180 Grad gedrehten Vektors. Für $a = 1$ lässt die Multiplikation mit dieser Matrix alle Vektoren invariant. Die zugehörige Matrix

$$E = \begin{pmatrix} 1 & 0 \\ 0 & 1 \end{pmatrix}$$

heißt die Einheitsmatrix. Die Multiplikation mit $A = \begin{pmatrix} 0 & 1 \\ -1 & 0 \end{pmatrix}$ bewirkt eine Drehung um 90 Grad im Uhrzeigersinn.

Zwei quadratische Matrizen kann man folgendermaßen multiplizieren:

$$\begin{pmatrix} a & b \\ c & d \end{pmatrix} \cdot \begin{pmatrix} a' & b' \\ c' & d' \end{pmatrix} = \begin{pmatrix} aa' + bc' & ab' + bd' \\ ca' + dc' & cb' + dd' \end{pmatrix}.$$

Die Multiplikation mit der Einheitsmatrix E ändert dabei eine Matrix nicht, das heißt, es gilt für jede quadratische Matrix A, dass $A \cdot E = E \cdot A = A$ ist.

Durch manche Matrizen kann man sogar teilen. Hierfür ist die sogenannte Determinante der Matrix eine wichtige Kennzahl. Ist A wie oben eine quadratische Matrix mit den Einträgen a, b, c und d, so heißt die Zahl $ad - bc$ die Determinante von A. Ist die Determinante von A ungleich null, so können wir die Matrix

$$B = \frac{1}{ad - bc} \begin{pmatrix} d & -b \\ -c & a \end{pmatrix}$$

betrachten. Es ist eine gute Übungsaufgabe, nachzuprüfen, dass $A \cdot B = B \cdot A = E$ gilt. Aus diesem Grund heißt die Matrix B inverse Matrix zu A. Sie spielt die Rolle des Kehrwerts von A.

Mit Hilfe der inversen Matrix wollen wir nun verschiedene Koordinatensysteme der Ebene untersuchen. Dazu betrachten wir zwei Vektoren v' und w' in $\mathbb{Q}^2$, die nicht auf einer gemeinsamen Geraden durch den Nullpunkt liegen. Wir schreiben

$$v' = \begin{pmatrix} a \\ c \end{pmatrix} \quad \text{und} \quad w' = \begin{pmatrix} b \\ d \end{pmatrix}.$$

Da v' und w' nicht auf einer gemeinsamen Geraden durch den Nullpunkt liegen, ist $ad - bc \neq 0$. Daher besitzt die Matrix

$$A = \begin{pmatrix} a & b \\ c & d \end{pmatrix}$$

eine inverse Matrix B. Nun sei

$$v = \begin{pmatrix} x \\ y \end{pmatrix} \in \mathbb{Q}^2$$

ein beliebiger Vektor der rationalen Koordinatenebene $\mathbb{Q}^2$. Wir berechnen den Vektor

$$B \cdot v = \frac{1}{ad-bc} \begin{pmatrix} d & -b \\ -c & a \end{pmatrix} \cdot \begin{pmatrix} x \\ y \end{pmatrix} = \begin{pmatrix} \frac{dx-by}{ad-bc} \\ \frac{-cx+ay}{ad-bc} \end{pmatrix}.$$

Die Einträge dieses Vektors geben die Koordinaten von v bezüglich des neuen Koordinatensystems (v', w') an, das heißt, es gilt

$$v = \frac{dx-by}{ad-bc} v' + \frac{-cx+ay}{ad-bc} w',$$

wie man durch Nachrechnen leicht bestätigen kann.

Wir haben also gesehen, dass jedes Paar von Vektoren (v', w'), die nicht auf einer gemeinsamen Geraden durch den Nullpunkt liegen, als Koordinatensystem der rationalen Ebene $\mathbb{Q}^2$ verwendet werden kann, das heißt, für jeden Vektor $v \in \mathbb{Q}^2$ gibt es zwei rationale Zahlen α und β (die sogenannten (v', w')-Koordinaten), für die $v = \alpha v' + \beta w'$ gilt.

Nun kommen wir noch einmal zurück zur Determinante. Durch Einsetzen der Formel für die Determinante kann man nachprüfen, dass für zwei beliebige quadratische Matrizen A und B die Determinante des Produktes $A \cdot B$ gleich dem Produkt der Determinante von A mit der Determinante von B ist. Diese Berechnung überlassen wir der Leserin oder dem Leser als Übungsaufgabe. Daraus folgt, dass das Produkt von zwei Matrizen, deren Determinanten beide ungleich null sind, ebenfalls eine Determinante ungleich null hat. Daher bildet die Menge $GL_2(\mathbb{Q})$ aller Matrizen mit Determinante ungleich null zusammen mit dem Matrixprodukt eine sogenannte Gruppe. Über Gruppen kann man mehr in Rebecca Waldeckers Beitrag in diesem Band erfahren.

Mit $SL_2(\mathbb{Q})$ bezeichnen wir die Menge aller quadratischen Matrizen, deren Determinante gleich eins ist. Dann ist $SL_2(\mathbb{Q})$ eine Teilmenge der Gruppe $GL_2(\mathbb{Q})$.

Nun hat das Produkt zweier Matrizen mit Determinante eins nach der obigen Übungsaufgabe auch wieder Determinante eins. Auch die Menge $SL_2(\mathbb{Q})$ ist eine Gruppe unter der Matrixmultiplikation.

22.3 Die Geometrie des Raums der Gitterklassen

Ist $L = Rv + Rw$ ein beliebiges Gitter in $\mathbb{Q}^2$ und ist A eine Matrix in $GL_2(\mathbb{Q})$, so ist auch $A \cdot L = \{A \cdot x : x \in L\}$ ein Gitter. In der mathematischen Fachsprache sagt man: Die Gruppe $GL_2(\mathbb{Q})$ operiert auf der Menge aller Gitter.

Es ist eine gute Übungsaufgabe, sich zu überlegen, dass das Gitter $A \cdot L$ von den beiden Vektoren $A \cdot v$ und $A \cdot w$ erzeugt wird. Ist $A = \begin{pmatrix} a & 0 \\ 0 & a \end{pmatrix}$ für eine rationale Zahl a, so entsteht $A \cdot L$ aus L, indem man alle Vektoren in L mit der Zahl a multipliziert. Dieses Gitter nennen wir einfach auch aL.

Ab jetzt betrachten wir statt der Gitter nur noch sogenannte **Gitterklassen**. Wir werden sehen, dass der Raum aller Gitterklassen eine interessante Geometrie besitzt. Hierfür identifizieren wir ab jetzt ein Gitter L mit jedem Gitter aL, so dass a eine beliebige rationale Zahl ist. Wir schreiben $\{L\}$ für die sogenannte Äquivalenzklasse von L, das heißt, $\{L\}$ ist die Menge aller Gitter der Form aL für ein $a \in \mathbb{Q}$. Jedes solche Gitter aL heißt Vertreter der Äquivalenzklasse $\{L\}$. Es ist eine gute Übungsaufgabe, sich zu überlegen, dass $aL = L$ genau dann eintritt, wenn $v_p(a) = 0$ ist. Hier muss man sich kurz daran erinnern, dass R und damit auch unsere Gitter immer von unserer fest gewählten Primzahl p abhängen, die den p-adischen Abstand definiert. Aus dieser Beobachtung folgt $aL = p^{v_p(a)}L$. Die Äquivalenzklasse $\{L\}$ besteht also aus allen „p-Potenz-Vielfachen" von L.

Mit $X(p)$ bezeichnen wir ab jetzt die Menge aller Äquivalenzklassen von Gittern $\{L\}$. Die Gruppe $GL_2(\mathbb{Q})$ operiert auch auf der Menge $X(p)$, wenn wir $A\{L\} =$

$\{A \cdot L\}$ setzen. Wir wenden also eine Matrix auf eine Gitterklasse an, indem wir sie auf einen beliebigen Vertreter anwenden.

Wir nennen eine Gitterklasse $\{L\}$ **benachbart** zu einer Gitterklasse $\{M\}$ mit $\{M\} \neq \{L\}$, wenn es einen Vertreter L' von $\{L\}$ (also ein Gitter von der Form $p^m L$) und einen Vertreter M' von $\{M\}$ (also ein Gitter von der Form $p^n M$) gibt, so dass gilt

$$pL' \subset M' \subset L'.$$

Hier ist es sehr günstig, dass wir nicht mit individuellen Gittern, sondern mit Gitterklassen arbeiten. Von einer vernünftigen Nachbarschaftsrelation erwartet man nämlich die Symmetrie, das heißt, es soll gelten: Ist A benachbart zu B, dann ist auch B benachbart zu A. Wenn Sie beispielsweise in der Schule neben Ihrer Banknachbarin sitzen, dann sitzt diese auch neben Ihnen. Ist in der obigen Definition die Gitterklasse $\{L\}$ benachbart zu $\{M\}$, dann gilt $pL' \subset M' \subset L'$ für geeignete Vertreter L' von $\{L\}$ und M' von $\{M\}$. Daraus folgt $pM' \subset pL' \subset M'$, das heißt, die Vertreter M' von $\{M\}$ und pL' von $\{L\}$ erfüllen dieselbe Bedingung mit vertauschten Rollen. Daraus folgt, dass auch $\{M\}$ benachbart zu $\{L\}$ ist.

Jetzt wollen wir uns ein Bild von $X(p)$ machen, indem wir jedes Element von $X(p)$, also jede Gitterklasse, als Punkt darstellen und zwei solche Punkte immer dann durch eine Linie verbinden, wenn die entsprechenden Gitterklassen benachbart sind. Wie sieht dieses Bild von $X(p)$ aus? Mathematisch gesprochen handelt es sich hier um einen **Graphen**, das heißt eine Menge von Punkten (auch Ecken genannt), von denen manche durch Linien (auch Kanten genannt) verbunden sind.

Die folgende Abbildung 22.2 zeigt drei einfache Beispiele für Graphen.

Man nennt eine Folge von Kanten in einem Graphen, die man ohne abzusetzen mit einem Stift nachzeichnen kann, einen **Weg**. Die beiden Graphen links und in der Mitte von Abbildung 22.2 beinhalten **geschlossene Wege**, das heißt, man kann einen „Rundkurs“ einzeichnen, also einen Weg, der in die Anfangsecke

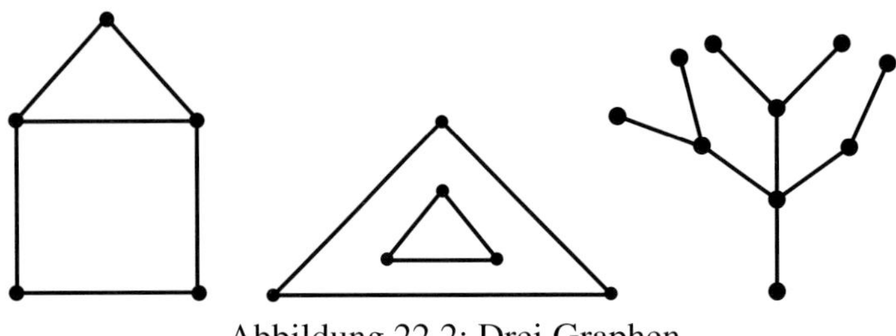

Abbildung 22.2: Drei Graphen

zurückführt, ohne dass man dabei einmal auf derselben Kante hin- und gleich wieder zurückläuft. In dem rechten Graphen ist das nicht möglich, er enthält also keinen geschlossenen Weg. Der Graph in der Mitte besteht im Gegensatz zu den beiden äußeren Graphen aus zwei nicht miteinander verbundenen Stücken. Man kann hier keine Ecke in dem äußeren Dreieck mit einer Ecke in dem inneren Dreieck durch einen Weg verbinden. Der mathematische Fachausdruck hierfür ist, dass der mittlere Graph **unzusammenhängend** ist. Bei den beiden äußeren Graphen ist das anders: Hier kann man von jeder beliebigen Ecke zu jeder beliebigen Ecke einen Weg einzeichnen. Solche Graphen nennen wir **zusammenhängend**.

Definition 22.2
Ein Graph, der zusammenhängend ist und keine geschlossenen Wege enthält, heißt **Baum**.

Der rechte Graph in Abbildung 22.2 ist also ein Baum.

Unser Graph $X(p)$ ist allerdings noch etwas komplizierter als die Beispielgraphen in Abbildung 22.2, denn er besteht aus unendlich vielen Ecken (also Gitterklassen). Ist $\{L_0\}$ eine beliebige Gitterklasse mit $L_0 = Rv + Rw$ für zwei Vektoren v und w in $\mathbb{Q}^2$, so liefert die Gitterklasse $L_1 = Rv + R(pw)$ einen Nachbarn von $\{L_0\}$, die Gitterklasse von $L_2 = Rv + R(p^2w)$ liefert einen Nachbarn von $\{L_1\}$ und so weiter. Schauen wir uns negative p-Potenzen an, so liefert $L_{-1} = Rv + Rp^{-1}w$ einen weiteren Nachbarn von $\{L_0\}$ sowie $L_{-2} = Rv + Rp^{-2}w$

einen Nachbarn von $\{L_{-1}\}$, und auch diese Kette können wir immer weiter fortsetzen. Wir werden nun zeigen, dass wir auf diese Weise immer neue Gitterklassen bekommen. Daher bilden die Gitterklassen $\{L_n\}$ zusammen mit ihren Verbindungsstrecken ein Teilstück von $X(p)$, das aussieht wie die an beiden Seiten unendliche Reihe in Abbildung 22.3.

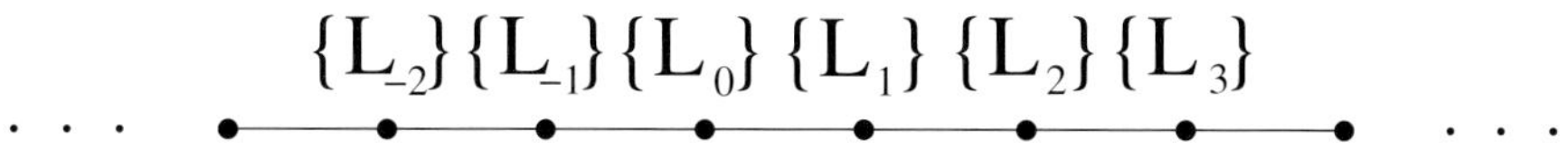

$\ldots \quad \{L_{-2}\}\{L_{-1}\}\{L_0\}\ \{L_1\}\ \{L_2\}\{L_3\} \quad \ldots$

Abbildung 22.3: Ein unendlicher Weg in $X(p)$

Dazu brauchen wir ein paar Vorüberlegungen.

Satz 22.1
Es seien L und M Gitter in $\mathbb{Q}^2$. Dann gibt es Vektoren v und w in $\mathbb{Q}^2$, die L erzeugen, so dass für geeignete ganze Zahlen m und n die Vektoren $p^m v$ und $p^n w$ das Gitter M erzeugen.

Beweis
Es gibt Vektoren v' und w' mit $L = Rv' + Rw'$ sowie Vektoren v'' und w'' mit $M = Rv'' + Rw''$. Dabei liegen die beiden Elemente v' und w' der Ebene $\mathbb{Q}^2$ (und auch die beiden Elemente v'' und w'') nicht auf einer gemeinsamen Geraden durch den Nullpunkt. Der mathematische Fachausdruck hierfür ist, dass sie linear unabhängig sind. Daher können wir sowohl v'' als auch w'' in (v', w')-Koordinaten schreiben, wie wir am Ende des Abschnitts 22.2 gesehen haben. Es gilt also

$$v'' = av' + bw' \quad \text{und} \quad w'' = cv' + dw'$$

für geeignete Zahlen a, b, c, d in $\mathbb{Q}$. Nach Definition des Gitters L liegen v'' und w'' genau dann in L, wenn wir die Zahlen a, b, c, d sogar in R wählen können. Das muss im Allgemeinen natürlich nicht der Fall sein.

Vertauschen wir die beiden Vektoren v' und w', so entspricht das der Vertauschung von a mit b und von c mit d. Vertauschen wir die beiden Vektoren v'' und w'', so entspricht das der Vertauschung von a mit c und von b mit d. Nun betrachten wir die Werte $v_p(a), v_p(b), v_p(c)$ und $v_p(d)$, wobei wir vereinbaren, dass $v_p(0) = \infty$ gilt. Wir suchen nun den kleinsten dieser Werte. Ist $v_p(b)$ der kleinste dieser vier Werte, dann vertauschen wir v' und w'. Ist $v_p(c)$ der kleinste dieser vier Werte, dann vertauschen wir v'' und w''. Und ist $v_p(d)$ der kleinste dieser vier Werte, dann vertauschen wir zunächst v' mit w' und danach v'' mit w''. Diese Vertauschung der erzeugenden Vektoren ändert die Gitter nicht. Wir können daher nach eventueller Vertauschung von v' mit w' und von v'' mit w'' annehmen, dass $v_p(a)$ höchstens so groß wie jeder der drei anderen Werte $v_p(b), v_p(c)$ und $v_p(d)$ ist. Dann ist automatisch $a \neq 0$, und ferner gilt $v_p(b/a) \geq 0$ und $v_p(c/a) \geq 0$, das heißt, b/a und c/a liegen in R.

Nun setzen wir

$$v = v' + (b/a)w' \quad \text{und} \quad w = w'.$$

Dann liegt das Gitter $Rv + Rw$ in $L = Rv' + Rw'$. Außerdem gilt $v' = v - (b/a)w$, also liegt L auch in $Rv + Rw$. Daher gilt $L = Rv + Rw$, das heißt, v und w erzeugen das Gitter L.

Ein ähnliches Argument zeigt, dass die Vektoren v'' und $w'' - (c/a)v''$ das Gitter $M = Rv'' + Rw''$ erzeugen. Nun ist

$$\begin{aligned} v'' &= av' + bw' = a\left(v' + \frac{b}{a}w'\right) = av \quad \text{und} \\ w'' - \frac{c}{a}v'' &= \left(d - \tfrac{bc}{a}\right)w' = \left(d - \frac{bc}{a}\right)w. \end{aligned}$$

Da wir hier noch die Faktoren a und $(d - \frac{bc}{a})$ durch p-Potenzen ersetzen können, folgt die Behauptung. □

Wir wenden diesen Satz nun auf zwei Gitter L und M an, deren zugehörige Gitterklassen $\{L\}$ und $\{M\}$ benachbart (also insbesondere verschieden) in $X(p)$ sind. Es gibt daher Vektoren v und w mit $L = Rv + Rw$, so dass $M = Rp^m v + Rp^n w$ für geeignete ganze Zahlen m und n gilt. Gleichzeitig folgt aus der Tatsache, dass $\{L\}$ und $\{M\}$ benachbart sind, dass es einen Vertreter $M' = p^k M$ von $\{M\}$ gibt, der $pL \subset M' \subset L$ erfüllt. (Hier muss man sich als Übungsaufgabe überlegen, dass wir M' so wählen können, dass wir das Gitter L beibehalten können.) Nun ist M' von der Form $M' = Rp^{m+k}v + Rp^{n+k}w$. Aus $M' \subset L$ folgt nun $m + k \geq 0$ und

$n+k \geq 0$. Aus $pL \subset M'$ folgt aber auch $m+k \leq 1$ und $n+k \leq 1$. Also können $m+k$ und $n+k$ nur null oder eins sein. Sie können nicht beide gleichzeitig null oder eins sein, denn ansonsten wäre M' äquivalent zu L, und damit wären $\{L\}$ und $\{M\}$ gleich. Also ist eine dieser beiden Zahlen null und die andere eins. Nach eventuellem Vertauschen der Vektoren v und w können wir daher annehmen, dass $M' = Rv + Rpw$ gilt.

Nun können wir die Geometrie des Graphen $X(p)$ studieren.

Satz 22.2
X(p) ist ein Baum.

Beweis
Wir müssen nach Definition 22.2 zeigen, dass $X(p)$ zusammenhängend ist und dass $X(p)$ keine geschlossenen Wege enthält.

i) Wir zeigen zunächst, dass $X(p)$ zusammenhängend ist. Dazu betrachten wir zwei Ecken, also Gitterklassen $\{L\}$ und $\{M\}$. Nach Satz 22.1 gibt es Vektoren v und w sowie ganze Zahlen m und n, so dass gilt:

$$L = Rv + Rw \quad \text{und} \quad M = Rp^m v + Rp^n w.$$

Indem wir gegebenenfalls die Vektoren v und w vertauschen, können wir annehmen, dass $m \leq n$, also $n - m \geq 0$ ist. Da das Gitter $M' = p^{-m}M = Rv + Rp^{n-m}w$ äquivalent zu M ist, gilt $\{M\} = \{M'\}$. Wir können also mit M' weiterarbeiten. Nun betrachten wir die Gitterklassen zu den Gittern $L = Rv + Rw$, $Rv + Rpw$, $Rv + Rp^2w$ bis hin zu $Rv + Rp^{n-m}w$. Sie bilden einen Weg von $\{L\}$ nach $\{M'\}$.

Daher sind zwei beliebige Ecken in $X(p)$ duch einen Weg verbunden, das heißt, $X(p)$ ist zusammenhängend.

ii) Nun wollen wir noch zeigen, dass $X(p)$ keine geschlossenen Wege enthält. Wir beschränken uns hier darauf, nachzuweisen, dass $X(p)$ keine Dreiecke enthält. Unter einem Dreieck verstehen wir einen geschlossenen Weg, der aus drei verschiedenen Kanten besteht, die drei Ecken $\{L\}$, $\{M\}$ und $\{N\}$ verbinden. Diese sind dann paarweise zueinander benachbart und bilden somit einen Teil von $X(p)$, der wie ein Dreieck aussieht.

Angenommen, die Ecken $\{L\}$, $\{M\}$ und $\{N\}$ bilden solch ein Dreieck. Wir werden zeigen, dass dies zu einem Widerspruch führt. Wir wenden nun die Überlegungen im Anschluss an Satz 22.1 auf die benachbarten Gitterklassen $\{L\}$ und $\{M\}$ an. Also gibt es (eventuell nach Übergang zu anderen Vertretern dieser Gitterklassen) Vektoren v und w mit $L = Rv + Rw$ und $M = Rv + Rpw$. Da $\{L\}$ und $\{N\}$ benachbart sind, können wir, indem wir eventuell N durch ein äquivalentes Gitter ersetzen, annehmen, dass

$$pL \subset N \subset L.$$

Ferner sind $\{M\}$ und $\{N\}$ benachbart. Daher gibt es eine ganze Zahl k, so dass

$$p^{k+1}N \subset M \subset p^k N$$

gilt.

Aus $v \in M \subset p^k N \subset p^k L = Rp^k v + Rp^k w$ folgt, dass $k \leq 0$ sein muss. Aus $pw \in pL \subset N \subset p^{-(k+1)}M = Rp^{-(k+1)}v + Rp^{-(k+1)}(pw)$ folgt, dass $k+1 \geq 0$, also $k \geq -1$ ist. Daher ist k entweder gleich 0 oder gleich -1.

1. Fall $k = 0$: In diesem Fall gilt $pN \subset M \subset N$. Wir wissen, dass M nicht gleich N ist, denn die zugehörigen Gitterklassen sind benachbart, also insbesondere verschieden. Wir betrachten ein Element aus N, das nicht in M liegt. Da N in $L = Rv + Rw$ enthalten ist, können wir es als $av + bw$ mit a und b in R schreiben. Nun liegen v und pw in M. Da $av + bw$ nicht in M enthalten ist, muss $v_p(b) = 0$ sein. Da aber v in M und damit in N liegt, gehört auch av zu N und damit auch bw, denn es gilt $bw = av + bw - av$. Da $v_p(b) = 0$ ist, liegt die rationale Zahl $1/b$ ebenfalls in R, das heißt, $w = (1/b)bw$ ist in N enthalten. Aber dann haben wir gezeigt, dass v und w und damit ganz L in N enthalten ist. Da wir $N \subset L$ bereits wissen, folgt hieraus $L = N$. Das kann aber nicht sein, denn die Gitterklassen $\{L\}$ und $\{N\}$ sind benachbart, also insbesondere verschieden. Wir sind hier also auf einen Widerspruch gestoßen.

2. Fall $k = -1$: In diesem Fall gilt $N \subset M \subset p^{-1}N$. Wir betrachten die Inklusion $pL \subset N \subset L$ und argumentieren ähnlich wie im ersten Fall. Da $pL \neq N$ ist, gibt es ein Element in N, das nicht in pL liegt. Da N in $M = Rv + Rpw$ enthalten ist, können wir dieses Element als $av + bpw$ mit a und b in R schreiben. Da pw in pL und damit in N enthalten ist, gehört auch bpw zu N, und damit liegt auch $av = av + bpw - bpw$ in N. Da wir

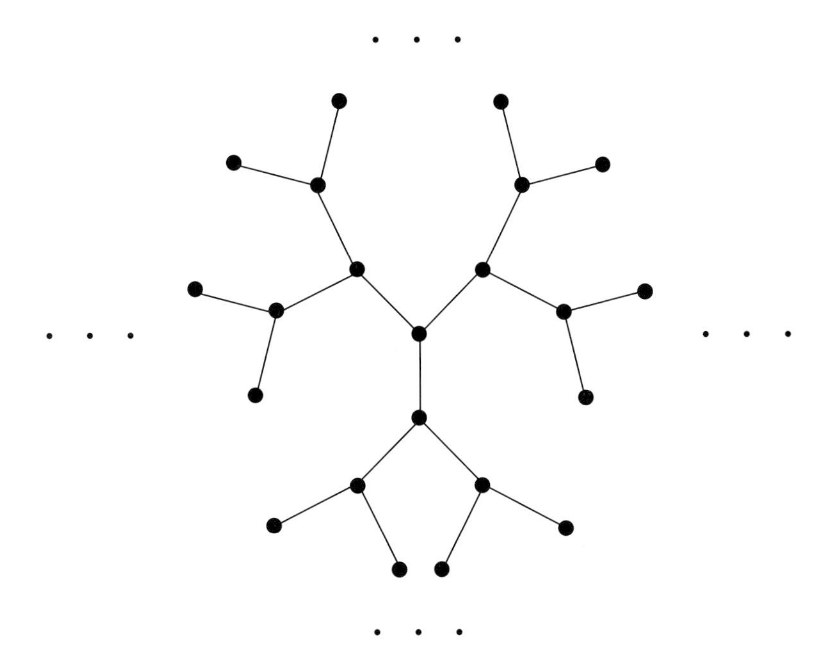

Abbildung 22.4: Der Baum $X(2)$

angenommen haben, dass $av+bpw$ nicht in pL liegt, folgt $v_p(a)=0$. Also ist auch $1/a$ in R enthalten, das heißt, $v=(1/a)av$ liegt in N. Aber dann haben wir gezeigt, dass v und pw und damit ganz M in N enhalten ist. Da wir $N\subset M$ bereits wissen, folgt hieraus $M=N$, was im Widerspruch dazu steht, dass $\{M\}$ und $\{N\}$ benachbart, also inbesondere verschieden sind.

In beiden Fällen erhalten wir also einen Widerspruch. Daher muss unsere Annahme falsch sein, und es kann kein Dreieck in $X(p)$ geben. Mit ähnlichen Argumenten kann man zeigen, dass $X(p)$ auch keine geschlossenen Wege größerer Länge enthält. Wir verzichten hier allerdings auf weitere Details. Ein vollständiger Beweis ist in Kapitel II, §1 des Buches [2] zu finden. □

Man kann sogar beweisen, dass $X(p)$ ein sogenannter $(p+1)$-regulärer Baum ist, das heißt, in jeder Ecke von $X(p)$ zweigen genau $p+1$ Kanten ab. Abbildung 22.4 stellt den unendlichen Baum $X(2)$ dar, wobei die Pünktchen andeuten, dass er sich in alle Richtungen immer weiter fortsetzt.

22.4 Ausblick

Wie wir oben schon gesehen haben, ist für jede Gitterklasse $\{L\}$ und jede Matrix A in $GL_2(\mathbb{Q})$ auch $\{A \cdot L\}$ eine Gitterklasse. Es ist nicht schwierig, sich zu überlegen, dass mit $\{L\}$ und $\{M\}$ auch $\{A \cdot L\}$ und $\{A \cdot M\}$ benachbart sind. Also bildet die Matrix A Ecken des Graphen $X(p)$ auf Ecken und Kanten des Graphen $X(p)$ auf Kanten ab.

Um die Struktur von Gruppen zu studieren, ist es oft sehr hilfreich, sie auf einem geometrischen Objekt operieren zu lassen.

So verrät auch die Operation der Gruppe $SL_2(\mathbb{Q})$ auf dem Baum $X(p)$ einiges über ihre Struktur. Wir betrachten zum Beispiel beschränkte Untergruppen von $SL_2(\mathbb{Q})$. Das sind Teilmengen von $SL_2(\mathbb{Q})$, die selbst eine Gruppe unter der Matrixmultiplikation bilden und die zusätzlich die Eigenschaft haben, dass es eine Schranke C gibt, so dass alle Einträge aller Matrizen in der Teilmenge höchstens den p-adischen Abstand C vom Nullpunkt haben. Die Gruppe $SL_2(\mathbb{Q})$ selbst ist offenbar nicht beschränkt, denn man kann Matrizen der Determinante eins hinschreiben, in denen ein Eintrag beliebig groß wird (versuchen Sie es einmal). Nun kann man zeigen, dass eine Untergruppe von $SL_2(\mathbb{Q})$ genau dann beschränkt ist, wenn es eine Ecke in $X(p)$ gibt, die von allen ihren Elementen festgehalten wird. Dies hat wiederum interessante gruppentheoretische Konsequenzen für die Struktur dieser Untergruppe.

Das Zusammenspiel von Geometrie, Gruppentheorie und der p-adischen Welt hat viele faszinierende Aspekte. Von einem höheren mathematischen Standpunkt aus ist der Baum $X(p)$ ein Beispiel eines sogenannten „Bruhat-Tits-Gebäudes“. Solche Gebäude kann man auch für andere Matrixgruppen in der p-adischen Welt definieren. Sie sind in der Regel von höherer Dimension als der Baum und daher nicht mehr gut zu zeichnen. Trotzdem haben Mathematikerinnen und Mathematiker viele spannende Ergebnisse über diese Objekte herausgefunden.

Literatur

[1] GOUVEA, F. Q.: p-adic Numbers. An introduction. Springer, 2003

Dieses Buch bietet eine ausführliche Einführung in die p-adische Welt, die für Studienanfänger geeignet ist.

[2] SERRE, J.-P.: Trees. Springer, 1980

In diesem grundlegenden Werk wird das faszinierende Zusammenspiel von Gruppen und Bäumen erklärt. Dieses Buch ist allerdings recht dicht geschrieben und erfordert etwas Erfahrung im Umgang mit mathematischen Texten.

Die Autorin:

Prof. Dr. Annette Werner
Fachbereich Informatik und Mathematik
Institut für Mathematik
Goethe-Universität
Robert-Mayer-Strasse 8
60325 Frankfurt a.M.
werner@math.uni-frankfurt.de

Die Autorinnen

Dorothea Bahns, Jahrgang 1976, studierte Physik und Mathematik in Freiburg und wurde 2003 in Hamburg über ein Thema der Mathematischen Physik promoviert. Nach Forschungsaufenthalten in Cambridge, an der ‚La Sapienza' in Rom, am Perimeter Institute in Waterloo (Canada) und am Max-Planck-Institut für Gravitationsphysik in Potsdam nahm sie 2005 einen Ruf auf eine Juniorprofessur für Mathematische Physik in Hamburg an. Seit 2008 hat sie eine Tenure Track Juniorprofessur in Göttingen inne. Ihr Fachgebiet ist die Mathematische Physik, hauptsächlich befasst sie sich mit Grundlagenproblemen der Quantenfeldtheorie.

Nicole Bäuerle studierte Wirtschaftsmathematik an der Universität Ulm. Dort promovierte sie 1994. Für die Promotion erhielt sie 1996 den Förderpreis der Fachgruppe Stochastik und einen Preis der Ulmer Universitätsgesellschaft. Ebenfalls in Ulm habilitierte sie 1999. Von 2002-2005 war sie Professorin für Versicherungsmathematik in Hannover, und seit Oktober 2005 hat sie eine Professur für Mathematische Stochastik am Karlsruher Institut für Technologie. Ihr Arbeitsgebiet sind stochastische Modelle. Sie ist im Vorstand der Deutschen Gesellschaft für Finanz- und Versicherungsmathematik (DGVFM) und im Vorstand der Fachgruppe Stochastik. Außerdem ist sie Mitherausgeberin verschiedener Fachzeitschriften.

Karin Baur, Jahrgang 1970, studierte Mathematik, Philosophie und französische Literatur an der Universität Zürich. Anschließend hat sie an der Universität Basel promoviert. Sie verbrachte danach ein Jahr als Assistentin an der ETH Zürich, bevor sie als Postdoc an die UCSD (University of California at San Diego) ging. Als nächstes war sie Research Associate an der University of Leicester in Grossbritannien. Im Jahr 2007 erhielt sie eine Förderprofessur des Schweizerischen Nationalfonds, mit der sie an der ETH Zürich ihre eigene Forschungsgruppe aufbaute. Seit September 2011 ist sie Universitätsprofessorin an der Karl-Franzens-Universität Graz. Sie forscht im Gebiet der Darstellungstheorie.

Vicky Fasen, Jahrgang 1978, studierte bis 2002 Mathematik in Karlsruhe. Sie promovierte 2004 an der Technischen Universität München und arbeitete im Anschluss als Postdoktorandin an der Technischen Universität München und der Cornell University. Im Jahr 2010 habilitierte sie und erhielt die Venia Legendi an der Technischen Universität München. Seit 2011 forscht sie an der ETH Zürich.

Heike Faßbender, Jahrgang 1963, studierte Mathematik an der Universität Bielefeld. Nach dem Diplom schloss sich ein Master-Studium mit Fulbright-Stipendium im Bereich Informatik an der State University of New York at Buffalo, USA, an. Danach wechselte sie als wissenschaftliche Mitarbeiterin an die Universität Bremen, wo sie 1994 mit Auszeichnung promovierte. Unterbrochen von zahlreichen Auslandsaufenthalten war sie weiter an der Universität Bremen als wissenschaftliche Assistentin beschäftigt, wo sie 1999 habilitierte. Von 2000 bis 2002 hatte sie einen Lehrstuhl für numerische Mathematik an der TU München inne. Seit Oktober 2002 ist sie Professorin für Numerische Mathematik der TU Braunschweig. Von April 2007 bis September 2009 war sie Dekanin der Carl-Friedrich-Gauß-Fakultät, seit Oktober 2008 ist sie Vizepräsidentin für Lehre, Studium und Weiterbildung. Sie forscht im Fachgebiet Numerische Lineare Algebra.

Eva-Maria Feichtner, Jahrgang 1972, studierte Mathematik mit Nebenfach Philosophie an der Freien Universität Berlin und promovierte 1997 an der Technischen Universität Berlin. Nach Postdoc-Aufenthalten am MIT und dem Institute for Advanced Study in Princeton war sie Assistenzprofessorin an der ETH Zürich. Ab 2006 hatte sie eine Professur für Geometrie und Topologie an der Universität Stuttgart inne. Sie wechselte 2007 an die Universität Bremen, wo sie derzeit als Professorin für Algebra tätig ist. Ihr Forschungsinteresse gilt dem Grenzbereich zwischen Algebra, Geometrie, Topologie und Diskreter Mathematik.

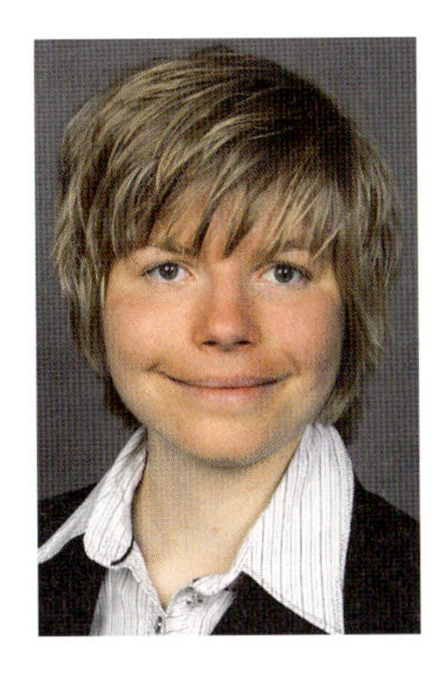

Corinna Hager, 1983 in Berlin geboren, studierte von 2001 bis 2006 Mathematik und BWL an der Universität Stuttgart. Anschließend arbeitete sie als wissenschaftliche Mitarbeiterin in Forschung und Lehre am Institut für Angewandte Analysis und Numerische Simulation (IANS) in Stuttgart. In ihrer Doktorarbeit, die sie 2010 erfolgreich abschloss, befasste sie sich mit effizienten numerischen Methoden zur Lösung von Variationsungleichungen. Ihre Ergebnisse wurden in mehreren Zeitschriftenartikeln veröffentlicht und auf internationalen Konferenzen vorgestellt. Seit März 2011 ist sie als Simulationsingenieurin bei der Robert Bosch GmbH tätig.

Julia Hartmann studierte von 1995 bis 1999 Mathematik an der Georg-August-Universität Göttingen, unterbrochen durch einen einjährigen Aufenthalt an der Northwestern University. Nach ihrer Promotion 2002 in Heidelberg verbrachte sie einige Zeit als Postdoc dort und an der University of Pennsylvania. Seit 2008 ist sie Juniorprofessorin an der RWTH Aachen. Im März 2011 hat sie einen Ruf auf eine W3-Professur in Aachen zum Wintersemester 2011 angenommen. Ihre Forschungsgebiete liegen in der Algebra mit vielfältigen Querbezügen, z.B. zur arithmetischen Geometrie. Verbindendes Element zwischen den einzelnen Forschungsthemen ist die Untersuchung von Symmetrien algebraischer Objekte.

Anne Henke, Jahrgang 1970, studierte Mathematik mit Nebenfach Volkswirtschaftslehre in Frankfurt am Main, Edinburgh und Heidelberg. 1999 wurde sie in Oxford zum D.Phil. promoviert und arbeitete dann als Postdoktorandin in Kassel und am Weizmann Institute of Science in Israel. Seit 2001 lehrt sie als Dozentin, zunächst an der University of Leicester (UK) und seit 2005 an der University of Oxford und am Pembroke College in Oxford. Weitere Rufe erhielt sie an die University of Minnesota in Minneapolis (USA) und an die TU München. Als Gastprofessorin und Gastwissenschaftlerin arbeitete sie neben ihrer Dozententätigkeit unter anderem an der University of Chicago, an der EPF Lausanne und am Mathematischen Forschungsinstitut Oberwolfach.

Ihre Forschung wurde durch ein Leverhulme Research Fellowship und zahlreiche Drittmittel unterstützt, und sie war maßgeblich beteiligt an der Leitung internationaler Netzwerke und den damit verbundenen Programmen zur Ausbildung von Doktoranden und Postdoktoranden. Ihr Forschungsgebiet ist Darstellungstheorie und deren Interaktion mit anderen Gebieten der Mathematik.

Marlis Hochbruck, Jahrgang 1964, studierte Technomathematik in Karlsruhe. Nach einem Forschungsaufenthalt am NASA Ames Research Center in Kalifornien wurde sie 1992 an der Universität Karlsruhe promoviert. Anschließend arbeitete sie als wissenschaftliche Assistentin an der ETH Zürich und den Universitäten Würzburg und Tübingen, wo sie 1997 habilitiert wurde. Von 1998 bis 2010 hatte sie den Lehrstuhl für Angewandte Mathematik am Mathematischen Institut der Heinrich-Heine-Universität Düsseldorf. Von 2003 bis 2009 war sie wissenschaftliches Mitglied des Senats- und Bewilligungsausschusses für Graduiertenkollegs der DFG. Seit März 2010 leitet sie die Arbeitsgruppe Numerik an der Fakultät für Mathematik am Karlsruher Institut für Technologie. Ihr Forschungsgebiet ist die numerische Mathematik. Sie engagiert sich seit 2001 ehrenamtlich als Mitglied des Präsidiums von action medeor, einem deutschen Medikamentenhilfswerk in Tönisvorst.

Annette Huber-Klawitter, Jahrgang 1967, arbeitet auf dem Gebiet der arithmetischen Geometrie und Zahlentheorie. Huber-Klawitter ist dreimalige Bundessiegerin des Bundeswettbewerbs Mathematik. Sie studierte 1986-1990 Mathematik und Physik in Frankfurt am Main, Cambridge und Münster, wo sie auch 1994 bei Christopher Deninger promovierte und sich 1999 habilitierte. 2000 wurde sie Professorin an der Universität Leipzig. 2008 folgte sie einem Ruf an die Universität Freiburg. Ihre Forschung wurde 1995 mit dem Heinz-Maier-Leibnitz-Förderpreis und 1996 mit dem Preis der European Mathematical Society ausgezeichnet. 2002 war sie Invited Speaker auf dem ICM in Peking. Seit 2008 ist sie Mitglied der Deutschen Akademie der Naturforscher Leopoldina.

Priska Jahnke, Jahrgang 1971, studierte Mathematik und Informatik an der Philipps-Universität Marburg. Sie wurde 2000 an der Universität Bayreuth promoviert und arbeitete im Anschluss daran als Postdoktorandin an der University of Michigan, USA, und der Universität Bayreuth. 2008 war sie Gastprofessorin an der Eberhard-Karls-Universität Tübingen, seit April 2009 ist sie Professorin (auf Zeit) an der Freien Universität Berlin und dort Projektleiterin des Sonderforschungsbereichs Raum-Zeit-Materie. Sie forscht im Fachgebiet Algebraische Geometrie.

Claudia Klüppelberg ist seit 1997 Inhaberin des Lehrstuhls für Mathematische Statistik an der Technischen Universität München. Nach Studium und Promotion an der Universität Mannheim hat sie an der ETH Zürich habilitiert. Von 1995 bis 1997 war sie als Professorin an der Universität Mainz tätig. C. K. ist Trägerin des Ordens „Pro Meritis Scientiae et Litterarum" des Bayerischen Staatsministeriums. Ihre Forschungsinteressen verbinden verschiedenene Gebiete der angewandten Wahrscheinlichkeitstheorie und Statistik mit Anwendungen in den Ingenieurswissenschaften, den Lebenswissenschaften und Finanz- und Versicherungsmathematik. Ihre Schwerpunkte betreffen komplexe Modelle in Raum und Zeit, insbesondere extreme Ereignisse und das Quantifizieren von Risiko. Als Carl von Linde Senior Fellow des TUM Institutes for Advanced Study leitet sie die Fokus Gruppe „Risk Analysis and Stochastic Modeling".

Sigrid Knust, Jahrgang 1972, studierte Mathematik und Informatik in Osnabrück, wo sie 1999 auch promovierte. Nach einer Tätigkeit als Software-Entwicklerin bei der Firma sd&m in Ratingen und München wurde sie 2003 Juniorprofessorin an der Universität Osnabrück. Danach war sie für zwei Jahre Professorin an der TU Clausthal, seit Oktober 2010 hat sie eine Professur für Kombinatorische Optimierung an der Universität Osnabrück. Ihre Forschungsinteressen liegen im Bereich von Anwendungen der kombinatorischen Optimierung, insbesondere Scheduling.

Nicole Marheineke, Jahrgang 1977, studierte Technomathematik mit Nebenfächern Maschinenbau und Informatik an der TU Kaiserslautern. Nach ihrer Promotion 2005 arbeitete sie als DAAD-Dozentin an der Kathmandu University in Nepal. Es folgten 2008 eine Juniorprofessur an der TU Kaiserslautern und 2009 eine zweisemestrige Lehrstuhlvertretung an der Johannes-Gutenberg-Universität Mainz. Seit Winter 2010 verstärkt sie als Professorin für Mathematische Modellierung die Angewandte Mathematik an der FAU Erlangen-Nürnberg. Zudem ist sie als wissenschaftliche Beraterin am Fraunhofer-Institut für Techno- und Wirtschaftsmathematik, Kaiserslautern tätig. Ihr Forschungsinteresse gilt der Asymptotik und Numerik von Differentialgleichungen in der Kontinuumsmechanik (Strömung-Struktur-Interaktionen).

Hannah Markwig, Jahrgang 1980, studierte Mathematik mit Nebenfach Physik beziehungsweise Philosophie in Kaiserslautern und Berkeley. Sie wurde 2006 an der Technischen Universität Kaiserslautern promoviert und arbeitete im Anschluss daran als Postdoc am IMA (Institute for Mathematics and its Applications) in Minneapolis und an der University of Michigan in Ann Arbor, USA. 2008 wechselte sie als Juniorprofessorin ans Courant Research Centre „Higher Order Structures in Mathematics“ in Göttingen und 2011 als Professorin an die Universität des Saarlandes. Sie forscht im Fachgebiet algebraische Geometrie. Für ihre wissenschaftlichen Leistungen erhielt sie den Heinz Maier-Leibnitz-Preis der DFG 2010.

Gabriele Nebe wurde 1995 an der RWTH Aachen promoviert und habilitierte dort 1999. Von 2000 bis 2004 hatte sie eine Professur an der Universität Ulm, und seit August 2004 ist sie Professorin an der RWTH Aachen. Ihre Forschungsinteressen erstrecken sich von der Darstellungstheorie endlicher Gruppen über algebraische Zahlentheorie zu Anwendungen in der Theorie der Gitter und Codes. Längere eingeladene Forschungsaufenthalte verbrachte sie in Bordeaux (1995, 1997), Harvard (2002, 2003), Lausanne (2001, 2004), Sydney (2006, 2008) und bei AT& T (1999, 2002). Ihre Forschungsleistungen wurden mit dem Friedrich-Wilhelm Preis (1995) und dem Merckle Forschungspreis (2002) ausgezeichnet.

Angela Stevens studierte Mathematik an der Universität zu Köln, mit einer Diplomarbeit in Reiner Mathematik. 1992 promovierte sie an der Universität Heidelberg in der Angewandten Mathematik. Ihre Doktorarbeit wurde von der Society for Industrial and Applied Mathematics ausgezeichnet. Danach war sie wissenschaftliche Assistentin in Heidelberg. 1997/98 arbeitete sie mit einem Stipendium der Deutschen Forschungsgemeinschaft an der Stanford University in den USA. Von 1999 bis 2001 war sie Forschungsgruppenleiterin am Max-Planck-Institut für Mathematik in den Naturwissenschaften in Leipzig, danach C3-Professorin dort. Von 2007 bis 2011 hatte sie einen Lehrstuhl an der Universität Heidelberg inne. Seit 2011 hat sie einen Lehrstuhl an der Universität Münster. Sie war Gastprofessorin in Frankreich und Japan und erhielt Rufe vom Georgia Institute of Technology in Atlanta und von der Universität zu Köln. Ihr Forschungsschwerpunkt ist Angewandte Analysis und mathematische Modellierung in Biologie und Medizin.

Anja Sturm, Jahrgang 1975, studierte Mathematik und Physik an der Universität Tübingen und der University of Washington, Seattle, U.S.A. Im Jahr 2002 promovierte sie an der University of Oxford in Großbritannien. Anschließend war sie Postdoktorandin am Weierstraß Institut für Analysis und Stochastik in Berlin und an der University of British Columbia in Vancouver sowie Juniorprofessorin für Angewandte Stochastik an der TU Berlin. Ab 2004 war sie Assistant Professor an der University of Delaware, U.S.A. Seit 2009 ist sie Professorin für Angewandte Stochastik an der Universität Göttingen. Im Jahr 2004 erhielt sie den Corcoran Prize des Department of Statistics an der University of Oxford.

Luitgard A. M. Veraart studierte Mathematik, Wirtschaftsmathematik und Statistik an der Universität Ulm und an der University of Cambridge. 2007 wurde sie im Bereich der Finanzmathematik an der University of Cambridge promoviert. Von 2007 bis 2008 arbeitete sie als Postdoktorandin am Bendheim Center for Finance der Princeton University. Von 2008 bis 2010 war sie Juniorprofessorin für das Fachgebiet Finanzmathematik am Karlsruher Institut für Technologie. Seit 2010 ist sie an der London School of Economics and Political Science als Lecturer für Mathematik tätig.

Rebecca Waldecker, geboren 1979 in Aachen, studierte Mathematik, Statistik und Ökonometrie an der Christian-Albrechts-Universität zu Kiel und promovierte dort im Fach Mathematik. 2007 ging sie zunächst als Honorary Lecturer, dann als Postdoktorandin an die Universität Birmingham, UK. 2009 wurde sie als Juniorprofessorin an die Martin-Luther-Universität Halle Wittenberg berufen, wo sie seitdem forscht und lehrt. Ihr Hauptarbeitsgebiet ist die lokale Theorie endlicher Gruppen.

Andrea Walther, geboren 1970 in Bremerhaven, studierte nach einer Bankausbildung an der Universität Bayreuth Wirtschaftsmathematik. Danach ging sie als Doktorandin an die Technische Universität Dresden, wo sie 1999 promovierte. Im Anschluss daran arbeitete sie zunächst als wissenschaftliche Assistentin und danach als Juniorprofessorin ebenfalls an der Technischen Universität Dresden. Seit April 2009 hat sie einen Lehrstuhl für „Mathematik und ihre Anwendungen" an der Universität Paderborn. Sie forscht im Bereich der nichtlinearen Optimierung und des algorithmischen Differenzierens.

Katrin Wendland, Jahrgang 1970, arbeitet auf dem Gebiet der mathematischen Physik und beschäftigt sich mit Geometrie und Quantenfeldtheorien. Sie hat in Bonn studiert und dort 1996 ihr Diplom in Mathematik und 2000 ihre Promotion in theoretischer Physik abgelegt. Im Anschluss arbeitete sie als Postdoc in theoretischer Physik an der University of North Carolina at Chapel Hill, USA, bevor sie 2002 als Lecturer und später als Senior Lecturer ans Mathematische Institut der University of Warwick, UK wechselte. Nach einem weiteren Jahr als Gast am Mathematischen Institut der University of North Carolina at Chapel Hill, USA, beendete sie dort erfolgreich ihr Tenure Verfahren. 2006 wurde sie Professorin an der Universität Augsburg, als Inhaberin des Lehrstuhls für Analysis und Geometrie. 2011 folgte sie einem Ruf an die Universität Freiburg. Für die Jahre 2009–2013 wurde ihr vom European Reearch Council ein „Starting Independent Researcher Grant“ zum Thema „Die Geometrie topologischer Quantenfeldtheorien“ zugesprochen. 2010 war sie eingeladene Vortragende in der Sektion „Mathematische Physik“ auf dem ICM in Hyderabad. Seit 2010 ist sie gewähltes Präsidiumsmitglied der Deutschen Mathematiker-Vereinigung (DMV).

Annette Werner, geboren 1966, hat in Münster Mathematik studiert und im Jahr 1995 promoviert. Nach ihrer Habilitation im Jahr 2000 war sie wissenschaftliche Assistentin und Heisenberg-Stipendiatin. Zu Beginn des Sommersemesters 2004 wurde sie auf eine Professur an der Universität Siegen berufen, zum Wintersemester 2004/05 wechselte sie auf einen Lehrstuhl für Algebra an der Universität Stuttgart. Seit Wintersemester 2007/08 ist sie Professorin an der Goethe-Universität Frankfurt. Ihr Arbeitsgebiet ist die Arithmetische Geometrie, insbesondere interessiert sie sich hier für nicht-archimedische Geometrie.

Barbara Wohlmuth wurde im Februar 2010 zur Ordinaria für Numerische Mathematik der Technischen Universität München (TUM) berufen. Ihr Studium hatte sie an der TUM und der Université Grenoble absolviert. Die Promotion erfolgte 1995 an der TUM, die Habilitation 2000 an der Universität Augsburg. Forschungsaufenthalte am Courant Institute, New York, und an der Université Pierre et Marie Curie, Paris, weckten ihr Interesse an modernen Gebietszerlegungsmethoden für partielle Differenzialgleichungen (PDGLs). 2001 nahm sie einen Ruf auf den Lehrstuhl Numerische Mathematik für Höchstleistungsrechner in Stuttgart an. Gastprofessuren in Frankreich und in Hong Kong stärkten ihre internationale Vernetzung. Ihre Forschungsinteressen liegen im Bereich der numerischen Simulation von PDGLs mit den Schwerpunkten Diskretisierungstechniken, Adaptivität, mehrskalige Löser und mathematische Modellierung gekoppelter Mehrfeldprobleme.

Redaktion

Nahid Shajari, geboren 1986 in Teheran, studierte ab 2005 Mathematik und Theoretische Physik an der Goethe-Universität in Frankfurt, wo sie ihr Studium 2010 mit einem Diplom in Mathematik beendete. Seitdem ist sie Doktorandin in der Arbeitsgruppe von Annette Werner. Gefördert wird sie seit 2006 durch die Studienstiftung des deutschen Volkes. Ihr Forschungsinteresse liegt im Bereich algebraischer Geometrie, ihr Arbeitsgebiet ist das Studium von Vektorbündeln auf p-adischen Kurven.

Sachverzeichnis

Das Hausdorff Center for Mathematics

Exzellenzcluster der Universität Bonn

Der Exzellenzcluster "Hausdorff Center for Mathematics" (HCM) der Universität Bonn bündelt die vielfältige mathematische Expertise in Bonn. Das HCM wurde 2006 im Rahmen der Exzellenzinitiative von Bund und Ländern eingerichtet und hat das Ziel, mathematische Grundlagenforschung und ausgewählte Anwendungen parallel voranzubringen sowie exzellenten wissenschaftlichen Nachwuchs und die internationale Zusammenarbeit zu fördern.

Als hervorragende Ausgangsposition verfügt Bonn über ein im weltweiten Vergleich besonders breites Forschungsspektrum. Alle wichtigen Bereiche der Mathematik sind vertreten: von klassischen theoretischen Grundlagengebieten über mathematische Modellierung und numerische Simulation bis hin zum Transfer mathematischer Ergebnisse in technische Anwendungen.

Das HCM führt insbesondere mit Schulen zahlreiche Aktivitäten im Bereich „Mathematik und Öffentlichkeit" durch. Dazu gehören regelmäßige Schulbesuche, eine jährliche Schülerinnen- und Schülerwoche sowie ein regelmäßig stattfindender Matheclub an der Universität Bonn. Durch diese Aktivitäten sollen mathematikinteressierte Schüler und insbesondere auch Schülerinnen frühzeitig Einblicke sowohl in faszinierende mathematische Themen als auch in Möglichkeiten und Perspektiven eines Mathematikstudiums erhalten.

Das HCM ist gleichzeitig aktiv darum bemüht, Nachwuchsmathematikerinnen zu ermutigen, eine akademische Laufbahn einzuschlagen und zu verfolgen. Neben vielen Aspekten sind hierbei insbesondere auch ermutigende „role models" wichtig. Das HCM freut sich daher außerordentlich, dass der vorliegende Band ganz von renommierten Autorinnen verfasst worden ist und mit Sicherheit bei unseren künftigen Aktivtäten vielfältig zum Einsatz kommen wird.

www.hcm.uni-bonn.de